平面设计与应用综合案例教程

王薇薇　施金妹　梁东安　编著

清华大学出版社
北京

内 容 简 介

本书由浅入深、循序渐进地介绍了 Photoshop CC 2018 的使用方法和操作技巧。本书每一章都围绕综合实例来介绍，便于提高和拓宽读者对 Photoshop 软件基本功能的掌握与应用。

本书按照平面设计工作的实际需求组织内容，划分为 9 个章节，分别包括杂志封面设计、包装设计、宣传展架设计、手机 UI 界面设计、宣传海报设计、网页宣传图设计、淘宝店铺设计、户外广告设计、宣传折页设计，使读者在制作学习过程中进行融会贯通。

本书的特点一是内容实用，精选最常用、最实用、最有用的案例技术进行讲解，不仅有代表性，而且还覆盖当前的各种典型应用，读者学到的不仅仅是软件的用法，更重要的是用软件完成实际项目的方法、技巧和流程，同时也能从中获取视频编辑理论。本书特点二是轻松易学，步骤讲解非常清晰，图文并茂，一看就懂。

本书内容翔实，结构清晰，语言流畅，实例分析透彻，操作步骤简洁实用，适合广大初学 Photoshop 的用户使用，也可作为各类高等院校相关专业的教材。

图书在版编目(CIP)数据

平面设计与应用综合案例教程 / 王薇薇，施金妹，梁东安编著. —北京：清华大学出版社，2019.11（2023.1重印）

ISBN 978-7-302-54000-7

Ⅰ. ①平… Ⅱ. ①王… ②施… ③梁… Ⅲ. ①平面设计—图象处理软件—教材 Ⅳ. ①TP391.413

中国版本图书馆CIP数据核字(2019)第230637号

责任编辑：韩宜波
封面设计：杨玉兰
责任校对：王明明
责任印制：宋　林
出版发行：清华大学出版社
http://www.tup.com.cn
地　址：北京清华大学学研大厦A座
邮　编：100084
社 总 机：010-83470000
邮　购：010-62786544
投稿与读者服务：010-62776969，service@tup.tsinghua.edu.cn
质量反馈：010-62772015, zhiliang@tup.tsinghua.edu.cn
印 装 者：三河市人民印务有限公司
经　销：全国新华书店
开　本：185mm×260mm　**印　张**：18.5　**字　数**：450千字
版　次：2019 年 12 月第 1 版　**印　次**：2023 年 1月第4次印刷
定　价：79.80元

产品编号：084428-01

前 言 PREFACE

Photoshop 是 Adobe 公司旗下常用的图像处理软件之一，是集图像扫描、编辑修改、图像制作、广告创意、图像输入与输出于一体的图形图像处理软件，深受广大平面设计人员和电脑美术爱好者的喜爱。

多数人对于 Photoshop 的了解仅限于“一个很好的图像编辑软件”，并不知道它的诸多应用方面，实际上，Photoshop 的应用领域很广泛，在图像、图形、文字、视频、出版各方面都有涉及。它贯彻了 Adobe 公司一贯为广大用户考虑的方便性和高效率，为多用户合作提供了便捷的工具与规范的标准，以及方便的管理功能，因此用户可以与设计组密切而高效地共享信息。

1. 本书内容

全书共分 9 章，按照平面设计工作的实际需求组织内容，案例以实用、够用为原则。其中内容包括杂志封面设计、包装设计、宣传展架设计、手机 UI 界面设计、宣传海报设计、网页宣传图设计、淘宝店铺设计、户外广告设计、宣传折页设计等内容。

2. 本书特色

本书面向 Photoshop 的初、中级用户，采用由浅深入、循序渐进的讲解方法，内容丰富。

◎ 本书案例丰富，每章都有不同类型的案例，适合上机操作教学 。

◎ 每个案例都是经过编写者精心挑选，可以引导读者发挥想象力，调动学习的积极性。

◎ 案例实用，技术含量高，与实践紧密结合。

◎ 配套资源丰富，方便院校老师教学。

3. 海量的电子学习资源和素材

本书附带大量的学习资料和视频教程，下面截图给出部分概览。

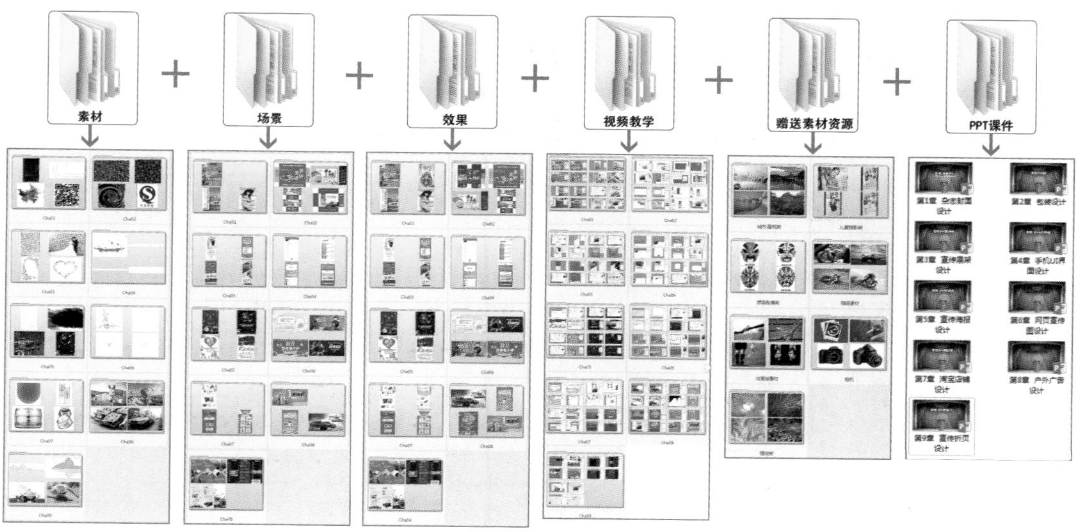

本书附带所有的素材文件、场景文件、效果文件、多媒体有声视频教学录像，读者在读完本书内容以后，可以调用这些资源进行深入学习。

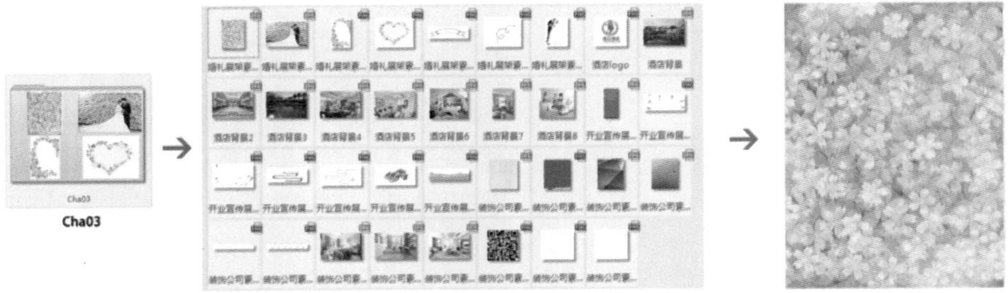

本书视频教学贴近实际，几乎手把手教学。

4. 附赠资源内容

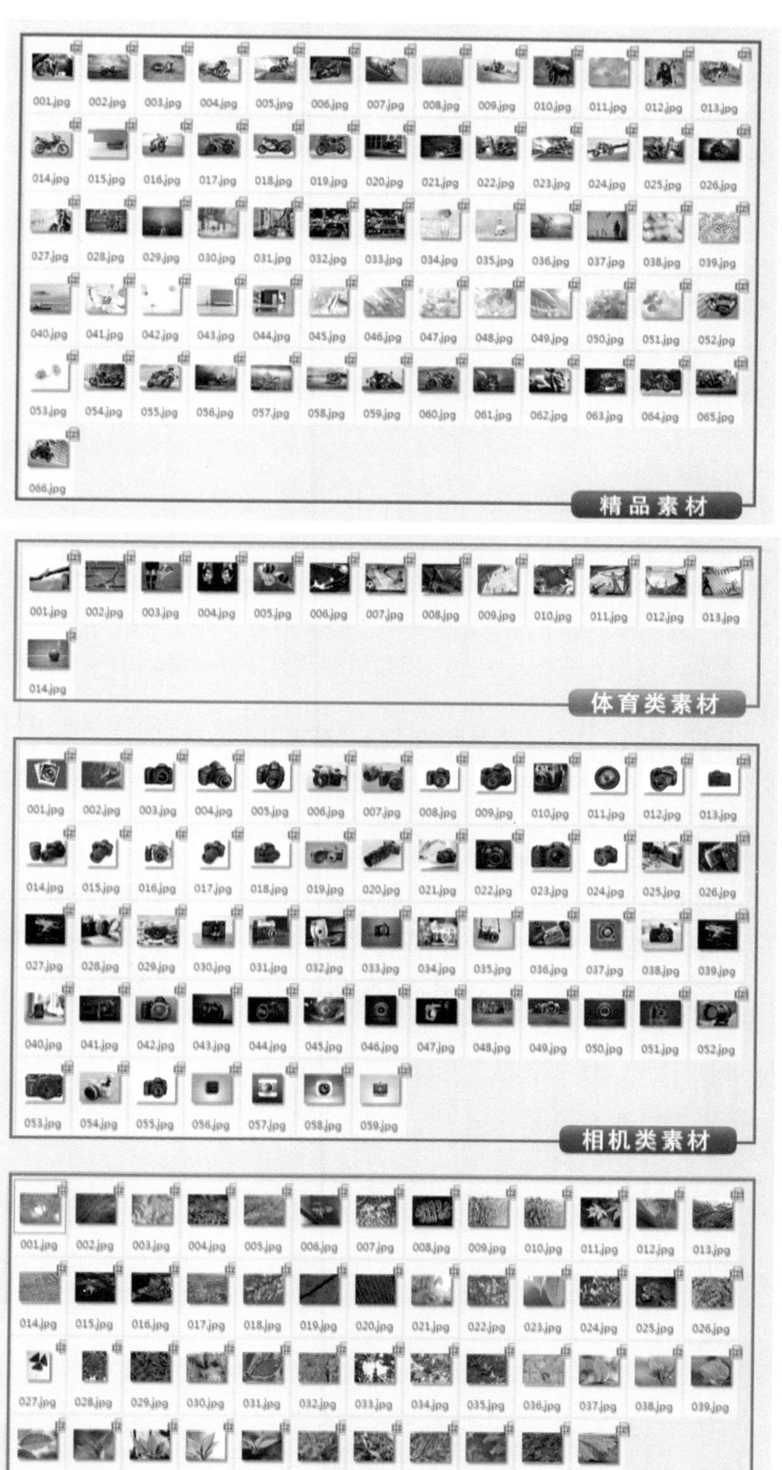
精品素材
体育类素材
相机类素材
植物类素材

5. 本书约定

为便于阅读理解，本书的写作风格遵从如下约定：

◎ 本书中出现的中文菜单和命令将用鱼尾号（【】）括起来，以示区分。此外，为了使语句更简洁易懂，书中所有的菜单和命令之间以竖线 (|) 分隔，例如，单击【编辑】菜单，再选择【移动】命令，就用【编辑】|【移动】来表示。

◎ 使用加号 (+) 连接的两个或三个键表示组合键，在操作时表示同时按下这两个或三个键。例如，Ctrl+V 是指在按下 Ctrl 键的同时，按下 V 字母键；Ctrl+Alt+F10 是指在按下 Ctrl 键和 Alt 键的同时，按下功能键 F10。

在没有特殊指定时，单击、双击和拖动是指用鼠标左键单击、双击和拖动，右击是指用鼠标右键单击。

6. 读者对象

（1）Photoshop 初学者。

（2）大中专院校和社会培训班平面设计及其相关专业的教材。

（3）平面设计从业人员。

7. 致谢

本书由王薇薇、施金妹、梁东安编著。其中，海南科技职业大学信息工程学院的施金妹副教授编写了第 2～4 章内容，其他参与编写、视频录制及文稿素材整理的人员还有朱晓文、刘蒙蒙、封建朋、冯景涛、李少勇、刘希望等。

本书的出版可以说凝结了许多优秀教师的心血，在这里衷心感谢对本书出版过程给予帮助的编辑老师、视频测试老师，感谢你们！

本书提供了案例的素材、场景、效果、PPT 课件、视频教学以及赠送素材资源，扫一扫下面的二维码，推送到自己的邮箱后下载获取。

场景

素材、效果

PPT课件、视频

由于作者水平有限，疏漏在所难免，希望广大读者批评指正。

编　者

目 录 CONTENTS

徽剧
文化

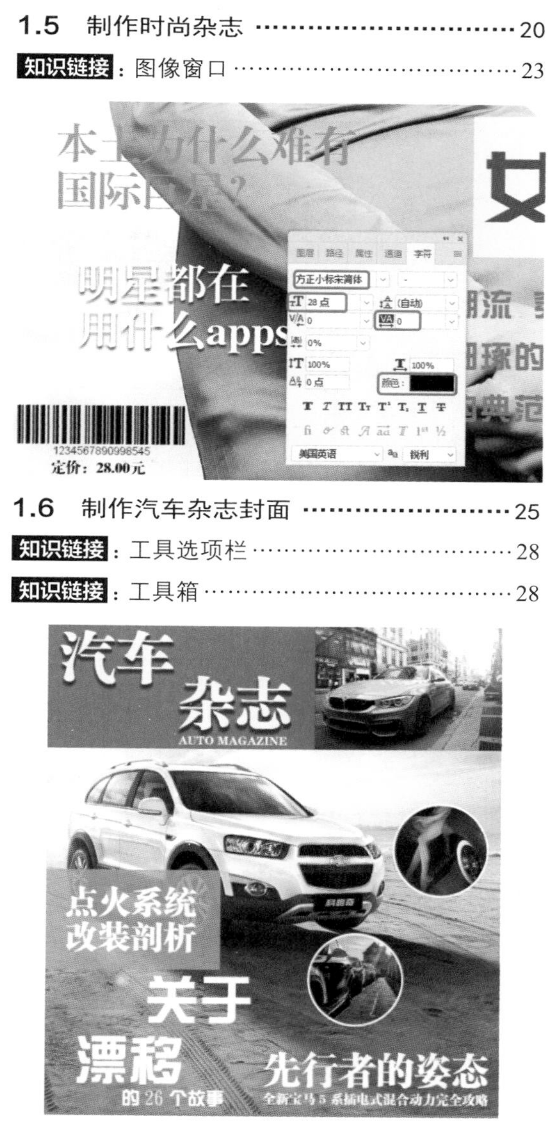

明星都在
用什么apps
定价：28.00元
汽车
杂志
AUTO MAGAZINE
点火系统
改装剖析
关于
漂移
的26个故事
先行者的姿态

第3章 宣传展架设计 ········ 67

视频讲解：4 个

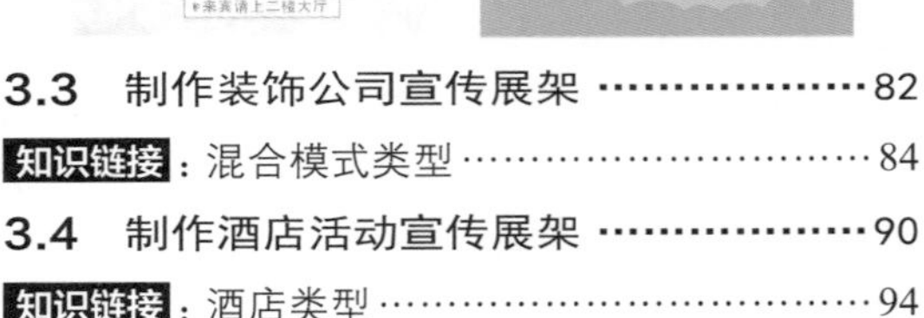

第4章 手机UI界面设计…… 99

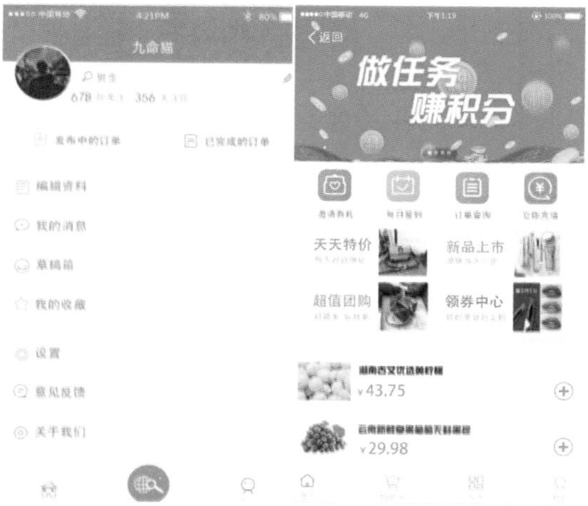

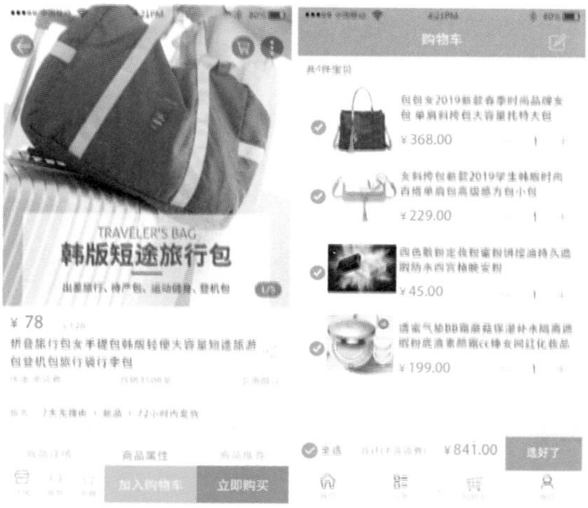

视频讲解：6个

第5章 宣传海报设计 ………138

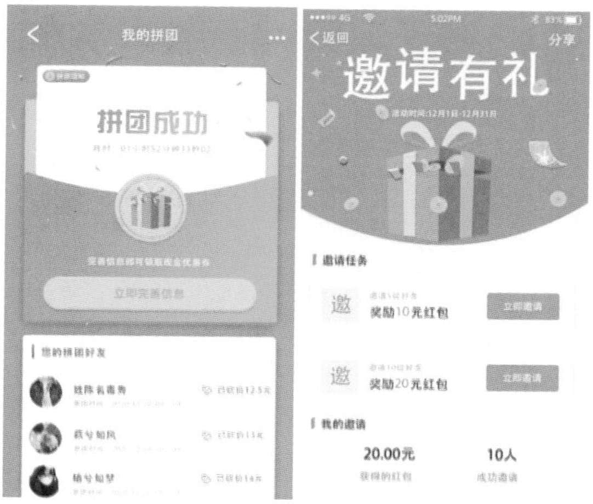

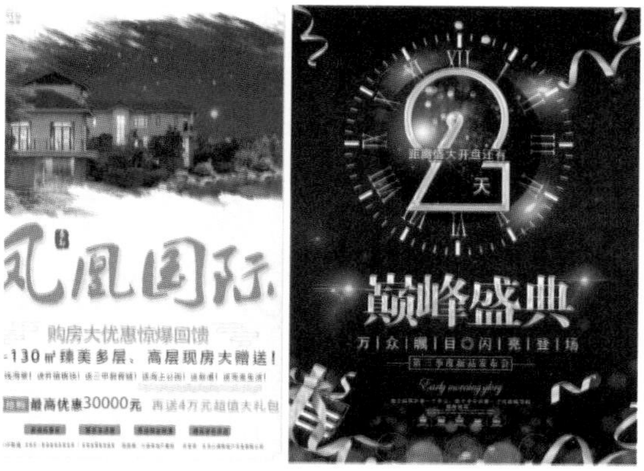

视频讲解：6个

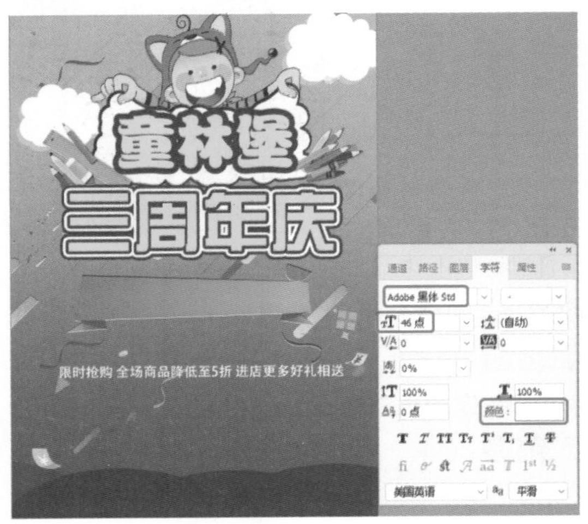

第 6 章　网页宣传图设计 ······170

视频讲解：4 个

第1章 杂志封面设计

杂志(Magazine)，有固定刊名，以期、卷、号或年、月为序，定期或不定期连续出版的印刷读物。它根据一定的编辑方针，将众多作者的作品汇集成册出版，定期出版的，又称期刊。在本章的学习中，不仅介绍了如何制作杂志封面，还讲解了如何制作宣传单页。宣传页设计是视觉传达的表现形式之一，通过版面的构成在第一时间内将人们的目光吸引，并获得瞬间的刺激，这要求设计者要将图片、文字、色彩、空间等要素进行完整的结合，以恰当的形式向人们展示出宣传信息。

时尚家居
TRENDSHOME
时尚引领家居 创意成就品质生活
⊙超赞细节·浴室大翻新 ⊙小空间变出大不同
⊙简单变一下·生活嗨起来 ⊙把时髦过成日子·28亮高能储物柜

重点知识

- 家居杂志封面
- 美食杂志封面
- 旅游杂志封面
- 戏曲文化杂志封面
- 时尚杂志
- 汽车杂志封面

1.1 制作家居杂志封面

《时尚家居》杂志内容涵盖装饰、居住、家庭、生活等题材，在强调家居潮流的同时，更注重为读者提供基础实用的家居解决方案；通过提倡健康和谐的生活方式，带领读者一步步走向更加美好的生活，是读者在家居生活中最贴心的精神伴侣。家居杂志封面制作完成后的效果如图 1-1 所示。

图 1-1 家居杂志封面

素材	素材 \Cha01\ 家居背景 .jpg、条形码 .jpg
场景	场景 \Cha01\ 制作家居杂志封面 .psd
视频	视频教学 \Cha01\1.1 制作家居杂志封面 .mp4

01 按 Ctrl+O 快捷键，弹出【打开】对话框，选择“家居背景 .jpg”素材文件，单击【打开】按钮，如图 1-2 所示。

图 1-2 选择素材文件

02 单击工具箱中的【裁剪工具】按钮，在工作区中将鼠标放置在裁剪框的边缘位置，调整边界框位置，如图 1-3 所示。

03 使用【横排文字工具】 输入文本，打开【字符】面板，将【字体】设置为【微软简综艺】，【字体大小】设置为 300，【字符间距】设置为 0，【颜色】设置为 #7c103b，如图 1-4 所示。

图 1-3 裁剪图片

图 1-4 设置文本参数

疑难解答 裁剪的快捷键是什么？如何在工作区中绘制裁剪选区？

按 C 键，可以快速选择【裁剪工具】，在工作区中按住鼠标左键并向任意方向拖曳后释放鼠标左键即可完成裁剪选取的绘制。

04 选择输入的文本，按住 Alt 键拖动鼠标左键进行复制，然后更改文本，在【字符】面板中将【字体】设置为 OCR A Extended，【字体大小】设置为 200，如图 1-5 所示。

图 1-5 设置文本参数

知识链接：复制图层的方法

在 Photoshop CC 2018 中复制图层可以有以下几种方法。

(1) 在【图层】面板中选择需要复制的图层，按住鼠标左键，将其拖曳至【图层】面板中右下角的【创建新图层】按钮上，即可将要复制的图层创建至新建图层的同一位置。

(2) 选中需要复制的图层，按 Ctrl+A 快捷键将其全选，按 Ctrl+C 快捷键将其复制，新建一个空白图层，按 Ctrl+V 快捷键粘贴即可。

(3) 选中需要复制的图层，按 Ctrl+J 快捷键即可将要复制的图层复制到新建图层的同一位置。

(4) 在工具箱中选择【移动工具】，按住 Alt 键不放，按住鼠标左键选中工作区中需要复制的图层中的图像，移动鼠标至合适的位置后释放鼠标左键即可。

(5) 在菜单栏中选择【图层】|【复制图层】命令，在弹出的【复制图层】对话框中单击【确定】按钮即可。

05 在【图层】面板中单击【创建新图层】按钮，将图层重命名为“图形 1”。使用【钢笔工具】绘制图形，按 Ctrl+Enter 快捷键将其转换为选区，将前景色设置为 #95712f，按 Alt+Delete 快捷键为其填充，在【图层】面板中将【不透明度】设置为 80%，如图 1-6 所示。

图 1-6　填充对象

06 按 Ctrl+D 快捷键取消选区。使用【横排文字工具】输入文本，将【字体】设置为【Adobe 黑体 Std】，【字体大小】设置为 90，【颜色】设置为白色，如图 1-7 所示。

07 选择工具箱中的【直线工具】，在工具选项栏中将【工具模式】设置为【形状】，【填充】设置为白色，【描边】设置为无，【粗细】设置为 5，在工作区中绘制线段，如图 1-8 所示。

图 1-7　设置文本参数

图 1-8　绘制线段

08 选中【形状 1】图层，并将其拖曳至【创建新图层】按钮上，对图层进行复制，然后调整对象位置，如图 1-9 所示。

图 1-9　复制线段

09 使用【椭圆工具】绘制椭圆，将 W、H 均设置为 14，【填充】设置为白色，【描边】设置为无，如图 1-10 所示。

10 使用【椭圆工具】绘制椭圆，将 W、H 均设置为 43，【填充】设置为无，【描边】设置为白色，【描边宽度】设置为 2，如图 1-11 所示。

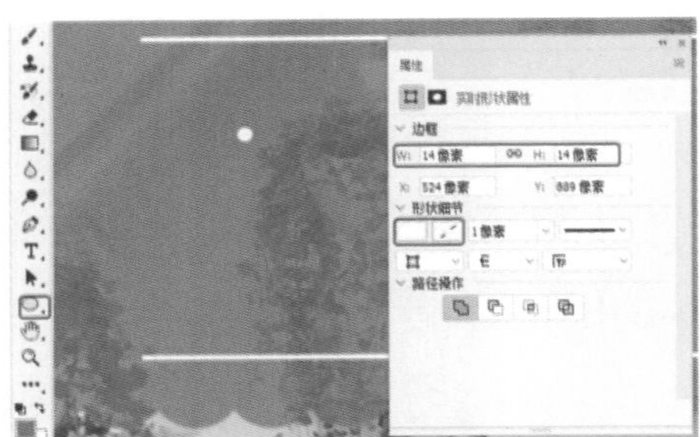

图 1-10　设置椭圆参数 (1)

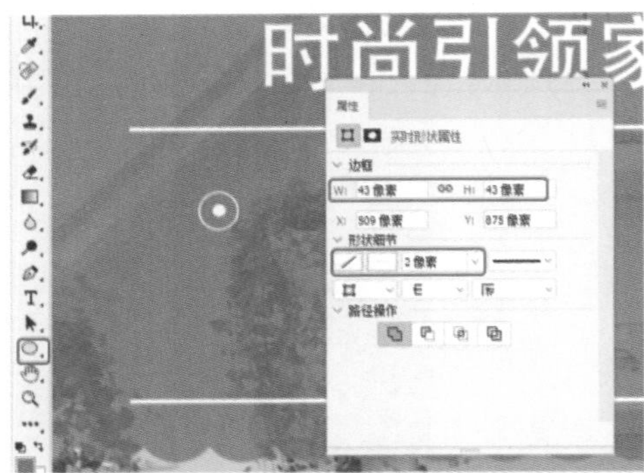

图 1-11　设置椭圆参数 (2)

11 使用【横排文字工具】T.输入文本，将【字体】设置为【Adobe 黑体 Std】，【字体大小】设置为 48，【字符间距】设置为 -70，【颜色】设置为白色，如图 1-12 所示。

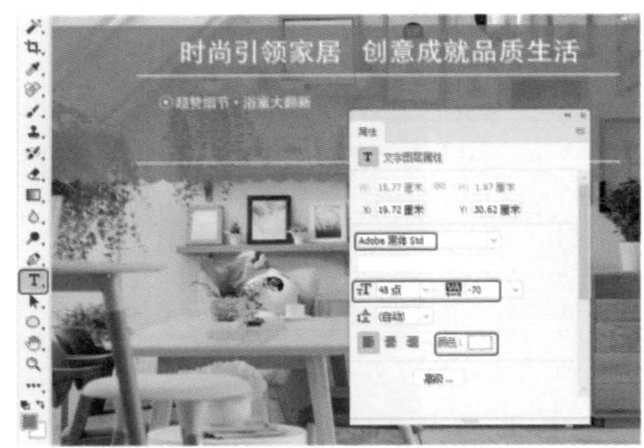

图 1-12　设置文本参数

12 使用上面同样的方法制作如图 1-13 所示的内容。

13 使用【矩形工具】□.绘制矩形，将 W、H 分别设置为 1090、615，【填充】设置为 #666464，【描边】设置为无，如图 1-14 所示。

14 在【图层】面板中选择【矩形 1】图层，将【不透明度】设置为 50，如图 1-15 所示。

图 1-13　制作完成后的效果

图 1-14　设置矩形参数

图 1-15　设置矩形不透明度

15 使用【横排文字工具】T.输入文本，将【字体】设置为【Adobe 黑体 Std】，【字体大小】设置为 105，【字符间距】设置为 15，【行距】设置为 104，【颜色】设置为白色，如图 1-16 所示。

图 1-16　设置文本参数

16 将前面绘制的椭圆进行复制并调整位置，使用【横排文字工具】T.输入如图 1-17 所示的文本，然后设置相应的字符参数。

图 1-17 制作完成后的效果

提 示

使用【移动工具】选中对象时，每按一下键盘上的上、下、左、右方向键，图像就会移动一个像素的距离；按住 Shift 键的同时再按方向键，图像每次会移动 10 个像素的距离。

17 在菜单栏中选择【文件】|【置入嵌入对象】命令，如图 1-18 所示。

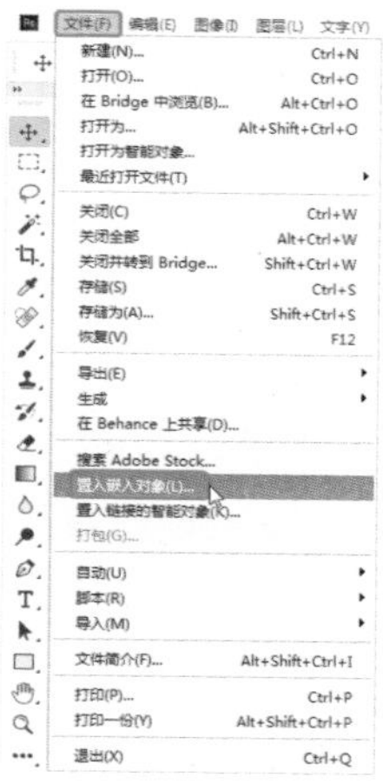

图 1-18 选择【置入嵌入对象】命令

18 在弹出的【置入嵌入的对象】对话框中选择“条形码 .jpg”素材文件，单击【置入】按钮，如图 1-19 所示。

图 1-19 置入素材

19 在【图层】面板中选择【条形码】图层，将【混合模式】设置为【正片叠底】，如图 1-20 所示。

图 1-20 设置条形码混合模式

知识链接：杂志

在最初，杂志和报纸的形式差不多，极易混淆。后来，报纸逐渐趋向于刊载有时间性的新闻，杂志则专刊小说、游记和娱乐性文章，在内容的区别上越来越明显；在形式上，报纸的版面越来越大，为三到五英尺，对折，而杂志则经装订，加封面，成了书的形式。此后，杂志和报纸在人们的观念中才具体地分开。

20 使用【横排文字工具】T.输入文本，将【字体】设置为【Adobe 黑体 Std】，【字体大小】设置为 72，【颜色】设置为黑色，如图 1-21 所示。

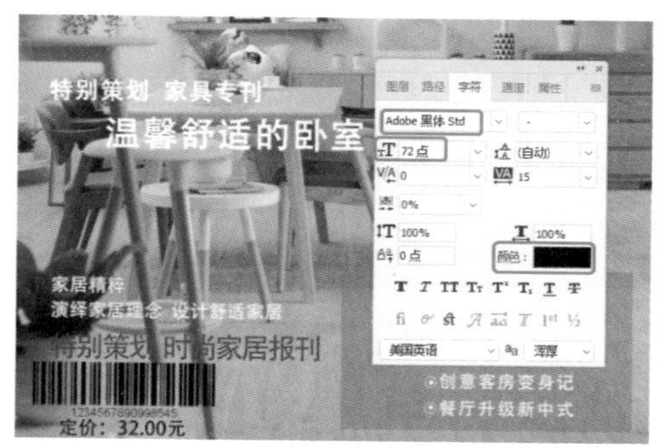

图 1-21 设置文本参数

1.2 制作美食杂志封面

随着最近几年全球生活方式刊物的兴起。美食领域在这些生活方式类刊物中脱颖而出，每年都有不少新刊出现。新兴美食杂志往往都是照片堪比时装大片，每一页都让读者感觉食欲大开。在制作美食杂志封面时，根据杂志的需要灵活地对版面进行设计。同时，要注重突出整个杂志的风格。美食杂志封面制作完成后的，效果如图 1-22 所示。

图 1-22 美食杂志封面

素材	素材 \Cha01\ 美食背景 .jpg
场景	场景 \Cha01\ 制作美食杂志封面 .psd
视频	视频教学 \Cha01\1.2 制作美食杂志封面 .mp4

01 按 Ctrl+N 快捷键，弹出【新建文档】对话框，将【单位】设置为像素，【宽度】和【高度】分别设置为 1500、2049，【分辨率】设置为 72，【颜色模式】设置为【RGB 颜色 /8 位】，【背景内容】设置为白色，单击【创建】按钮，如图 1-23 所示。

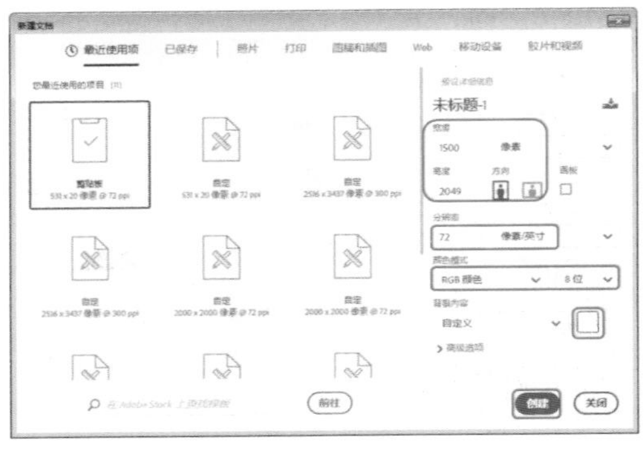

图 1-23 【新建文档】对话框

02 在菜单栏中选择【文件】|【置入嵌入对象】命令，弹出【置入嵌入的对象】对话框，选择“美食背景 .jpg”素材文件，单击【置入】按钮，如图 1-24 所示。

03 将图像导入至新建文档中，调整图片的大小及位置，如图 1-25 所示。

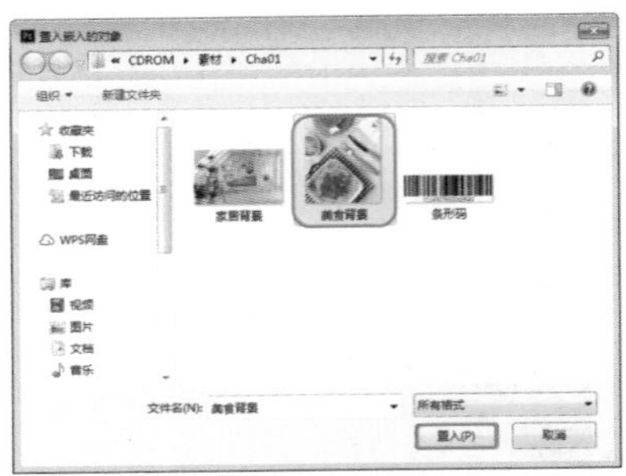

图 1-24 选择素材文件

图 1-25 调整图片大小及位置

04 使用【横排文字工具】 T 输入文本，将【字体】设置为【方正小标宋简体】，【字体大小】设置为 211，【字符间距】设置为 100，【文本颜色】设置为 #b91d23，如图 1-26 所示。

图 1-26 设置文本参数

提 示

在 Photoshop CC 2018 中处理图片大小时，可以按 Ctrl+T 快捷键，工作区中会出现一个矩形调节框和八个节点，可以根据需要使用鼠标左键拖动这些节点，调整图片的大小，也可以对图片进行旋转和一定程度的变形；在菜单栏中选择【编辑】|【自由变换】命令，可以实现同样的效果。如需将图片等比缩放，按住 Shift 键使用鼠标左键拖曳节点即可。

05 选择工具箱中的【矩形工具】 □，在工具选项栏中将【工具模式】设置为【形状】，

【填充】设置为#ecbe48，【描边】设置为无，在工作区绘制矩形后，将W和H分别设置为562.28、562.31，在【图层】面板中调整【矩形1】图层的顺序，如图1-27所示。

图1-27 设置矩形

06 使用【横排文字工具】T.输入文本，将【字体】设置为【方正小标宋简体】，【字体大小】设置为90，【字符间距】设置为100，【文本颜色】设置为黑色，如图1-28所示。

图1-28 设置文本参数

07 使用【横排文字工具】T.输入文本，将【字体】设置为【方正小标宋简体】，【字体大小】设置为28，【字符间距】设置为100，【文本颜色】设置为黑色，单击【全部大写字母】按钮TT，效果如图1-29所示。

08 使用【横排文字工具】T.输入文本，将【字体】设置为【方正小标宋简体】，【字体大小】设置为42，【字符间距】设置为100，【文本颜色】设置为黑色，如图1-30所示。

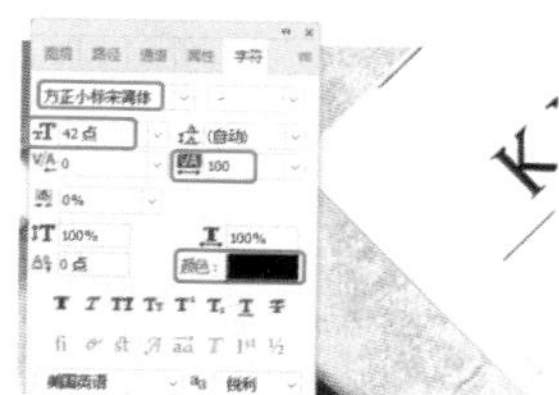

图1-29 设置文本参数(1) 图1-30 设置文本参数(2)

09 使用【矩形工具】□.绘制矩形，将W、H均设置为52，【填充】设置为无，【描边】设置为黑色，【描边宽度】设置为2.5，如图1-31所示。

图1-31 设置矩形参数

10 使用【横排文字工具】T.输入文本，将【字体】设置为【方正小标宋简体】，【字体大小】设置为63，【字符间距】设置为100，【文本颜色】设置为白色，如图1-32所示。

图1-32 设置文本参数

11 在【图层】面板中单击【添加图层样式】按钮fx.，在弹出的下拉菜单中选择【投影】命令，如图1-33所示。

图 1-33 选择【投影】命令

12 弹出【图层样式】对话框，勾选【投影】复选框，将【混合模式】设置为【正片叠底】，【颜色】设置为 #6c6967，【不透明度】设置为 100，【角度】设置为 146，【距离】、【扩展】、【大小】分别设置为 6、8、4，单击【确定】按钮，如图 1-34 所示。

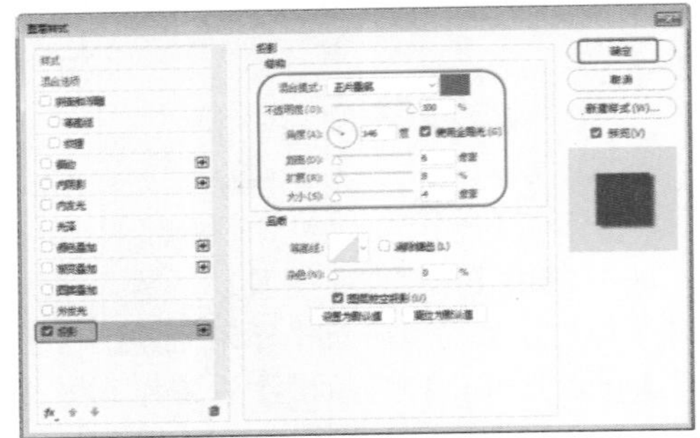

图 1-34 设置投影参数

13 使用同样的方法制作其他的内容，如图 1-35 所示。

图 1-35 制作完成后的效果

14 按 Ctrl++ 快捷键，放大图像。使用【横排文字工具】输入文本，将【字体】设置为【创艺简黑体】，【字体大小】设置为 390，【字符间距】设置为 100，【文本颜色】设置为白色，单击【仿斜体】按钮，如图 1-36 所示。

图 1-36 设置文本参数

疑难解答 如何缩放图像?

利用【缩放工具】可以实现对图像的缩放查看。使用【缩放工具】拖动想要放大的区域，即可对局部区域进行放大。

还可以通过快捷键来实现放大或缩放图像，如：使用 Ctrl++ 快捷键可以以画布为中心放大图像；使用 Ctrl+- 快捷键可以以画布为中心缩小图像；使用 Ctrl+0 快捷键可以最大化显示图像，使图像填满整个图像窗口。

15 在【图层】面板中单击【添加图层样式】按钮，在弹出的下拉菜单中选择【投影】命令，弹出【图层样式】对话框，勾选【投影】复选框，将【混合模式】设置为【正片叠底】，【颜色】设置为 #6c6967，【不透明度】设置为 100，【角度】设置为 146，【距离】、【扩展】、【大小】分别设置为 24、9、5，单击【确定】按钮，如图 1-37 所示。

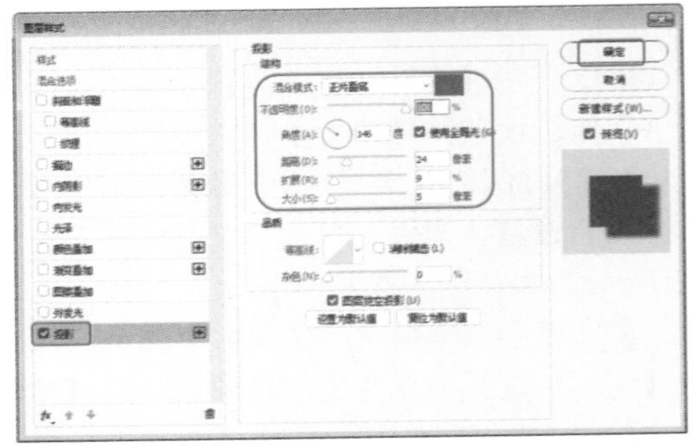

图 1-37 设置投影参数

16 设置投影后的文字效果如图 1-38 所示。

图 1-38　设置投影后的效果

知识链接：抓手工具

在 Photoshop 中处理图像时，会频繁在图像的整体和局部之间来回切换，通过对局部的修改来达到最终的效果。该软件中提供了几种图像查看命令，用于完成这一系列的操作。

当图像被放大到只能显示局部图像的时候，可以使用【抓手工具】查看图像中的某一个部分，除去使用【抓手工具】查看图像，在使用其他工具时按空格键拖动鼠标就可以显示所要显示的部分，可以拖动水平和垂直滚动条来查看图像。

1.3 制作旅游杂志封面

新颖独特视角观点、专业实用的文章内容是杂志成功的基石，但杂志的包装设计同样非常重要。说到包装，杂志的封面是读者取阅至关重要的一方面，设计精美富有吸引力，选用色彩富有视觉冲击效果。杂志的装帧设计，以专业视角、美术观点按主题系列进行设计和插图。旅游杂志封面制作完成后的效果如图 1-39 所示。

图 1-39　旅游杂志封面

素材	素材 \Cha01\ 旅游背景 .jpg、条形码 .jpg
场景	场景 \Cha01\ 制作旅游杂志封面 .psd
视频	视频教学 \Cha01\1.3　制作旅游杂志封面 .mp4

01 按 Ctrl+O 快捷键，弹出【打开】对话框，选择“旅游背景 .jpg”素材文件，单击【打开】按钮，如图 1-40 所示。

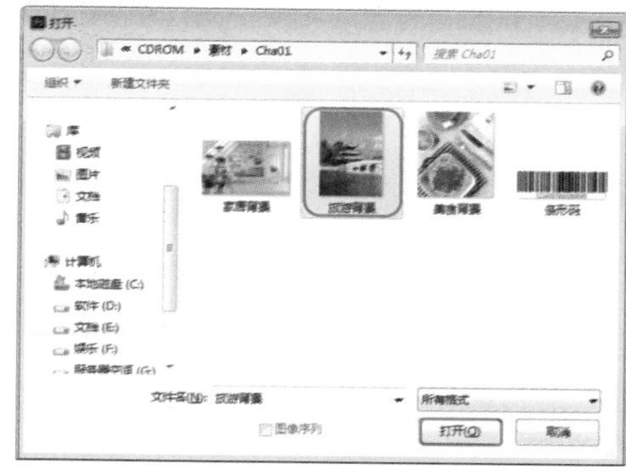

图 1-40　选择素材文件

02 使用【矩形工具】绘制一个矩形。将 W 和 H 分别设置为 450、1611，【填充】设置为白色，【描边】设置为无，如图 1-41 所示。

03 使用【直排文字工具】输入文本，将【字体】设置为【微软雅黑】，【字体样式】设置为 Bold，【字体大小】设置为 106，【字符间距】设置为 0，【颜色】设置为 #019ae8，如图 1-42 所示。

图 1-41　绘制矩形　　图 1-42　设置文本参数

04 使用【直排文字工具】输入文本，将【字体】设置为【微软雅黑】，【字体样式】设置为 Regular，【字体大小】设置为 9.3，【颜色】设置为黑色，如图 1-43 所示。

05 使用【直排文字工具】输入文本，将【字体】设置为【方正粗倩简体】，【字体大小】设置为 60，【颜色】设置为 #019ae8，如图 1-44 所示。

06 使用【直排文字工具】输入文本，将【字体】设置为【微软雅黑】，【字体样式】

设置为 Regular，【字体大小】设置为 23，【字符间距】设置为 20，【颜色】设置为黑色，如图 1-45 所示。

图 1-43　设置文本参数 (1)

图 1-44　设置文本参数 (2)

图 1-45　设置文本参数 (3)

07 按 Ctrl+O 快捷键，弹出【打开】对话框，选择“条形码.jpg”素材文件，单击【打开】按钮，如图 1-46 所示。

08 单击工具箱中的【魔术橡皮擦】按钮，在空白区域上单击鼠标，如图 1-47 所示。

图 1-46　选择素材文件

图 1-47　在空白处单击鼠标

知识链接：背景橡皮擦工具

【背景橡皮擦工具】会抹除图层上的像素，使图层透明。还可以抹除背景，同时保留对象中与前景相同的边缘。通过指定不同的取样和容差选项，可以控制透明度的范围和边界的锐化程度。

【背景橡皮擦工具】的选项栏如图 1-48 所示。其中包括【画笔】设置项、【限制】下拉列表、【容差】设置框、【保护前景色】复选框以及取样设置等。

图 1-48　【背景橡皮擦工具】选项栏

- 【画笔】设置项：用于选择形状。
- 【连续】：单击此按钮，擦除时会自动选择所擦除的颜色为标本色，此按钮用于抹去不同颜色的相邻范围。在擦除一种颜色时，【背景橡皮擦工具】不能超过这种颜色与其他颜色的边界而完全进入另一种颜色，因为这时已不再满足相邻范围这个条件。当【背景橡皮擦工具】完全进入另一种颜色时，标本色即随之变为当前颜色，也就是说，现在所在颜色的相邻范围为可擦除的范围。
- 【一次】：单击此按钮，擦除时首先在要擦除的颜色上单击以选定标本色，这时标本色已固定，然后就可以在图像上擦除与标本色相同的颜色范围了。每次单击选定标本色只能做一次连续的擦除，如果想继续擦除，则必须重新单击选定标本色。
- 【柔和度】：该选项用于设置替换颜色后的柔和程度。
- 【背景色板】：单击此按钮，也就是在擦除之前选定好背景色（即选定好标本色），就可以擦除与背景色相同的色彩范围了。
- 【限制】下拉列表：用于选择【背景橡皮擦工具】

的擦除界线，包括以下3个选项。

- 【不连续】：在选定的色彩范围内，可以多次重复擦除。
- 【连续】：在选定的色彩范围内，只可以进行一次擦除。也就是说，必须在选定的标本色内连续擦除。
- 【查找边缘】：在擦除时，保持边界的锐度。
- 【容差】设置框：可以输入数值或者拖动滑块来调节容差。数值越低，擦除的范围就越接近标本色。大的容差会把其他颜色擦成半透明的效果。
- 【保护前景色】复选框：用于保护前景色，使之不会被擦除。

在Photoshop CC 2018中是不支持背景图层有透明部分的，而【背景橡皮擦工具】则可直接在背景图层上擦除，擦除后，Photoshop CC 2018会自动把背景图层转换为普通图层。

09 使用【移动工具】选择如图1-49所示的条形码对象，将其拖曳至当前场景中。

图1-49 去除背景后的效果

10 按Ctrl+T快捷键，调整对象的大小及位置，效果如图1-50所示。

图1-50 调整条形码的位置及大小

疑难解答 如何快速选择【魔术橡皮擦工具】？

按Ctrl+E快捷键可对3款橡皮擦工具快速切换。

11 使用【横排文字工具】输入文本，将【字体】设置为【微软雅黑】，【字体样式】设置为Bold，【字体大小】设置为20，【字符间距】设置为40，【颜色】设置为白色，如图1-51所示。

图1-51 设置文本参数

12 在【图层】面板中选中输入的文本图层，单击【添加图层样式】按钮，在弹出的下拉菜单中选择【投影】命令，如图1-52所示。

图1-52 选择【投影】命令

知识链接：风格定位

本杂志需具备大气感、厚重感、渲染力、亲和力、耐读性、实用性的特点。突出杂志的高品位和高质量，如采用125～150克铜版纸彩印，封面覆亚膜等；针对页面内容选配和谐精美的背景画面，具有选材新颖、专题突出、设计精美等特点。体现一种价值、一种引领、一种氛围、一种影响力，使读者在杂志的文化厚重中感受旅游的真谛，耐人深思回味。

13 弹出【图层样式】对话框，勾选【投影】复选框，将【混合模式】设置为【正常】，【颜色】设置为黑色，【不透明度】设置为100，【角度】设置为90，【距离】、【扩展】、【大小】分别设置为8、10、4，单击【确定】按钮，如图1-53所示。

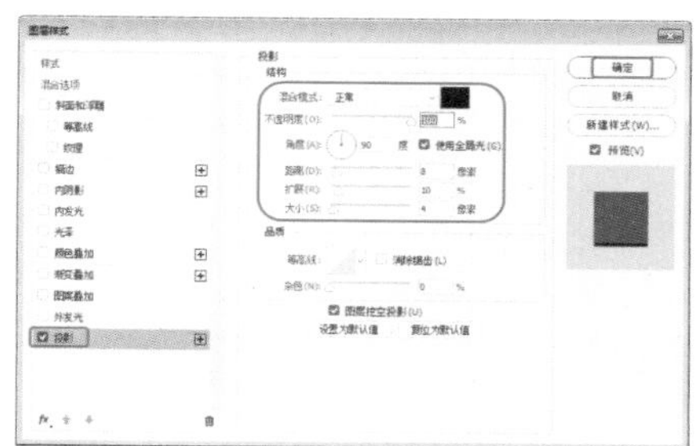

图1-53 设置投影参数

14 确认选中文本，按住 Alt 键拖动鼠标左键，对文本进行复制，然后更改文本内容，如图 1-54 所示。

图 1-54 更改文本内容

15 使用【横排文字工具】T.输入文本，将【字体】设置为【方正大黑简体】，【字体大小】设置为 90，【颜色】设置为白色，如图 1-55 所示。

图 1-55 设置文本参数

16 在【图层】面板中选择【开启你惬意的美食之旅】图层，在【投影】效果上单击鼠标右键，在弹出的快捷菜单中选择【拷贝图层样式】命令，如图 1-56 所示。

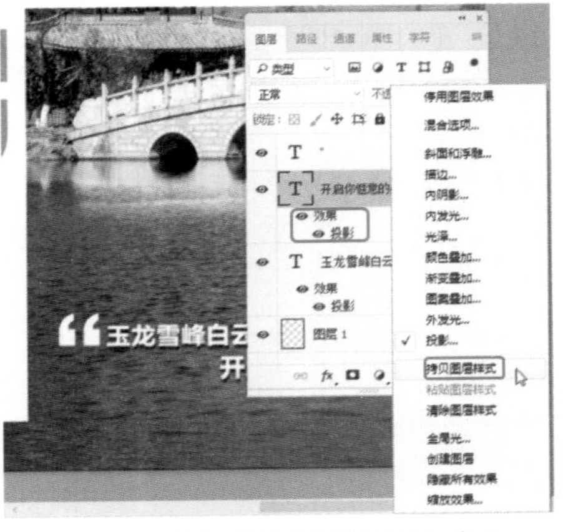

图 1-56 选择【拷贝图层样式】命令

17 选择“图层，单击鼠标右键，在弹出的快捷菜单中选择【粘贴图层样式】命令，如图 1-57 所示。

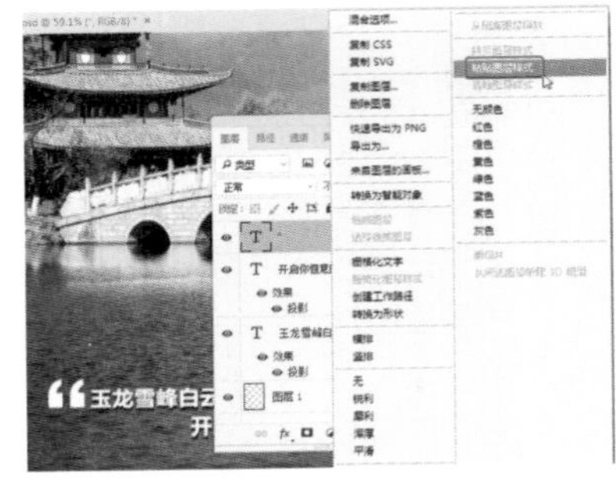

图 1-57 选择【粘贴图层样式】命令

18 最终旅游杂志封面效果如图 1-58 所示。

图 1-58 旅游杂志封面

1.4 制作戏曲文化杂志封面

中国戏曲主要是由民间歌舞、说唱和滑稽戏 3 种不同艺术形式综合而成。它起源于原始歌舞，是一种历史悠久的综合舞台艺术样式。经过汉、唐到宋、金才形成比较完整的戏曲艺术，它由文学、音乐、舞蹈、美术、武术、杂技以及表演艺术综合而成，有 360 多个种类。它的特点是将众多艺术形式以一种标准聚合在一起，在共同具有的性质中体现其各自的个性。 中国的戏曲与希腊悲剧和喜剧、印度梵剧并称为世界三大古老的戏剧文化，经过长期的发展演变，逐步形成了以京剧、越剧、黄梅戏、评剧、豫剧五大戏曲剧种为核心的中华戏曲百花苑。戏曲文化杂志封面制作完成后的效果如图 1-59 所示。

图 1-59　戏曲文化杂志封面

素材	素材 \Cha01\ 戏曲背景 .jpg、人物素材 .png、条形码 .jpg
场景	场景 \Cha01\ 制作戏曲文化杂志封面 .psd
视频	视频教学 \Cha01\1.4　制作戏曲文化杂志封面 .mp4

01 按 Ctrl+O 快捷键，弹出【打开】对话框，选择“戏曲背景 .jpg”素材文件，单击【打开】按钮，如图 1-60 所示。

图 1-60　选择素材文件

02 单击工具箱中的【修补工具】按钮，在工具选项栏中单击【新选区】按钮，将【修补】设置为【内容识别】，【结构】设置为 7，【颜色】设置为 4，选择如图 1-61 所示的区域。

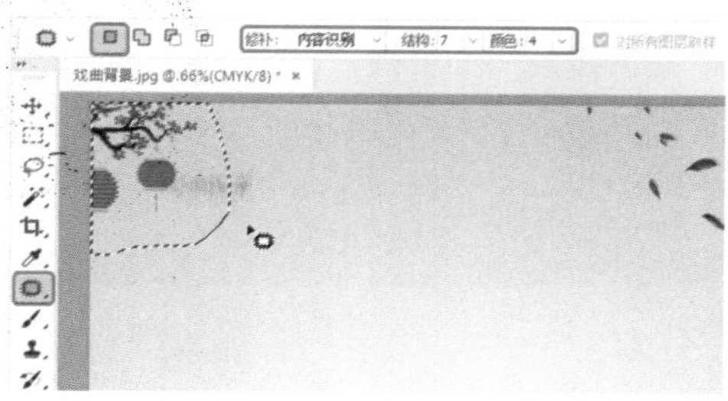

图 1-61　选择区域

疑难解答　【修补工具】的作用是什么？

【修补工具】会将样本像素的纹理、光照和阴影与源像素进行匹配。

03 按住鼠标左键向右拖动，修补后的效果如图 1-62 所示。

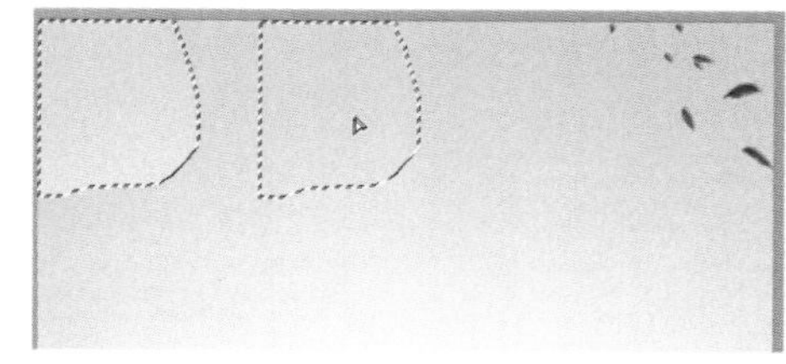

图 1-62　修补对象

提　示

在 Photoshop CC 中，如果要取消选区的选择，可以按 Ctrl+D 快捷键，也可以在菜单栏中选择【选择】|【取消选择】命令。

04 在菜单栏中选择【文件】|【置入嵌入对象】命令，如图 1-63 所示。

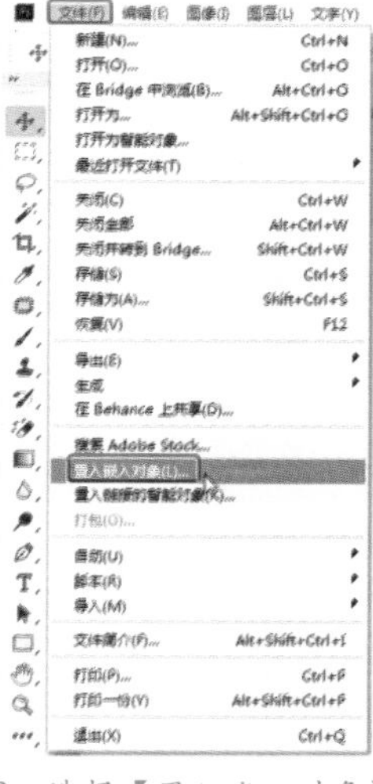

图 1-63　选择【置入嵌入对象】命令

知识链接：菜单栏

Photoshop CC 中共有 11 个主菜单，如图 1-64 所示。每个菜单内都包含相同类型的命令。例如，【文件】菜单中包含的是用于设置文件的各种命令、【滤镜】菜单中包含的是各种滤镜。

文件(F) 编辑(E) 图像(I) 图层(L) 文字(Y) 选择(S) 滤镜(T) 3D(D) 视图(V) 窗口(W) 帮助(H)

图 1-64　菜单栏

单击一个菜单的名称即可打开该菜单；在菜单中，不同功能的命令之间采用分隔线进行分隔，带有黑色三角标记的命令表示还包含下拉菜单，将光标移动到该命令上，即可显示下拉菜单。如图 1-65 所示为【模糊】|【动感模糊】下的子菜单。

选择菜单中的一个命令便可以执行该命令，如果命令后面附有快捷键，则无须打开菜单，直接按快捷键即可执行该命令。例如，按 Alt+Ctrl+I 快捷键，可以执行【图像】|【图像大小】命令，如图 1-66 所示。

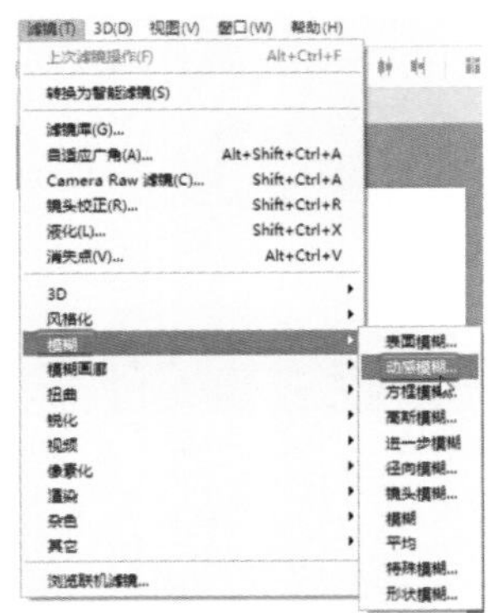

图 1-65　子菜单

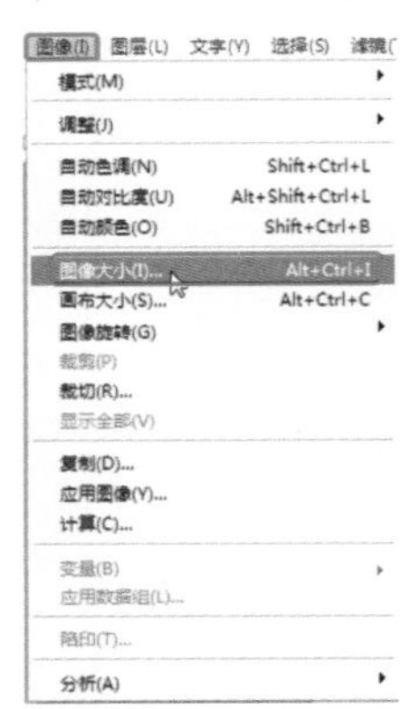

图 1-66　带有快捷键的菜单

有些命令只提供了字母，要通过快捷方式执行这样的命令，可以按住 Alt 键 + 主菜单的字母。使用字母执行命令的操作方法如下。

01 打开一个图像文件，按住 Alt 键，然后按 E 键，打开【编辑】下拉菜单栏，如图 1-67 所示。

02 然后按 L 键，即可弹出【填充】对话框，如图 1-68 所示。

如果一个命令的名称后面带有 ... 符号，表示执行该命令时将弹出一个对话框，如图 1-69 所示。

如果菜单中的命令显示为灰色，则表示该命令在当前状态下不能使用。

下拉列表会因所选工具的不同而显示不同的内容。例如，使用【画笔工具】时，显示的下拉列表是画笔选项设置面板，而使用【渐变工具】时，显示的下拉列表则是渐变编辑面板。在图层上单击鼠标右键也可以显示工具菜单。如图 1-70 所示为当前工具为【裁剪工具】快捷菜单。

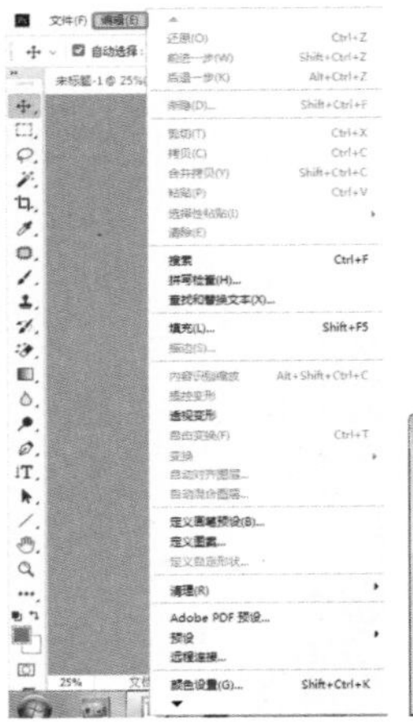

图 1-67　【编辑】菜单栏

图 1-68　【填充】对话框

图 1-69　带有 ... 符号的命令

图 1-70　裁剪工具菜单

05 弹出【置入嵌入的对象】对话框，选择“人物素材.png”素材文件，单击【置入】按钮，如图 1-71 所示。

图 1-71 选择素材文件

06 调整对象的大小及位置，效果如图 1-72 所示。

图 1-72 调整对象的大小及位置

07 使用【横排文字工具】T.输入文本，将【字体】设置为【汉仪行楷简】，【字体大小】设置为 215，【字符间距】设置为 -300，【颜色】设置为 #d61619，如图 1-73 所示。

08 在【图层】面板中选择【徽剧】图层，单击【添加图层样式】按钮 fx.，在弹出的下拉菜单中选择【描边】命令，如图 1-74 所示。

图 1-73 设置文本参数

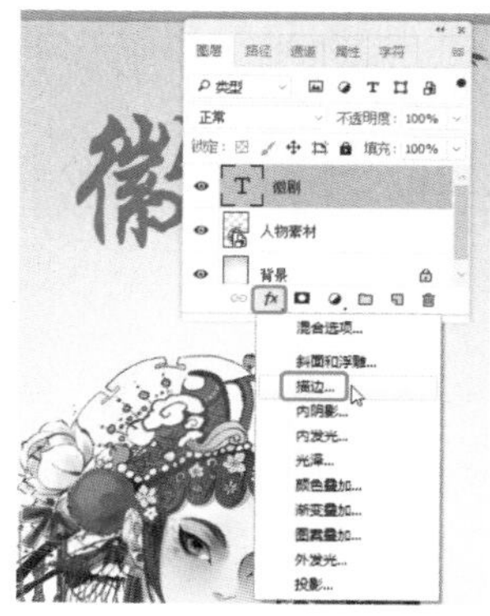

图 1-74 选择【描边】命令

09 勾选【描边】复选框，将【大小】设置为 5，【位置】设置为【外部】，【混合模式】设置为【正常】，【不透明度】设置为 100，【填充类型】设置为【颜色】，【颜色】设置为白色，如图 1-75 所示。

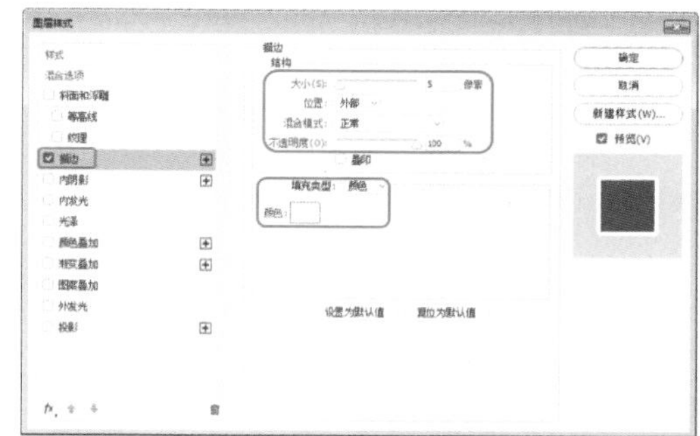

图 1-75 设置描边参数

10 勾选【外发光】复选框，将【混合模式】设置为【滤色】，【不透明度】设置为 35，【杂色】设置为 0，【颜色】设置为白色，【方法】设置为【精确】，【扩展】和【大小】分别设置为 0、40，【范围】和【抖动】分别是设置为 50、0，如图 1-76 所示。

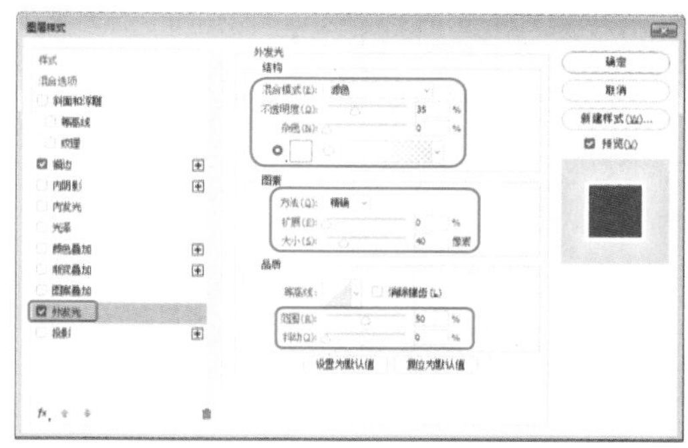

图 1-76 设置外发光参数

11 勾选【投影】复选框，【混合模式】设置为【正片叠底】，【颜色】设置为黑色，【不透明度】、【角度】、【距离】、【扩展】、【大小】分别设置为100、90、10、10、20，单击【确定】按钮，如图1-77所示。

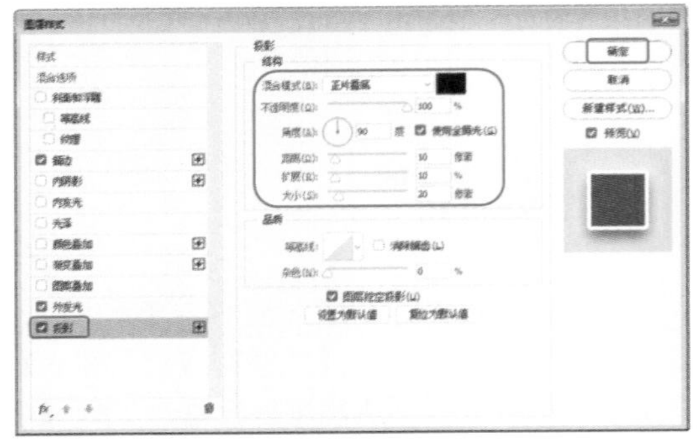

图 1-77　设置投影参数

12 返回到【图层】面板中，观察添加的图层样式，其效果如图1-78所示。

图 1-78　添加图层样式后的效果

13 使用【矩形工具】绘制矩形，将W、H分别设置为225、27，【填充】设置为#e3803d，【描边】设置为无，如图1-79所示。

图 1-79　设置矩形参数

14 使用【横排文字工具】输入文本，将【字体】设置为【方正黑体简体】，【字体大小】设置为15，【字符间距】设置为380，【颜色】设置为白色，如图1-80所示。

图 1-80　设置文本参数

15 使用【直排文字工具】输入文本，将【字体】设置为【汉仪行楷简】，【字体大小】设置为65，【字符间距】设置为-300，【颜色】设置为黑色，如图1-81所示。

图 1-81　设置文本参数

16 单击【自定形状工具】按钮，将【工具模式】设置为【形状】，【填充】设置为#8b1d23，【描边】设置为无，单击【形状】右侧的按钮，在弹出的下拉列表中单击右上角的按钮，如图1-82所示。

图 1-82　设置【自定形状工具】

17 在弹出的下拉菜单中选择【全部】命令，如图 1-83 所示。

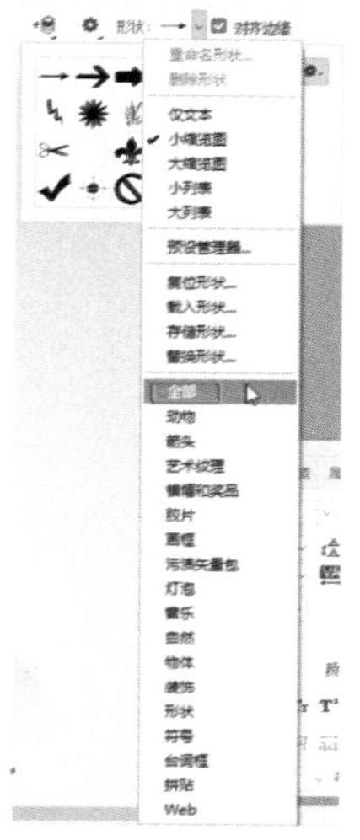

图 1-83 选择【全部】命令

18 在弹出的 Adobe Photoshop 提示框中单击【追加】按钮，如图 1-84 所示。

19 追加形状后，在【形状】下拉列表中选择如图 1-85 所示的形状。

图 1-84 单击【追加】按钮

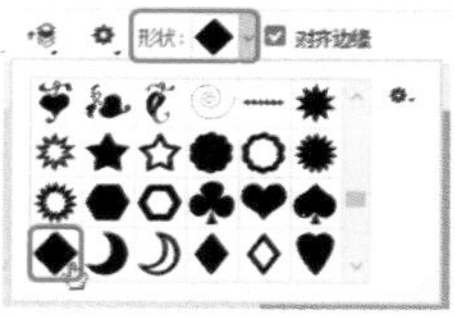

图 1-85 选择形状

20 在工作区中绘制形状，在工具选项栏中将 W 和 H 均设置为 55，如图 1-86 所示。

图 1-86 绘制形状

21 使用【直排文字工具】输入文本，将【字体】设置为【方正小标宋简体】，【字体大小】设置为 32，【字符间距】设置为 380，【颜色】设置为 #e3803d，如图 1-87 所示。

图 1-87 设置文本参数

22 选择工具箱中的【矩形工具】，在工具选项栏中将【工具模式】设置为【形状】，将【填充】设置为 #7f1c1f，【描边】设置为无，绘制一个矩形。将 W、H 分别设置为 46、121，如图 1-88 所示。

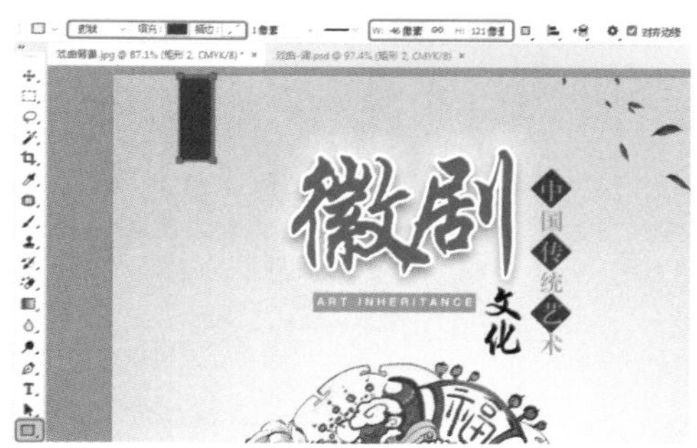

图 1-88 设置矩形参数

23 使用【直排文字工具】输入文本，将【字体】设置为【微软雅黑】，【字体大小】设置为 26，【字符间距】设置为 300，【颜色】设置为白色，如图 1-89 所示。

图 1-89 设置文本参数

24 使用【矩形工具】□绘制一个矩形，将W、H均设置为33，【填充】设置为#d71518，【描边】设置为无，然后对矩形进行复制，如图1-90所示。

图1-90 设置矩形参数

25 使用【横排文字工具】T分别输入“生”“旦”“净”“丑”文本，将【字体】设置为【创艺简老宋】，【字体大小】设置为26，【颜色】设置为白色，如图1-91所示。

图1-91 设置文本参数(1)

26 使用【直排文字工具】IT输入文本，将【字体】设置为【汉仪大宋简】，【字体大小】设置为20，【行距】设置为24，【字符间距】设置为0，【水平缩放】设置为87，【颜色】设置为#d61619，如图1-92所示。

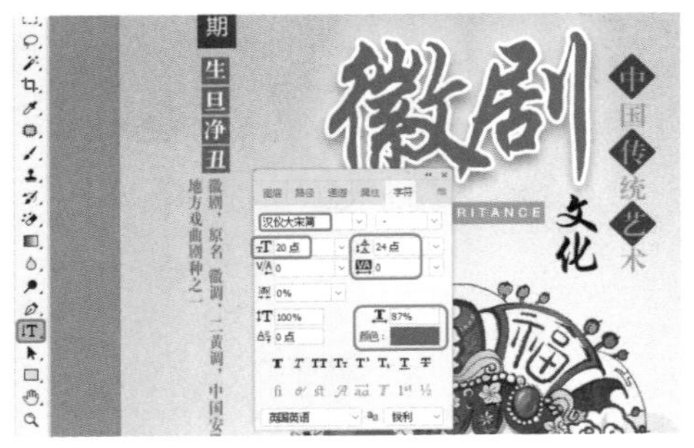

图1-92 设置文本参数(2)

27 使用【直排文字工具】IT输入文本，将【字体】设置为【汉仪大宋简】，【字体大小】设置为24，【字符间距】设置为-10，【水平缩放】设置为87，【颜色】设置为黑色，如图1-93所示。

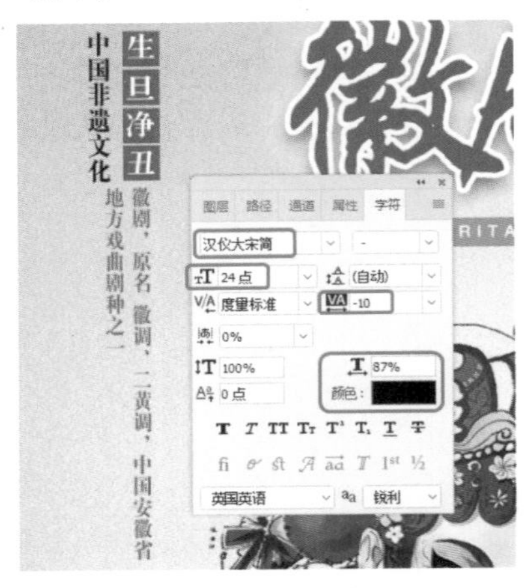

图1-93 设置文本参数(3)

28 使用【直排文字工具】IT输入文本，将【字体】设置为【微软雅黑】，【字体大小】设置为9.6，【字符间距】设置为-25，【水平缩放】设置为100，【颜色】设置为黑色，如图1-94所示。

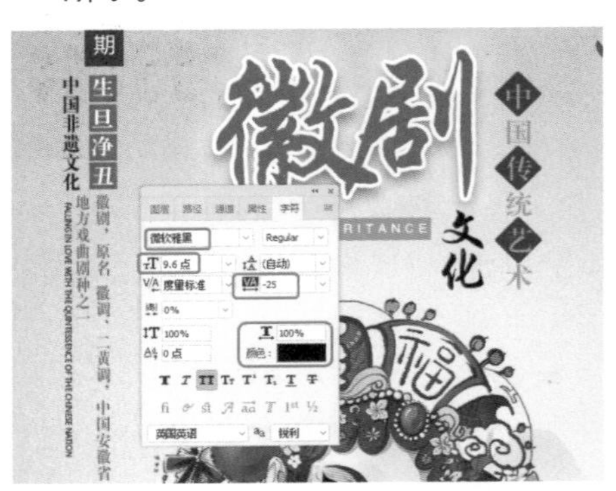

图1-94 设置文本参数(4)

29 使用【直排文字工具】IT输入文本，将【字体】设置为【微软雅黑】，【字体大小】设置为12，【字符间距】设置为0，【颜色】设置为黑色，如图1-95所示。

30 使用【直排文字工具】IT输入文本，将【字体】设置为Century Gothic，【字体大小】设置为9，【字符间距】设置为0，【颜色】设置为黑色，如图1-96所示。

图 1-95 设置文本参数 (5)

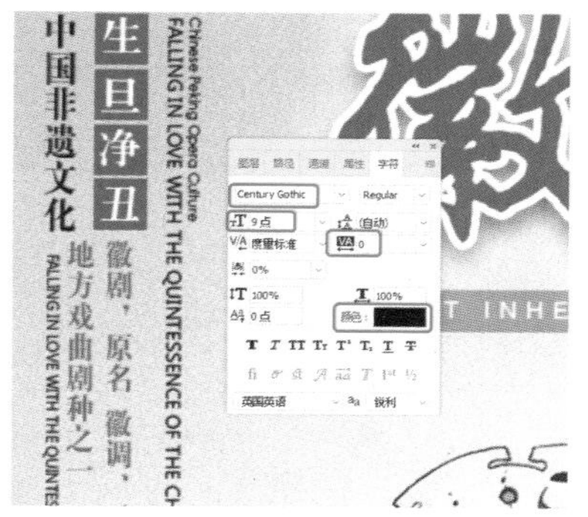
图 1-96 设置文本参数 (6)

31 使用【直排文字工具】 输入文本，将【字体】设置为【微软雅黑】，【字体大小】设置为 15，【字符间距】设置为 1090，【颜色】设置为 #585757，如图 1-97 所示。

图 1-97 设置文本参数 (7)

32 使用【椭圆工具】 绘制一个正圆形。将 W 和 H 均设置为 53，【填充】设置为 #901e23，【描边】设置为无，如图 1-98 所示。

33 使用【直排文字工具】 输入文本，将【字体】设置为【方正黑体简体】，【字体大小】设置为 23，【字符间距】设置为 -80，【颜色】设置为白色，如图 1-99 所示。

图 1-98 设置正圆形参数

图 1-99 设置文本参数

34 使用【直线工具】，在工具选项栏中将【工具模式】设置为【形状】，【填充】设置为无，【描边】设置为 #716d6d，【描边宽度】设置为 0.8，单击【描边类型】倒三角按钮，在弹出的下拉面板中单击【更多选项】按钮，如图 1-100 所示。

图 1-100 设置直线参数

35 弹出【描边】对话框，勾选【虚线】复选框，将【虚线】和【间隙】均设置为 8，单击【确定】按钮，如图 1-101 所示。

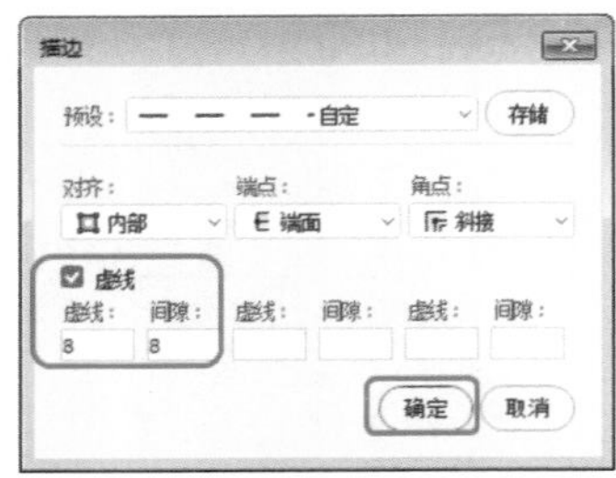

图 1-101 设置描边参数

36 将【粗细】设置为 1，在工作区中绘制垂直线段，效果如图 1-102 所示。

图 1-102 绘制垂直线段

知识链接：戏曲音乐

戏曲音乐是中国民间音乐的一种体裁。它是戏曲艺术中表现人物思想感情，刻画人物性格，烘托舞台气氛的重要艺术手段之一，也是区别不同剧种的重要标志。它来源于民歌、曲艺、舞蹈、器乐等多种音乐成分，是中国民间音乐的重要组成部分。这种戏剧音乐有自己特有的结构形式、表现手法、艺术技巧，具有强烈的民族艺术风格。从音乐的角度看，戏曲属于中国人的音乐戏剧。它与西方歌剧及其作曲家个人专业创作的音乐传统有明显的区别。

37 在菜单栏中选择【文件】|【置入嵌入对象】命令，弹出【置入嵌入的对象】对话框，选择“条形码.jpg”素材文件，单击【置入】按钮，如图 1-103 所示。

38 调整条形码的大小及位置，在【图层】面板中将【混合模式】设置为【正片叠底】，如图 1-104 所示。

图 1-103 选择素材文件

图 1-104 设置混合模式

1.5 制作时尚杂志

在中国，时尚杂志还不成体系；相对而言在服饰风格这方面，日本是一个有十分明显划分的国家，他们喜欢把自己的风格定成系/类，时尚杂志在日本体系鲜明。刊物分类也很经典，欧美地区不等。本案例讲解时尚杂志的制作方法，效果如图 1-105 所示。

图 1-105 时尚杂志

素材	素材 \Cha01\ 时尚杂志背景 .jpg、条形码 .jpg
场景	场景 \Cha01\ 制作时尚杂志 .psd
视频	视频教学 \Cha01\1.5 制作时尚杂志 .mp4

01 按 Ctrl+N 快捷键，弹出【新建文档】对话框，将【单位】设置为像素，【宽度】和【高度】分别设置为 1600、2368，单击【创建】按钮，如图 1-106 所示。

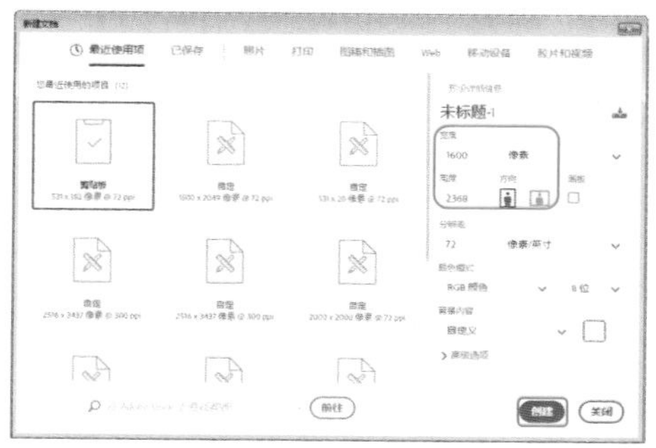

图 1-106 【新建文档】对话框

02 在菜单栏中选择【文件】|【置入嵌入对象】命令，弹出【置入嵌入的对象】对话框，选择“时尚杂志背景.jpg”素材文件，单击【置入】按钮，调整素材文件的位置及大小，如图 1-107 所示。

图 1-107 调整素材大小

疑难解答 如何快速使用变换工具?

按 Ctrl+T 快捷键可快速使用变换工具。

03 使用【横排文字工具】T.输入文本，将【字体】设置为【方正超粗黑简体】，【字体大小】设置为 305，【字符间距】设置为 75，【颜色】设置为 #bb996f，单击【仿斜体】按钮 T，如图 1-108 所示。

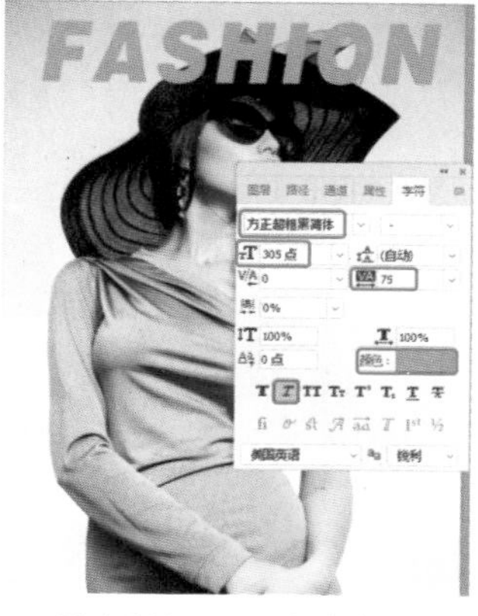

图 1-108 设置文本参数

04 在【图层】面板中，双击文本图层，弹出【图层样式】对话框，勾选【投影】复选框，将【混合模式】设置为【正片叠底】，【颜色】设置为黑色，【不透明度】、【角度】、【距离】、【扩展】和【大小】分别设置为 81、90、3、0、3，单击【确定】按钮，如图 1-109 所示。

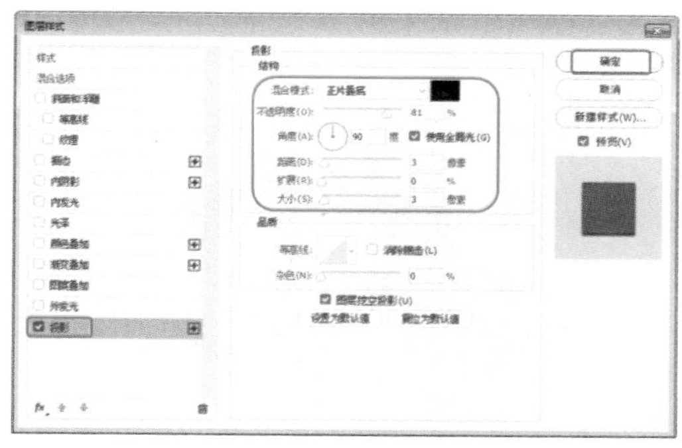

图 1-109 设置投影参数

05 添加投影后的效果如图 1-110 所示。

图 1-110 添加投影效果

06 使用【横排文字工具】T输入文本，将【字体】设置为【微软简综艺】，【字体大小】设置为 72，【行距】设置为 85，【颜色】设置为 #b7601b，如图 1-111 所示。

图 1-111 设置文本参数

07 使用【横排文字工具】T输入文本，将【字体】设置为【方正小标宋简体】，【字体大小】设置为 72，【行距】设置为 82，【颜色】设置为白色，如图 1-112 所示。

图 1-112 设置文本参数

08 在【图层】面板中，双击文本图层，弹出【图层样式】对话框，勾选【投影】复选框，将【混合模式】设置为【正片叠底】，【颜色】设置为黑色，【不透明度】、【角度】、【距离】、【扩展】和【大小】分别设置为 75、90、5、0、5，单击【确定】按钮，如图 1-113 所示。

09 添加投影后的效果如图 1-114 所示。

10 使用同样的方法，制作其他文本内容，如图 1-115 所示。

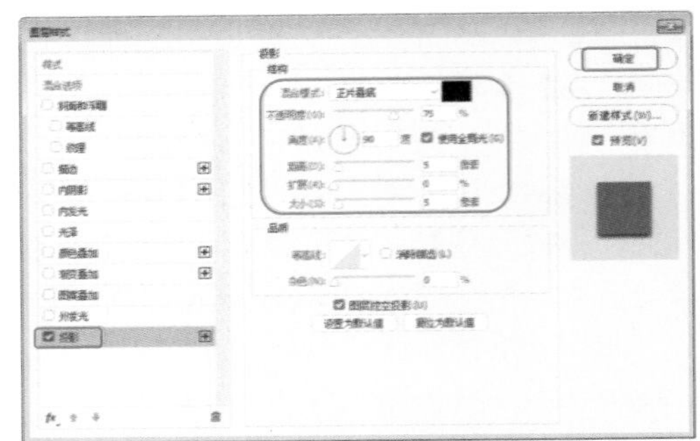

图 1-113 设置投影参数

图 1-114 添加投影效果

图 1-115 制作其他文本内容

11 使用【横排文字工具】T输入文本，将【字体】设置为【微软雅黑】，【字体大小】设置为 177，【颜色】设置为 #ec2121，单击【仿斜体】按钮 T，如图 1-116 所示。

12 选择"种"文本，将【字体大小】设置为 98，如图 1-117 所示。

图 1-116　设置文本参数 (1)

图 1-117　设置文本参数 (2)

知识链接：图像窗口

通过图像窗口可以移动整个图像在工作区中的位置。图像窗口显示图像的名称、百分比率、色彩模式以及当前图层等信息，如图 1-118 所示。

图 1-118　图像窗口

单击窗口右上角的 - 按钮，可以最小化图像窗口；单击窗口右上角的 □ 按钮，可以最大化图像窗口；单击窗口右上角的 × 按钮，则可关闭整个图像窗口。

13 使用【横排文字工具】T. 输入文本，将【字体】设置为【方正小标宋简体】，【字体大小】设置为 80，【行距】设置为 90，【颜色】设置为 #e8781e，如图 1-119 所示。

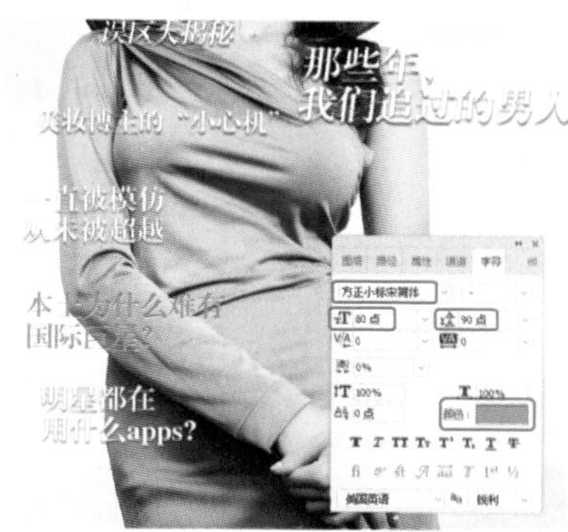

图 1-119　设置文本参数

14 使用【横排文字工具】T. 输入文本，将【字体】设置为【方正超粗黑简体】，【字体大小】设置为 166，【字符间距】设置为 50，【颜色】设置为 #b76d0d，单击【仿斜体】按钮 T，如图 1-120 所示。

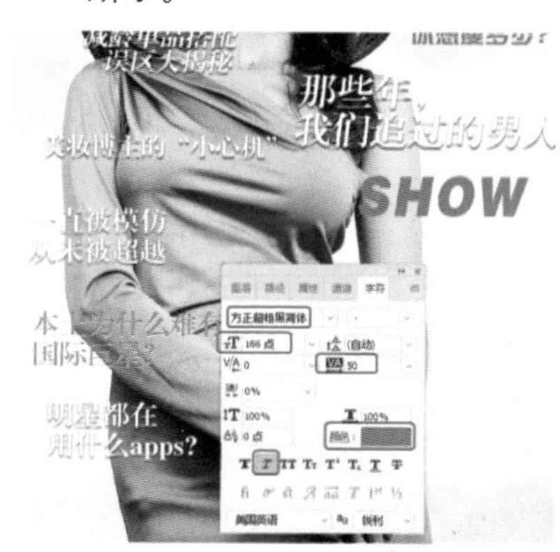

图 1-120　设置文本参数

15 在【图层】面板中，双击文本图层，弹出【图层样式】对话框，勾选【投影】复选框，将【混合模式】设置为【正片叠底】，【颜色】设置为黑色，【不透明度】、【角度】、【距离】、【扩展】和【大小】分别设置为 100、90、3、0、3，单击【确定】按钮，如图 1-121 所示。

16 使用【横排文字工具】T. 输入文本，将【字体】设置为【微软简综艺】，【字体大小】设置为 46，【行距】设置为 71，【字符间距】设置为 50，【颜色】设置为 #8a7775，如图 1-122 所示。

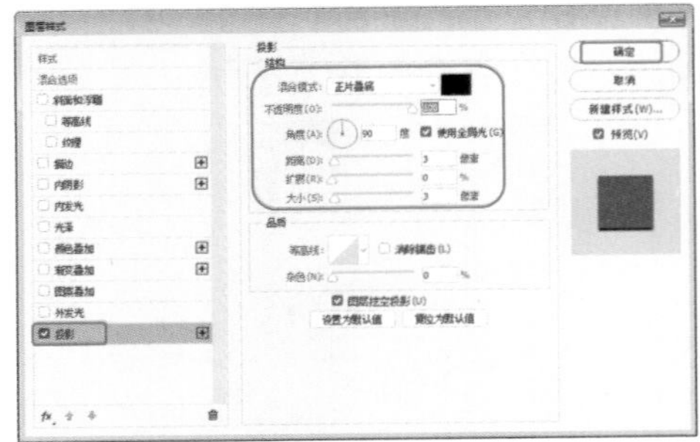

图 1-121　设置投影参数

图 1-122　设置文本参数

17 选择工具箱中的【矩形工具】，在工具选项栏中将【工具模式】设置为【形状】，【填充】设置为白色，【描边】设置为无，绘制一个矩形。将 W 和 H 分别设置为 663、270，如图 1-123 所示。

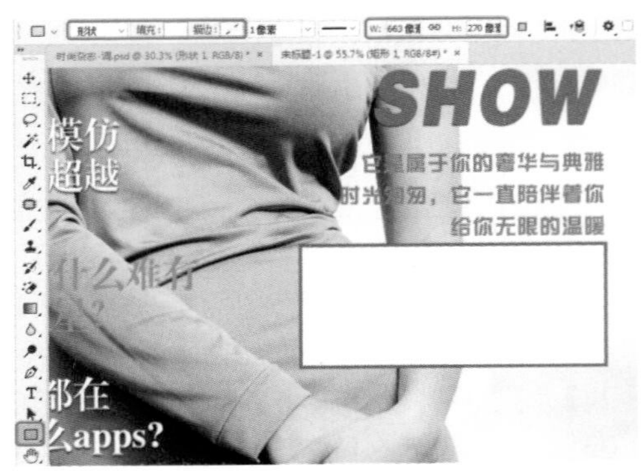

图 1-123　设置矩形参数

18 在【图层】面板中选择【矩形 1】图层，将【不透明度】设置为 70，如图 1-124 所示。

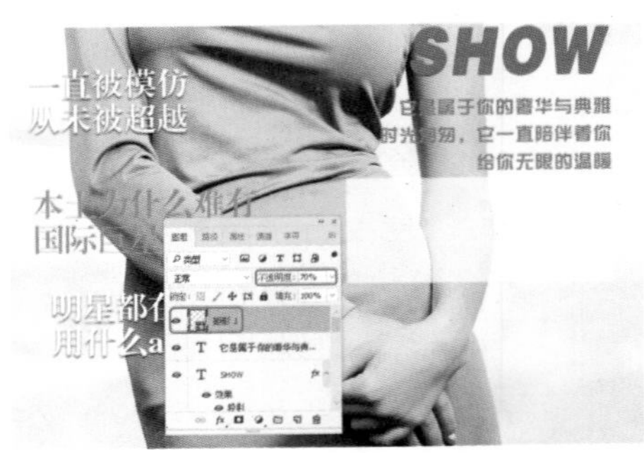

图 1-124　设置不透明度

19 使用【横排文字工具】输入文本，将【字体】设置为【汉仪菱心体简】，【字体大小】设置为 150，【字符间距】设置为 50，【颜色】设置为 #744303，如图 1-125 所示。

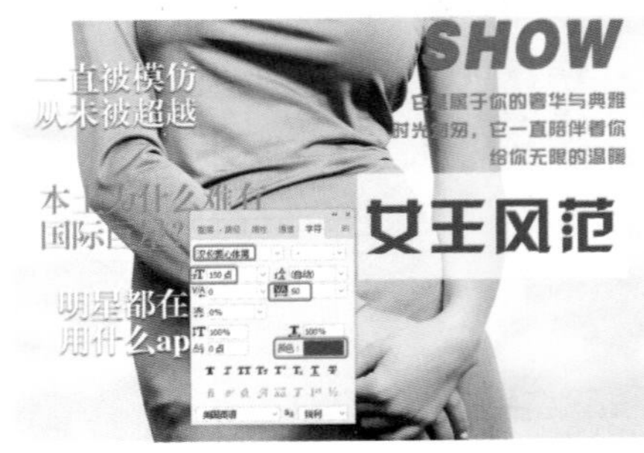

图 1-125　设置文本参数

20 使用【横排文字工具】输入文本，将【字体】设置为【微软简综艺】，【字体大小】设置为 60，【行距】设置为 100，【字符间距】设置为 50，【颜色】设置为 #b76d0d，如图 1-126 所示。

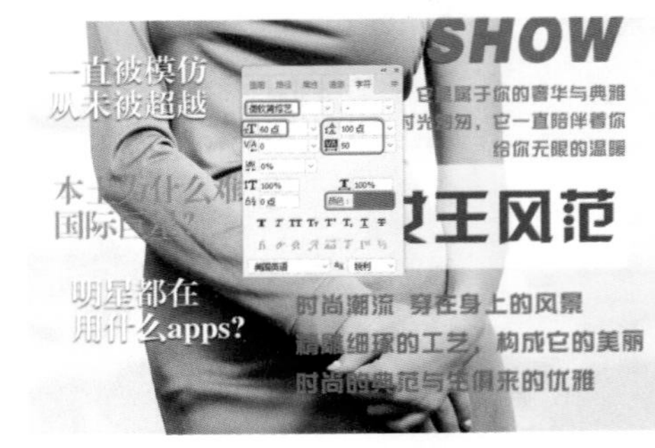

图 1-126　设置文本参数

提　示

用户可在官网自行下载所需字体。

21 在菜单栏中选择【文件】|【置入嵌入对象】命令，弹出【置入嵌入的对象】对话框，

选择“条形码.jpg”素材文件，单击【置入】按钮，如图 1-127 所示。

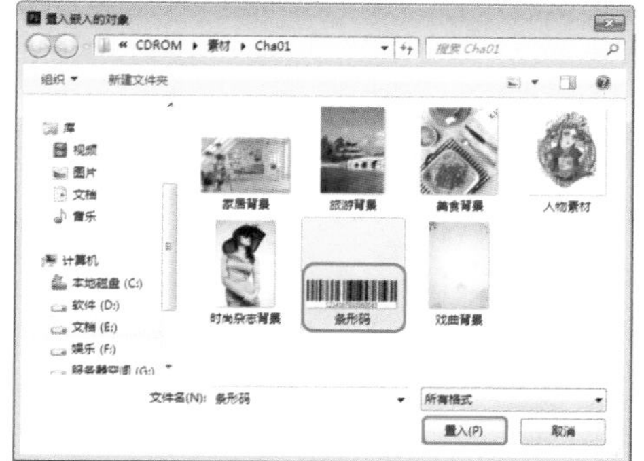

图 1-127　选择素材文件

22 置入素材文件后调整大小及位置，在【图层】面板中选择【条形码】图层，将【混合模式】设置为【正片叠底】，如图 1-128 所示。

图 1-128　设置图层混合模式

23 使用【横排文字工具】T. 输入文本，将【字体】设置为【方正小标宋简体】，【字体大小】设置为 28，【字符间距】设置为 0，【颜色】设置为黑色，如图 1-129 所示。

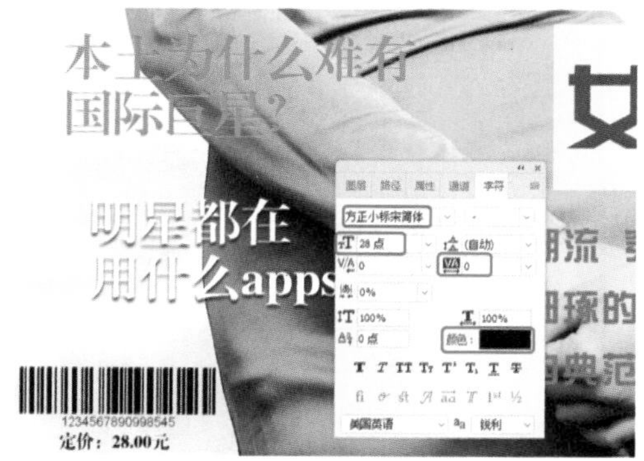

图 1-129　设置文本参数

24 时尚杂志最终效果如图 1-130 所示。

图 1-130　时尚杂志

1.6 制作汽车杂志封面

《汽车杂志》是一本在中国大陆创刊最早、发行量最大、版面最多的高端时尚汽车专业媒体。致力于提供最新、最权威、最全面、最客观的汽车资讯。汽车杂志封面制作完成后的效果如图 1-131 所示。

图 1-131　汽车杂志封面

素材	素材 \Cha01\ 汽车 1.jpg~ 汽车 4.jpg
场景	场景 \Cha01\ 制作汽车杂志封面 .psd
视频	视频教学 \Cha01\1.6　制作汽车杂志封面 .mp4

01 按 Ctrl+N 快捷键，弹出【新建文档】对话框，将【单位】设置为【像素】，【宽度】和【高度】分别设置为 1000、1102，单击【创建】按钮，如图 1-132 所示。

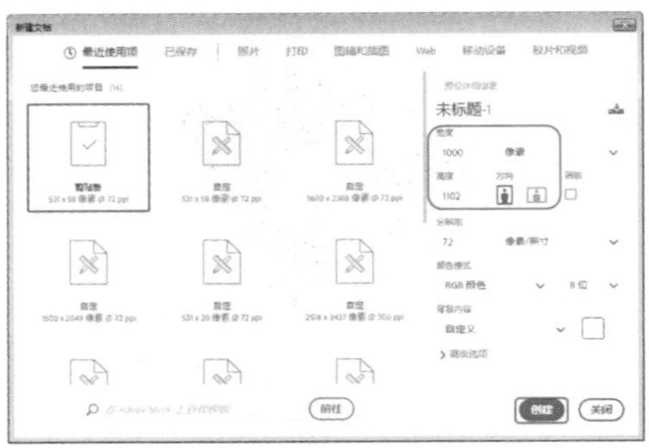

图 1-132　【新建文档】对话框

02 选择工具箱中的【矩形工具】▭，在工具选项栏中将【工具模式】设置为【形状】，【填充】设置为 #e71f19，【描边】设置为无，绘制一个矩形。将 W 和 H 分别设置为 1000、279，如图 1-133 所示。

图 1-133　设置矩形参数

03 在菜单栏中选择【文件】|【置入嵌入对象】命令，弹出【置入嵌入的对象】对话框，选择"汽车 1.jpg"素材文件，单击【置入】按钮，如图 1-134 所示。

图 1-134　选择素材文件

04 调整素材文件的位置及大小，效果如图 1-135 所示。

图 1-135　调整素材文件位置

05 在菜单栏中选择【文件】|【置入嵌入对象】命令，弹出【置入嵌入的对象】对话框，选择"汽车 2.jpg"素材文件，单击【置入】按钮，如图 1-136 所示。

图 1-136　选择素材文件

06 调整素材文件的位置及大小，效果如图 1-137 所示。

图 1-137　调整素材文件位置

07 使用【横排文字工具】 T. 分别输入“汽车”“杂志”文本，将【字体】设置为【方正粗宋简体】，【字体大小】设置为 125，【字符间距】设置为 0，【颜色】设置为 #fef7e8，如图 1-138 所示。

图 1-138 设置文本参数

08 在【图层】面板中，双击文本图层，弹出【图层样式】对话框，勾选【投影】复选框，将【混合模式】设置为【正片叠底】，【颜色】设置为 #6c6967，【不透明度】、【角度】、【距离】、【扩展】和【大小】分别设置为 100、90、14、13、10，如图 1-139 所示。

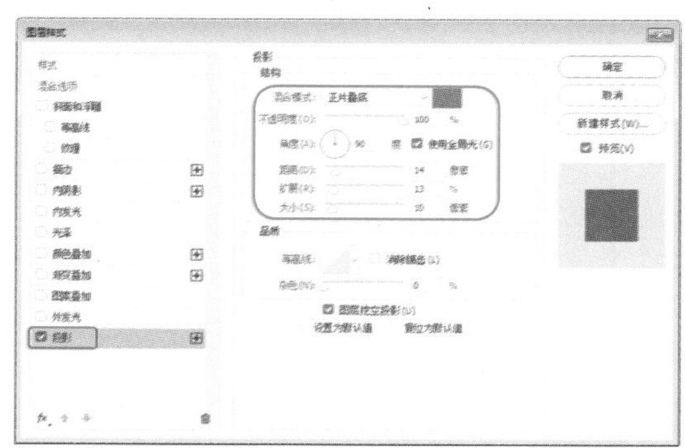

图 1-139 设置投影参数

09 单击【确定】按钮，为【杂志】文本添加相同的投影效果，如图 1-140 所示。

10 使用【横排文字工具】 T. 输入文本，将【字体】设置为【方正粗宋简体】，【字体大小】设置为 27，【字符间距】设置为 0，【颜色】设置为 #fef7e8，如图 1-141 所示。

11 选择工具箱中的【矩形工具】 □，在工具选项栏中将【工具模式】设置为【形状】，【填充】设置为 #a39d97，【描边】设置为无，绘制矩形，将 W 和 H 分别设置为 385、225，如图 1-142 所示。

图 1-140 添加【投影】效果

图 1-141 设置文本参数

图 1-142 设置矩形参数

12 在【图层】面板中选择【矩形 2】图层，将【不透明度】设置为 80，如图 1-143 所示。

图 1-143　设置矩形不透明度

知识链接：工具选项栏

大多数工具的选项都会在该工具的选项栏中显示。选择【移动工具】后的选项栏如图 1-144 所示。

图 1-144　工具选项栏

选项栏与工具相关，并且会随所选工具的不同而变化。选项栏中的一些设置对于许多工具都是通用的，但是有些设置则专用于某个工具。

13 使用【横排文字工具】 T. 输入文本，将【字体】设置为【方正粗宋简体】，【字体大小】设置为 72，【行距】设置为 80，【字符间距】设置为 0，【颜色】设置为白色，如图 1-145 所示。

图 1-145　设置文本参数

知识链接：工具箱

第一次启动应用程序时，工具箱将出现在屏幕的左侧，可通过拖动工具箱的标题栏来移动它。通过选择【窗口】|【工具】命令，用户也可以显示或隐藏工具箱。Photoshop CC 的工具箱如图 1-146 所示。

单击工具箱中的一个工具即可选择该工具，将光标停留在一个工具上，会显示该工具的名称和快捷键，如图 1-147 所示。也可以按下工具的快捷键来选择相应的工具。右下角带有三角形图标的工具表示这是一个工具组，在这样的工具上按住鼠标可以显示隐藏的工具，如图 1-148 所示。将光标移至隐藏的工具上，然后释放鼠标，即可选择该工具。

图 1-146　工具箱　　图 1-147　显示工具的名称和快捷键

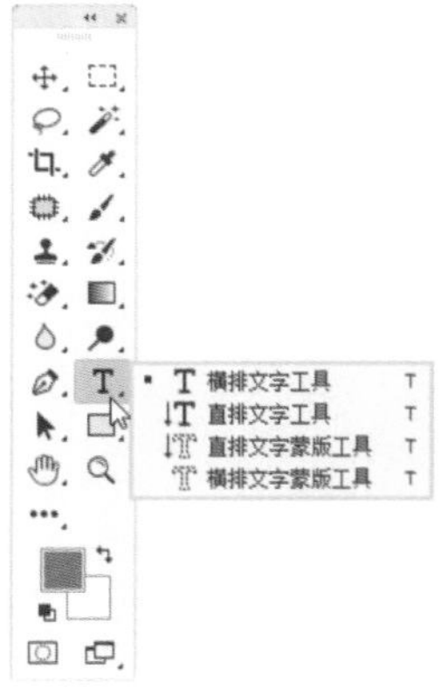

图 1-148　显示隐藏工具

14 使用【横排文字工具】 T. 分别输入“关于”“漂移”文本，将【字体】设置为【微软简综艺】，【字体大小】设置为 120，【字符间距】设置为 0，【颜色】设置为白色，如图 1-149 所示。

15 使用相同的方法，输入其他文本，设置不同的字体、字号以及颜色，如图 1-150 所示。

图 1-149　设置文本参数

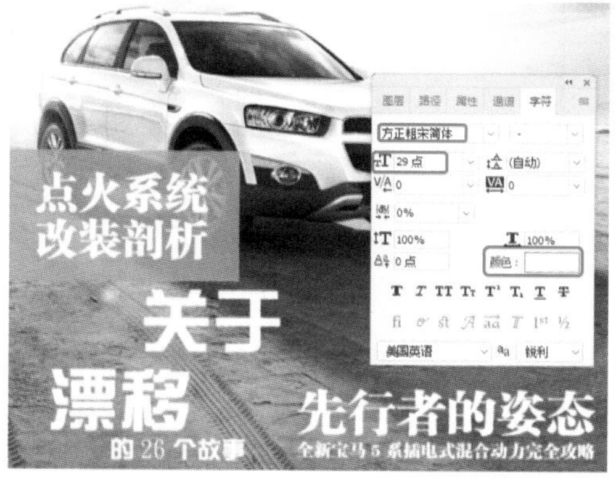
图 1-150　设置文本后的效果

16 使用【椭圆工具】◯.绘制一个正圆形。将 W 和 H 均设置为 212，设置任意填充颜色，【描边】设置为白色，【描边宽度】设置为 5，设置描边类型，如图 1-151 所示。

图 1-151　设置椭圆参数

17 在菜单栏中选择【文件】|【置入嵌入对象】命令，弹出【置入嵌入的对象】对话框，选择“汽车 4.jpg”素材文件，单击【置入】按钮，如图 1-152 所示。

18 调整素材文件的位置及大小，选择【汽车 4】图层，单击鼠标右键，在弹出的快捷菜单中选择【创建剪贴蒙版】命令，如图 1-153 所示。

图 1-152　选择素材文件

图 1-153　选择【创建剪贴蒙版】命令

19 使用相同的方法，为【汽车 3.jpg】图层制作剪贴蒙版，如图 1-154 所示。

图 1-154　制作完成后的效果

提　示

剪贴蒙版就是由两个或者两个以上的图层组成，最下面的一个图层叫做基底图层（简称基层），位于其上面的图层叫做顶层。基层只能有一个，顶层可以有若干个。

第 2 章 包装设计

包装设计是一门综合运用自然科学和美学知识，为在商品流通过程中更好地保护商品，并促进商品的销售而开设的专业学科。

产品通过包装设计的特色来体现产品的独特新颖之处，以此来吸引更多的消费者前来购买，更有人把它当作礼品外送。因此，我们可以看出包装设计对产品的推广和建立品牌是至关重要的。

重点知识

- 制作鲜花饼包装
- 制作坚果礼盒包装
- 制作小米包装
- 制作粽子包装
- 制作牛奶包装

2.1 制作鲜花饼包装

包装设计三原则：醒目、理解、好感。所谓包装，不仅具有充当产品保护神的功能，还具有积极的促销作用。醒目包装要起到促销的作用，首先要能引起消费者的注意，因为只有引起消费者注意的商品才有被购买的可能。因此，包装要使用新颖别致的造型，鲜艳夺目的色彩，美观精巧的图案，各有特点的材质使包装能出现醒目的效果，使消费者一看见就产生强烈的兴趣。造型的奇特、新颖能吸引消费者的注意力。鲜花饼包装效果如图 2-1 所示。

图 2-1 鲜花饼包装

素材	素材 \Cha02\ 鲜花饼包装背景 .jpg、鲜花饼包装素材 01.png ～鲜花饼包装素材 05.png
场景	场景 \Cha02\ 制作鲜花饼包装 .psd
视频	视频教学 \Cha02\2.1 制作鲜花饼包装 .mp4

01 按 Ctrl+N 快捷键，在弹出的【新建文档】对话框中将【宽度】、【高度】分别设置为 1815、1555，将【分辨率】设置为 300，将【颜色模式】设置为【CMYK 颜色】，如图 2-2 所示。

图 2-2 设置新建文档

02 设置完成后，单击【创建】按钮，按 Ctrl+O 快捷键，在弹出的【打开】对话框中选择“鲜花饼包装背景 .jpg”素材文件，如图 2-3 所示。

图 2-3 选择素材文件

03 选择工具箱中的【移动工具】，在打开的素材文件上单击鼠标左键，将其拖曳至前面所创建的新文档中，选中添加的素材文件，在【属性】面板中将 W 和 H 分别设置为 10.1、7.21 厘米，将 X 和 Y 均设置为 2.67，如图 2-4 所示。

图 2-4 设置图像大小与位置

04 按 Ctrl+R 快捷键，打开标尺。继续选择添加的素材文件，在菜单栏中选择【视图】|【通过形状新建参考线】命令，如图 2-5 所示。

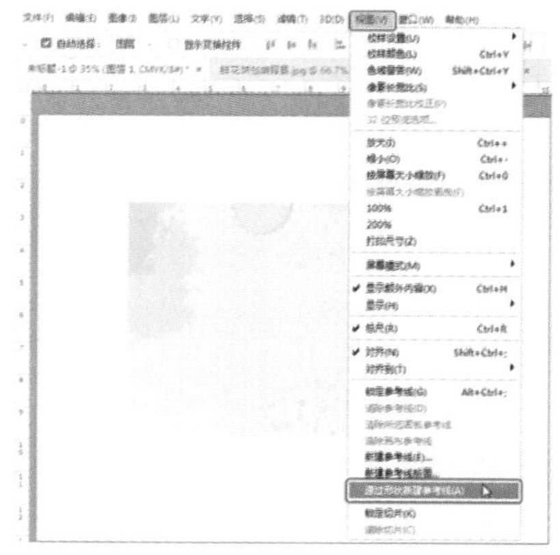
图 2-5 选择【通过形状新建参考线】命令

疑难解答 为什么要创建参考线？

在创建对象时，参考线可帮助用户精确地定位图像或元素。参考线显示为浮动在图像上方的一些不会打印出来的线条。用户可以移动和移除参考线。还可以锁定参考线，从而不会将其意外移动。

知识链接：标尺

在 Photoshop 中提供了一些辅助工具，它们的主要作用是用来辅助操作的。通过使用辅助工具可以提高操作的精确程度，提高工作效率。在 Photoshop 中，可以利用标尺、网格和参考线等工具来完成辅助操作。

利用标尺可以精确定位图像中的某一点以及创建参考线。

在菜单栏中选择【视图】|【标尺】命令，如图 2-6 所示。也可以通过 Ctrl+R 快捷键来打开标尺。

图 2-6　选择【标尺】命令

标尺会出现在当前窗口的顶部和左侧，标尺内的虚线可显示出当前鼠标所处的位置，如果想要更改标尺原点，可以从图像上的特定点开始度量，在左上角按住鼠标左键拖动到特定的位置后释放鼠标，即可改变原点的位置。

05 执行该操作后，即可在图像的四周创建参考线，效果如图 2-7 所示。

图 2-7　创建参考线后的效果

06 按 Ctrl+O 快捷键，在弹出的【打开】对话框中选择“鲜花饼包装素材 01.png”素材文件，如图 2-8 所示。

07 使用【移动工具】将打开的素材文件添加至新创建的文档中，选中该素材文件，在【属性】面板中将 W 和 H 分别设置为 8.14、4.2，将 X 和 Y 分别设置为 6.61、5.72，如图 2-9 所示。

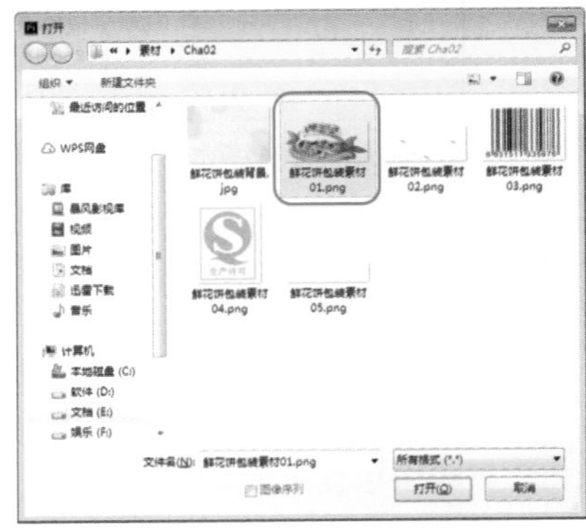

图 2-8　选择素材文件

图 2-9　设置图像参数

08 使用相同的方法，将“鲜花饼包装素材 02.png”素材文件添加至新建的文档中，如图 2-10 所示。

图 2-10　添加素材文件

09 选择工具箱中的【直排文字工具】，在工作区中单击鼠标，输入文本，在【属性】面板中将【字体】设置为【经典繁印篆】，将【字体大小】设置为 20.6，将【字符间距】设置为 200，将【颜色】的 CMYK 值设置为 6、98、100、0，将 X 和 Y 分别设置为 3.46、3.32，如图 2-11 所示。

图 2-11 输入文本并进行设置

10 选择工具箱中的【矩形工具】□，在工作区中绘制一个矩形。选中绘制的矩形，在【属性】面板中将 W 和 H 分别设置为 5、189 像素，将 X 和 Y 分别设置为 517、398 像素，将【填充】的 CMYK 值设置为 10、95、96、0，将【描边】设置为无，如图 2-12 所示。

图 2-12 绘制矩形并进行设置

11 选择工具箱中的【横排文字工具】T，在工作区中单击鼠标，输入文本。选中输入的文本，在【属性】面板中将【字体】设置为【汉仪综艺体简】，将【字体大小】设置为 50.17，将【字符间距】设置为 -55，将【颜色】的 CMYK 值设置为 6、98、100、0，将 X 和 Y 分别设置为 4.58、3.24，如图 2-13 所示。

12 选择工具箱中的【圆角矩形工具】□，在工作区中绘制一个圆角矩形。选中绘制的圆角矩形，在【属性】面板中将 W 和 H 分别设置为 169.7、168.5，将 X 和 Y 分别设置为 397.5、617.7，将【填充】设置为无，将【描边】的 CMYK 值设置为 0、96、95、0，将【描边宽度】设置为 2.5，将【角半径】均设置为 34.5，如图 2-14 所示。

图 2-13 输入文本并进行设置

图 2-14 绘制圆角矩形

13 在【图层】面板中选择【圆角矩形 1】图层，并将其拖曳至【创建新图层】按钮上，对其进行复制。选中复制后的图层，在【属性】面板中将 W、H 均设置为 159.6，将 X、Y 分别设置为 402.5、621.59，将【角半径】均设置为 31.36，如图 2-15 所示。

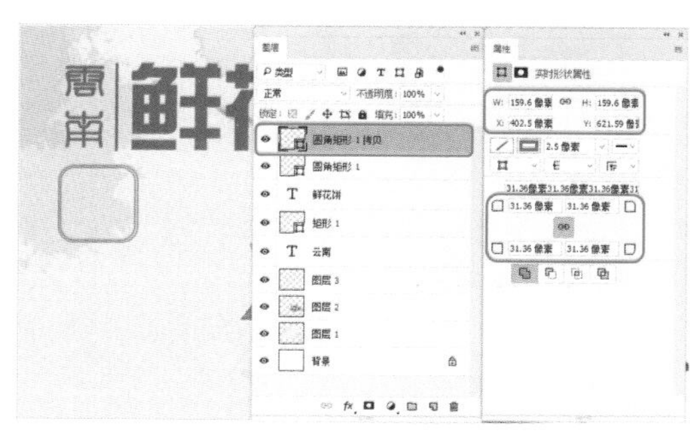

图 2-15 复制图层并进行设置

提 示

按 F7 键可快速打开【图层】面板。

14 选择工具箱中的【横排文字工具】T，在工作区中单击鼠标，输入文本。选中输入的文本，在【属性】面板中将【字体】设置为【经典繁印篆】，将【字体大小】设置为 17.5，将【字符间距】设置为0，将【行距】设置为17.54，将【颜色】的CMYK值设置为6、98、100、0，将X、Y分别设置为3.43、5.3，如图2-16所示。

图 2-16 输入文本并进行设置

知识链接：图层

在Photoshop CC中，图层是最重要的功能之一，承载着图像和各种蒙版，控制着对象的不透明度和混合模式。另外，通过图层还可以管理复杂的对象，提高工作效率。

图层就好像一张张堆叠在一起的透明画纸，用户要做的就是在几张透明纸上分别作画，再将这些纸按一定次序叠放在一起，使它们共同组成一幅完整的图像，如图2-17所示。

图 2-17 图层原理

图层的出现使平面设计进入了另一个世界，那些复杂的图像一下子变得简单清晰起来。通常认为Photoshop CC中的图层有3种特性：透明性、独立性和叠加性。

1. 初识图层

【图层】面板是用来管理图层的。在【图层】面板中，图层是按照创建的先后顺序堆叠排列的，上面的图层会覆盖下面的图层。因此，调整图层的堆叠顺序会影响图像的显示效果。

2. 图层原理

在【图层】面板中，图层名称的左侧是该图层的缩览图，它显示了图层中包含的图像内容。仔细观察缩览图可以发现，有些缩览图带有灰白相间的棋盘格，它代表了图层的透明区域，如图2-18所示。隐藏【背景】图层后，可见图层的透明区域在图像窗口中也会显示为棋盘格状，如图2-19所示。如果隐藏所有的图层，则整个图像都会显示为棋盘格状。

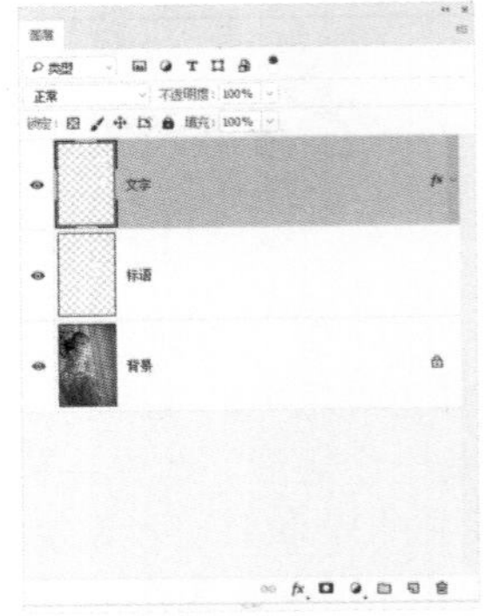

图 2-18 选择图层

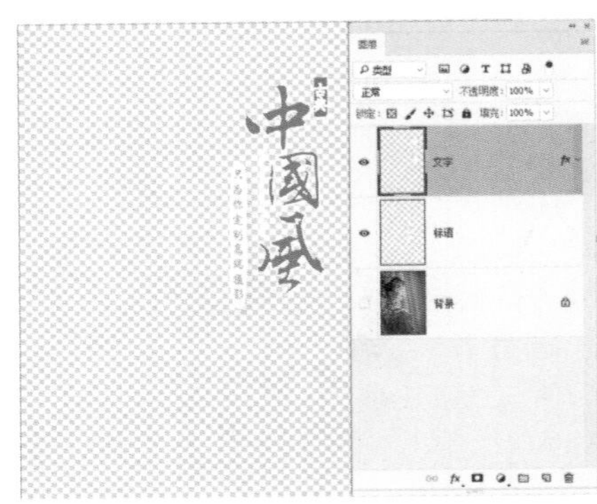

图 2-19 隐藏【背景】图层

当要编辑某一图层中的图像时，可以在【图层】面板中单击该图层，将其选择，即可将其设置为当前操作的图层（称为当前图层）。该图层的名称会出现在文档窗口的标题栏中，如图2-20所示。在进行编辑时，只处理当前图层中的图像，不会对其他图层的图像产生影响。

图 2-20 在文档窗口标题栏中显示选择的图层

15 选择工具箱中的【横排文字工具】T.，在工作区中单击鼠标，输入文本。选中输入的文本，在【属性】面板中将【字体】设置为【长城粗圆体】，将【字体大小】设置为7.53，将【字符间距】设置为300，将【颜色】的CMYK值设置为6、98、100、0，将X、Y分别设置为3.29、6.73，如图2-21所示。

图2-21 输入文本并进行设置

16 使用【横排文字工具】T.在工作区中单击鼠标，输入文本，选中输入的文本，在【属性】面板中将【字体】设置为【方正黑体简体】，将【字体大小】设置为5.64，将【字符间距】设置为100，将【行距】设置为12.54，将【颜色】的CMYK值设置为6、98、100、0，将X、Y分别设置为3.37、7.13，如图2-22所示。

图2-22 输入文本并进行设置

17 使用【横排文字工具】T.在工作区中单击鼠标，输入文本。选中输入的文本，在【属性】面板中将【字体】设置为【方正黑体简体】，将【字体大小】设置为3.14，将【字符间距】设置为100，将【行距】设置为12.54，将【颜色】的CMYK值设置为6、98、100、0，将X、Y分别设置为3.35、7.35，如图2-23所示。

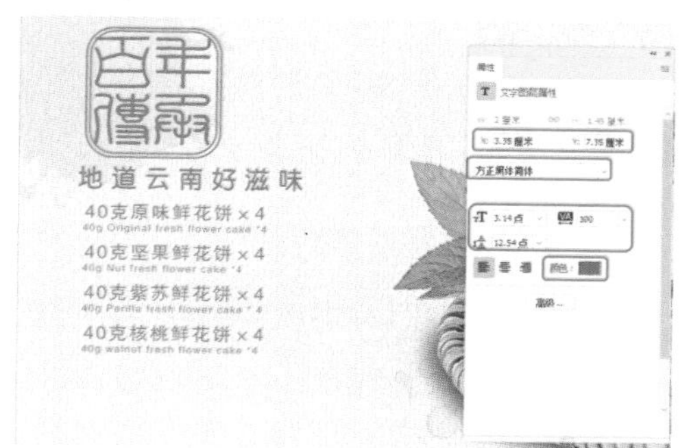

图2-23 输入文本并进行设置

18 使用同样的方法，输入其他文本，输入后的效果如图2-24所示。

图2-24 输入其他文本后的效果

19 选择工具箱中的【矩形工具】□.，在工作区中绘制一个矩形。选中绘制的矩形，在【属性】面板中将W、H分别设置为315、852，将【填充】的CMYK值设置为6、98、100、0，将【描边】设置为无，并在工作区中调整矩形的位置，效果如图2-25所示。

图2-25 绘制矩形并进行调整

20 选择工具箱中的【横排文字工具】T.，在工作区中单击鼠标，输入文本。选中输入的文本，在【属性】面板中将【字体】设置为【创艺简老宋】，将【字体大小】设置为21，将【字符间距】设置为 0，将【颜色】的 CMYK 值设置为 0、0、0、0，将 X、Y 分别设置为 0.37、4.37，如图 2-26 所示。

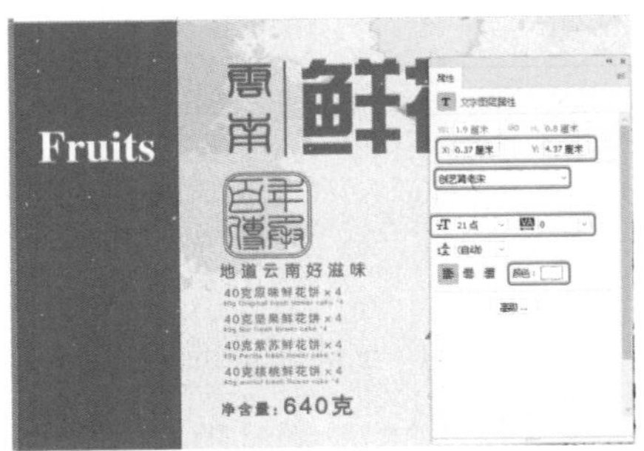

图 2-26　输入文本并进行设置

21 在【图层】面板中选择 Fruits 图层，单击鼠标右键，在弹出的快捷菜单中选择【栅格化文字】命令，如图 2-27 所示。

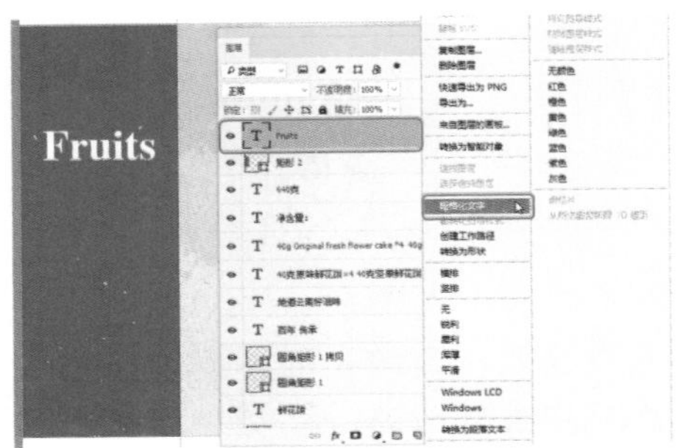

图 2-27　选择【栅格化文字】命令

提　示

在编辑图层前，首先应在【图层】面板中单击所需图层，将其选择，所选图层称为当前图层。

22 继续选择栅格化的图层，选择工具箱中的【矩形选框工具】，在工作区中绘制一个矩形选框，如图 2-28 所示。

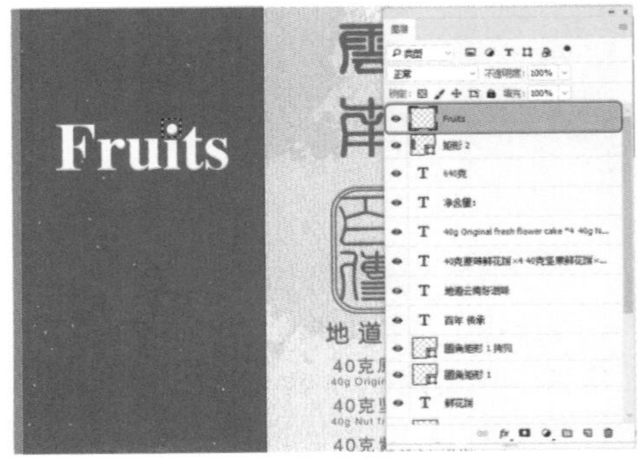

图 2-28　绘制矩形选框

知识链接：选择图层

在对图像进行处理时，可以通过下面的方法选择图层。

- 在【图层】面板中选择图层：在【图层】面板中单击任意一个图层即可选择该图层并将其设置为当前图层，如图 2-29 所示。如果要选择多个连续的图层，可单击一个图层，然后按住 Shift 键单击最后一个图层，如图 2-30 所示；如果要选择多个非相邻的图层，可以按住 Ctrl 键单击这些图层，如图 2-31 所示。

图 2-29　选择图层

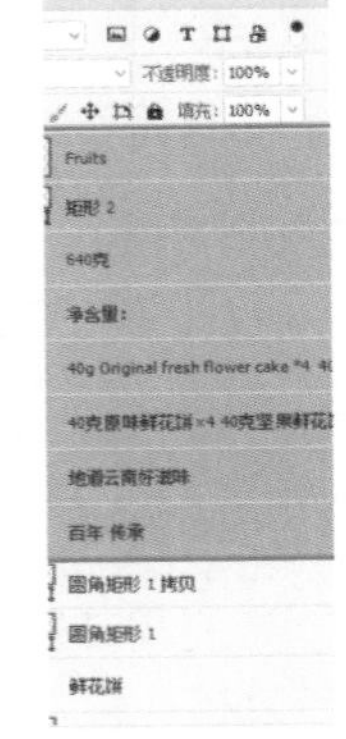

图 2-30　按住 Shift 键选择图层

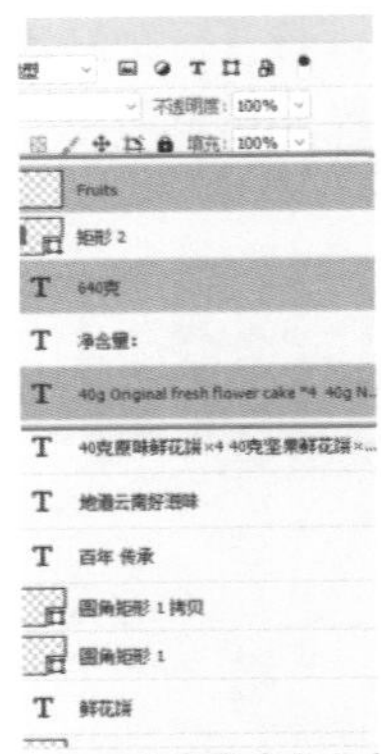

图 2-31　按住 Ctrl 键选择图层

- 在图像窗口中选择图层：选择【移动工具】，在窗口中单击，即可选择相应的图层，如图 2-32 所示；如果单击有多个重叠的图层，则可选择位于最上面的图层，如果要选择位于下面的图层，可单击鼠标右键，打开一个快捷菜单，菜单中列出了光标处所有包含像素的图层，如图 2-33 所示。
- 在图像窗口中自动选择图层：如果文档中包含多个图层，则选择【移动工具】，勾选工具选项栏中的【自动选择】复选框，然后在右侧的下拉列表中选择【图层】选项，如图 2-34 所示。当这些设置都完成后，使用【移动工具】在画面中单击时，可以自动选择光标下面包含像素最顶层的图层；如果文档中包含图层组，则勾选该选项，在右侧下拉列表中选择【组】选项，如图 2-35 所示。使用【移动工具】在画面中单击时，可以自动选择光标下面包含像素最顶层图层所在的图层组。

图 2-32　选择窗口中的文字图层

图 2-33　右击鼠标选择图层

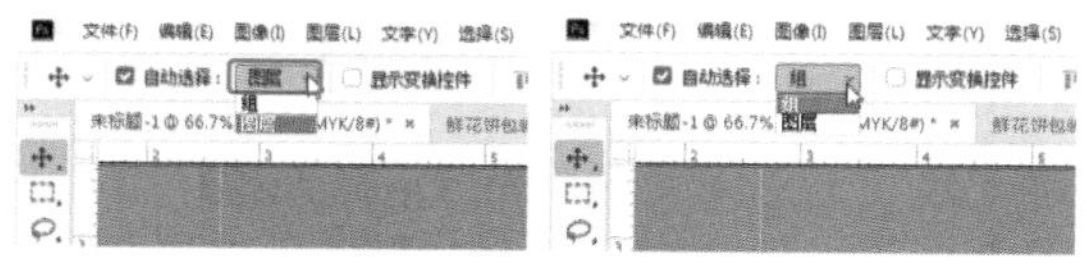

图 2-34　将自动选择设置为图层　　图 2-35　将自动选择设置为组

- 切换图层：选择了一个图层后，按 Alt+] 键，可以将当前的图层切换为与之相邻的上一个图层；按 Alt+[键，可以将当前图层切换为与之相邻的下一个图层。
- 选择链接的图层：选择了一个链接图层后，在菜单栏中选择【图层】|【选择链接图层】命令，可以选择与该图层链接的所有图层，如图 2-36 所示。
- 选择所有的图层：要选择所有的图层，可以在菜单栏中选择【选择】|【所有图层】命令。
- 取消选择所有的图层：如果不想选择任何图层，可以在菜单栏中选择【选择】|【取消选择图层】命令，如图 2-37 所示。也可在【背景】图层下方的空白处单击。

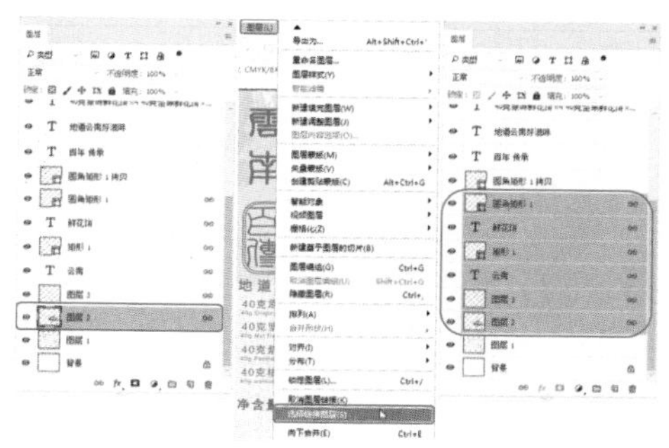

图 2-36　选择链接图层

图 2-37　取消选择

23 按 Delete 键将选框中的图像删除，按 Ctrl+D 快捷键取消选区的选择。选择工具箱中的【钢笔工具】，在工具选项栏中将【工具模式】设置为【形状】，将【填充】的 CMYK 值设置为 0、0、0、0，将【描边】设置为【无】，绘制图形并调整其位置，效果如图 2-38 所示。

图 2-38　绘制图形并进行设置

24 根据前面所介绍的方法输入其他文本，效果如图 2-39 所示。

25 根据前面所介绍的方法，将“鲜花饼包装素材 03.png”“鲜花饼包装素材 04.png”素材文件添加至文档中，并调整其大小与位置，效果如图 2-40 所示。

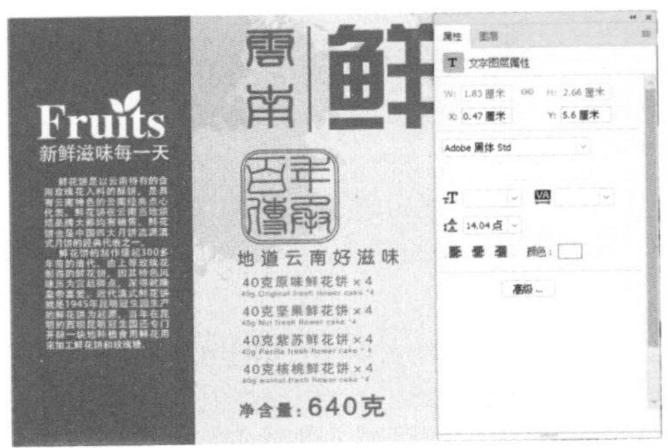

图 2-39　输入其他文本后的效果

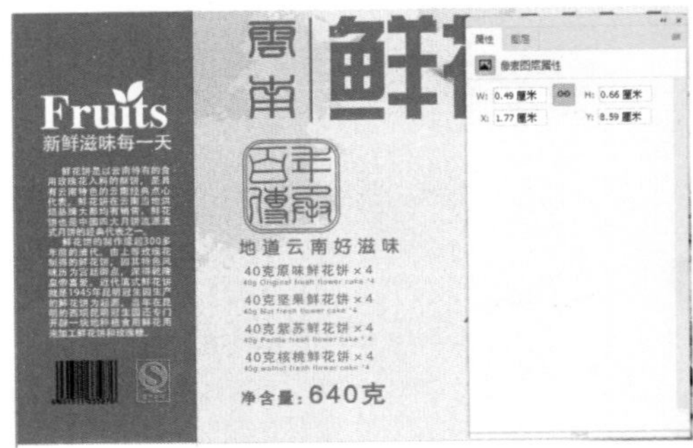

图 2-40　添加素材文件

26 选择工具箱中的【矩形工具】，在工作区中绘制两个矩形。选中绘制的两个矩形，在【属性】面板中将【填充】的 CMYK 值设置为 0、0、0、0，将【描边】设置为【无】。在【图层】面板中调整两个矩形的排放顺序，如图 2-41 所示。

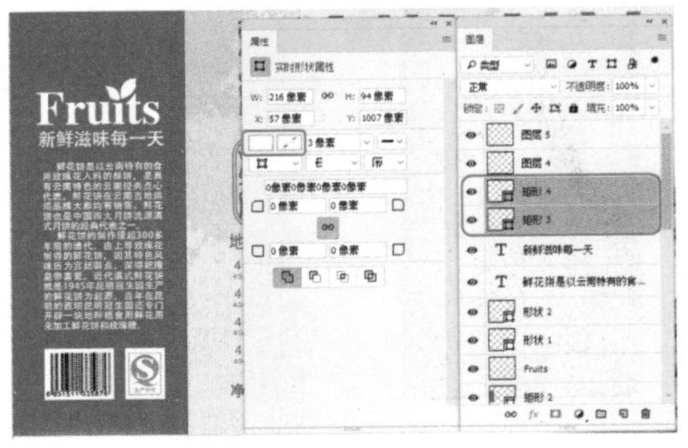

图 2-41　绘制矩形并进行设置

27 选择工具箱中的【移动工具】，在工作区中选择红色的大矩形。按住 Alt 键向右进行拖动，对其进行复制，并调整其位置，效果如图 2-42 所示。

图 2-42　复制矩形并进行调整

28 选择工具箱中的【横排文字工具】，在工作区中绘制一个文本框，输入文本。选中输入的文本，在【属性】面板中将【字体】设置为【微软雅黑】，将【字体类型】设置为 Bold，将【字体大小】设置为 5，将【字符间距】设置为 0，将【行距】设置为 9.5，将【颜色】的 CMYK 值设置为 0、0、0、0，如图 2-43 所示。

29 根据前面所介绍的方法，将“鲜花饼包装素材 05.png”素材文件添加至文档中，并调整其位置与大小，效果如图 2-44 所示。

图 2-43　输入文本并进行设置后的效果

30 选择工具箱中的【矩形工具】，在工作区中绘制两个矩形，并将填色设置为 6、98、100、0，调整其位置。然后再使用【裁剪工具】将文档中的空白位置进行裁剪，效果如图 2-45 所示。

图 2-44　添加素材文件并进行调整

图 2-45 绘制矩形并进行调整

2.2 制作坚果礼盒包装

礼盒是以亲友礼物表达情意为主要目的配备的实用礼品包装，是包装方式的一种功能的社会需要的延伸。礼盒是心意的体现，我们亲手做的爱心礼物或是购买的爱心商品，无不例外都要一个能体现效果的包装，或是浪漫、或是神秘、或是惊喜、或是震撼，当你慢慢打开它就犹如打开你心中的秘密森林，展示你要表达的不一样的心意，这就是礼盒的意义所在。坚果礼盒包装效果如图 2-46 所示。

图 2-46 坚果礼盒包装

素材	素材 \Cha02\ 坚果礼盒包装素材 01.png ～坚果礼盒包装素材 05.png
场景	场景 \Cha02\ 制作坚果礼盒包装 .psd
视频	视频教学 \Cha02\2.2 制作坚果礼盒包装 .mp4

01 启动 Photoshop 软件，按 Ctrl+N 快捷键，在弹出的【新建文档】对话框中将【宽度】、【高度】分别设置为 1225、854，将【分辨率】设置为 300，将【颜色模式】设置为【CMYK 颜色】，如图 2-47 所示。

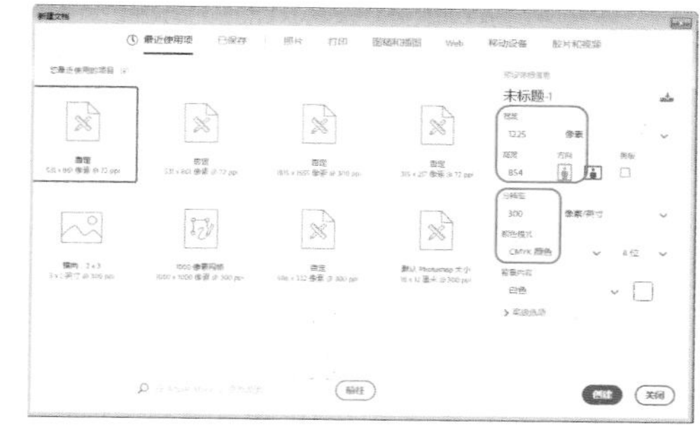

图 2-47 设置新建文档参数

02 设置完成后，单击【创建】按钮。选择工具箱中的【矩形工具】，在工作区中绘制一个矩形。选中绘制的矩形，在【属性】面板中将 W、H 分别设置为 929、557，将 X、Y 分别设置为 148、149，将【填充】的 CMYK 值设置为 19、96、86、0，将【描边】设置为无，如图 2-48 所示。

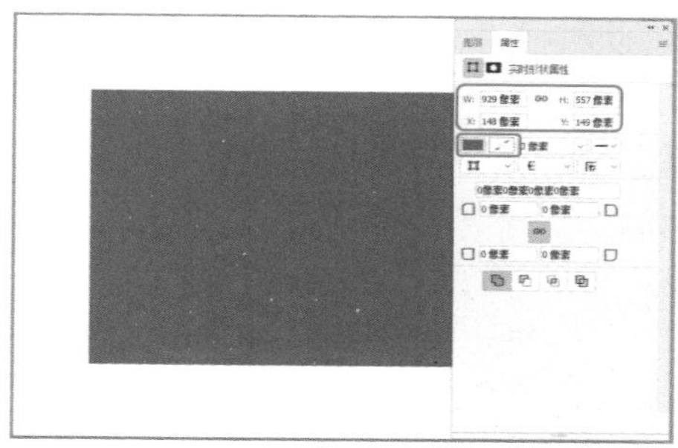

图 2-48 绘制矩形

03 选择绘制的矩形，在菜单栏中选择【视图】|【通过形状新建参考线】命令，如图 2-49 所示。

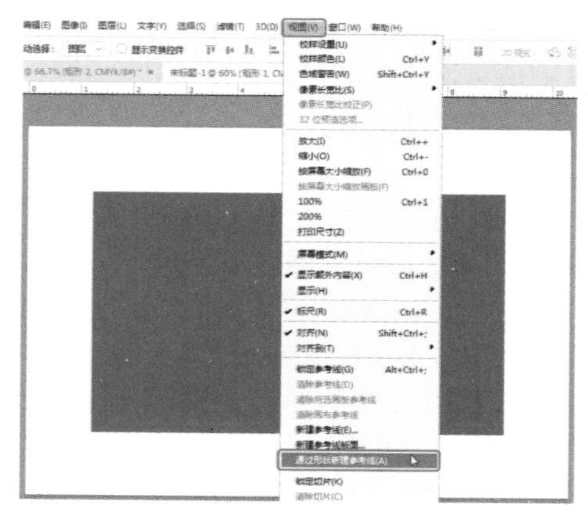

图 2-49 选择【通过形状新建参考线】命令

04 按 Ctrl+O 快捷键，在弹出的对话框中选择“坚果礼盒包装素材 01.png”素材文件，如图 2-50 所示。

图 2-50 选择素材文件

05 选择工具箱中的【移动工具】，将打开的素材文件拖曳至新建的文档中，在【属性】面板中将 W、H 分别设置为 7.87、4.71，将 X、Y 分别设置为 1.25、1.3，如图 2-51 所示。

图 2-51 添加素材文件并进行设置

06 按 Ctrl+O 快捷键，在弹出的【打开】对话框中选择“坚果礼盒包装素材 02.png”素材文件，单击【打开】按钮。将该素材文件添加至新建的文档中，并选中，在【属性】面板中将 W、H 分别设置为 7.73、4.6，将 X、Y 分别设置为 1.32、1.34，如图 2-52 所示。

07 选择工具箱中的【横排文字工具】，在工作区中单击鼠标，输入文本。选中输入的文本，在【属性】面板中将【字体】设置为【汉仪雁翎体简】，将【字体大小】设置为 44.27，将【字符间距】设置为 100，将【颜色】的 CMYK 值设置为 0、0、0、0，将 X、Y 分别设置为 7.05、1.54，如图 2-53 所示。

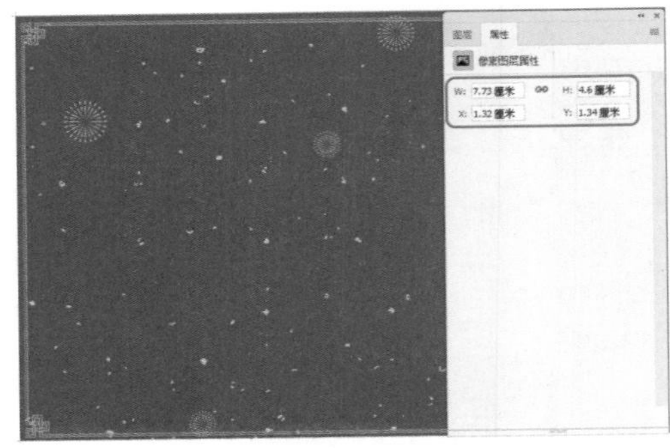

图 2-52 添加素材文件

图 2-53 输入文本并进行设置

08 在【图层】面板中选择【美】图层，单击【添加图层样式】按钮，在弹出的下拉菜单中选择【描边】命令，如图 2-54 所示。

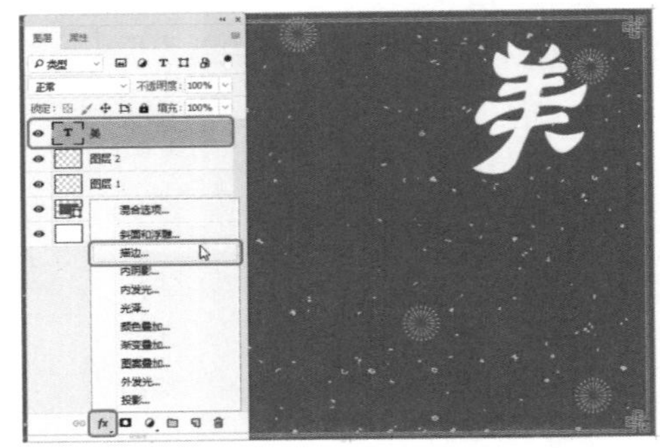

图 2-54 选择【描边】命令

知识链接：【图层】面板与【图层】菜单

1.【图层】面板

【图层】面板用来创建、编辑和管理图层，以及为图层添加样式、设置图层的不透明度和混合模式。

在菜单栏中选择【窗口】|【图层】命令，可以打开【图层】面板。该面板中显示了图层的堆叠顺序、图层的名称和图层内容的缩览图，如图 2-55 所示。

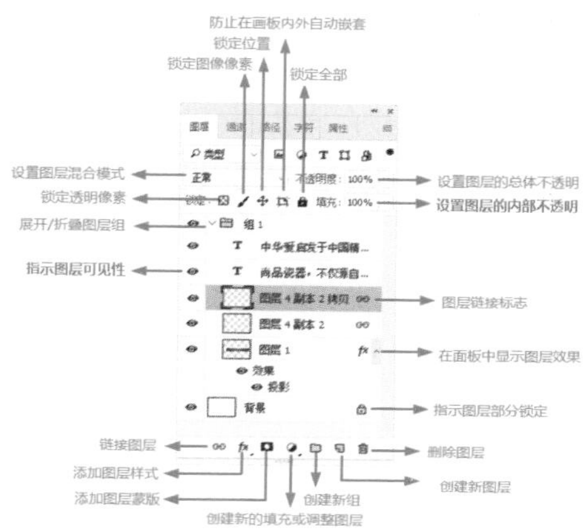

图 2-55 【图层】面板的用途

- 【设置图层混合模式】正常：用来设置当前图层中的图像与下面图层混合时使用的混合模式。
- 【设置图层的总体不透明度】不透明度：100%：用来设置当前图层的不透明度。
- 【设置图层的内部不透明度】填充：100%：用来设置当前图层的填充百分比。
- 【指示图层部分锁定】图标：该图标用于锁定图层的透明区域、图像像素和位置，以免其被编辑。处于锁定状态的图层会显示图层锁定标志。
- 【指示图层可见性】图标：当图层前显示该图标时，表示该图层为可见图层。单击它可以取消显示，从而隐藏图层。
- 【链接图层/图层链接标志】图标：该图标用于链接当前选择的多个图层，被链接的图层会显示出图层链接图标，它们可以一同移动或进行变换。
- 【展开/折叠图层组】图标：单击该图标可以展开图层组，显示出图层组中包含的图层。再次单击可以折叠图层组。
- 【在面板中显示图层效果】图标：单击该图标可以展开图层效果，显示出当前图层添加的效果。再次单击可折叠图层效果。
- 【添加图层样式】按钮：单击该按钮，在打开的下拉菜单中可以为当前图层添加图层样式。
- 【添加图层蒙版】按钮：单击该按钮，可以为当前图层添加图层蒙版。
- 【创建新的填充或调整图层】按钮：单击该按钮，在打开的下拉菜单中可以选择创建新的填充图层或调整图层。
- 【创建新组】按钮：单击该按钮，可以创建一个新的图层组。
- 【创建新图层】按钮：单击该按钮，可以新建一个图层。
- 【删除图层】按钮：单击该按钮，可以删除当前选择的图层或图层组。

2.【图层】菜单

下面介绍【图层】菜单。

在【图层】面板中单击右上角的≡按钮，可以弹出下拉菜单，如图 2-56 所示。从中可以完成新建图层、复制图层、删除图层、隐藏图层等。

在【图层】面板，单击右上角的≡按钮，在弹出的下拉菜单中选择【面板选项】命令，弹出【图层面板选项】对话框，如图 2-57 所示。在此对话框中可以设置图层缩览图的大小，如图 2-58 所示。

同样，也可以在【图层】面板中图层下方的空白处单击鼠标右键，在弹出的快捷菜单中设置缩览图的效果，如图 2-59 所示。

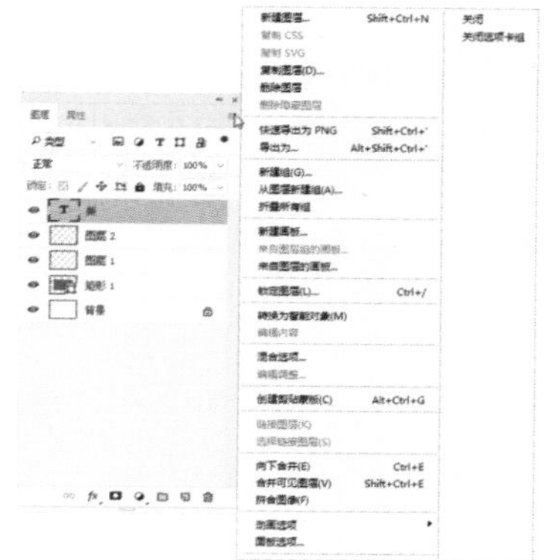

图 2-56 图层菜单

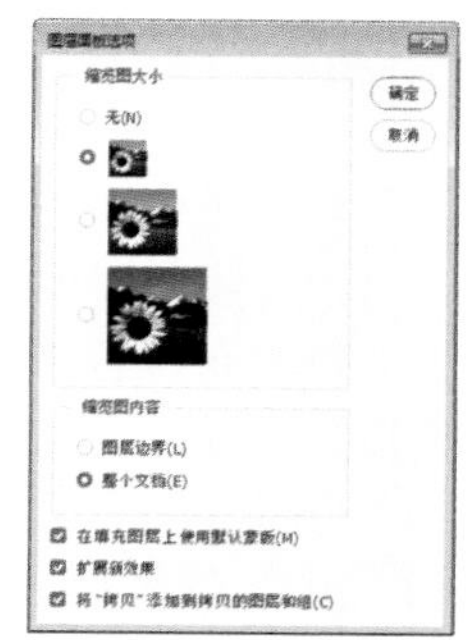

图 2-57 【图层面板选项】对话框

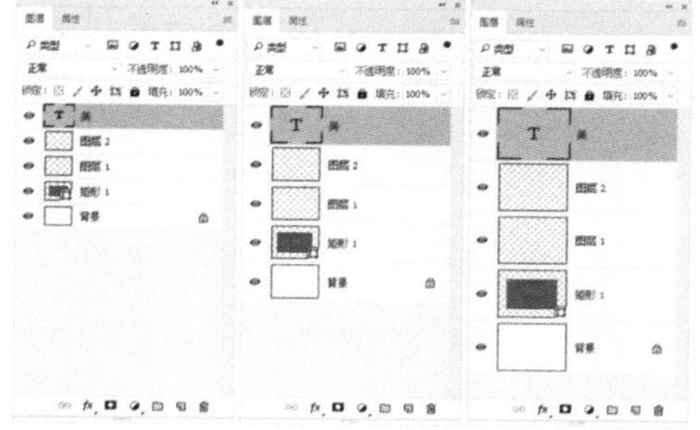

图 2-58 缩览图效果

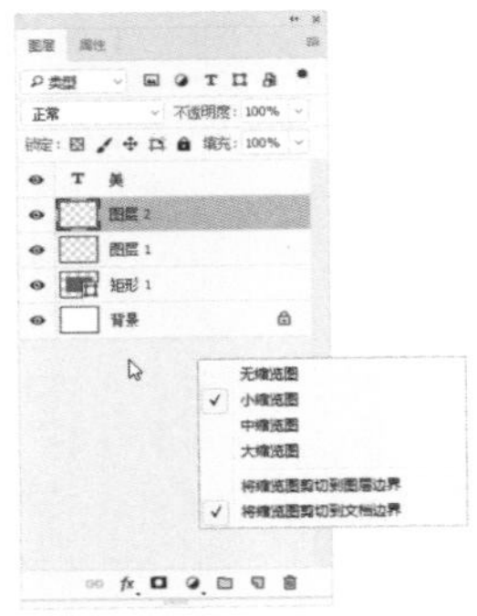

图 2-59 缩览图快捷菜单

09 在弹出的【图层样式】对话框中将【大小】设置为 2，将【位置】设置为【外部】，将【混合模式】设置为【正常】，将【不透明度】设置为 100，将【颜色】的 CMYK 值设置为 27、98、95、0，如图 2-60 所示。

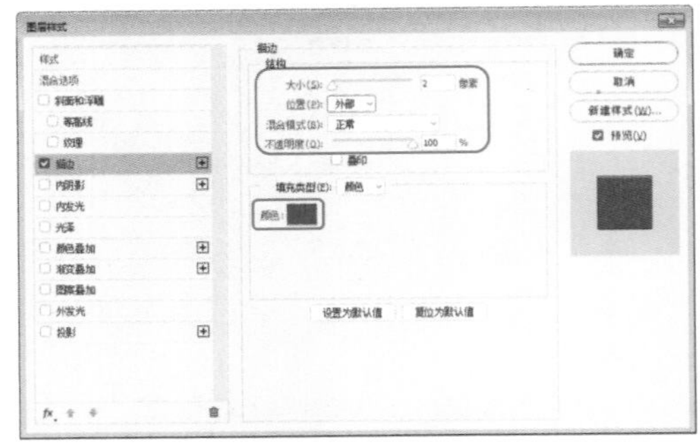

图 2-60 设置描边参数

10 在该对话框的左侧列表框中勾选【投影】复选框，将【混合模式】设置为【正片叠底】，将颜色的 CMYK 值设置为 93、88、89、80，将【不透明度】设置为 63，将【角度】设置为 90，勾选【使用全局光】复选框，将【距离】、【扩展】、【大小】分别设置为 4、0、6，如图 2-61 所示。

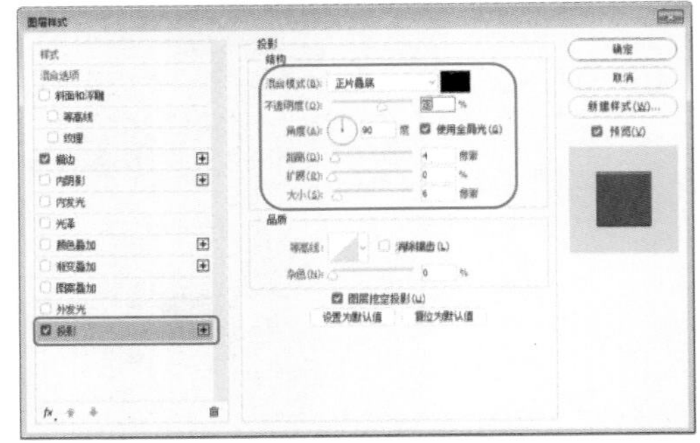

图 2-61 设置投影参数

11 设置完成后，单击【确定】按钮。在【图层】面板中选择【美】图层，按住鼠标左键将其拖曳至【创建新图层】按钮上，对其进行复制。在复制的图层上单击鼠标右键，在弹出的快捷菜单中选择【清除图层样式】命令，如图 2-62 所示。

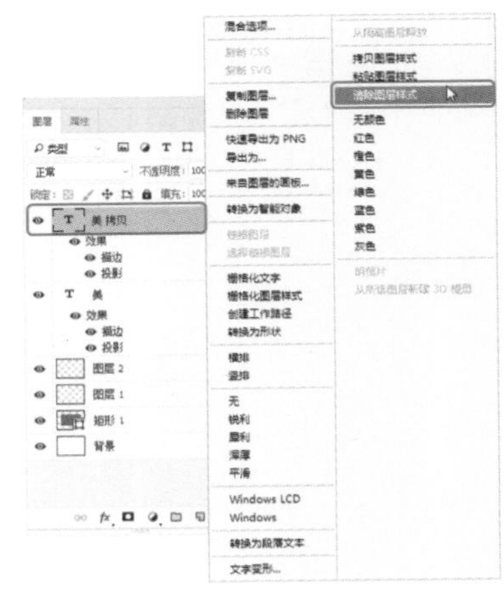

图 2-62 选择【清除图层样式】命令

12 在【图层】面板中选择【美 拷贝】图层，将其命名为“美 复制 1”。在【属性】面板中将【颜色】的 CMYK 值设置为 42、98、100、9，并调整文本的位置，效果如图 2-63 所示。

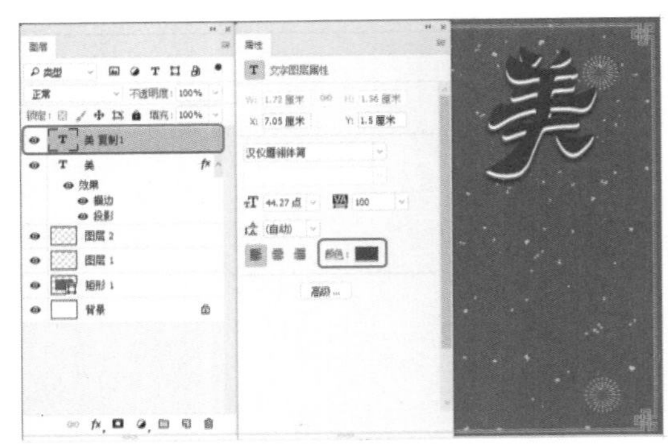

图 2-63 对复制的图层进行编辑

知识链接：命名图层

在图层数量较多的文档中，为一些图层设置容易识别的名称或者可以区别于其他图层的颜色，将便于我们在操作时查找图层。如果要快速修改一个图层的名称，可以在【图层】面板中双击该图层的名称，然后在显示的文本框中输入新名称，如图 2-64 所示，输入完成后在任意位置单击鼠标左键即可。

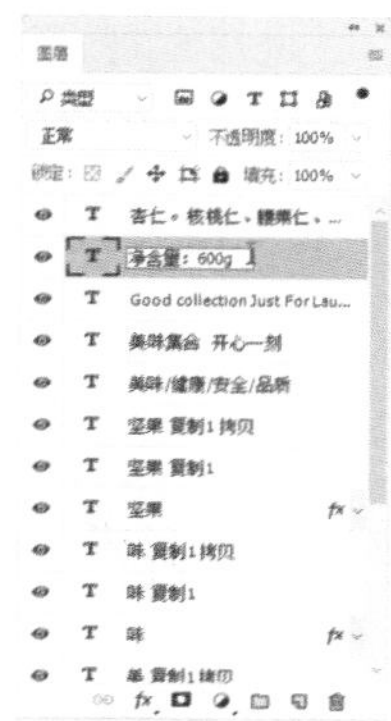

图 2-64 图层重命名

如果要为图层或者组设置颜色，可以在【图层】面板中选择该图层或者组，然后单击鼠标右键，在弹出的快捷菜单中选择所需的颜色命令，也可以按住 Alt 键在【图层】面板中单击【创建新组】按钮或【创建新图层】按钮，在这里单击【创建新图层】按钮，此时会弹出【创建新图层】对话框，此对话框中也包含了图层名称和颜色的设置选项，如图 2-65 所示。

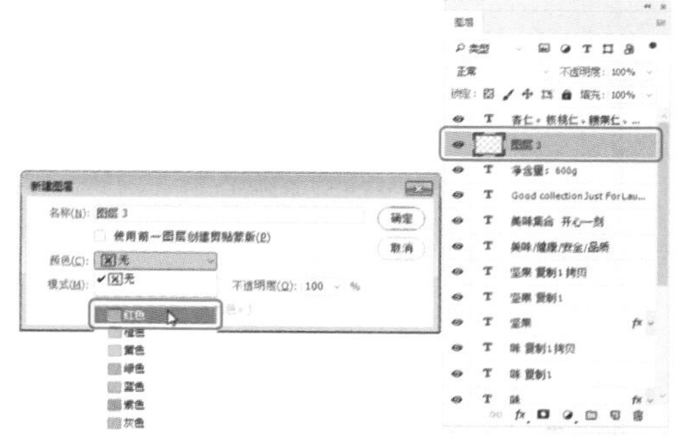

图 2-65 设置图层属性

13 在【图层】面板中选择【美 复制 1】图层，并将其拖曳至【创建新图层】按钮上，对其进行复制。选择复制后的图层，在【属性】面板中将【颜色】的 CMYK 值设置为 7、26、46、0，如图 2-66 所示。

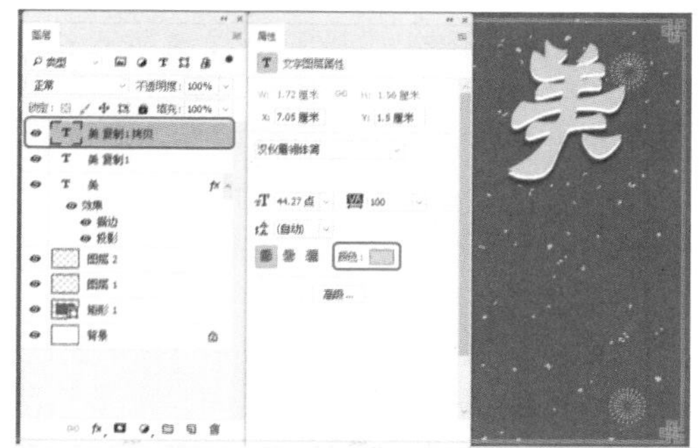

图 2-66 复制图层并进行调整

14 在【图层】面板中选择【美】、【美 复制 1】和【美 复制 1 拷贝】图层，单击【链接图层】按钮，如图 2-67 所示。

图 2-67 链接图层

提 示

链接的图层可以同时应用变换或创建为剪贴蒙版，但却不能同时应用滤镜、调整混合模式、进行填充或绘画，因为这些操作只能作用于当前选择的一个图层。

疑难解答 为什么要链接图层？

在编辑图像时，如果要经常同时移动或者变换几个图层，则可以将它们链接。链接图层的优点在于，只需选择其中的一个图层移动或变换，其他所有与之链接的图层都会发生相同的变换。

15 使用同样的方法创建其他文本，创建后的效果如图 2-68 所示。

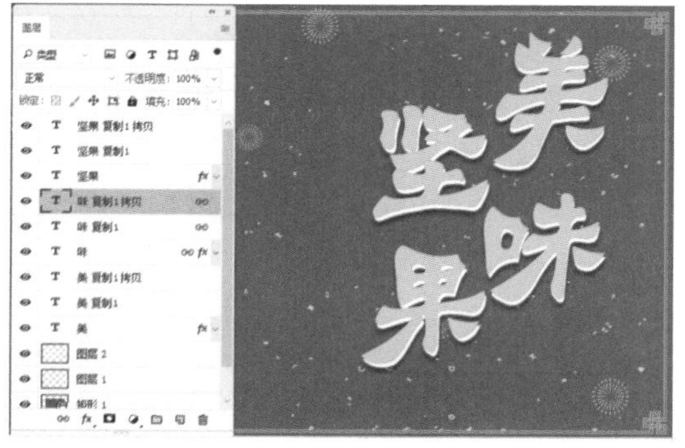

图 2-68 创建其他文本后的效果

16 选择工具箱中的【直排文字工具】，在工作区中单击鼠标，输入文本。选中输入的文本，在【属性】面板中将【字体】设置为【创艺简老宋】，将【字体大小】设置为 5.29，将【字符间距】设置为 600，将【颜色】的 CMYK 值设置为 4、26、47、0，并在工作区中调整文字的位置，效果如图 2-69 所示。

17 选择工具箱中的【横排文字工具】T，在工作区中单击鼠标，输入文本。选中输入的文本，在【属性】面板中将【字体】设置为【创艺简老宋】，将【字体大小】设置为 10.11，将【字符间距】设置为 25，将【颜色】的 CMYK 值设置为 3、18、35、0，如图 2-70 所示。

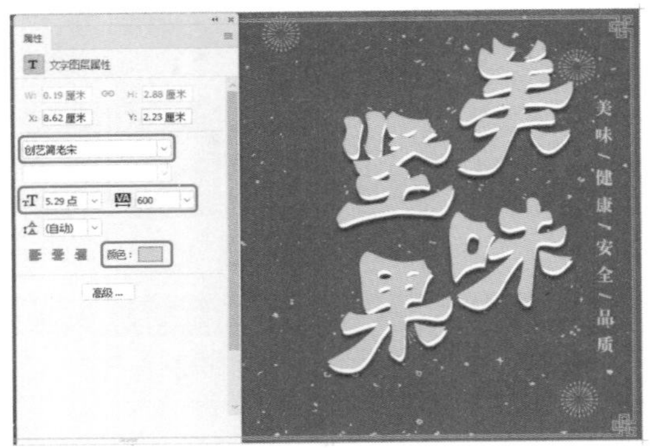

图 2-69　输入直排文本

图 2-70　输入文本并进行设置

18 使用相同的方法输入其他文本，并进行相应的设置，效果如图 2-71 所示。

图 2-71　输入其他文本后的效果

19 按 Ctrl+O 快捷键，在弹出的【打开】对话框中选择“坚果礼盒包装素材 03.png”素材文件，如图 2-72 所示。

图 2-72　选择素材文件

20 单击【打开】按钮，使用【移动工具】选择打开的素材文件，按住鼠标左键将其拖曳至前面所制作的文档中，在【属性】面板中将 W、H 分别设置为 4.51、2.49，将 X、Y 分别设置为 1.4、3.27，如图 2-73 所示。

图 2-73　添加图像文件并进行设置

21 选择工具箱中的【矩形工具】，在工作区中绘制一个矩形。选中绘制的矩形，在【属性】面板中将 W、H 分别设置为 150、557，将【填充】的 CMYK 值设置为 4、28、85、0，将【描边】设置为无，并在工作区中调整矩形的位置，效果如图 2-74 所示。

22 选择工具箱中的【横排文字工具】T，在工作区中绘制一个文本框，输入文本。选中输入的文本，在【属性】面板中将【字体】设置为【Adobe 黑体 Std】，将【字体大小】设置为 1.8，将【字符间距】设置为 75，将【行距】设置为 3.53，将【颜色】的 CMYK 值设置为

60、100、99、57，并调整其位置，如图 2-75 所示。

图 2-74　绘制矩形并进行设置

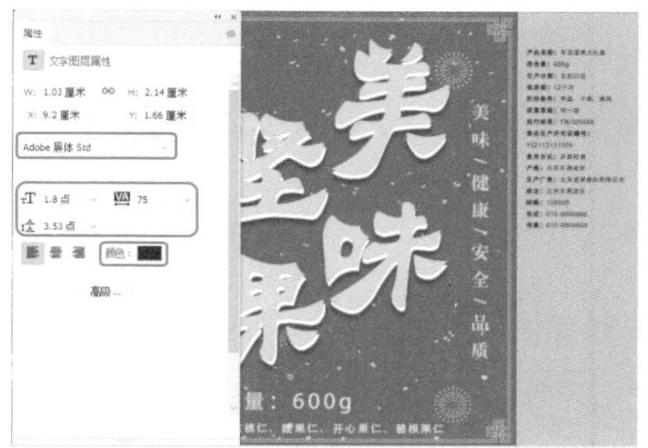

图 2-75　输入文本并进行设置

23 根据前面所介绍的方法将“坚果礼盒包装素材 04.png”和“坚果礼盒包装素材 05.png”素材文件添加至文档中，并对其进行相应的设置，效果如图 2-76 所示。

图 2-76　添加素材文件

24 选择工具箱中的【移动工具】，在工作区中选择黄色矩形，按住 Alt 键向左拖动鼠标，对其进行复制，如图 2-77 所示。

图 2-77　复制矩形后的效果

25 选择工具箱中的【横排文字工具】，在工作区中单击鼠标，输入文本。选中输入的文本，在【属性】面板中将【字体】设置为【方正剪纸简体】，将【字体大小】设置为 6.42，将【字符间距】设置为 130，将【颜色】的 CMYK 值设置为 60、100、99、57，并在工作区中调整其位置，如图 2-78 所示。

图 2-78　输入文本并进行设置

26 使用同样的方法在工作区中输入其他文本，并对其进行相应的设置，效果如图 2-79 所示。

图 2-79　输入其他文本后的效果

27 选择工具箱中的【圆角矩形工具】，在工作区中绘制一个圆角矩形。选中绘制的圆角矩形，在【属性】面板中将【填充】设置为无，将【描边】的 CMYK 值设置为 60、100、

99、56，将【描边宽度】设置为0.9，将【描边类型】设置为虚线，将【角半径】均设置为9.17，并在工作区中调整圆角矩形的大小与位置，如图2-80所示。

图 2-80 绘制圆角矩形

28 在【图层】面板中选择【圆角矩形1】图层，单击鼠标右键，在弹出的快捷菜单中选择【栅格化图层】命令，如图2-81所示。

图 2-81 选择【栅格化图层】命令

29 继续选择【圆角矩形1】图层，选择工具箱中的【矩形选框工具】，在工作区中绘制一个矩形选框，如图2-82所示。

图 2-82 绘制矩形选框

30 按Delete键将选框中的对象删除，按Ctrl+D快捷键，取消选区。根据前面所介绍的方法创建其他对象，效果如图2-83所示。

图 2-83 创建其他对象后的效果

2.3 制作小米包装

包装盒，顾名思义就是用来包装产品的盒子，可以按材料来分类，比如纸盒、铁盒、木盒、布盒、皮盒、亚克力盒、瓦楞包装盒、PVC盒等，也可以按产品的名称来分类，比如月饼盒、茶叶盒、枸杞盒、糖果盒、精美礼盒、土特产盒、酒盒、巧克力盒、食品药品保健品盒、食品包装盒、茶叶包装盒、文具盒等。包装盒的功能是保证运输中产品的安全，提升产品的档次等。小米包装效果如图2-84所示。

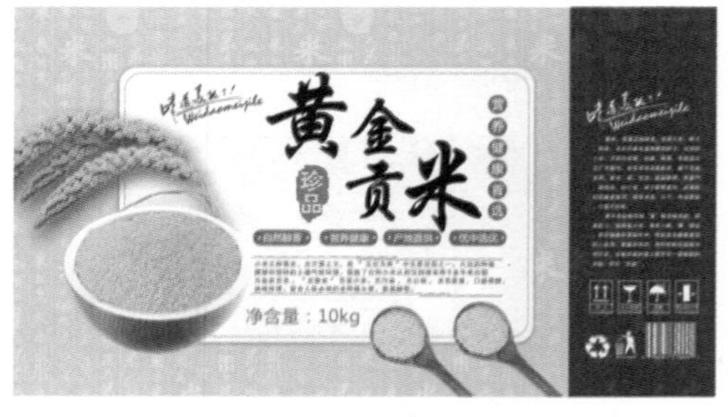

图 2-84 小米包装

素材	素材\Cha02\小米包装素材01.png、小米包装素材02.jpg、小米包装素材03.png～小米包装素材07.png
场景	场景\Cha02\制作小米包装.psd
视频	视频教学\Cha02\2.3 制作小米包装.mp4

01 按Ctrl+N快捷键，在弹出的对话框中将【宽度】、【高度】分别设置为2000、1136，将【分辨率】设置为300，将【颜色模式】设

置为【CMYK 颜色】，如图 2-85 所示。

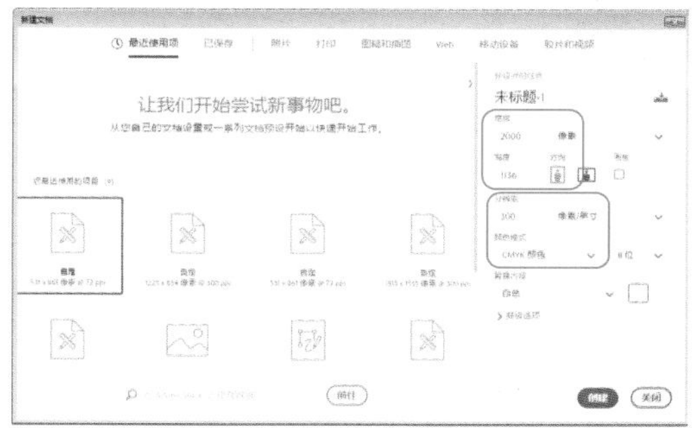

图 2-85　设置新建文档参数

02 设置完成后，单击【创建】按钮。选择工具箱中的【矩形工具】，在工作区中绘制一个矩形。选中绘制的矩形，在【属性】面板中将 W、H 分别设置为 1581、1135，将 X、Y 均设置为 0，将【填充】的 CMYK 值设置为 5、20、86、0，将【描边】设置为无，如图 2-86 所示。

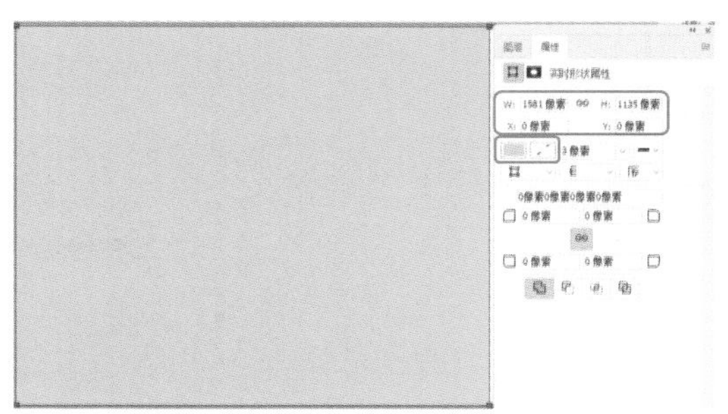

图 2-86　绘制矩形并进行设置

03 按 Ctrl+O 快捷键，在弹出的【打开】对话框中选择“小米包装素材 01.png”素材文件，如图 2-87 所示。

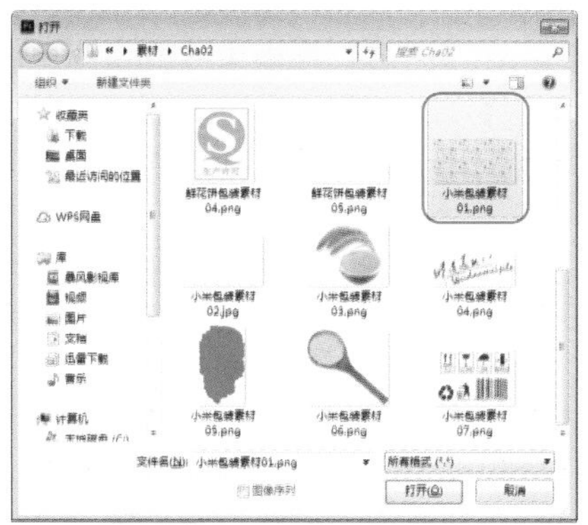

图 2-87　选择素材文件

04 选择工具箱中的【移动工具】，在工作区中选择素材图片并将其拖曳至新建的文档中。在【图层】面板中选择【图层 1】图层，将【混合模式】设置为【滤色】，如图 2-88 所示。

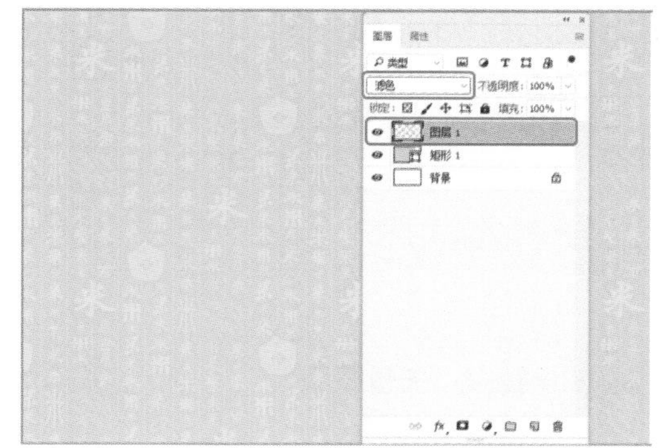

图 2-88　设置图层混合模式

疑难解答　【滤色】混合模式有什么作用?

【滤色】混合模式可以查看每个通道的颜色信息，并将混合色的互补色与基色进行正片叠底。结果色总是较亮的颜色。用黑色过滤时颜色保持不变，用白色过滤将产生白色。此效果类似于多个摄影幻灯片在彼此之上投影。

05 根据上面所介绍的方法将“小米包装素材 02.jpg”素材文件添加至文档中，并在工作区中调整素材文件的位置，如图 2-89 所示。

图 2-89　添加素材文件并调整其位置

06 在【图层】面板中选择【图层 2】图层，按住 Ctrl 键单击【添加图层蒙版】按钮，添加一个矢量蒙版。选择工具箱中的【圆角矩形工具】，在工具选项栏中将【工具模式】设置为【路径】，单击【路径操作】按钮，在弹出的下拉列表中选择【合并形状】选项，在工作区中绘制一个圆角矩形，在【属性】面板中将 W、H 分别设置为 1180、799，将 X、Y

分别设置为302、179，将【角半径】均设置为50，如图2-90所示。

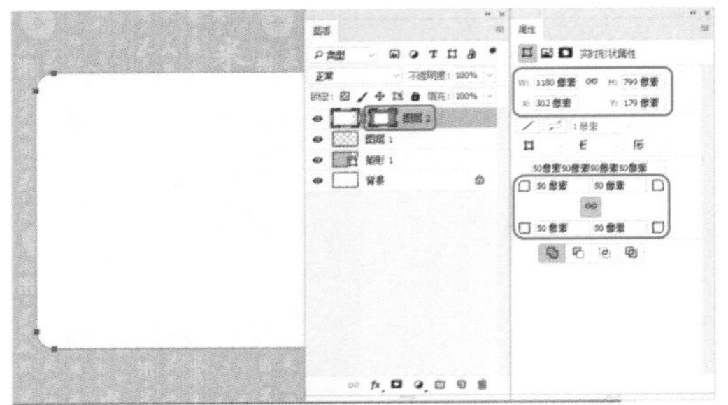

图2-90　添加矢量蒙版

知识链接：矢量蒙版

矢量蒙版是通过路径和矢量形状控制图像显示区域的蒙版，需要使用绘图工具才能编辑蒙版。矢量蒙版中的路径是与分辨率无关的矢量对象；因此，在缩放蒙版时不会产生锯齿。向矢量蒙版添加图层样式可以创建标志、按钮、面板或者其他的Web设计元素。

1. 创建矢量蒙版

创建矢量蒙版的方法有4种。下面将分别对其进行介绍。

- 选择一个图层，然后在菜单栏中选择【图层】|【矢量蒙版】|【显示全部】命令，创建一个白色矢量图层，如图2-91所示。
- 按住Ctrl键单击【添加图层蒙版】按钮，即可创建一个隐藏全部内容的白色矢量蒙版。

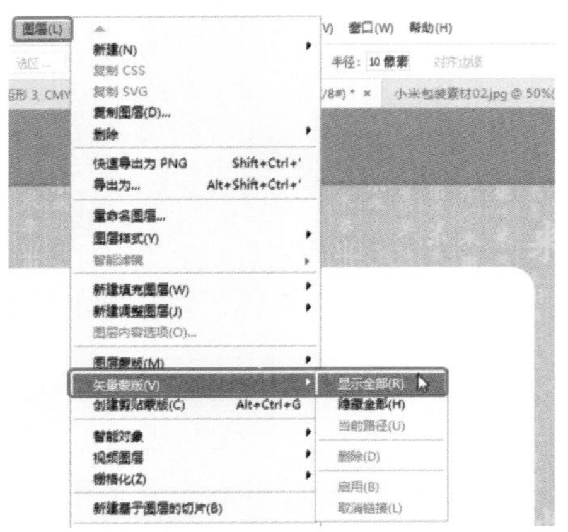

图2-91　创建白色矢量蒙版

- 在菜单栏中选择【图层】|【矢量蒙版】|【隐藏全部】命令，创建一个灰色的矢量蒙版，如图2-92所示。
- 按住Ctrl+Alt快捷键单击【添加图层蒙版】按钮，创建一个隐藏全部的灰色矢量蒙版。

2. 编辑矢量蒙版

图层蒙版和剪贴蒙版都是基于像素的蒙版，而矢量蒙版则是基于矢量对象的蒙版。它是通过路径和矢量形状来控制图像显示区域的。为图层添加矢量蒙版后，【路径】面板中会自动生成一个矢量蒙版路径，如图2-93所示。编辑矢量蒙版时需要使用绘图工具。

矢量蒙版与分辨率无关。因此，在进行缩放、旋转、扭曲等变换和变形操作时不会产生锯齿，但这种类型的蒙版只能定义清晰的轮廓，无法创建类似图层蒙版那种淡入淡出的遮罩效果。在Photoshop中，一个图层可以同时添加一个图层蒙版和一个矢量蒙版，矢量蒙版显示为灰色图标，并且总是位于图层蒙版之后，如图2-94所示。

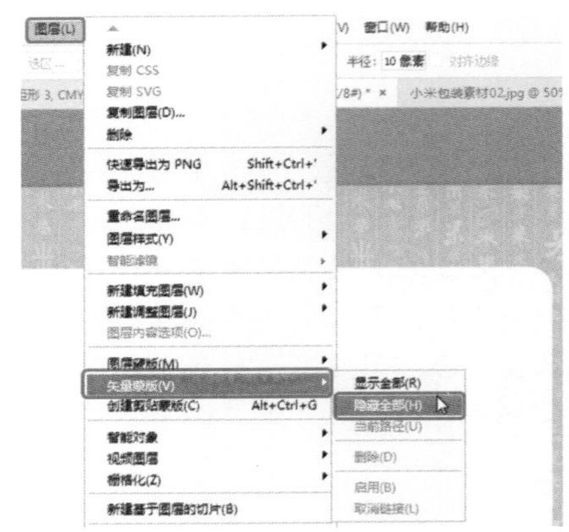

图2-92　创建灰色矢量蒙版

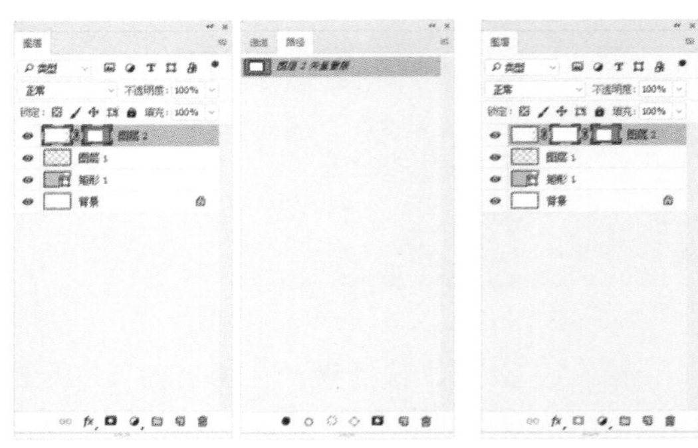

图2-93　矢量蒙版路径　　图2-94　矢量蒙版的显示

07 在【图层】面板中选择【图层2】图层，单击【添加图层样式】按钮fx.，在弹出的下拉菜单列表中选择【投影】命令，如图2-95所示。

08 在弹出的【图层样式】对话框中将【混合模式】设置为【正片叠底】，将【阴影颜色】的CMYK值设置为90、88、87、78，将【不透明度】设置为40，将【角度】设置为90，勾选【使用全局光】复选框，将【距离】、【扩展】、【大小】分别设置为1、0、13，如图2-96所示。

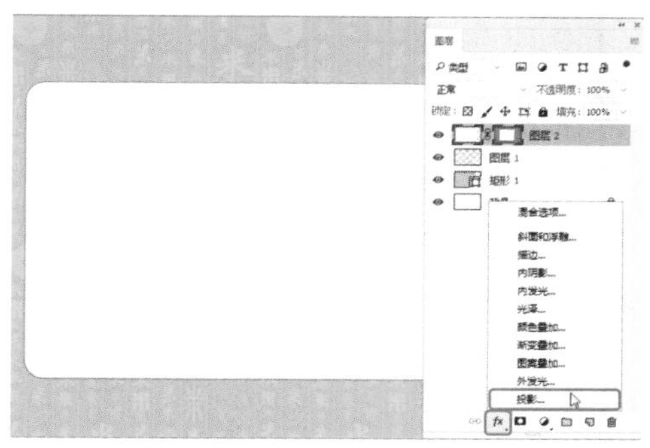
图 2-95 选择【投影】命令

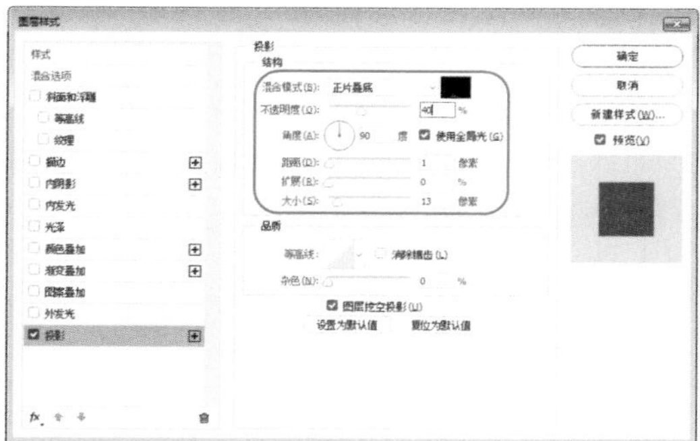
图 2-96 设置投影参数

知识链接：【投影】图层样式

【投影】图层样式中的各个选项的功能如下。

- 【混合模式】：用来设置投影与下面图层的混合模式。该选项默认为【正片叠底】。
- 【投影颜色】：单击【混合模式】右侧的色块，可以在弹出的【选择阴影颜色】对话框中设置投影的颜色。
- 【不透明度】：拖动滑块或输入数值可以设置投影的不透明度。该值越高，投影越深；值越低，投影越浅。
- 【角度】：确定效果应用于图层时所采用的光照角度，可以在文本框中输入数值，也可以拖动圆形的指针来进行调整，指针的方向为光源的方向。
- 【使用全局光】：勾选该复选框，所产生的光源作用于同一个图像中的所有图层。取消勾选该复选框，产生且光源只作用于当前编辑的图层。
- 【距离】：控制阴影离图层中图像的距离。值越高，投影越远。也可以将光标放在场景文件的投影上，当鼠标变为▸形状，单击并拖动鼠标直接调整摄影的距离和角度。
- 【扩展】：用来设置投影的扩展范围，受后面【大小】选项的影响。
- 【大小】：用来设置投影的模糊范围。值越高，模糊范围越广；值越小，投影越清晰。
- 【等高线】：应用该选项可以使图像产生立体的效果。单击其下拉按钮会弹出【等高线“拾色器”】面板，从中可以根据图像选择适当的模式。
- 【消除锯齿】：勾选该复选框，在用固定的选区做一些变化时，可以使变化的效果不至于显得很突然，可使效果过渡变得柔和。
- 【杂色】：用来在投影中添加杂色，该值较高时，投影将显示为点状。
- 【用图层挖空投影】：用来控制半透明图层中投影的可见性。选择该选项后，如果当前图层的【填充】数值小于100%，则半透明图层中的投影不见。

如果觉得这里的模式太少，则可以通过打开【等高线“拾色器”】面板后，单击右上角的☼按钮，在弹出的下拉菜单中提供了多种命令。

下面介绍如何新建一个等高线和等高线的一些基本操作，如图 2-97 所示。

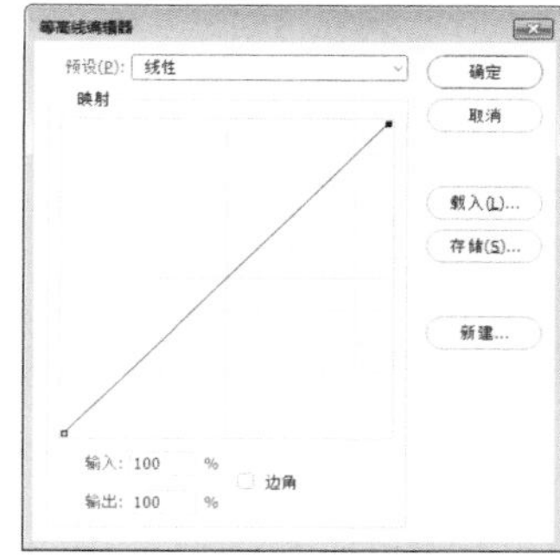
图 2-97 【等高线编辑器】对话框

- 【预设】：在下拉列表框中可以先选择比较接近用户需要的等高线，然后在【映射】区中的曲线上单击添加锚点，用鼠标拖动锚点会得到一条曲线，其默认的模式是平滑的曲线。
- 【输入和输出】：【输入】指的是图像在该位置原来的色彩相对数值。【输出】指的是通过这条等高线处理后，得到的图像在该处的色彩相对数值。
- 【边角】：这个复制项可以确定曲线是圆滑的还是尖锐的。

完成对曲线的制作后单击【新建】按钮，弹出【等高线名称】对话框，如图 2-98 所示。

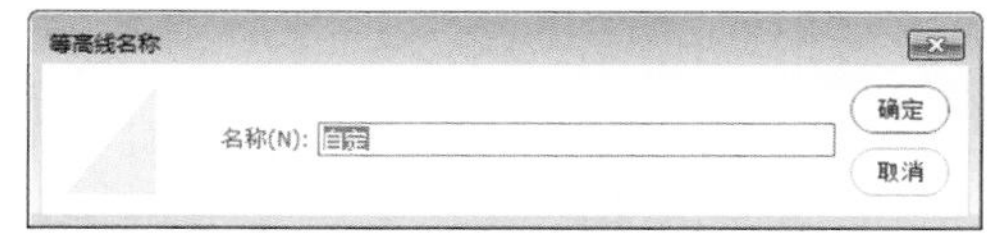
图 2-98 新建等高线

如果对当前调整的等高线进行保留，可以通过单击【存储】按钮对等高线进行保存，在弹出的【存储】对话框中命名保存即可。载入等高线的操作和保存类似，这里就不再赘述了。

09 设置完成后，单击【确定】按钮。选择工具箱中的【圆角矩形工具】▢，在工具选项栏中将【工具模式】设置为【形状】，在工作区中绘制一个圆角矩形。选中绘制的矩形，在【属性】面板中将W、H分别设置为1152、768，将X、Y分别设置为316、194，将【填充】设置为无，将【描边】的CMYK值设置为41、65、100、2，将【描边宽度】设置为2，单击【描边类型】右侧的下三角按钮，在弹出的下拉面板中勾选【虚线】复选框，将【虚线】、【间隙】分别设置为3、2，将【角半径】均设置为50，如图2-99所示。

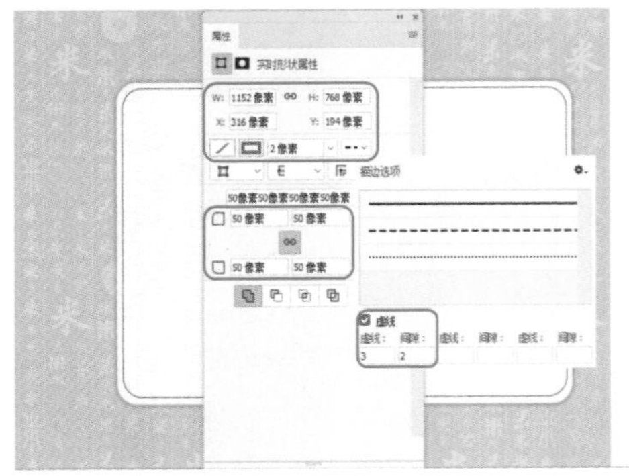

图 2-99　绘制圆角矩形并进行设置

10 在【图层】面板中选择【圆角矩形1】图层并双击，在弹出的【图层样式】对话框中勾选【投影】复选框，将【阴影颜色】的CMYK值设置为90、88、87、79，将【不透明度】设置为31，将【距离】、【扩展】、【大小】分别设置为1、0、0，如图2-100所示。

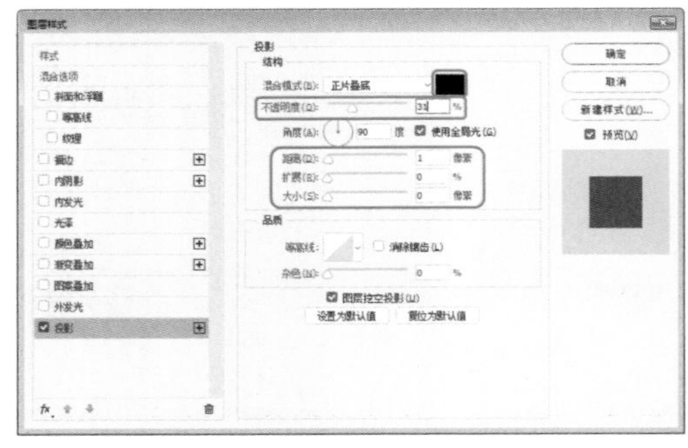

图 2-100　设置投影参数

11 设置完成后，单击【确定】按钮。选择工具箱中的【横排文字工具】T，在工作区中单击鼠标，输入文本。选中输入的文本，在【属性】面板中将【字体】设置为【方正行楷简体】，将【字体大小】设置为63，将【字符间距】设置为5，将【颜色】的CMYK值设置为0、0、0、100，将X、Y分别设置为6.02、1.6，如图2-101所示。

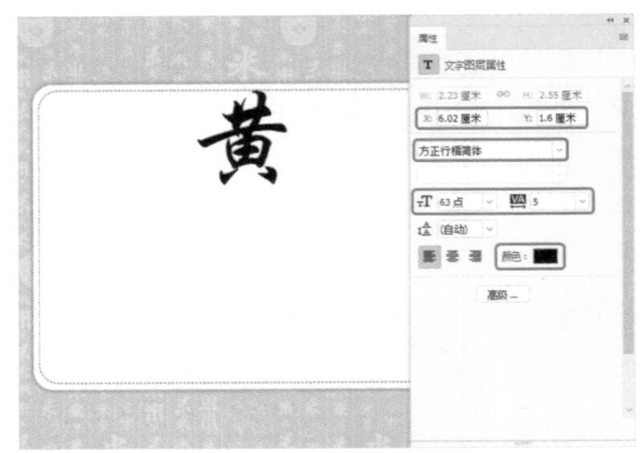

图 2-101　输入文本并进行设置

12 在【图层】面板中选择【黄】图层并双击鼠标，在弹出的【图层样式】对话框中勾选【描边】复选框，将【大小】设置为1，将【混合模式】设置为【正常】，将【不透明度】设置为100，将【颜色】的CMYK值设置为0、0、0、100，如图2-102所示。

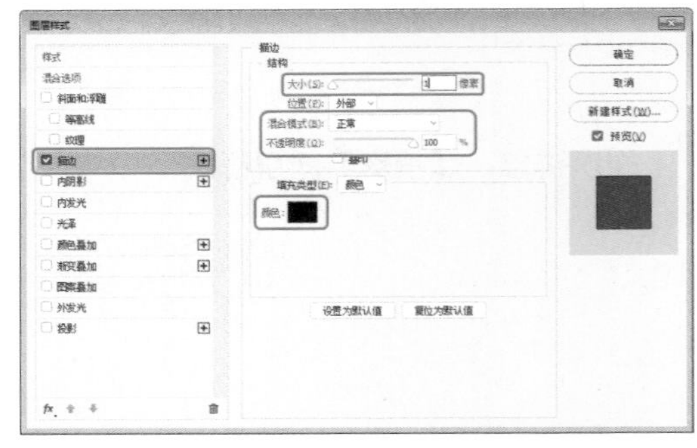

图 2-102　设置描边参数

13 设置完成后，单击【确定】按钮。使用相同的方法创建其他文本，并对其进行设置，效果如图2-103所示。

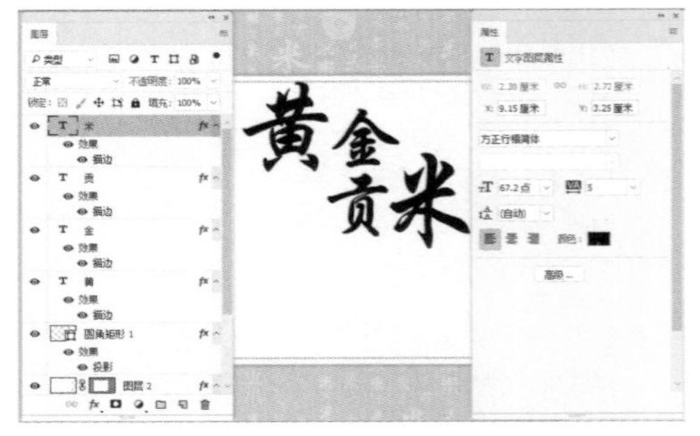

图 2-103　创建其他文本后的效果

14 选择工具箱中的【椭圆工具】○，在

工作区中按住 Shift 键绘制一个正圆形。选中绘制的正圆形，在【属性】面板中将 W、H 均设置为 54，将【填充】的 CMYK 值设置为 42、76、90、6，如图 2-104 所示。

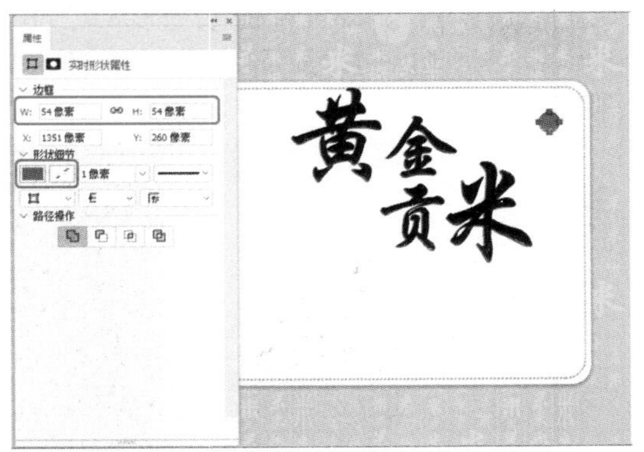

图 2-104 绘制正圆形并设置参数

15 选择工具箱中的【移动工具】，在工作区中按住 Alt 键对绘制的正圆形进行复制，效果如图 2-105 所示。

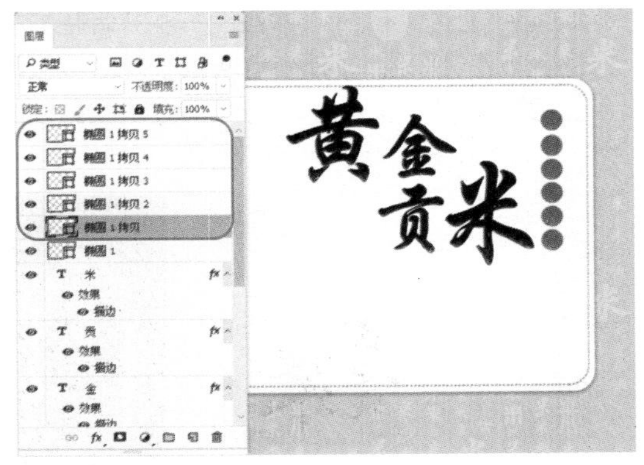

图 2-105 复制圆形

16 选择工具箱中的【直排文字工具】，在工作区中输入文本。选中输入的文本，在【属性】面板中将【字体】设置为【Adobe 黑体 Std】，将【字体大小】设置为 9.29，将【字符间距】设置为 0，将【行距】设置为 14.78，单击【居中对齐文本】按钮，将【颜色】的 CMYK 值设置为 2、1、7、0，并在工作区中调整文本的位置，效果如图 2-106 所示。

17 根据前面所介绍的方法在工作区中创建其他文本与图形，效果如图 2-107 所示。

18 按 Ctrl+O 快捷键，在弹出的【打开】对话框中选择“小米包装素材 03.png”素材文件，如图 2-108 所示。

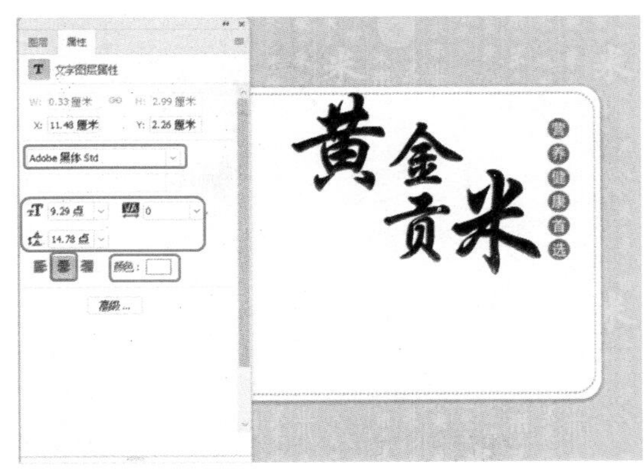

图 2-106 输入文本并进行调整

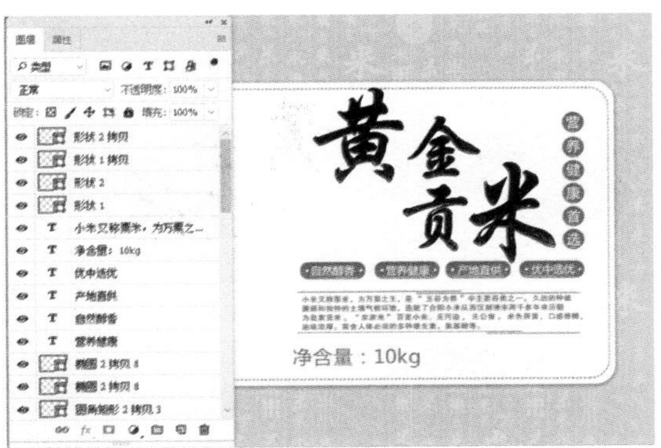

图 2-107 创建其他文本与图形后的效果

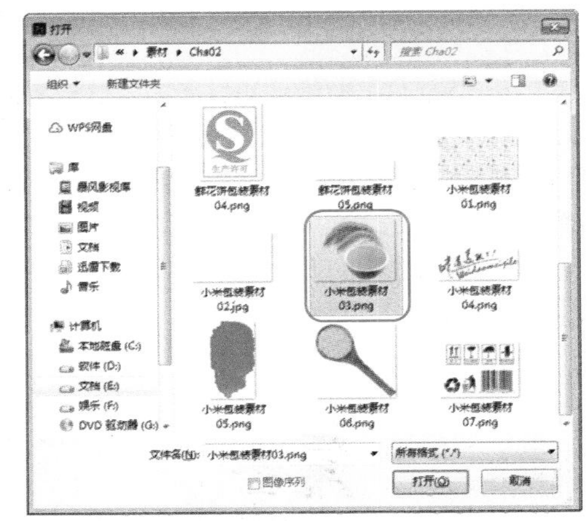

图 2-108 选择素材文件

19 单击【打开】按钮，将打开的素材文件拖曳至前面所创建的文档中，并选择添加的素材文件，在【属性】面板中将 W、H 分别设置为 6.93、6.18，在工作区中调整其位置，效果如图 2-109 所示。

图 2-109　设置素材文件大小

20 使用同样的方法将其他素材文件添加至新建文档，如图 2-110 所示。

图 2-110　添加其他素材文件

21 选择工具箱中的【直排文字工具】 ，在工作区中单击鼠标，输入文本。选中输入的文本，在【属性】面板中将【字体】设置为【汉仪水滴体简】，将【字体大小】设置为 15.89，将【字符间距】设置为 0，单击【左对齐文本】按钮，将【颜色】的 CMYK 值设置为 0、20、80、0，并在工作区中调整文本的位置，效果如图 2-111 所示。

图 2-111　输入文本并进行设置

22 选择工具箱中的【矩形工具】 ，在工作区中绘制一个矩形，选中绘制的矩形，在【属性】面板中将 W、H 分别设置为 418、1136，将 X、Y 分别设置为 1582、0，将【填充】的 CMYK 值设置为 61、86、80、46，将【描边】设置为无，如图 2-112 所示。

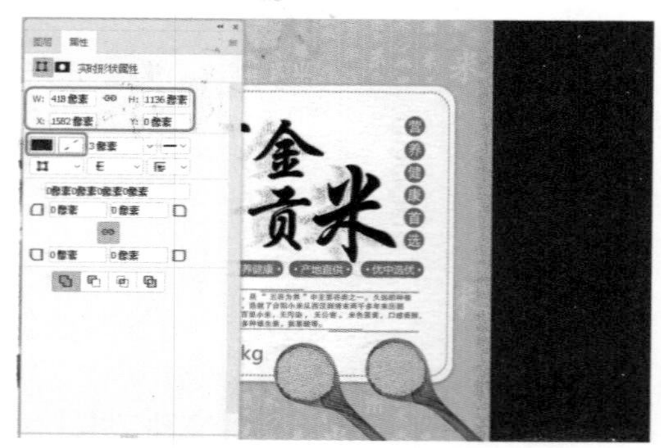

图 2-112　绘制矩形并进行设置

23 将“小米包装素材 01.png”素材文件添加至新建的文档中，并在工作区中调整素材的位置。在【图层】面板中选择该图层，将【混合模式】设置为【滤色】，将【不透明度】设置为 23，如图 2-113 所示。

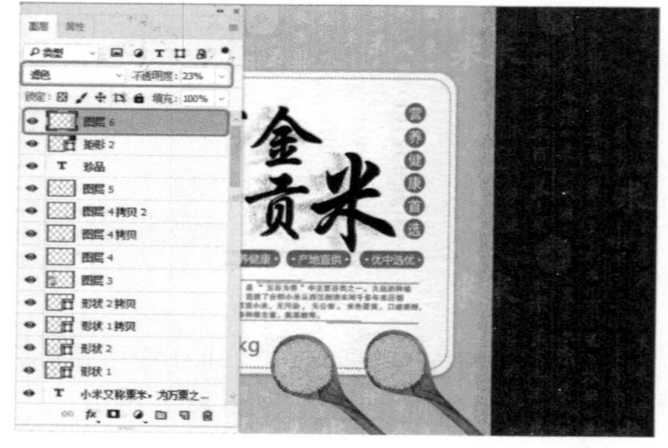

图 2-113　添加素材文件并设置图层混合模式

24 将“小米包装素材 04.png”素材文件添加至新建文档中，在【图层】面板中双击该图层，在弹出的【图层样式】对话框中勾选【颜色叠加】复选框，将【叠加颜色】的 CMYK 值设置为 0、0、0、0，如图 2-114 所示。

25 设置完成后，单击【确定】按钮。选择工具箱中的【横排文字工具】 ，在工作区中绘制一个文本框，输入文本，选中输入的文本，在【属性】面板中将【字体】设置为【Adobe

黑体 Std】，将【字体大小】设置为3.76，将【字符间距】设置为5，将【行距】设置为6.71，将【颜色】的CMYK值设置为0、0、0、0，在【段落】面板中将【首行缩进】设置为8.36，如图2-115所示。

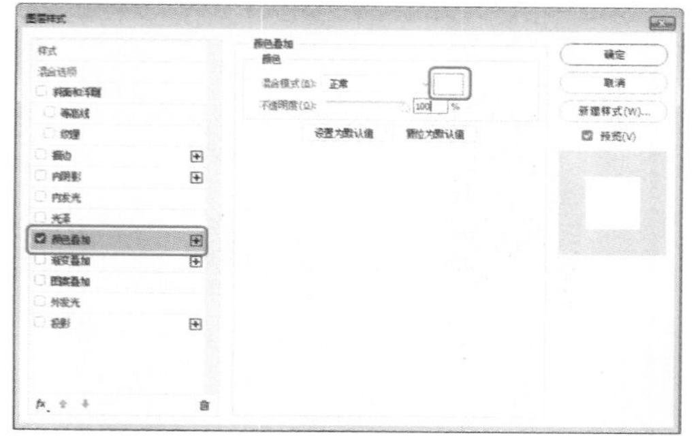

图 2-114 设置颜色叠加参数

图 2-115 绘制文本框并输入文本

26 根据前面所介绍的方法将“小米包装素材07.png”素材文件添加至新建文档中，并调整其大小与位置，效果如图2-116所示。

图 2-116 添加素材文件后的效果

2.4 制作粽子包装

粽子包装是品牌理念、产品特性、消费心理的综合反映，它直接影响到消费者对粽子的购买欲。粽子包装礼盒是建立粽子与消费者亲和力的有力手段。在经济全球化的今天，包装已与商品融为一体。包装作为实现商品价值和使用价值的手段，在生产、流通、销售和消费领域中，发挥着极其重要的作用。粽子包装盒的功能是保护粽子的外形、传达粽子的文化信息、方便使用、方便运输、促进销售、提高粽子的附加值。粽子包装效果如图2-117所示。

图 2-117 粽子包装

素材	素材\Cha02\粽子包装背景.jpg、粽子包装01.png～粽子包装06.png
场景	场景\Cha02\制作粽子包装.psd
视频	视频教学\Cha02\2.4 制作粽子包装.mp4

01 按Ctrl+N快捷键，在弹出的【新建文档】对话框中将【宽度】、【高度】分别设置为1000、820，将【分辨率】设置为300，将【颜色模式】设置为【CMYK颜色】，如图2-118所示。

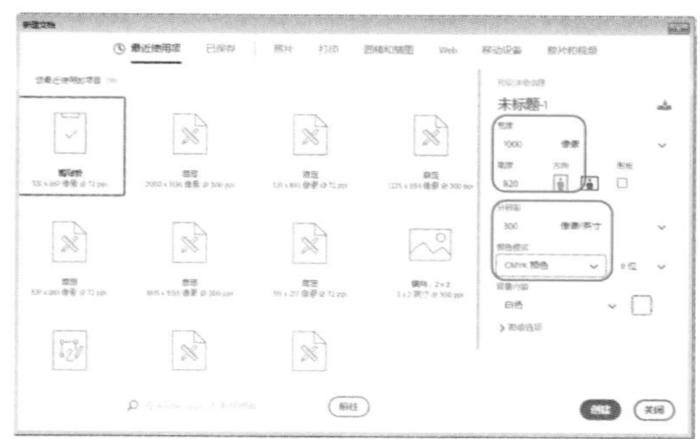

图 2-118 设置新建文档参数

02 设置完成后，单击【创建】按钮。按

Ctrl+O 快捷键，在弹出的【打开】对话框中选择“粽子包装背景 .jpg”素材文件，如图 2-119 所示。

图 2-119 选择素材文件

03 选择工具箱中的【移动工具】，将打开的素材文件拖曳至新建的文档中，选择添加的素材文件，在【属性】面板中将 W、H 分别设置为 5.47、3.94，将 X、Y 分别设置为 1.51、1.5，如图 2-120 所示。

图 2-120 添加素材文件

04 继续选中该素材文件，在菜单栏中选择【视图】|【通过形状新建参考线】命令，创建参考线，效果如图 2-121 所示。

图 2-121 创建参考线后的效果

05 选择工具箱中的【钢笔工具】，在工具选项栏中将【工具模式】设置为【形状】，将【填充】的 CMYK 值设置为 83、47、100、9，将【描边】设置为无，在工作区中绘制一个图形，并调整其位置，效果如图 2-122 所示。

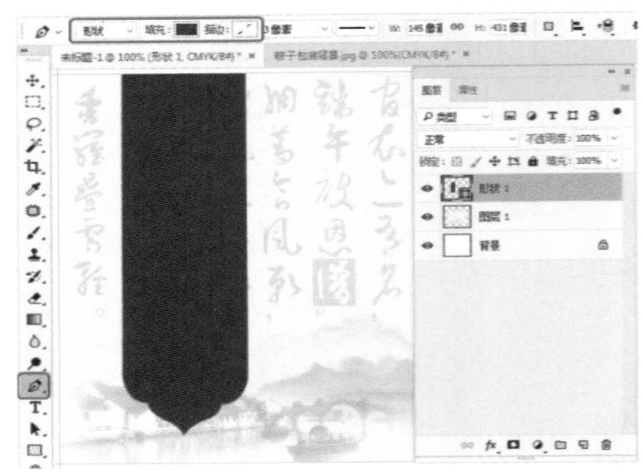

图 2-122 绘制图形并进行设置

06 在【图层】面板中双击【形状 1】图层，在弹出的【图层样式】对话框中勾选【描边】复选框，将【大小】设置为 4，将【位置】设置为【外部】，将【颜色】的 CMYK 值设置为 83、45、100、8，如图 2-123 所示。

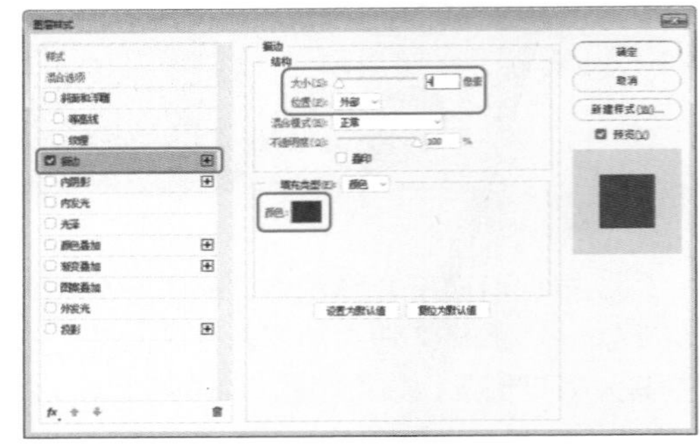

图 2-123 设置描边参数

07 设置完成后，单击【确定】按钮。在【图层】面板中选择【形状 1】图层，并将其拖曳至【创建新图层】按钮上，对其进行复制。在【图层】面板中双击【形状 1 拷贝】图层，在弹出的【图层样式】对话框中勾选【描边】复选框，将【大小】设置为 3，将【颜色】的 CMYK 值设置为 5、4、12、0，如图 2-124 所示。

08 设置完成后，单击【确定】按钮。在【图层】面板中选择【形状 1 拷贝】、【形状 1】、【图层 1】图层，单击【锁定全部】按钮，将选中的图层进行锁定，如图 2-125 所示。

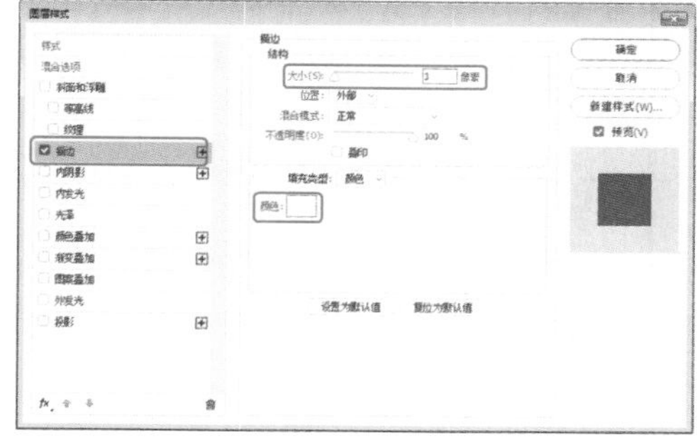

图 2-124 复制图层并设置描边参数

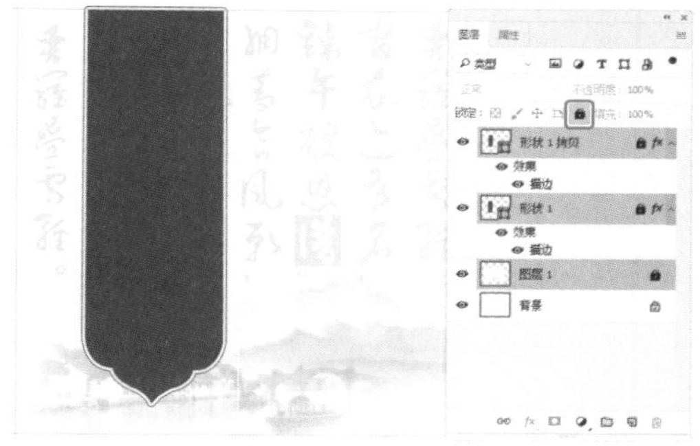

图 2-125 锁定图层

知识链接：锁定图层

在【图层】面板中，Photoshop 提供了用于保护图层透明区域、图像像素和位置的锁定功能，可以根据需要锁定图层的属性，以免编辑图像时对图层内容造成修改。当一个图层被锁定后，该图层名称的右侧会出现一个锁状图标；若要取消锁定，可以重新单击相应的锁定按钮，锁状图标也会消失。

在【图层】面板中有 4 项锁定功能，分别是锁定透明像素、锁定图像像素、锁定位置、锁定全部。下面分别进行介绍。

- 【锁定透明像素】按钮⊠：单击该按钮后，编辑范围将被限定在图层的不透明区域，图层的透明区域会受到保护。例如，使用【画笔工具】涂抹图像时，透明区域不会受到任何影响，如图 2-126 所示。如果在菜单栏中选择模糊类的滤镜时，想要保持图像边界的清晰，就可以启用该功能。
- 【锁定图像像素】按钮✓：单击该按钮后，只能对图层进行移动和变换操作，不能使用绘画工具修改图层中的像素。例如，不能在图层上进行绘画、擦除或应用滤镜，如图 2-127 所示。
- 【锁定位置】按钮✥：单击该按钮后，图层将不能被移动，如图 2-128 所示。
- 【锁定全部】按钮🔒：单击该按钮后，可以锁定以上所选择的全部图层，如图 2-129 所示

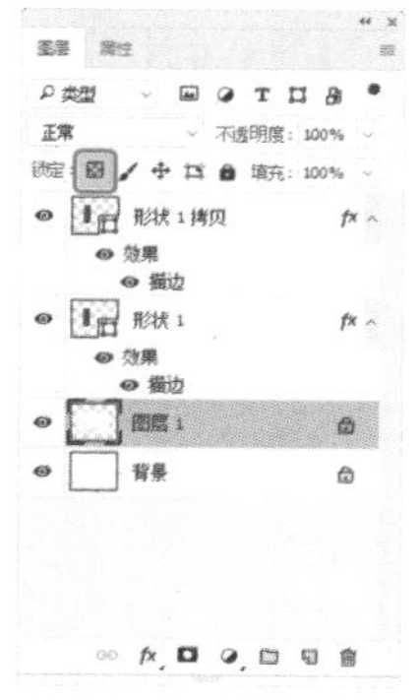

图 2-126 锁定透明像素

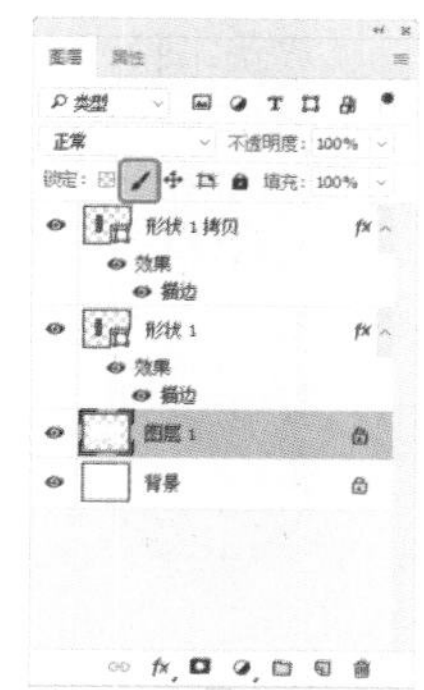

图 2-127 锁定图像像素

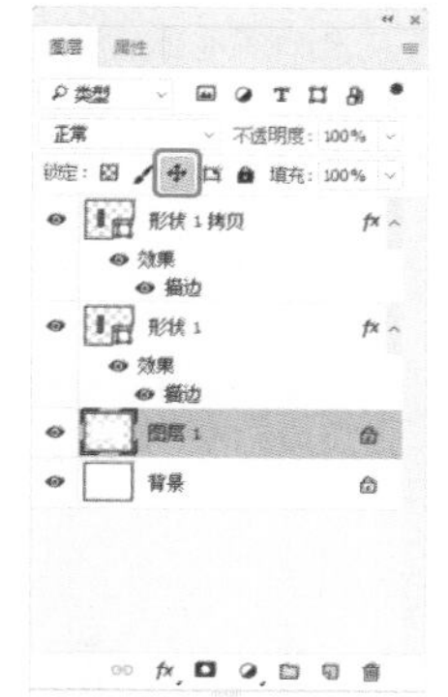

图 2-128 锁定位置

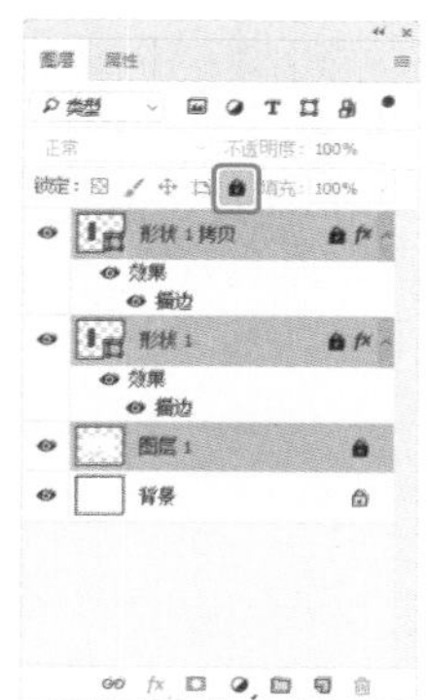

图 2-129 锁定全部图层

09 根据前面所介绍的方法将“粽子包装 01.png”素材文件添加至新建文档中，并在工作区中调整其位置，效果如图 2-130 所示。

图 2-130 添加素材文件

10 选择工具箱中的【横排文字工具】T，在工作区中单击鼠标，输入文本。选中输入的文本，在【字符】面板中将【字体】设置为【汉仪细行楷简】，将【字体大小】设置为 26，将【字符间距】设置为 5，将【颜色】的 CMYK 值设置为 90、60、100、42，单击【仿粗体】按钮T，如图 2-131 所示。

图 2-131 输入文本并进行设置

11 在【图层】面板中选择【端】图层，并双击该图层，在弹出的【图层样式】对话框中勾选【描边】复选框，将【大小】设置为1，将【位置】设置为【外部】，将【颜色】的CMYK值设置为90、61、100、42，如图2-132所示。

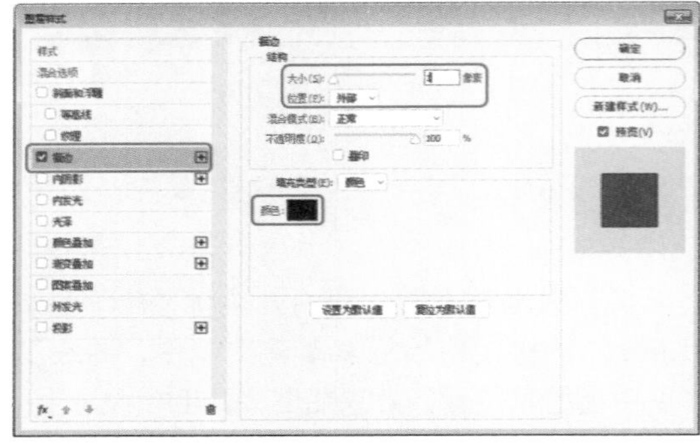
图 2-132 设置描边参数

12 设置完成后，单击【确定】按钮，再在【图层】面板中选择【端】图层，右击鼠标，在弹出的快捷菜单中选择【栅格化图层样式】命令，如图2-133所示。

图 2-133 选择【栅格化图层样式】命令

13 在【图层】面板中双击【端】图层，在弹出的【图层样式】对话框中勾选【斜面和浮雕】复选框，将【样式】设置为【内斜面】，将【方法】设置为【平滑】，将【深度】设置为100，选中【上】单选按钮，将【大小】、【软化】均设置为1，将【角度】、【高度】分别设置为90、30，勾选【使用全局光】复选框，将【高光模式】设置为【滤色】，将【高亮颜色】的CMYK值设置为0、0、0、0，将【不透明度】设置为75，将【阴影模式】设置为【正片叠底】，将【阴影颜色】的CMYK值设置为79、82、83、67，将【不透明度】设置为75，如图2-134所示。

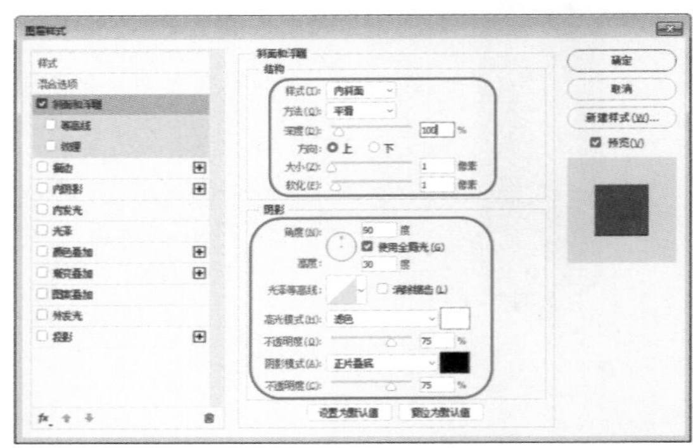
图 2-134 设置斜面和浮雕参数

14 设置完成后，单击【确定】按钮。使用同样的方法创建文本【午】，创建后的效果如图2-135所示。

图 2-135 创建其他文本后的效果

15 根据前面所介绍的方法将“粽子包装02.png”“粽子包装03.png”“粽子包装04.png”“粽子包装05.png”素材文件添加至新建文档中，效果如图2-136所示。

16 选择工具箱中的【横排文字工具】T.，在工作区中单击鼠标，输入文本。选中输入的文本，在【字符】面板中将【字体】设置为【隶书】，将【字体】大小设置为3.46，将【字符间距】设置为0，将【垂直缩放】设置为85，将【颜色】的CMYK值设置为79、82、83、67，取消单击【仿粗体】按钮，如图2-137所示。

图2-136 添加素材文件后的效果

图2-137 输入文本并进行设置

17 根据相同的方法在工作区中输入其他文本，并创建相应的图形，如图2-138所示。

图2-138 创建其他文本与图形后的效果

18 选择工具箱中的【矩形工具】□，在工作区中绘制一个矩形。选中绘制的矩形，在【属性】面板中将W、H分别设置为176、464，将X、Y分别设置为824、178，将【填充】的CMYK值设置为83、46、100、8，将【描边】设置为无，如图2-139所示。

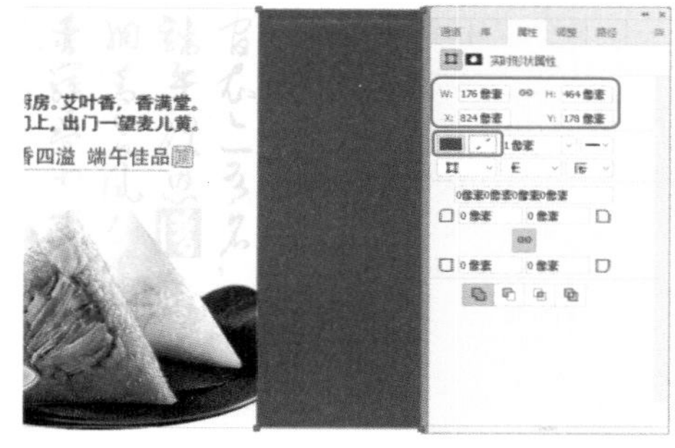

图2-139 绘制矩形

19 选择工具箱中的【椭圆工具】○，按住Shift键在工作区中绘制一个正圆形。选中绘制的正圆形，在【属性】面板中将W、H均设置为28，将X、Y分别设置为857、237，将【填充】的CMYK值设置为0、0、0、0，将【描边】设置为无，如图2-140所示。

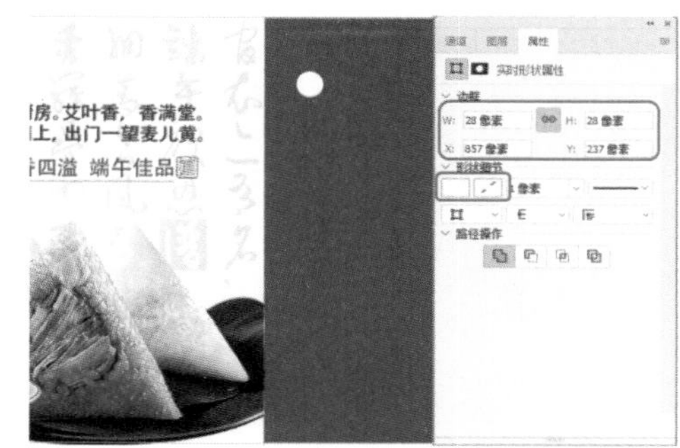

图2-140 绘制正圆形

20 选择工具箱中的【移动工具】✥，在工作区中选择正圆形，按住Alt键对其进行复制，效果如图2-141所示。

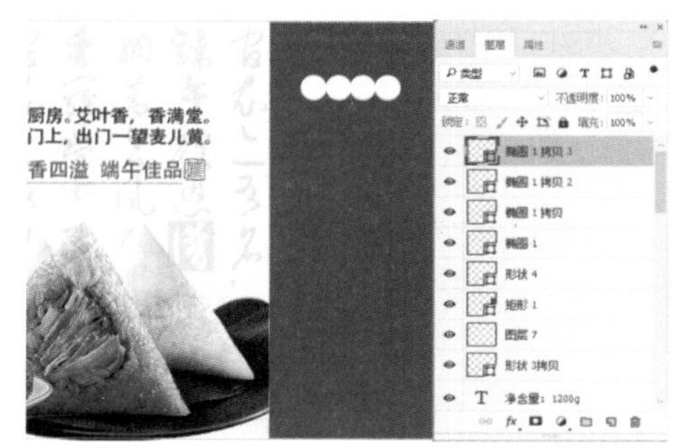

图2-141 复制正圆形

21 选择工具箱中的【横排文字工具】T，在工作区中单击鼠标，输入文本。选中输入的文本，在【属性】面板中将【字体】设置为【汉仪小隶书简】，将【字体大小】设置为7.98，将【字符间距】设置为252，将【颜色】的CMYK值设置为83、45、100、8，并调整其位置，如图2-142所示。

图 2-142　输入文本并进行设置

22 使用【横排文字工具】T.在工作区中绘制一个文本框，输入文本。选中输入的文本，在【属性】面板中将【字体】设置为【微软雅黑】，将【字体大小】设置为2.22，将【字符间距】设置为80，将【行距】设置为3.67，将【颜色】的CMYK值设置为0、0、0、0，如图2-143所示。

图 2-143　输入文本并设置

23 根据前面所介绍的方法将“粽子包装06.png”素材文件添加至新建文档中，如图2-144所示。

图 2-144　添加素材文件

24 根据前面所介绍的方法创建其他图形与文本，并对其进行调整，效果如图2-145所示。

图 2-145　创建其他图形与文本后的效果

疑难解答　在绘制包装时，如果不明确具体的参数应如何调整？

在创建对象时如果大小不统一，可选择相应的图层，按Ctrl+T快捷键进行变换调整。

2.5 制作牛奶包装

牛奶包装设计应在造型上与众不同，优美的造型才能给消费者丰富的视觉享受。另外，牛奶包装的装潢可从色彩中体现出来，色彩的运用只能从食品的特点出发，设计需要显示出牛奶的特色，同时兼顾消费者的欣赏习惯。牛奶包装效果如图2-146所示。

图 2-146　牛奶包装

素材	素材\Cha02\牛奶包装背景.jpg～牛奶包装素材05.png
场景	场景\Cha02\制作牛奶包装.psd
视频	视频教学\Cha02\2.5　制作牛奶包装.mp4

01 按Ctrl+N快捷键，在弹出的【新建文档】对话框中将【宽度】、【高度】分别设置为954、1330，将【分辨率】设置为300，将【颜色模式】设置为【CMYK颜色】，如图2-147所示。

图2-147　设置新建文档参数

02 设置完成后，单击【创建】按钮。选择工具箱中的【矩形工具】□，在工作区中绘制一个矩形。选中绘制的矩形，在【属性】面板中将W、H分别设置为677、388，将X、Y分别设置为140、664，将【填充】的CMYK值设置为61、0、100、0，将【描边】设置为无，如图2-148所示。

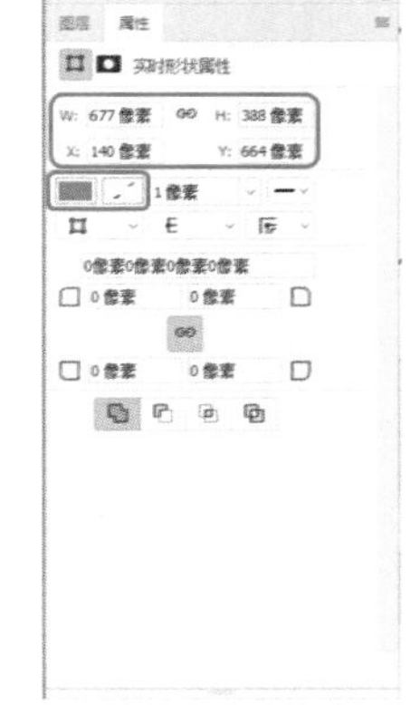

图2-148　绘制矩形并进行设置

03 按Ctrl+O快捷键，在弹出的【打开】对话框中选择"牛奶包装背景.jpg"素材文件，如图2-149所示。

图2-149　选择素材文件

04 选择工具箱中的【移动工具】✥，选择素材文件，并将其拖曳至新建的文档中，在【属性】面板中将X、Y分别设置为0.86、5.6，如图2-150所示。

图2-150　调整素材文件的位置

05 在【图层】面板中选择【图层1】图层，单击鼠标右键，在弹出的快捷菜单中选择【创建剪贴蒙版】命令，如图2-151所示。

疑难解答　为什么要创建剪贴蒙版？

剪贴蒙版是一种非常灵活的蒙版，它可以使用下面图层中图像的形状限制上层图像的显示范围。因此，可以通过一个图层来控制多个图层的显示区域；而矢量蒙版和图层蒙版都只能控制一个图层的显示区域。

06 将"牛奶包装素材01.png"素材文件添加至新建文档中，并选中该素材文件，在【属性】面板中将X、Y分别设置为0.91、6.49，如图2-152所示。

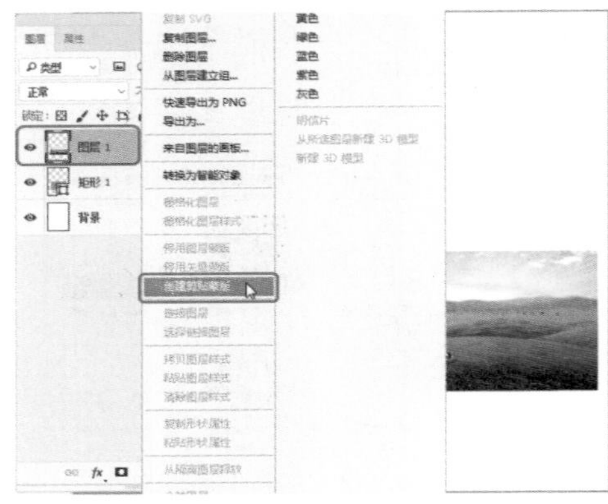

图 2-151 选择【创建剪贴蒙版】命令

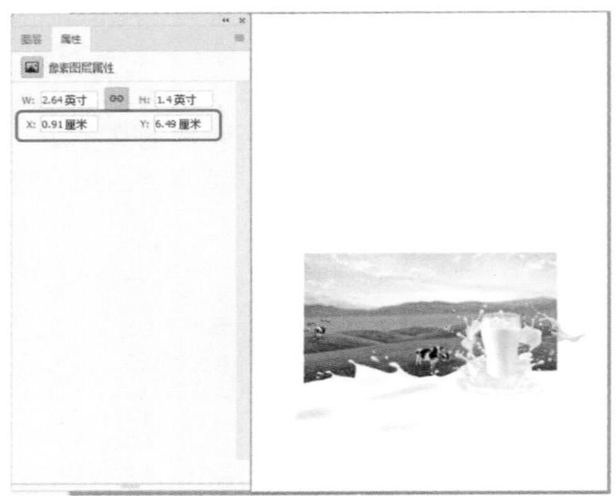

图 2-152 添加素材文件

07 在【图层】面板中选择【图层 2】图层，按住 Ctrl 键单击【矩形 1】图层的缩览图，将其载入选区，如图 2-153 所示。

图 2-153 载入选区

08 在【图层】面板中单击【添加图层蒙版】按钮，为【图层 2】图层添加图层蒙版，效果如图 2-154 所示。

图 2-154 添加图层蒙版

知识链接：图层蒙版与编辑蒙版

1. 图层蒙版

图层蒙版是与当前文档具有相同分辨率的位图图像，不仅可以用来合成图像，在创建调整图层、填充图层或者应用智能滤镜时，Photoshop 也会自动为其添加图层蒙版。因此，图层蒙版可以在颜色调整、应用滤镜和指定选择区域中发挥重要的作用。

创建图层蒙版的方法有 4 种，下面将分别对其进行介绍。

- 在菜单栏中选择【图层】|【图层蒙版】|【显示全部】命令，如图 2-155 所示，创建一个白色图层蒙版。

图 2-155 创建白色图层蒙版

- 在菜单栏中选择【图层】|【图层蒙版】|【隐藏全部】命令，如图 2-156 所示，创建一个黑色图层蒙版。
- 按住 Alt 键单击【图层】面板底部的【添加图层蒙版】按钮，创建一个黑色图层蒙版。
- 按住 Shift 键单击【图层】面板底部的【添加图层蒙版】按钮，创建一个白色图层蒙版。

2. 应用或停用蒙版

按住 Shift 键的同时单击蒙版缩览图，即可停用蒙版，同时蒙版缩览图中会显示红色叉号，表示此蒙版已经停用，图像随即还原成原始效果，如图 2-157 所示。

如果需要启用蒙版，再次按住 Shift 键的同时单击蒙版缩览图即可启用蒙版。

图 2-156 创建黑色图层蒙版

图 2-157 停用蒙版

3. 删除蒙版

选择蒙版后，在蒙版缩览图中单击鼠标右键，在弹出的快捷菜单中选择【删除图层蒙版】命令，如图 2-158 所示，即可将蒙版删除。

图 2-158 删除图层蒙版

还可以通过选择蒙版缩览图，然后单击【图层】面板底部的【删除图层】按钮，此时会弹出提示框，如图 2-159 所示。单击【应用】按钮，可以将蒙版删除，效果仍应用于图层中；单击【删除】按钮，可以将蒙版删除，效果不会应用到图层中；单击【取消】按钮，取消本次操作。

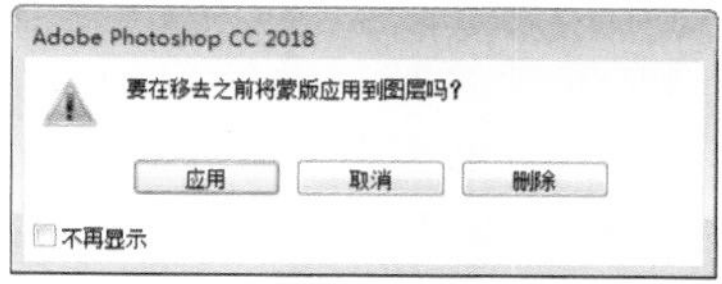

图 2-159 提示框

09 根据前面所介绍的方法将“牛奶包装素材 02.png”素材文件添加至新建文档中，并选中该素材文件，在【属性】面板中将 W、H 分别设置为 0.76、0.65，将 X、Y 分别设置为 1.39、5.69，如图 2-160 所示。

图 2-160 添加素材文件并进行设置

10 选择工具箱中的【圆角矩形工具】，在工作区中绘制一个圆角矩形。选中绘制的圆角矩形，在【属性】面板中将 W、H 分别设置为 276、83，将 X、Y 分别设置为 181、756，将【填充】的 CMYK 值设置为 0、100、100、0，将【描边】设置为无，将角半径分别设置为 0、20.6、20.6、0，如图 2-161 所示。

图 2-161 绘制圆角矩形

11 在【图层】面板中选择【圆角矩形 1】图层，并双击该图层，在弹出的【图层样式】对话框中勾选【渐变叠加】复选框，单击【渐变】右侧的渐变条，弹出【渐变编辑器】对话框，将 0 位置处的颜色值设置为 0、100、100、0，将 35% 位置处的颜色值设置为 0、100、100、35，将 100% 位置处的颜色值设置为 0、100、100、0，如图 2-162 所示。

图 2-162　设置渐变颜色

12 单击【确定】按钮，返回到【图层样式】对话框中，将【样式】设置为【线性】，将【角度】设置为 90，如图 2-163 所示。

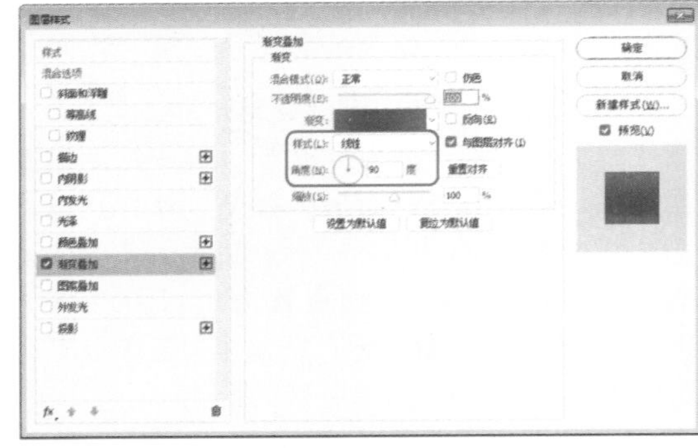

图 2-163　设置渐变叠加参数

13 设置完成后，单击【确定】按钮。选择工具箱中的【横排文字工具】T，在工作区中单击鼠标，输入文本。选中输入的文本，在【属性】面板中将【字体】设置为【经典特宋简】，将【字体大小】设置为 15.13，将【字符间距】设置为 200，将【颜色】的 CMYK 值设置为 0、0、0、0，并在工作区中调整文本的位置，效果如图 2-164 所示。

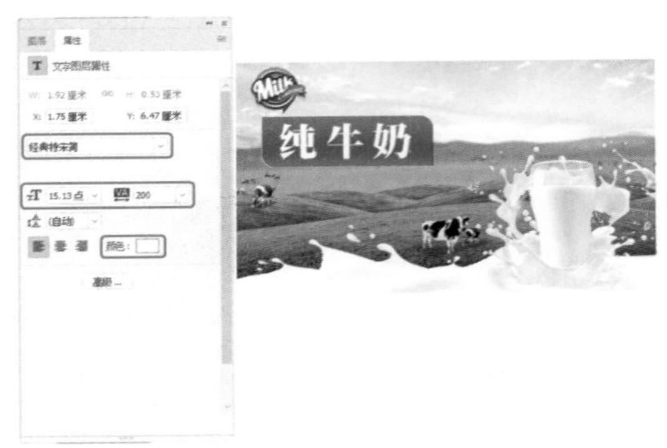

图 2-164　输入文本并进行设置

14 在【图层】面板中双击【纯牛奶】图层，在弹出的【图层样式】对话框中勾选【斜面和浮雕】复选框，将【样式】设置为【内斜面】，将【方法】设置为【平滑】，将【深度】设置为 100，选中【上】单选按钮，将【大小】、【软化】分别设置为 2、0，将【角度】、【高度】分别设置为 90、30，勾选【使用全局光】复选框，将【高光模式】设置为【滤色】，将【高亮颜色】的 CMYK 值设置为 0、0、0、0，将【不透明度】设置为 61，将【阴影模式】设置为【正片叠底】，将【阴影颜色】的 CMYK 值设置为 93、88、89、80，将【不透明度】设置为 39，如图 2-165 所示。

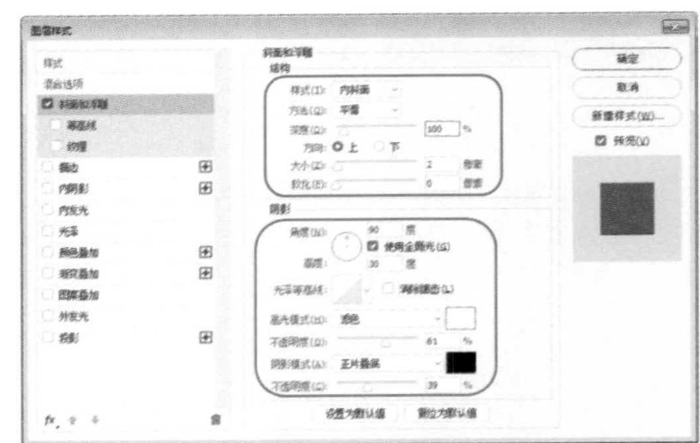

图 2-165　设置斜面和浮雕参数

15 设置完成后，单击【确定】按钮。选择工具箱中的【横排文字工具】T，在工作区中单击鼠标，输入文本。选中输入的文本，在【属性】面板中将【字体】设置为【Adobe 黑体 Std】，将【字体大小】设置为 7.74，将【字符间距】设置为 0，将【颜色】的 CMYK 值设置为 0、0、0、0，并调整其位置，如图 2-166 所示。

图 2-166 输入文本并进行设置

16 在【图层】面板中选择【100% 新鲜纯牛奶】图层，并双击该图层，在弹出的【图层样式】对话框中勾选【投影】复选框，将【混合模式】设置为【正片叠底】，将【阴影颜色】的 CMYK 值设置为 87、60、35、0，将【不透明度】设置为 63，将【角度】设置为 130，勾选【使用全局光】复选框，将【距离】、【扩展】、【大小】分别设置为 5、0、3，如图 2-167 所示。

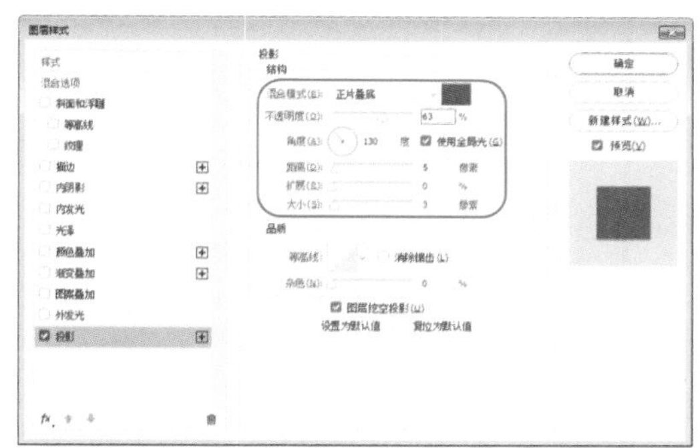
图 2-167 设置投影参数

17 设置完成后，单击【确定】按钮。使用【横排文字工具】 T 在工作区中单击鼠标，输入文本。选中输入的文本，在【属性】面板中将【字体】设置为【方正大黑简体】，将【字体大小】设置为 4.99，将【字符间距】设置为 0，将【颜色】的 CMYK 值设置为 0、0、0、0，如图 2-168 所示。

18 在【图层】面板中双击该文本图层，在弹出的【图层样式】对话框中勾选【投影】复选框，将【距离】、【扩展】、【大小】分别设置为 5、0、17，如图 2-169 所示。

图 2-168 输入文本并进行设置

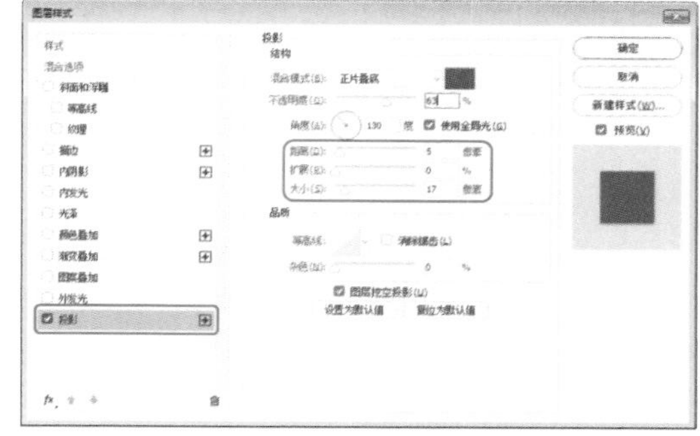
图 2-169 设置投影参数

19 设置完成后，单击【确定】按钮。选择工具箱中的【横排文字工具】 T，在工作区中单击鼠标，输入文本。选中输入的文本，在【属性】面板中将【字体】设置为【华文仿宋】，将【字体大小】设置为 4.99，将【字符间距】设置为 0，将【行距】设置为 5.17，单击【居中对齐文本】按钮，将【颜色】的 CMYK 值设置为 90、62、100、47，如图 2-170 所示。

图 2-170 输入文本并进行设置

20 再次使用【横排文字工具】 T 在工作区中单击鼠标，输入文本。在【属性】面板中将【字体】设置为【Adobe 黑体 Std】，将【字体大小】设置为 2.75，将【字符间距】设置为 0，将【行距】设置为【(自动)】，单击【左对齐文本】按钮，将【颜色】的 CMYK 值设置为 90、62、100、47，如图 2-171 所示。

图 2-171　再次输入文本并进行设置

21 在【图层】面板中选择除【背景】图层外的其他图层，单击【创建新组】按钮，将组命名为“包装封面”，如图 2-172 所示。

图 2-172　新建组

提　示

在默认情况下，图层组为【穿透】模式，它表示图层组不具备混合属性。如果选择其他模式，则组中的图层将与该组混合模式下面的图层产生混合。

22 选择工具箱中的【矩形工具】，在工作区中绘制一个矩形。选中绘制的矩形，在【属性】面板中将 W、H 分别设置为 677、278，将 X、Y 分别设置为 140、1052，将【描边】设置为无，如图 2-173 所示。

23 在【图层】面板中双击【矩形 2】图层，在弹出的【图层样式】对话框中勾选【渐变叠加】复选框，单击【渐变】右侧的渐变条，在弹出的【渐变编辑器】对话框中，将位置 0 处色标的 CMYK 值设置为 78、39、0、0，将位置 100% 处色标的 CMYK 值设置为 90、65、0、0，如图 2-174 所示。

图 2-173　绘制矩形并进行设置

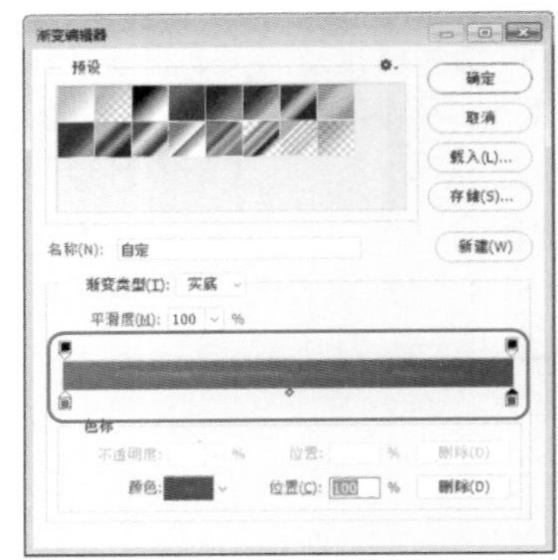

图 2-174　设置渐变颜色

24 单击【确定】按钮，返回到【图层样式】对庆框，将【样式】设置为【径向】，将【缩放】设置为 116，如图 2-175 所示。

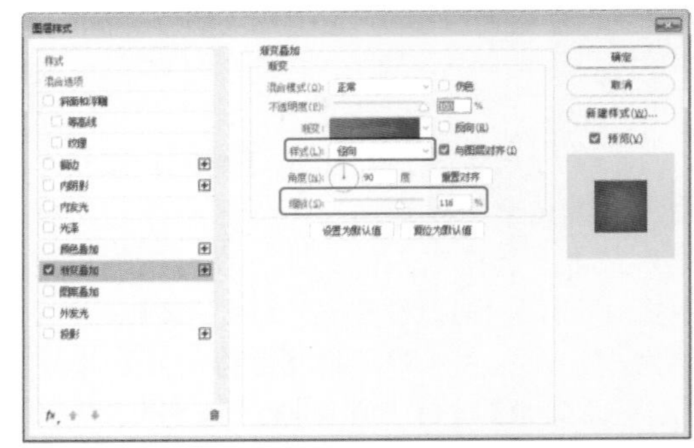

图 2-175　设置渐变叠加参数

25 设置完成后，单击【确定】按钮。在【图层】面板中选择如图 2-176 所示的图层，并将其拖曳至【创建新图层】按钮上，对其进行复制，将复制的图层拖曳至【包装封面】组外，如图 2-176 所示。

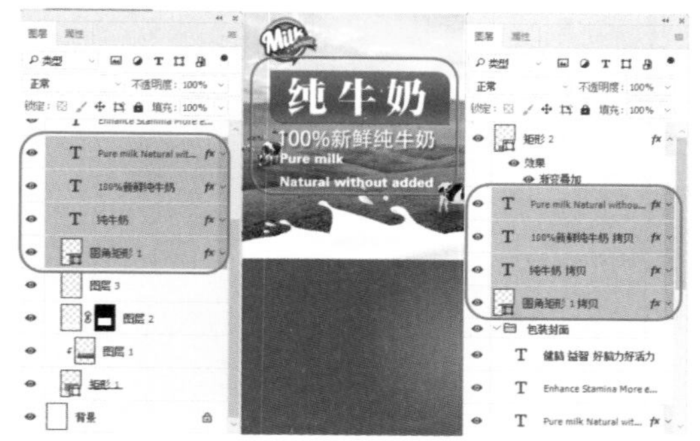

图 2-176 复制图层并进行调整

26 使用工具箱中的【移动工具】，对复制的对象进行调整，效果如图 2-177 所示。

图 2-177 复制对象并进行调整

27 选择工具箱中的【钢笔工具】，在工具选项栏中将【工具模式】设置为【形状】，将【填充】的 CMYK 值设置为 0、0、0、0，将【描边】设置为无，绘制图形，如图 2-178 所示。

图 2-178 绘制图形

28 选择工具箱中的【横排文字工具】，在工作区中单击鼠标，输入文本。选中输入文本，在【属性】面板中将【字体】设置为【经典特宋简】，将【字体大小】设置为 12.06，将【字符间距】设置为 0，将【颜色】的 CMYK 值设置为 0、0、0、0，如图 2-179 所示。

图 2-179 输入文本并进行设置

29 在【图层】面板中选择除【包装封面】、【背景】图层外的其他图层，将其拖曳至【创建新组】按钮上，并将其命名为“侧面 1”，如图 2-180 所示。

图 2-180 创建组并命名

30 在【图层】面板中选择【侧面 1】组，将其拖曳至【创建新图层】按钮上，将其进行复制。按 Ctrl+T 快捷键，调出自由变换框，单击鼠标左键，在弹出的快捷菜单中选择【旋转 180 度】命令，如图 2-181 所示。

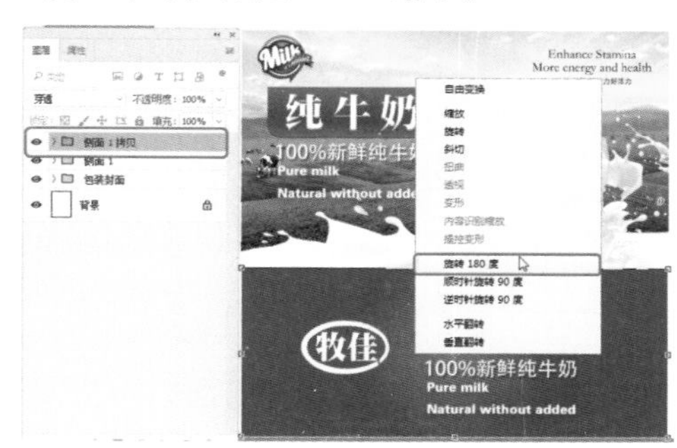

图 2-181 选择【旋转 180 度】命令

31 旋转完成后，在工作区中调整选中

对象的位置，调整完成后，按 Enter 键完成变换，效果如图 2-182 所示。

图 2-182　调整后的效果

32 使用同样的方法复制其他侧面效果，并对复制的对象进行调整，效果如图 2-183 所示。

图 2-183　复制其他侧面后的效果

33 根据前面所介绍的方法对【包装封面】组进行复制，并对其进行调整，效果如图 2-184 所示。

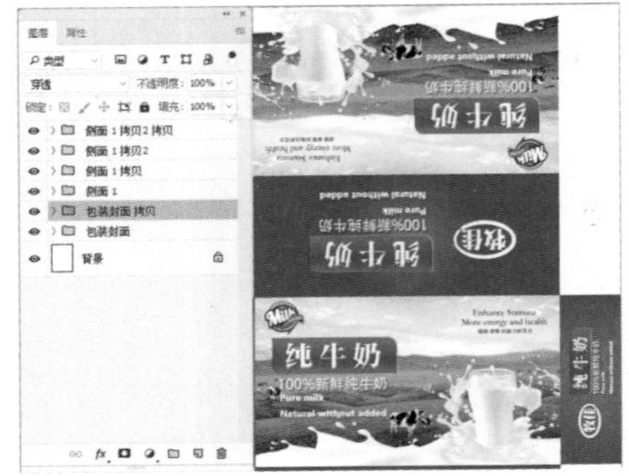

图 2-184　复制【包装封面】组并调整后的效果

34 根据前面所介绍的方法创建其他侧面效果，并导入其他素材文件，效果如图 2-185 所示。

图 2-185　创建其他侧面后的效果

第 3 章 宣传展架设计

宣传展架是一种用作广告宣传的、背部具有 X 形支架的展览展示用品。宣传展架是根据产品的特点，设计与之匹配的产品促销展架，再加上具有创意的 LOGO 标牌，使产品醒目地展现在公众面前，从而加大对产品的广告宣传作用。

金峰装饰
省钱更省心
打造你梦想的家
一站式服务·量身定制·专业贴

重点知识

- 制作婚礼展架
- 制作开业宣传展架
- 制作装饰公司宣传展架
- 制作酒店活动宣传展架

-地中海风格- -简约系风格- -新中式风格-

装饰公司简介

4000-12345678 0123456789

3.1 制作婚礼展架

展架是目前会议、展览、销售宣传等场合使用最普遍的便携展具之一。展架已被广泛应用于大型卖场、商场、超市、展会、公司、招聘会等场所的展览展示活动。应用于展览广告、巡回展示、商业促销、会议演示等方面。婚礼展架效果如图 3-1 所示。

图 3-1 婚礼展架

素材	素材 \Cha03\ 婚礼展架素材 01.jpg、婚礼展架素材 02.jpg、婚礼展架素材 03.png~ 婚礼展架素材 07.png
场景	场景 \Cha03\ 制作婚礼展架 .psd
视频	视频教学 \Cha03\3.1 制作婚礼展架 .mp4

01 启动 Photoshop 软件。按 Ctrl+N 快捷键，在弹出的【新建文件】对话框中将【宽度】、【高度】分别设置为 2000、4495，将【分辨率】设置为 150，将【颜色模式】设置为【CMYK 颜色】，如图 3-2 所示。

02 设置完成后，单击【创建】按钮。选择工具箱中的【矩形工具】□，在工作区中绘制一个矩形。选中绘制的矩形，在【属性】面板中将 W、H 分别设置为 2000、4495，将 X、Y 均设置为 0，将【填充】设置为 #fbdfdf，将【描边】设置为无，如图 3-3 所示。

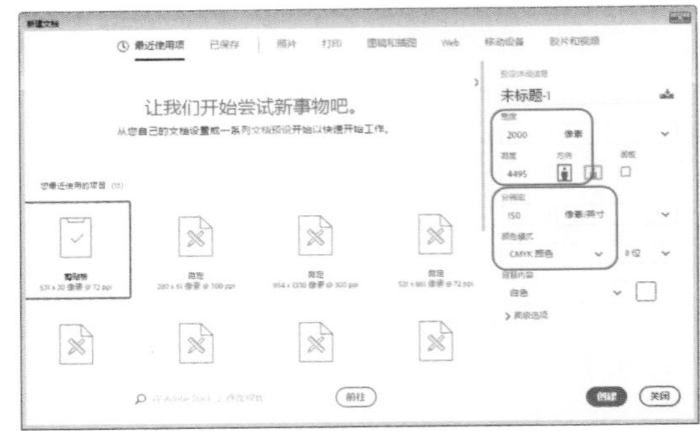

图 3-2 设置新建文档参数

图 3-3 绘制矩形

03 按 Ctrl+O 快捷键，在弹出的【打开】对话框中选择“婚礼展架素材 01.jpg”素材文件，如图 3-4 所示。

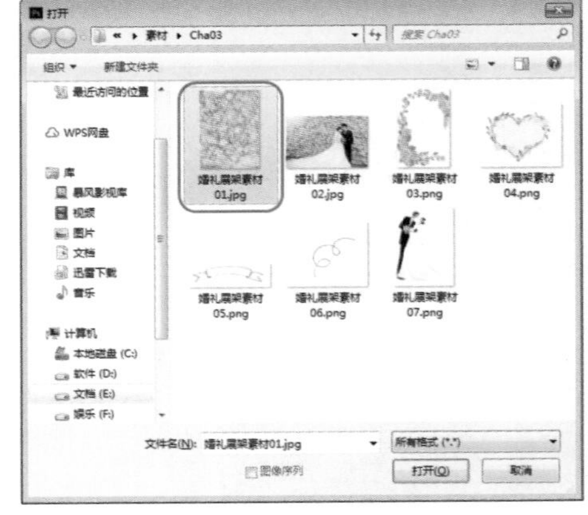

图 3-4 选择素材文件

04 选择工具箱中的【移动工具】✥，将打开的素材文件拖曳至新建的文档中，在【属性】面板中将 X、Y 分别设置为 -12.07、-0.22，如图 3-5 所示。

图 3-5　添加素材文件并设置参数

05 继续选中添加的素材文件，在【图层】面板中将【混合模式】设置为【叠加】，如图 3-6 所示。

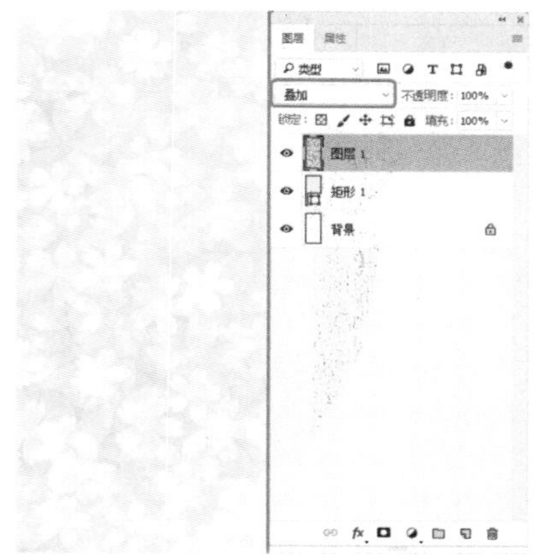

图 3-6　设置图层混合模式

06 选择工具箱中的【椭圆工具】○，在工作区中绘制一个椭圆形。选中绘制的椭圆形，在【属性】面板中将 W、H 分别设置为 1522、2213，将 X、Y 分别设置为 266.39、184.4，将【填充】设置为无，将【描边】的 CMYK 值设置为 0、0、0、0，将【描边宽度】设置为 25.3，如图 3-7 所示。

07 在【图层】面板中选择【椭圆 1】图层，并双击该图层，在弹出的【图层样式】对话框中勾选【斜面和浮雕】复选框，将【样式】设置为【内斜面】，将【方法】设置为【平滑】，将【深度】设置为 100，选中【上】单选按钮，将【大小】、【软化】分别设置为 3、0，将【角度】、【高度】分别设置为 90、30，勾选【使用全局光】复选框，将【高光模式】设置为【滤色】，将【高亮颜色】的 CMYK 值设置为 0、0、0、0，将【不透明度】设置为 50，将【阴影模式】设置为【正片叠底】，将【阴影颜色】的 CMYK 值设置为 90、88、87、79，将【不透明度】设置为 50，如图 3-8 所示。

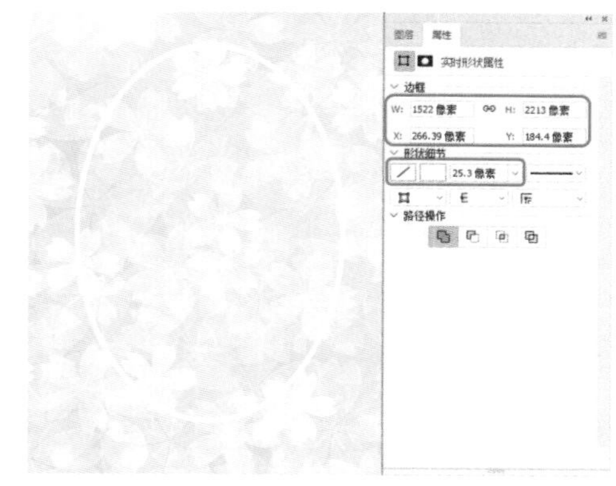

图 3-7　绘制椭圆形并进行设置

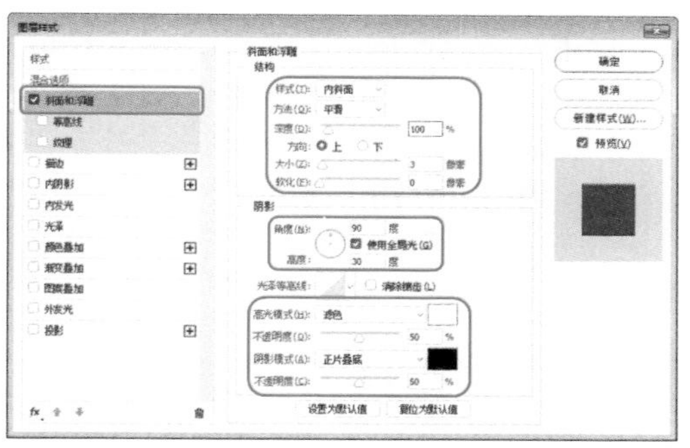

图 3-8　设置斜面和浮雕参数

08 再在该对话框中勾选【描边】复选框，将【大小】设置为 4，将【位置】设置为【外部】，将【颜色】设置为 1、3、0、0，如图 3-9 所示。

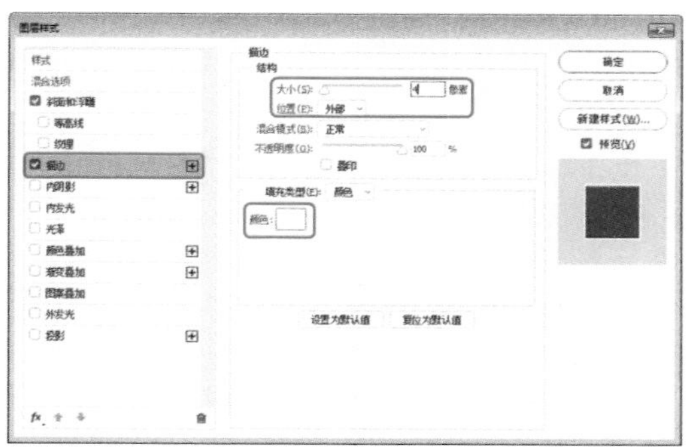

图 3-9　设置描边参数

09 再在该对话框中勾选【投影】复选框，将【混合模式】设置为【正常】，将【阴影颜色】的CMYK值设置为29、35、20、0，将【不透明度】设置为75，将【角度】设置为90，勾选【使用全局光】复选框，将【距离】、【扩展】、【大小】分别设置为5、34、39，如图3-10所示。

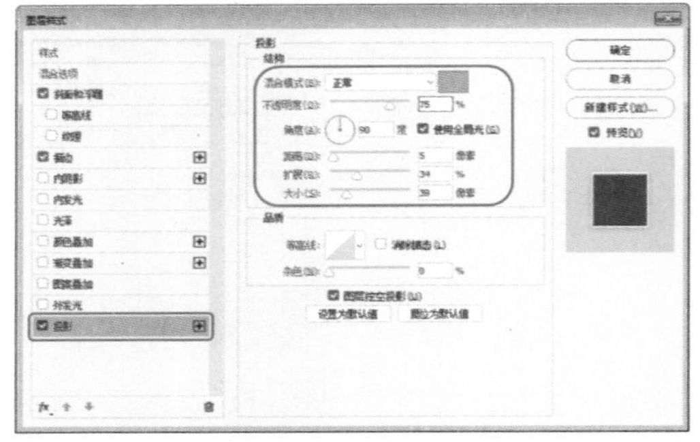

图3-10　设置投影参数

10 设置完成后，单击【确定】按钮。选择工具箱中的【椭圆工具】，在工作区中绘制一个椭圆形，在【属性】面板中将W、H分别设置为1445、2101，将X、Y分别设置为305、240.2，将【填充】的CMYK值设置为0、0、0、0，将【描边】设置为无，如图3-11所示。

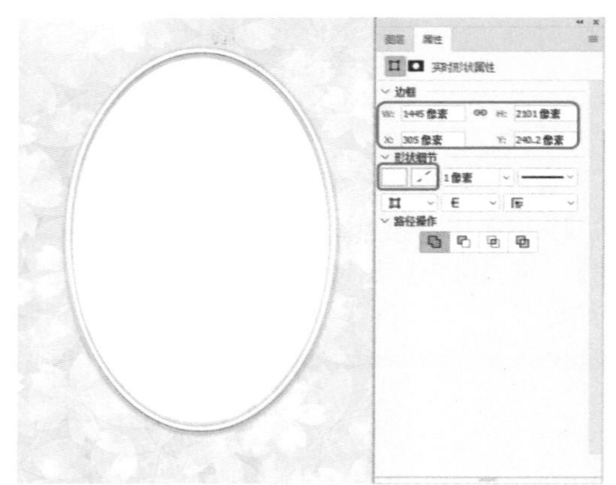

图3-11　绘制椭圆形

11 按Ctrl+O快捷键，在弹出的【打开】对话框中选择“婚礼展架素材02.jpg”素材文件，如图3-12所示。

12 将打开的素材文件拖曳至新建的文档中，在【属性】面板中将W、H分别设置为65.85、43.91，将X、Y分别设置为-28.4、2.17，如图3-13所示。

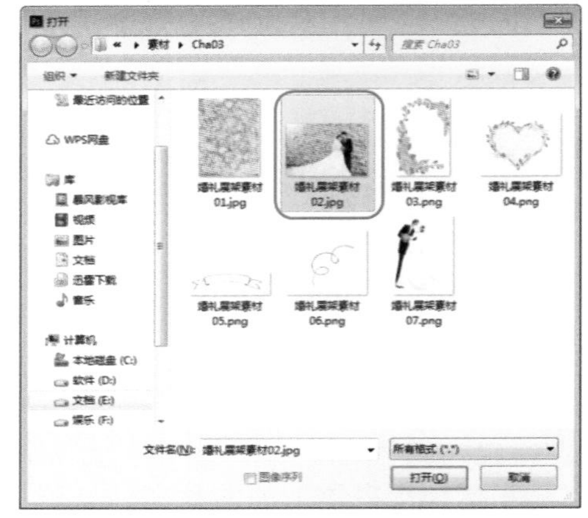

图3-12　选择素材文件

图3-13　设置图像大小

13 继续选中该素材文件，在【图层】面板中按住Ctrl键单击【椭圆2】图层的缩览图，将椭圆载入选区，如图3-14所示。

图3-14　载入选区

14 按Shift+Ctrl+I快捷键将选区进行

反选；按Delete键将选区中的图像删除，如图3-15所示。

图3-15 删除选区中的图像

15 再次按Shift+Ctrl+I快捷键将选区进行反选；按Shift+F6快捷键，在弹出的【羽化选区】对话框中将【羽化半径】设置为200，如图3-16所示。

图3-16 设置羽化参数

16 设置完成后，单击【确定】按钮。再次按Shift+Ctrl+I快捷键将选区进行反选；按Delete键将选区中的图像进行删除，如图3-17所示。

17 按Ctrl+D快捷键取消选区。根据前面所介绍的方法，将“婚礼展架素材03.png”素材文件添加至新建文档中，并选中添加的素材文件，在【属性】面板中将W、H分别设置为27.82、42.6，将X、Y分别设置为2.47、0.54，如图3-18所示。

18 根据前面所介绍的方法，将“婚礼展架素材04.png”素材文件添加至新建文档中，并选中添加的素材文件，在【属性】面板中将W、H分别设置为18.32、14.38，将X、Y分别设置为17.09、29.57，如图3-19所示。

图3-17 删除选区中的图像

图3-18 添加素材并设置参数

图3-19 添加素材文件

19 选择工具箱中的【横排文字工具】T.，在工作区中单击鼠标，输入文本。选中输入的文本，在【属性】面板中将【字体】设置为【迷你简中倩】，将【字体大小】设置为68，将【颜色】的CMYK值设置为6、90、32、0，并调整文本的位置，如图 3-20 所示。

图 3-20　输入文本并进行设置

20 在工作区中使用同样的方法输入其他文本，并对其进行相应的设置与调整，效果如图 3-21 所示。

图 3-21　输入其他文本并调整后的效果

21 在【图层】面板中选择所有的文本图层，单击鼠标右键，在弹出的快捷菜单中选择【转换为形状】命令，如图 3-22 所示。

图 3-22　选择【转换为形状】命令

22 继续选中所选的文本图层，在菜单栏中选择【图层】|【合并形状】|【统一形状】命令，如图 3-23 所示。

图 3-23　选择【统一形状】命令

23 选择工具箱中的【直接选择工具】，在工作区中选择合并后的形状，对其进行调整，效果如图 3-24 所示。

图 3-24　调整文本图形后的效果

疑难解答　在操作过程中，操作出现了失误怎么解决?

在操作过程中，如果操作出现了失误，或者对调整的结果不满意，可以进行撤销操作，或者将图像恢复至最近保存过的状态。用户可以在菜单栏中选择【编辑】|【还原】命令，或者按 Ctrl+Z 快捷键，撤销所做的最后一次修改，将其还原至上一步操作的状态；如果需要取消还原，可以按 Shift+Ctrl+Z 快捷键。

如果需要连续还原，可以在菜单栏中多次选择【编辑】|【后退一步】命令，或者多次按 Ctrl+Alt+Z 快捷键来逐步撤销操作。

除此之外，Photoshop 中的每一步操作都会被记录在【历史记录】面板中。通过该面板可以快速恢复到操作过程中的某一步状态，也可以在此回到当前的操作状态。用户可以在菜单栏中选择【窗口】|【历史记录】命令，打开【历史记录】面板。

知识链接：调整形状

在 Photoshop 中对形状进行调整时，因为操作需要将路径断开后重新链接，用户可以执行以下操作。

首先需要使用【钢笔工具】在断开的位置添加锚点，如图 3-25 所示。

图 3-25　添加锚点

然后选择工具箱中的【直接选择工具】，在工作区中选择所添加的某个锚点，按 Delete 键将选中的锚点删除，如图 3-26 所示。

图 3-26　删除锚点

使用相同的方法，将添加的其他锚点删除。选择工具箱中的【钢笔工具】，将鼠标移至断开的路径锚点上，当鼠标变为形状时，单击鼠标左键，如图 3-27 所示。

单击完成后，将鼠标移至另一侧锚点处，当鼠标再次变为形状时，单击鼠标左键，即可将路径进行闭合，如图 3-28 所示。

图 3-27　将鼠标移至断开的路径锚点上 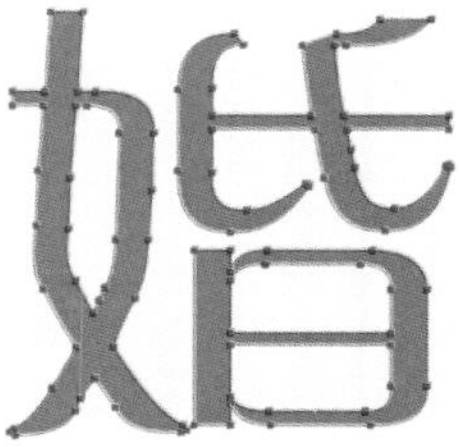　　图 3-28　闭合路径

使用同样的方法，将另一侧断开的路径进行闭合，并对路径进行调整，效果如图 3-29 所示。

图 3-29　断开连接并调整路径后的效果

在上面的操作中，涉及了【钢笔工具】的不同指针。不同的指针反映其当前绘制状态。

- 初始锚点指针：选择【钢笔工具】后看到的第一个指针。指示下一次在舞台上单击鼠标时将创建初始锚点，它是新路径的开始（所有新路径都以初始锚点开始）。
- 连续锚点指针：指示下一次单击鼠标时将创建一个锚点，并用一条直线与前一个锚点相连接。
- 添加锚点指针：指示下一次单击鼠标时将向现有路径添加一个锚点。若要添加锚点，必须选择路径，并且【钢笔工具】不能位于现有锚点的上方。根据其他锚点，重绘现有路径。一次只能添加一个锚点。
- 删除锚点指针：指示下一次在现有路径上单击鼠标时将删除一个锚点。若要删除锚点，必须用选取工具选择路径，并且指针必须位于现有锚点的上方。根据删除的锚点，重绘现有路径。一次只能删除一个锚点。
- 连续路径指针：从现有锚点扩展新路径。若要激活此指针，鼠标必须位于路径上现有锚点的上方。仅在当前未绘制路径时，此指针才可用。锚点未必是路径的终端锚点；任何锚点都可以是连续路径的位置。
- 闭合路径指针：在正在绘制的路径的起始点处闭合路径。只能闭合当前正在绘制的路径，并且现有锚点必须是同一个路径的起始锚点。生成的路径没有将任何指定的填充颜色设置应用于封闭形状；单独应用填充颜色。
- 连接路径指针：除了鼠标不能位于同一个路径的初始锚点上方外，与闭合路径工具基本相同。该指针必须位于唯一路径的任一端点上方。
- 回缩贝塞尔手柄指针：当鼠标位于显示其贝塞尔手柄的锚点上方时显示。单击鼠标将缩小贝塞尔手柄，并使得穿过锚点的弯曲路径恢复为直线段。

24 在【图层】面板中选择 married 图层，将其重新命名为“艺术字”，并双击该图层，在弹出的【图层样式】对话框中勾选【描边】复选框，将【大小】设置为 14，将【位置】设置为【外部】，将【颜色】的 CMYK 值设置为 2、2、3、0，如图 3-30 所示。

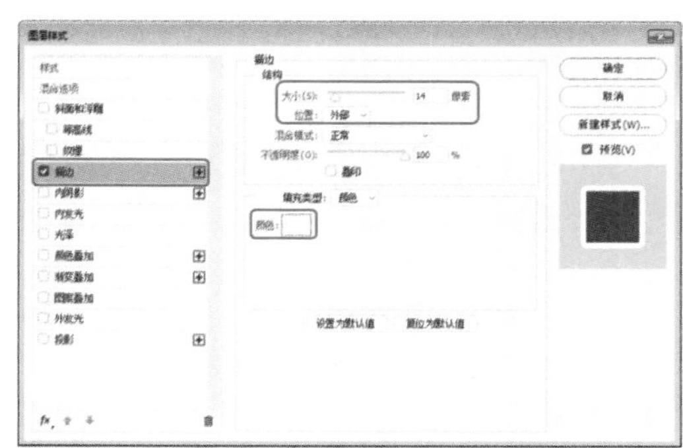

图 3-30　设置描边参数

25 设置完成后，单击【确定】按钮。根据前面所介绍的方法将“婚礼展架素材05.png”素材文件添加至新建文档中，并在工作区中调整其位置，效果如图3-31所示。

图 3-31 添加素材文件

26 选择工具箱中的【横排文字工具】T.，在工作区中单击鼠标，输入文本。选中输入的文本，在【属性】面板中将【字体】设置为Calibri，将【字体大小】设置为68.69，将【字符间距】设置为50，将【颜色】的CMYK值设置为6、93、56、0，如图3-32所示。

图 3-32 输入文本并进行设置

27 在【图层】面板中选择WEDDING图层，单击鼠标右键，在弹出的快捷菜单中选择【文字变形】命令，如图3-33所示。

28 在弹出的【变形文字】对话框中将【样式】设置为【扇形】，选中【水平】单选按钮，将【弯曲】设置为12，将【水平扭曲】、【垂直扭曲】均设置为0，如图3-34所示。

图 3-33 选择【文字变形】命令

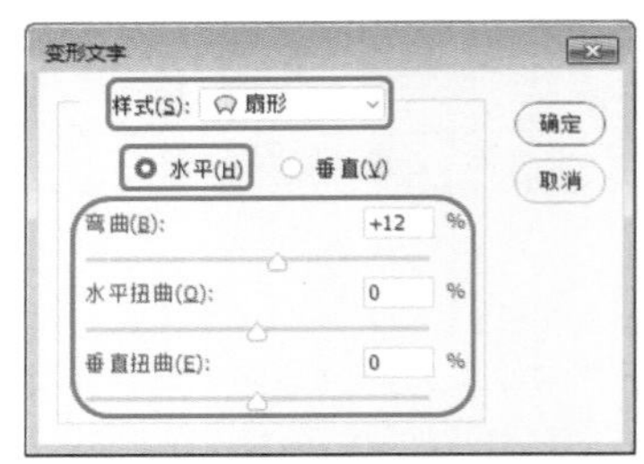

图 3-34 设置文字变形

29 设置完成后，单击【确定】按钮。在【图层】面板中选择【图层5】、WEDDING图层，将其调整至【图层3】图层的下方，然后选择WEDDING图层，单击【创建新的填充或调整图层】按钮，在弹出的下拉菜单中选择【曲线】命令，如图3-35所示。

图 3-35 选择【曲线】命令

30 在【属性】面板中添加编辑点，将【输入】、【输出】分别设置为66、56，如图3-36所示。

图 3-36 设置曲线参数

31 根据前面所介绍的方法创建其他文本，并对其进行调整，效果如图 3-37 所示。

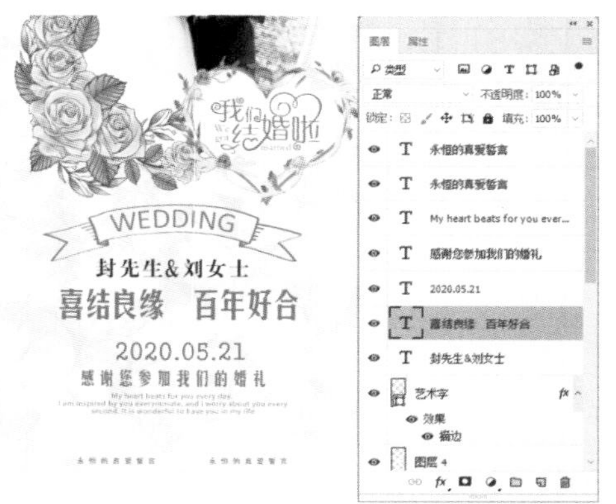

图 3-37 创建其他文本后的效果

32 选择工具箱中的【自定形状工具】，工具选项栏中将【填充】的 CMYK 值设置为 4、90、45、0，将【描边】设置为无，单击【形状】右侧的下三角按钮，在弹出的下拉面板中选择【红心形卡】，在工作区中绘制一个心形，如图 3-38 所示。

图 3-38 绘制图形

33 选择工具箱中的【直线工具】，在工具选项栏中将【填充】的 CMYK 值设置为 15、91、36、0，将【描边】设置为无，将【粗细】设置为 6，在工作区中按住 Shift 键绘制一条水平直线，如图 3-39 所示。

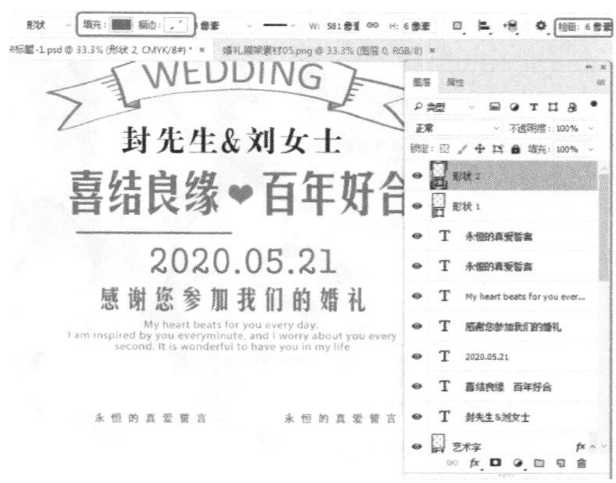

图 3-39 绘制直线

34 根据前面所介绍的方法创建其他形状，并对创建的形状进行相应的设置，效果如图 3-40 所示。

图 3-40 创建其他形状后的效果

知识链接：直线工具

【直线工具】是用来创建直线和带箭头的线段。选择【直线工具】后，在工具选项栏中单击【设置其他形状和路径选项】按钮，弹出如图 3-41 所示的选项面板。

- 【起点/终点】：勾选【起点】复选框后会在直线的起点处添加箭头；勾选【终点】复选框后会在直线的终点处添加箭头。如果同时勾选这两个复选框，则会绘制出双向箭头。
- 【宽度】：该选项用来设置箭头宽度与直线宽度的百分比。

图 3-41 【直线工具】选项面板

- 【长度】：该选项用来设置箭头长度与直线宽度的百分比。
- 【凹度】：该选项用来设置箭头的凹陷程度。

35 根据前面所介绍的方法，将“婚礼展架素材 06.png”和“婚礼展架素材 07.png”素材文件添加至新建文档中，效果如图 3-42 所示。

图 3-42 添加其他素材文件

36 选择工具箱中的【横排文字工具】T.，在工作区中单击鼠标，输入文本。选中输入的文本，在【属性】面板中将【字体】设置为【黑体】，将【字体大小】设置为 41，将【字符间距】设置为 0，将【颜色】的 CMYK 值设置为 15、91、36、0，并调整文本的位置，如图 3-43 所示。

图 3-43 输入文本并设置参数

3.2 制作开业宣传展架

根据展示架特点，设计与之匹配的促销精品展示架。精品展示架可全方位展示出产品的特征。且精品展示架风格优美，高贵典雅，又有良好的装饰效果，可以发挥出产品的魅力。开业宣传展架效果如图 3-44 所示。

图 3-44 开业宣传展架

素材	素材 \Cha03\ 开业宣传展架素材 01.jpg、开业宣传展架素材 02.png~ 开业宣传展架素材 07.png
场景	场景 \Cha03\ 制作开业宣传展架 .psd
视频	视频教学 \Cha03\3.2 制作开业宣传展架 .mp4

01 启动 Photoshop 软件。按 Ctrl+N 快捷键，在弹出的【新建文档】对话框中将【宽度】、【高度】分别设置为 2000、4500，将【分辨率】设置为 150，将【颜色模式】设置为【CMYK 颜色】，如图 3-45 所示。

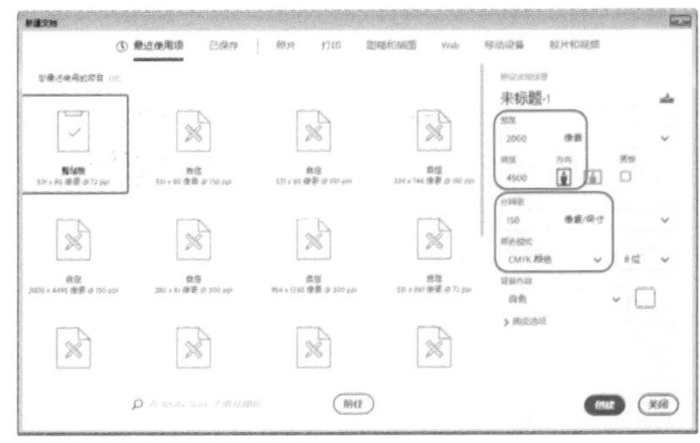

图 3-45 设置新建文档参数

02 设置完成后，单击【创建】按钮。按

Ctrl+O 快捷键，在弹出的【打开】对话框中选择“开业宣传展架素材 01.jpg”素材文件，如图 3-46 所示。

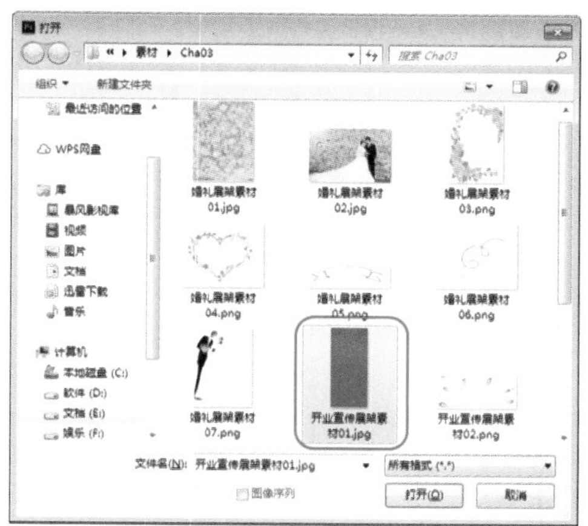

图 3-46　选择素材文件

03 选择工具箱中的【移动工具】，将打开的素材文件拖曳至新建的文档中，并在工作区中调整其位置，效果如图 3-47 所示。

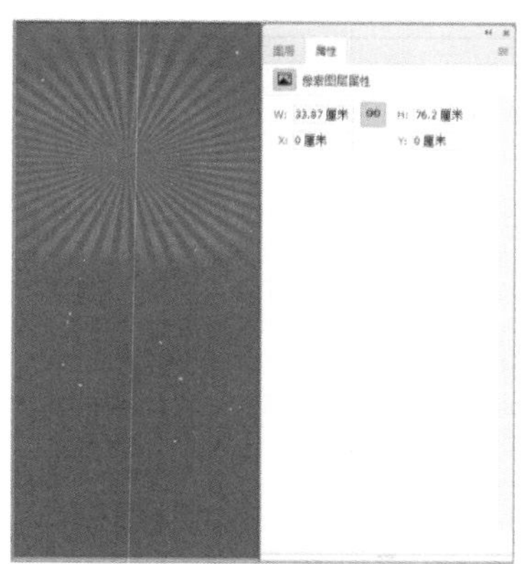

图 3-47　添加素材文件

04 选择工具箱中的【钢笔工具】，在工具选项栏中将【填充】设置为无，将【描边】的 CMYK 值设置为 0、0、0、0，将【描边宽度】设置为 43.5，在工作区中绘制一个图形，如图 3-48 所示。

05 在工具箱中将背景色设置为黑色。在【图层】面板中选择【形状 1】图层，单击【添加图层蒙版】按钮，然后选择工具箱中的【矩形选框工具】，在工作区中绘制一个矩形选框，按 Ctrl+Delete 快捷键填充黑色，效果如图 3-49 所示。

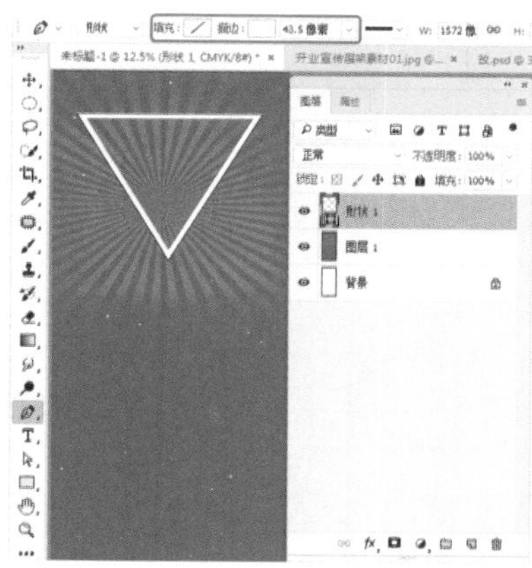

图 3-48　绘制图形

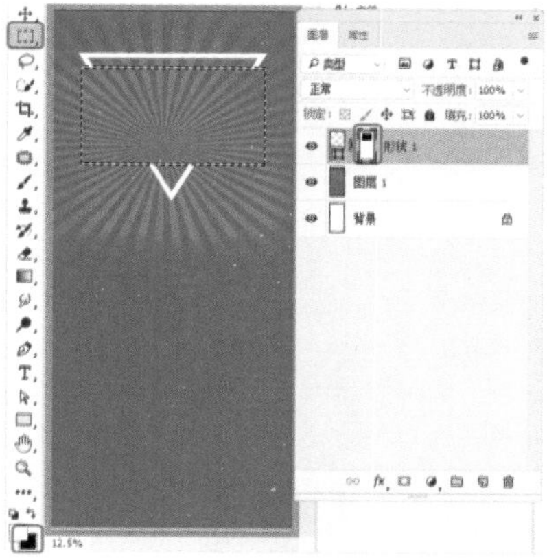

图 3-49　添加图层蒙版

提　示

图层蒙版是一个 256 级色阶的灰度图像，它蒙在图层上面，起到遮罩图层的作用，但是其本身并不可见。在图层蒙版中，纯白色对应的图像是可见的；黑色对应的图像则是完全不可见的；灰色区域会使图像呈现一定程度的透明效果。

06 按 Ctrl+D 快捷键取消选区。在【图层】面板中双击【形状 1】图层，在弹出的【图层样式】对话框中勾选【投影】复选框，将【混合模式】设置为【正片叠底】，将【阴影颜色】的 CMYK 值设置为 23、91、100、0，将【不透明度】设置为 68，将【角度】设置为 90，勾选【使用全局光】复选框，将【距离】、【扩展】、【大小】分别设置为 11、0、4，如图 3-50 所示。

07 设置完成后，单击【确定】按钮。根据前面所介绍的方法，将“开业宣传展架素材 02.png”素材文件添加至新建文档中，在【图层】面板中将【图层 2】图层调整至【形状 1】图层的下方，并在工作区中调整其位置，效果如图 3-51 所示。

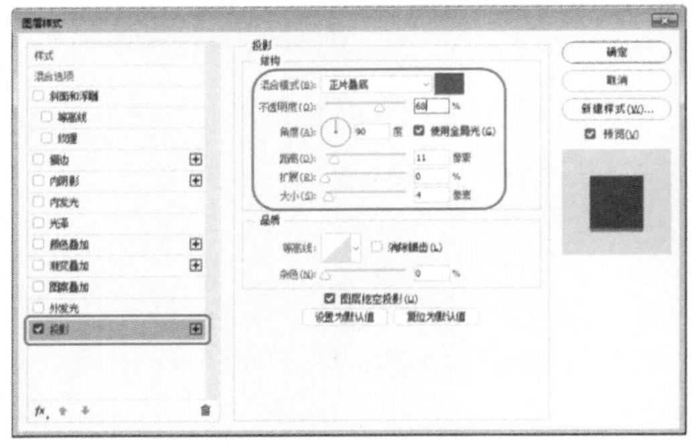

图 3-50 设置投影参数

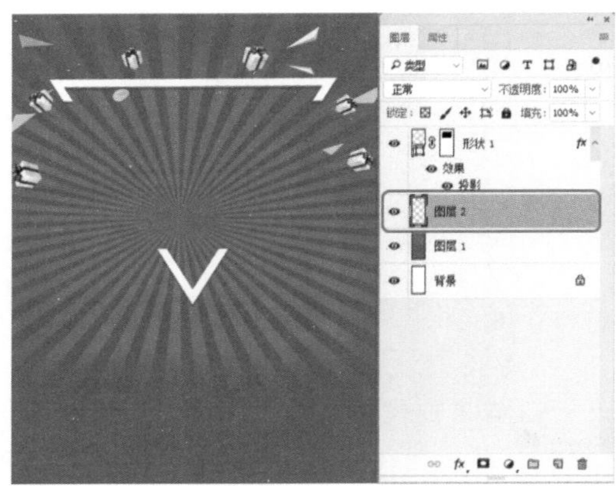

图 3-51 添加素材文件并进行调整

08 在【图层】面板中选择【形状 1】图层。选择工具箱中的【横排文字工具】T，在工作区中单击鼠标，输入文本。选中输入的文本，在【属性】面板中将【字体】设置为【微软简综艺】，将【字体大小】设置为 157.3，将【字符间距】设置为 -40，将【颜色】的 CMYK 值设置为 0、0、0、0，在工作区中调整文本的位置，如图 3-52 所示。

09 在【图层】面板中双击【盛大】图层，在弹出的【图层样式】对话框中勾选【投影】复选框，将【混合模式】设置为【正片叠底】，将【阴影颜色】的 CMYK 值设置为 23、91、100、0，将【不透明度】设置为 68，将【角度】设置为 90，勾选【使用全局光】复选框，将【距离】、【扩展】、【大小】分别设置为 11、0、4，如图 3-53 所示。

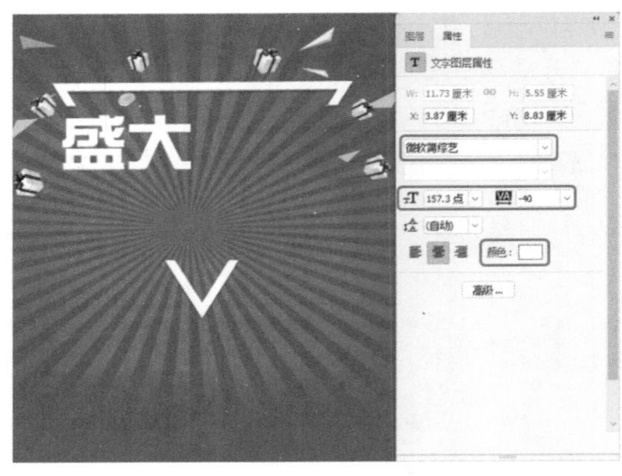

图 3-52 创建文本并调整其位置

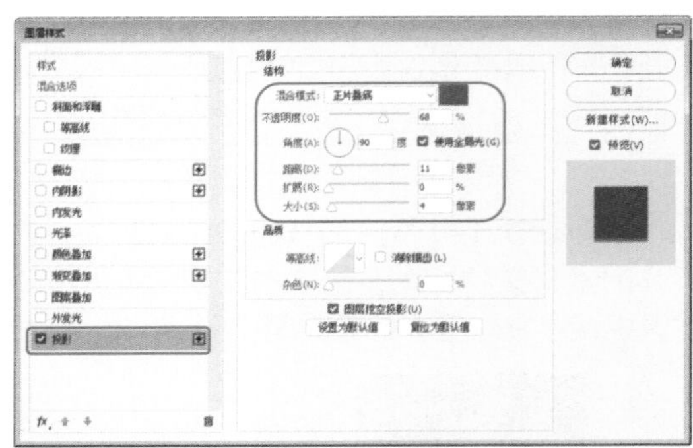

图 3-53 设置投影参数

疑难解答 如何快速将其他图层的图层样式应用到当前图层?

如果要将其他图层的图层样式快速应用当前图层，可以在【图层】面板中选择带有图层样式的图层，单击鼠标右键，在弹出的快捷菜单中选择【拷贝图层样式】命令，然后再选择要应用该图层样式的图层，单击鼠标右键，在弹出的快捷菜单中选择【粘贴图层样式】命令，即可快速应用图层样式。

10 设置完成后，单击【确定】按钮。选择工具箱中的【横排文字工具】T，在工作区中单击鼠标，输入文本。选中输入的文本，在【属性】面板中将【字体】设置为【微软简综艺】，将【字体大小】设置为 193.7，将【字符间距】设置为 40，将【颜色】的 CMYK 值设置为 0、0、0、0，在工作区中调整文本的位置，如图 3-54 所示。

提 示

当用户在图形上输入文本后，系统将会为输入的文本单独生成一个图层。

11 在【图层】面板中选择【开业】图层，并双击该图层，在弹出的【图层样式】对话框中勾选【描边】复选框，将【大小】设置为4，将【位置】设置为【外部】，将【颜色】的CMYK值设置为0、0、0、0，如图3-55所示。

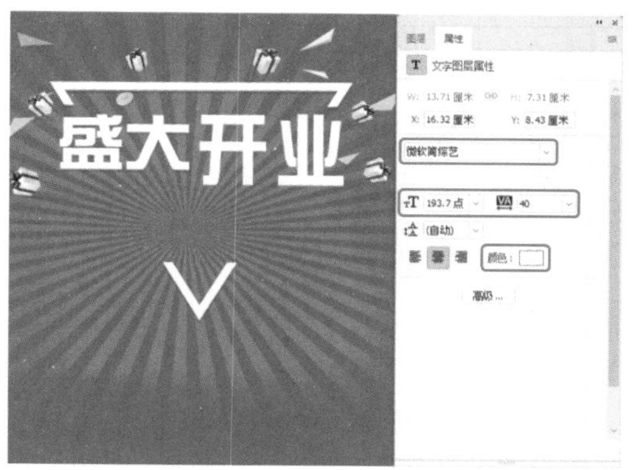

图 3-54 输入文字

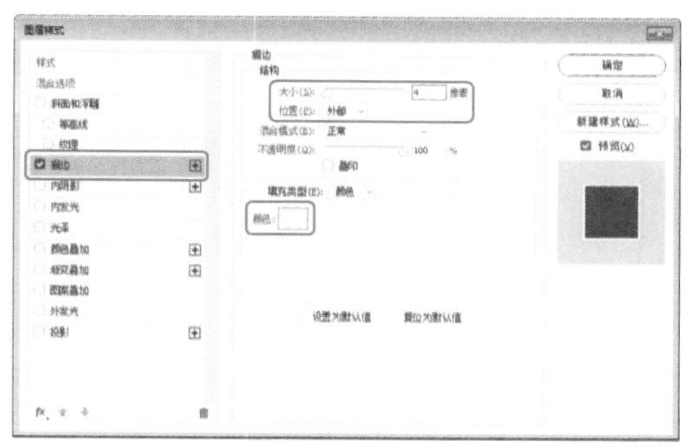

图 3-55 设置描边参数

12 再在该对话框中勾选【投影】复选框，将【混合模式】设置为【正片叠底】，将【阴影颜色】的CMYK值设置为23、91、100、0，将【不透明度】设置为68，将【角度】设置为90，勾选【使用全局光】复选框，将【距离】、【扩展】、【大小】分别设置为11、0、4，如图3-56所示。

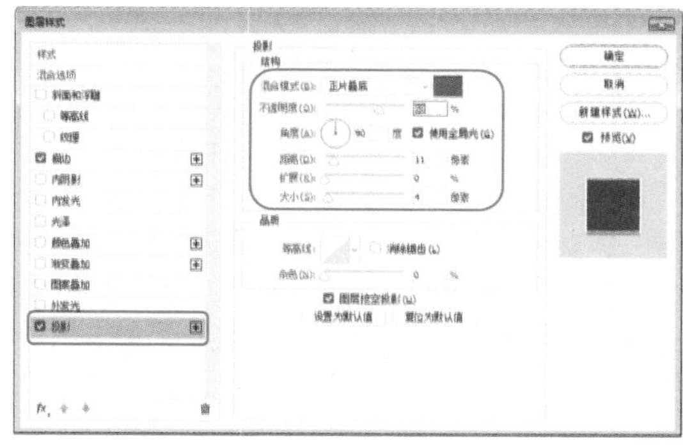

图 3-56 设置投影参数

13 设置完成后，单击【确定】按钮。根据前面所介绍的方法创建如图3-57所示的其他文本，并对其进行相应的设置。

图 3-57 输入其他文本

14 选择工具箱中的【圆角矩形工具】，在工作区中绘制一个圆角矩形。在【属性】面板中将W、H分别设置为965.5、122，将【填充】的CMYK值设置为0、0、0、0，将【描边】设置为无，将【角半径】均设置为47.6像素，并在工作区中调整圆角矩形的位置，效果如图3-58所示。

图 3-58 绘制圆角矩形

15 选择工具箱中的【横排文字工具】T，在工作区中单击鼠标，输入文本。选中输入的文本，在【属性】面板中将【字体】设置为【微软雅黑】，将【字体大小】设置为32.7，将【字符间距】设置为0，将【颜色】的CMYK值设置为13、98、88、0，在工作区中调整文本的位置，如图3-59所示。

16 根据前面所介绍的方法，将“开业宣

传展架素材 03.png”素材文件添加至新建文档中，效果如图 3-60 所示。

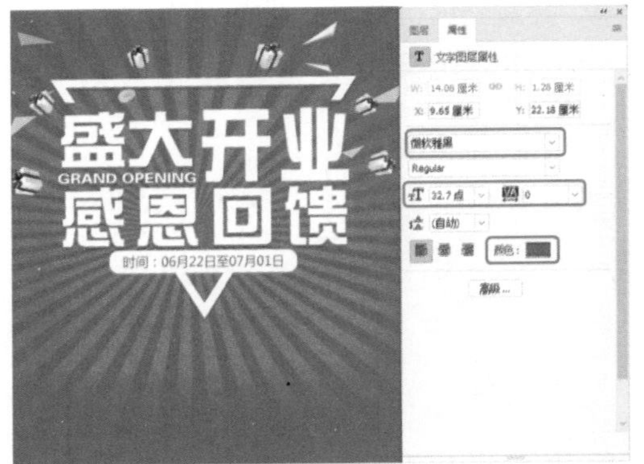

图 3-59　输入文本并进行设置

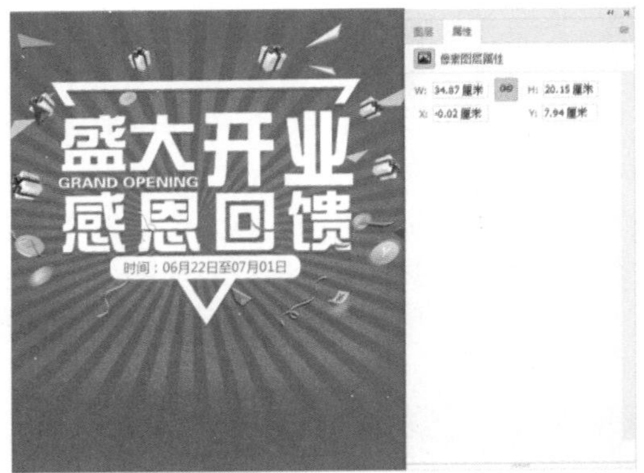

图 3-60　添加素材文件

17 选择工具箱中的【圆角矩形工具】，在工作区中绘制一个圆角矩形。选中绘制的圆角矩形，在【属性】面板中将 W、H 分别设置为 45.4、167.2，将【填充】的 CMYK 值设置为 52、99、100、36，将【描边】设置为无，将【角半径】均设置为 76，如图 3-61 所示。

图 3-61　绘制圆角矩形并进行设置

18 使用【移动工具】将绘制的圆角矩形进行复制。并选择复制后的圆角矩形，在【属性】面板中将【填充】的 CMYK 值设置为 11、11、75、0，在工作区中调整圆角矩形的位置，效果如图 3-62 所示。

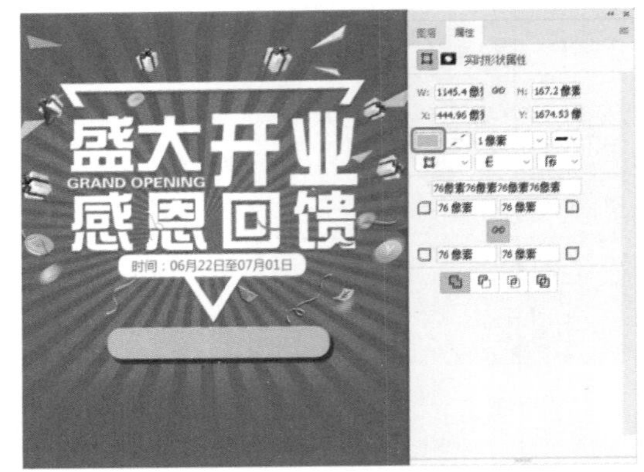

图 3-62　复制圆角矩形并设置参数

19 选择工具箱中的【钢笔工具】，在工具选项栏中将【填充】的 CMYK 值设置为 2、2、18、0，将【描边】设置为无，在工作区中绘制如图 3-63 所示的图形。

图 3-63　绘制图形

20 继续选中该图形，在【属性】面板中将【羽化】设置为 9.8，如图 3-64 所示。

21 在【图层】面板中选择【形状 2】图层，将其拖曳至【创建新图层】按钮上，对其进行复制。选中复制后的图层，按 Ctrl+T 快捷键，调出自由变换框，单击鼠标右键，在弹出的快捷菜单中选择【水平翻转】命令，如图 3-65 所示。

图 3-64　设置羽化参数

22 选择工具箱中的【横排文字工具】T.，在工作区中单击鼠标，输入文本。选中输入的文本，在【属性】面板中将【字体】设置为【Adobe 黑体 Std】，将【字体大小】设置为 42.3，将【字符间距】设置为 400，将【颜色】的 CMYK 值设置为 52、99、100、36，如图 3-66 所示。

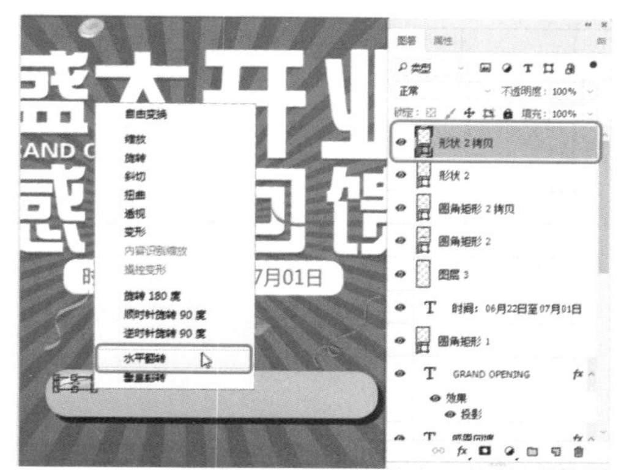

图 3-65　选择【水平翻转】命令

23 选择工具箱中的【圆角矩形工具】▢.，在工作区中绘制一个圆角矩形。在【属性】面板中将 W、H 分别设置为 1721.4、1361.4，将【填充】的 CMYK 值设置为 0、0、0、0，将【描边】设置为无，将【角半径】均设置为 84.7，并在工作区中调整其位置，效果如图 3-67 所示。

24 在【图层】面板中选择该圆角矩形的图层，并双击，在弹出的【图层样式】对话框中勾选【投影】复选框，将【阴影颜色】的 CMYK 值设置为 51、99、100、31，将【不透明度】设置为 68，将【角度】设置为 90，勾选【使用全局光】复选框，将【距离】、【扩展】、【大小】分别设置为 14、0、5，如图 3-68 所示。

图 3-66　输入文本并进行设置

图 3-67　绘制圆角矩形并进行设置

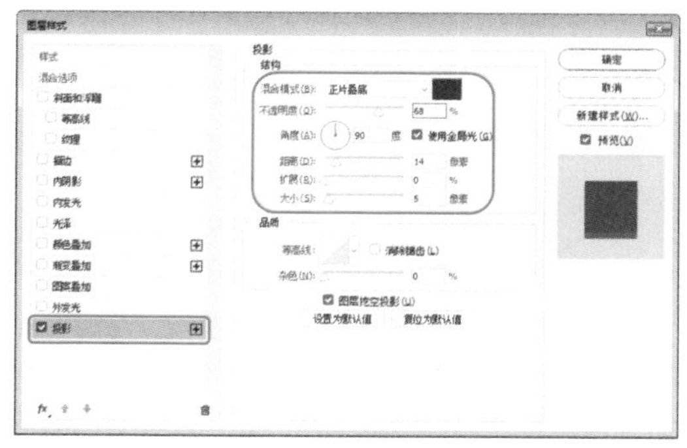

图 3-68　设置投影参数

25 设置完成后，单击【确定】按钮。选择工具箱中的【椭圆工具】○.，在工作区中按住 Shift 键绘制 5 个正圆形，并将正圆形的 W、H 均设置为 121，将【填充】的 CMYK 值设置为 7、98、100、0，将【描边】设置为无，效果如图 3-69 所示。

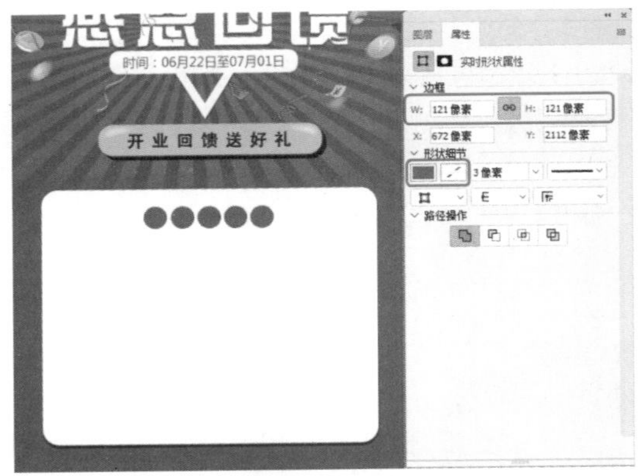

图 3-69　绘制正圆形并进行设置

26 选择工具箱中的【横排文字工具】T，在工作区中单击鼠标，输入文本。选中输入的文本，在【属性】面板中将【字体】设置为【汉仪雪君体简】，将【字体大小】设置为 47.4，将【字符间距】设置为 400，将【颜色】的 CMYK 值设置为 0、0、0、0，如图 3-70 所示。

图 3-70　输入文本并进行设置

提　示

若输入的文本与绘制的正圆形位置不符合，可使用【移动工具】对正圆形进行调整。

27 根据前面所介绍的方法，将“开业宣传展架素材 04.png”“开业宣传展架素材 05.png”和“开业宣传展架素材 06.png”素材文件添加至新建文档中，效果如图 3-71 所示。

28 根据前面所介绍的方法，创建其他文本与图形，并对其进行相应的调整。然后将“开业宣传展架素材 07.png”素材文件添加至新建文档中，效果如图 3-72 所示。

图 3-71　添加素材文件

图 3-72　创建其他对象后的效果

3.3 制作装饰公司宣传展架

装饰公司是集室内设计、预算、施工、材料于一体的专业化设计公司。装饰公司是为相关业主提供装修装饰方面的技术支持，包括提供设计师和装修工人，从专业的设计和可实现性的角度上，为客户营造更温馨和舒适的家园而成立的企业机构，这种企业机构一般带有营利性。现在的装饰公司一般是设计与装修相结合的模式经营。装饰公司宣传展架效果如图 3-73 所示。

图 3-73　装饰公司宣传展架

素材	素材 \Cha03\ 装饰公司素材 01.jpg、装饰公司素材 02.png、装饰公司素材 03.jpg、装饰公司素材 04.jpg、装饰公司素材 05.png、装饰公司素材 06.png、装饰公司素材 07.jpg ~ 09.jpg、装饰公司素材 10.png ~ 12.png
场景	场景 \Cha03\ 制作装饰公司宣传展架 .psd
视频	视频教学 \Cha03\3.3　制作装饰公司宣传展架 .mp4

01 启动 Photoshop 软件。按 Ctrl+N 快捷键，在弹出的【新建文档】对话框中将【宽度】、【高度】分别设置为 2000、4197 像素，将【分辨率】设置为 150 像素，将【颜色模式】设置为【RGB 颜色】，如图 3-74 所示。

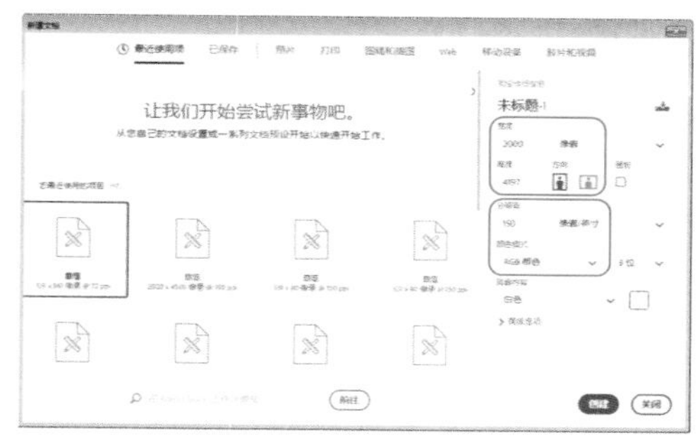

图 3-74　设置新建文档参数

02 按 Ctrl+O 快捷键，在弹出的【打开】对话框中选择“装饰公司素材 01.jpg”素材文件，如图 3-75 所示。

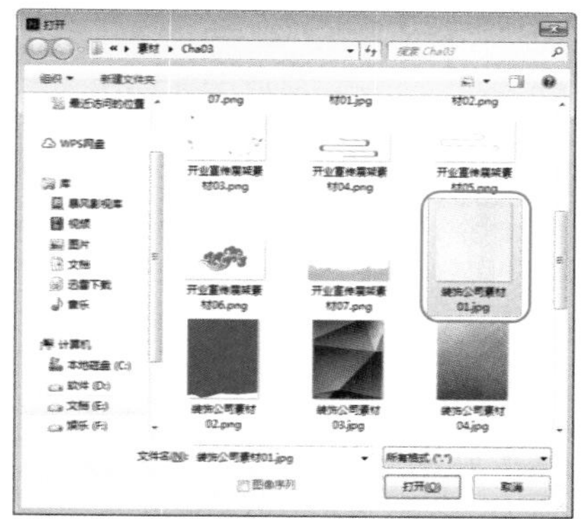

图 3-75　选择素材文件

03 选择工具箱中的【移动工具】，将打开的素材文件拖曳至新建的文档中，如图 3-76 所示。

04 使用同样的方法，将“装饰公司素材 02.png”素材文件添加至新建文档中，并在工作区中调整其位置，效果如图 3-77 所示。

图 3-76　添加素材文件

图 3-77　添加素材文件并调整其位置

05 在【图层】面板中双击【图层 2】图层，在弹出的【图层样式】对话框中勾选【投影】复选框，将【混合模式】设置为【正片叠底】，【阴影颜色】的 RGB 值设置为 34、23、20，将【不透明度】设置为 35，将【角度】设置为 90，勾选【使用全局光】复选框，将【距离】、【扩展】、【大小】分别设置为 14、18、9，如图 3-78 所示。

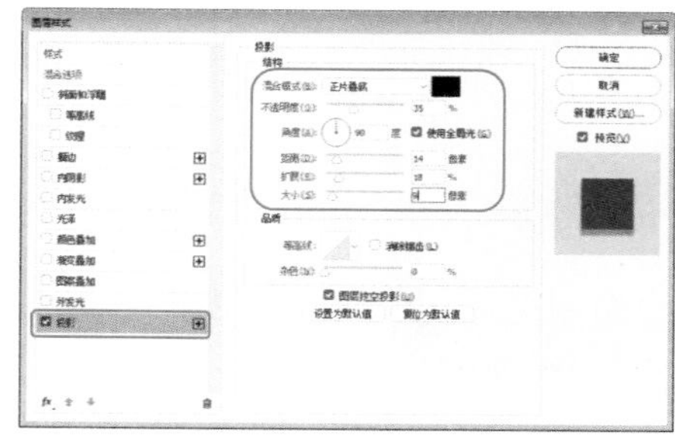

图 3-78　设置投影参数

06 设置完成后，单击【确定】按钮。将“装饰公司素材 03.jpg”素材文件添加至新建文档中，在工作区中调整其位置。在【图层】面板中选择该素材文件的图层，单击鼠标右键，在弹出的快捷菜单中选择【创建剪贴蒙版】命令，如图 3-79 所示。

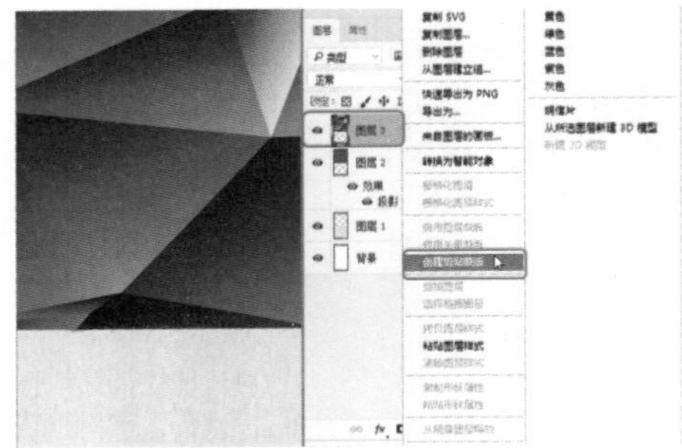

图 3-79　选择【创建剪贴蒙版】命令

07 在【图层】面板中选择【图层 3】图层，将【混合模式】设置为【线性加深】，将【不透明度】设置为 10，如图 3-80 所示。

图 3-80　设置图层混合模式

08 将“装饰公司素材 04.jpg”素材文件添加至新建文档中，在【图层】面板中选择【图层 4】图层，单击鼠标右键，在弹出的快捷菜单中选择【创建剪贴蒙版】命令，如图 3-81 所示。

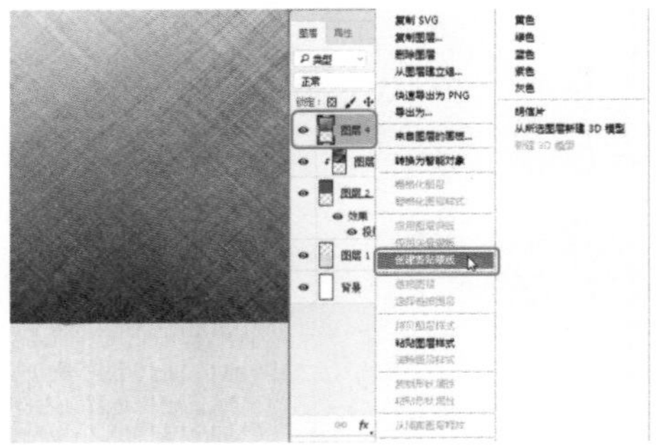

图 3-81　选择【创建剪贴蒙版】命令

知识链接：混合模式类型

在 Photoshop 中，提供了多种图层混合模式，如图 3-82 所示。其中各个选项的功能如下。

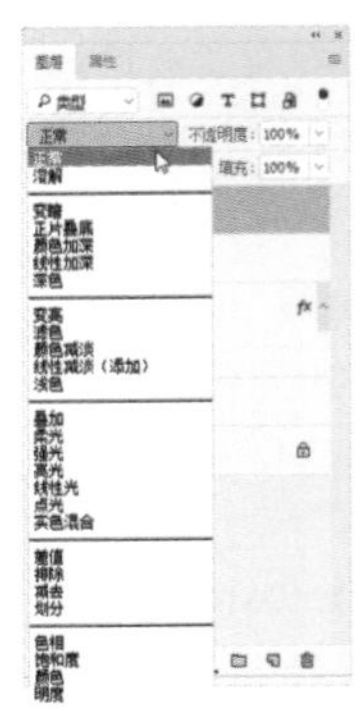

图 3-82　混合模式类型

- 【正常】：编辑或绘制每个像素，使其成为结果色。这是默认模式。在处理位图图像或索引颜色图像时，【正常】模式也称为阈值。
- 【溶解】：编辑或绘制每个像素，使其成为结果色。但是，根据任何像素位置的不透明度，结果色由基色或混合色的像素随机替换。
- 【变暗】：查看每个通道中的颜色信息，并选择基色或混合色中较暗的颜色作为结果色。将替换比混合色亮的像素，而比混合色暗的像素保持不变。
- 【正片叠底】：查看每个通道中的颜色信息，并将基色与混合色进行正片叠底。结果色总是较暗的颜色。任何颜色与黑色正片叠底产生黑色。任何颜色与白色正片叠底保持不变。当用黑色或白色以外的颜色绘画时，绘画工具绘制的连续描边产生逐渐变暗的颜色。这与使用多个标记笔在图像上绘图的效果相似。
- 【颜色加深】：查看每个通道中的颜色信息，并通过增加二者之间的对比度使基色变暗以反映出混合色。与白色混合后不产生变化。
- 【线性加深】：查看每个通道中的颜色信息，并通过减小亮度使基色变暗以反映混合色。与白色混合后不产生变化。
- 【深色】：比较混合色和基色的所有通道值的总和并显示值较小的颜色。【深色】不会生成第三种颜色（可以通过【变暗】混合获得），因为它将从基色和混合色中选取最小的通道值来创建结果色。
- 【变亮】：查看每个通道中的颜色信息，并选择基色或混合色中较亮的颜色作为结果色。比混合色暗的像素被替换，比混合色亮的像素保持不变。
- 【滤色】：查看每个通道的颜色信息，并将混合色的互补色与基色进行正片叠底。结果色总是较亮的颜色。用黑色过滤时颜色保持不变；用白色过滤时将产生白色。此效果类似于多个摄影幻灯片在彼此之上投影。
- 【颜色减淡】：查看每个通道中的颜色信息，并通过减小二者之间的对比度使基色变亮以反映出混合色。与黑色混合则不发生变化。
- 【线性减淡（添加）】：查看每个通道中的颜色信息，并通过增加亮度使基色变亮以反映混合色。

与黑色混合则不发生变化。

- 【浅色】：比较混合色和基色的所有通道值的总和，并显示值较大的颜色。【浅色】不会生成第三种颜色（可以通过【变亮】混合获得），因为它将从基色和混合色中选取最大的通道值来创建结果色。
- 【叠加】：对颜色进行正片叠底或过滤，具体取决于基色。图案或颜色在现有像素上叠加，同时保留基色的明暗对比。不替换基色，但基色与混合色相混以反映原色的亮度或暗度。
- 【柔光】：使颜色变暗或变亮，具体取决于混合色。此效果与发散的聚光灯照在图像上相似。如果混合色（光源）比 50% 灰色亮，则图像变亮，就像被减淡了一样。如果混合色（光源）比 50% 灰色暗，则图像变暗，就像被加深了一样。使用纯黑色或纯白色上色，可以产生明显变暗或变亮的区域，但不能生成纯黑色或纯白色。
- 【强光】：对颜色进行正片叠底或过滤，具体取决于混合色。此效果与耀眼的聚光灯照在图像上相似。如果混合色（光源）比 50% 灰色亮，则图像变亮，就像过滤后的效果。这对于向图像添加高光非常有用。如果混合色（光源）比 50% 灰色暗，则图像变暗，就像正片叠底后的效果。这对于向图像添加阴影非常有用。用纯黑色或纯白色上色会产生纯黑色或纯白色。
- 【亮光】：通过增加或减小对比度来加深或减淡颜色，具体取决于混合色。如果混合色（光源）比 50% 灰色亮，则通过减小对比度使图像变亮。如果混合色比 50% 灰色暗，则通过增加对比度使图像变暗。
- 【线性光】：通过减小或增加亮度来加深或减淡颜色，具体取决于混合色。如果混合色（光源）比 50% 灰色亮，则通过增加亮度使图像变亮。如果混合色比 50% 灰色暗，则通过减小亮度使图像变暗。
- 【点光】：根据混合色替换颜色。如果混合色（光源）比 50% 灰色亮，则替换比混合色暗的像素，而不改变比混合色亮的像素。如果混合色比 50% 灰色暗，则替换比混合色亮的像素，而比混合色暗的像素保持不变。这对于向图像添加特殊效果非常有用。
- 【实色混合】：将混合颜色的红色、绿色和蓝色通道值添加到基色的 RGB 值。如果通道的结果总和大于或等于 255，则值为 255；如果小于 255，则值为 0。因此，所有混合像素的红色、绿色和蓝色通道值要么是 0，要么是 255。此模式会将所有像素更改为主要的加色（红色、绿色或蓝色）、白色或黑色。
- 【差值】：查看每个通道中的颜色信息，并从基色中减去混合色，或从混合色中减去基色，具体取决于哪一个颜色的亮度值更大。与白色混合将反转基色值；与黑色混合则不产生变化。
- 【排除】：创建一种与【差值】模式相似但对比度更低的效果。与白色混合将反转基色值；与黑色混合则不发生变化。
- 【减去】：查看每个通道中的颜色信息，并从基色中减去混合色。在 8 位和 16 位图像中，任何生成的负片值都会剪切为零。
- 【划分】：查看每个通道中的颜色信息，并从基色中划分混合色。
- 【色相】：用基色的明亮度和饱和度以及混合色的色相创建结果色。
- 【饱和度】：用基色的明亮度和色相以及混合色的饱和度创建结果色。在无 (0) 饱和度（灰度）区域上用此模式绘画不会产生任何变化。
- 【颜色】：用基色的明亮度以及混合色的色相和饱和度创建结果色。这样可以保留图像中的灰阶，并且对于给单色图像上色和给彩色图像着色都非常有用。
- 【明度】：用基色的色相和饱和度以及混合色的明亮度创建结果色。此模式创建与【颜色】模式相反的效果。

09 在【图层】面板中选择【图层 4】图层，将【混合模式】设置为【叠加】，将【不透明度】设置为 50，如图 3-83 所示。

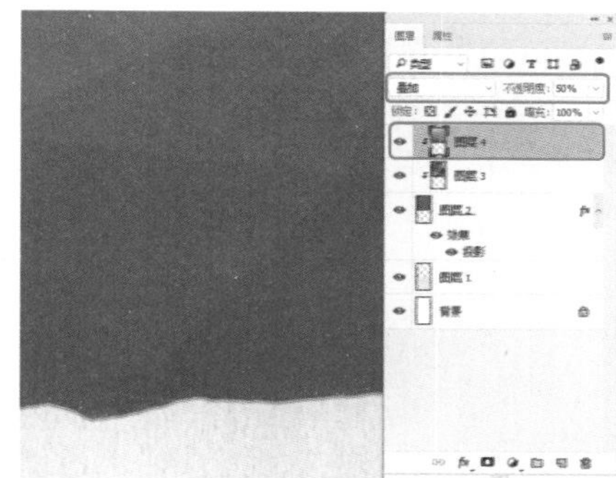

图 3-83 设置图层混合模式

10 根据前面所介绍的方法，将“装饰公司素材 05.png”素材文件添加至新建文档中，并调整其位置，效果如图 3-84 所示。

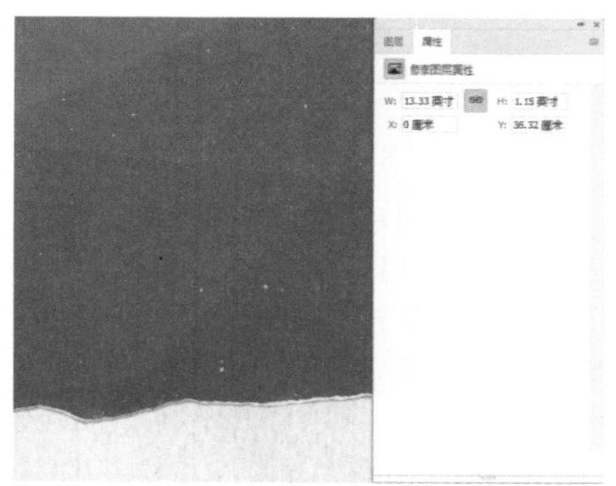

图 3-84 添加素材并调整其位置

11 选择工具箱中的【矩形工具】▭，在工作区中绘制一个矩形。选中绘制的矩形，在【属性】面板中将W、H分别设置为1726、1199，将X、Y分别设置为161、179，将【填充】设置为无，将【描边】的RGB值设置为255、255、255，将【描边宽度】设置为9，如图3-85所示。

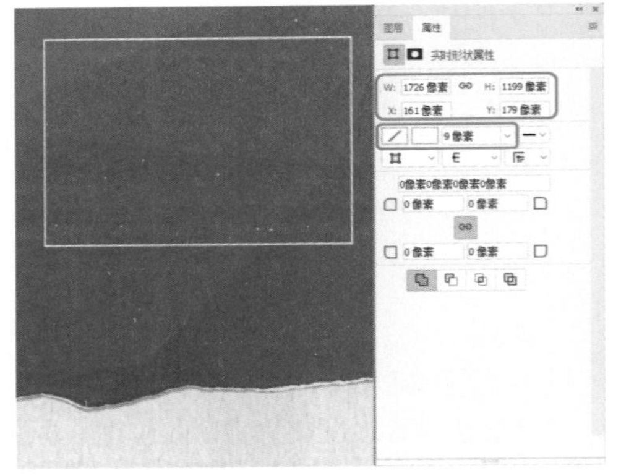

图 3-85　绘制矩形并进行设置

12 在【图层】面板中选择【矩形 1】图层，单击【添加图层蒙版】按钮，使用【矩形选框工具】⬚在工作区中绘制一个矩形选框，按Ctrl+Delete快捷键填充黑色，如图3-86所示。

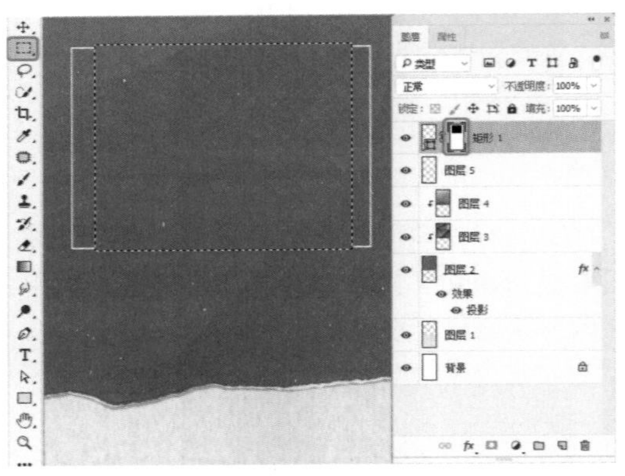

图 3-86　添加图层蒙版

13 按Ctrl+D快捷键取消选区。选择工具箱中的【钢笔工具】，在工具选项栏中将【填充】的RGB值设置为255、255、255，将【描边】设置为无，在工作区中绘制一个图形，如图3-87所示。

14 使用【移动工具】将绘制的图形进行复制，并对其调整，效果如图3-88所示。

疑难解答　在利用【钢笔工具】绘制图形时需要注意什么?

利用【钢笔工具】绘制直线的方法比较简单，但是在操作时需要记住单击鼠标左键的同时不要按住鼠标进行拖动，否则将会创建曲线路径。如果绘制水平、垂直或以45°为增量的直线时，可以按住Shift键的同时进行单击。

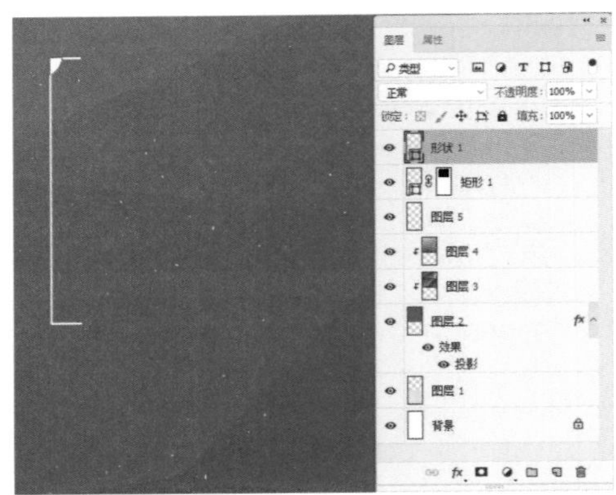

图 3-87　绘制图形

图 3-88　复制图形并进行调整

15 选择工具箱中的【横排文字工具】T，在工作区中单击鼠标，输入文本。选中输入的文本，在【属性】面板中将【字体】设置为【汉仪菱心体简】，将【字体大小】设置为178，将【字符间距】设置为-10，将【颜色】的RGB值设置为234、207、45，效果如图3-89所示。

16 继续选中该文本，按Ctrl+T快捷键，调出自由变换框，并在工具选项栏中将【旋转】、【水平斜切】分别设置为-3.8、-4.58，如图3-90所示。

17 设置完成后，按Enter键确认，完成变换。然后在工作区中调整其位置。在【图层】面板中双击【金峰装饰】图层，在弹出的【图层样式】对话框中勾选【描边】复选框，将【大小】设置为46，将【位置】设置为【外部】，将【颜色】的RGB值设置为56、58、58，如图3-91所示。

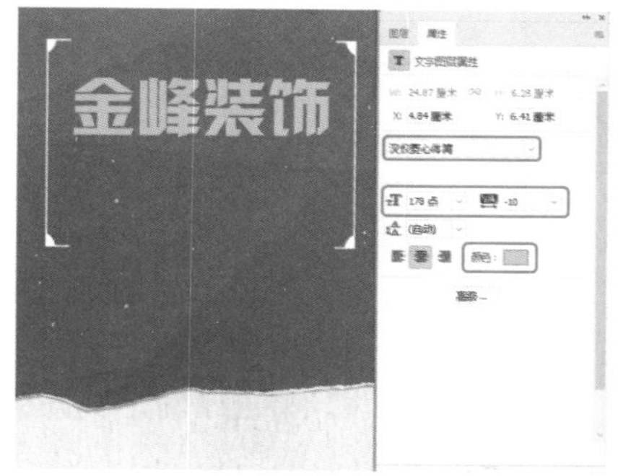

图 3-89 输入文本并进行设置

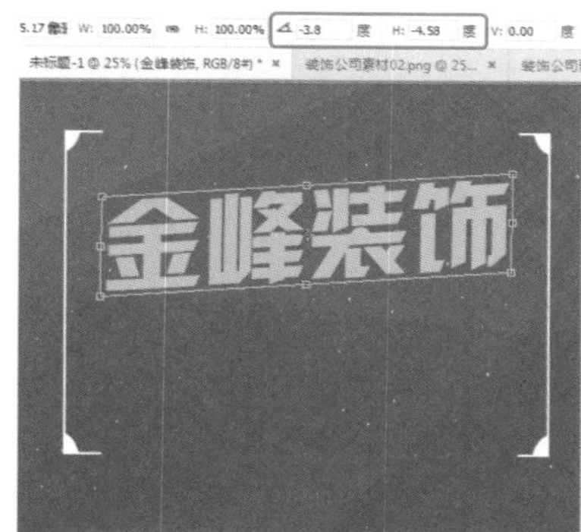

图 3-90 变换文本

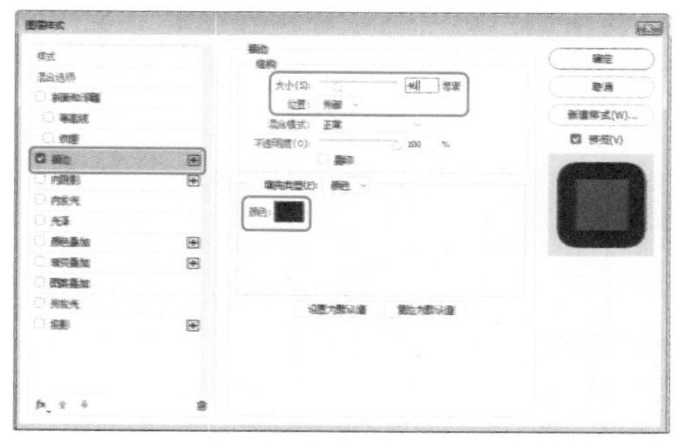

图 3-91 设置描边参数

18 设置完成后，单击【确定】按钮。选择工具箱中的【横排文字工具】T，在工作区中单击鼠标，输入文本。选中输入的文本，在【属性】面板中将【字体】设置为【汉仪菱心体简】，将【字体大小】设置为129，将【字符间距】设置为-10，将【颜色】的RGB值设置为234、207、45，效果如图3-92所示。

图 3-92 输入文本并进行设置

19 继续选中该文本，按Ctrl+T快捷键，调出自由变换框。然后在工具选项栏中将【旋转】、【水平斜切】分别设置为-3.4、-4.2，如图3-93所示。

图 3-93 变换文本

20 设置完成后，按Enter键确认，完成变换。然后在工作区中调整其位置。在【图层】面板中双击【省钱更省心】图层，在弹出的【图层样式】对话框中勾选【描边】复选框，将【大小】设置为46，将【位置】设置为【外部】，将【颜色】的RGB值设置为56、58、58，如图3-94所示。

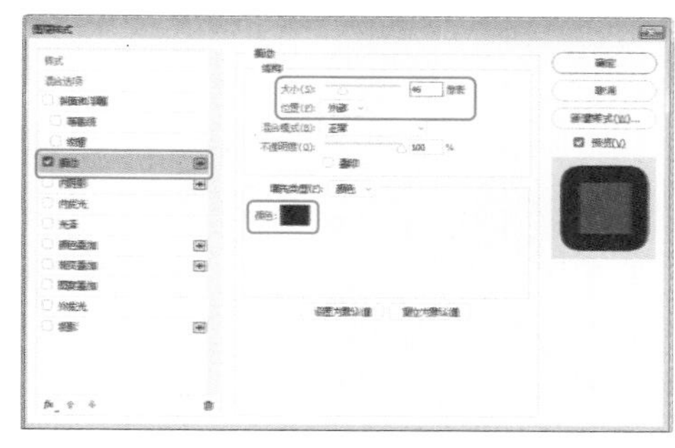

图 3-94 设置描边参数

21 设置完成后，单击【确定】按钮。根据前面所介绍的方法，在工作区中绘制多个图形，并对其进行调整，效果如图 3-95 所示。

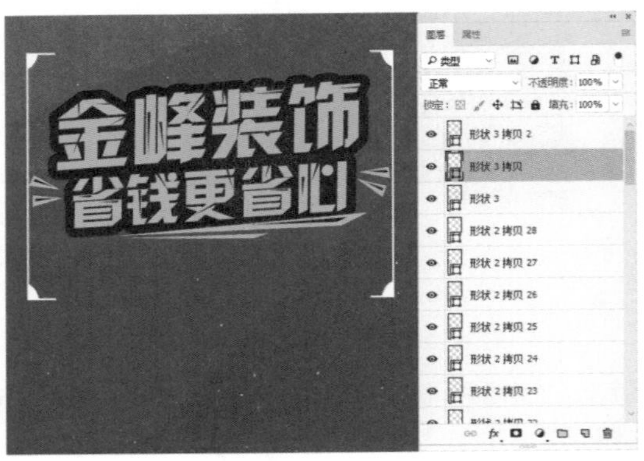

图 3-95　绘制图形后的效果

提　示

为了方便管理，在【图层】面板中选择所绘制的图形，按住鼠标左键将其拖曳至【创建新组】按钮上，将其新建一个图层组。

22 选择工具箱中的【横排文字工具】T，在工作区中单击鼠标，输入文本。选中输入的文本，在【属性】面板中将【字体】设置为【微软雅黑】，将【字体样式】设置为 Bold，将【字体大小】设置为 64，将【字符间距】设置为 50，将【颜色】的 RGB 值设置为 234、207、44，如图 3-96 所示。

图 3-96　输入文本并进行设置

23 在【图层】面板中选择【打造你梦想的家】图层，并双击该图层，在弹出的【图层样式】对话框中勾选【描边】复选框，将【大小】设置为 14，将【位置】设置为【外部】，将【颜色】的 RGB 值设置为 56、58、58，如图 3-97 所示。

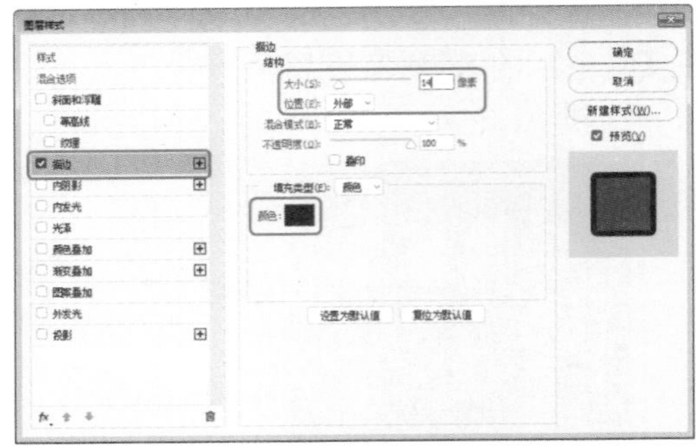

图 3-97　设置描边参数

24 设置完成后，单击【确定】按钮。根据前面所介绍的方法，输入如图 3-98 所示的文本，并对其进行相应的设置。

图 3-98　输入文本并进行设置

25 将“装饰公司素材 06.png”素材文件添加至新建文档中，并在工作区中调整其位置，如图 3-99 所示。

图 3-99　添加素材文件并进行调整

26 选择工具箱中的【椭圆工具】○，在工作区中按住 Shift 键绘制一个正圆形。选中绘制的正圆形，在【属性】面板中将 W、H 均设置为198.7，将【填充】的RGB值设置为245、245、245，并在工作区中调整其位置，效果如图3-100所示。

图 3-100 绘制正圆形并进行设置

27 选择工具箱中的【自定形状工具】，在工具选项栏中将【填充】的RGB值设置为44、45、44，将【描边】设置为无，单击【形状】右侧的下三角按钮，在弹出的下拉面板中选择【全球互联网】，在工作区中绘制一个图形，如图3-101所示。

图 3-101 绘制图形

28 根据相同的方法，在工作区中绘制其他图形，效果如图3-102所示。

图 3-102 绘制其他图形后的效果

29 选择工具箱中的【椭圆工具】，按住Shift键在工作区中绘制一个正圆形，在【属性】面板中将W、H均设置为520，将【填充】的RGB值设置为95、95、95，将【描边】设置为无，如图3-103所示。

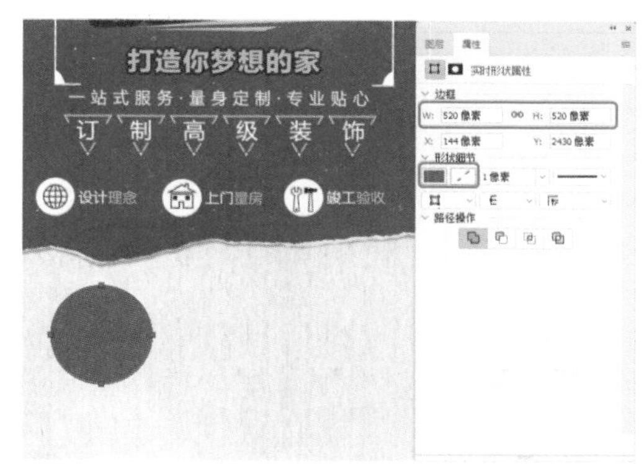

图 3-103 绘制正圆形

30 在【图层】面板中双击该正圆形图层，在弹出的【图层样式】对话框中勾选【描边】复选框，将【大小】设置为17，将【位置】设置为【外部】，将【颜色】的RGB值设置为255、255、255，如图3-104所示。

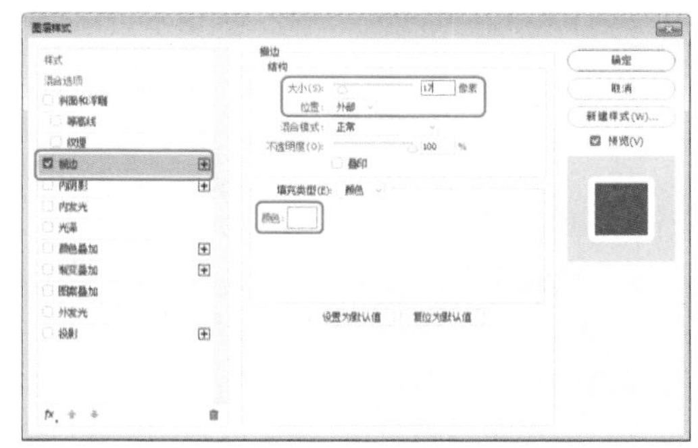

图 3-104 设置描边参数

31 再在该对话框中勾选【投影】复选框，将【混合模式】设置为【正片叠底】，将【阴影颜色】的RGB值设置为78、78、78，将【不透明度】设置为75，将【角度】设置为90，勾选【使用全局光】复选框，将【距离】、【扩展】、【大小】分别设置为31、0、25，如图3-105所示。

32 设置完成后，单击【确定】按钮。将“装饰公司素材07.jpg”素材文件添加至新建文档中，在工作区中调整其位置。在【图层】面板中选择该素材文件图层，单击鼠标右键，在弹出的快捷菜单中选择【创建剪贴蒙版】命令，创建后的效果如图 3-106 所示。

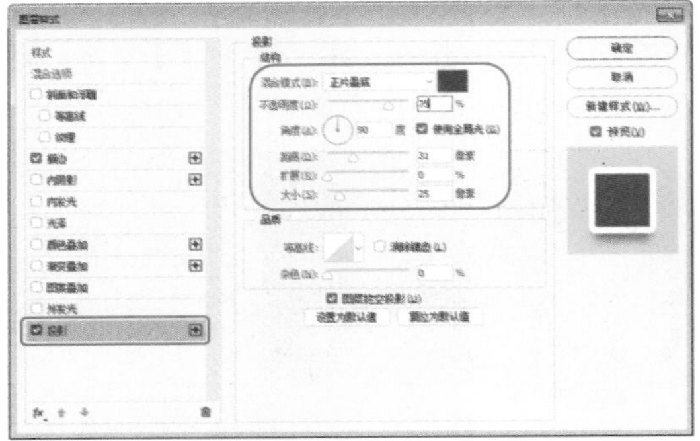

图 3-105 设置投影参数

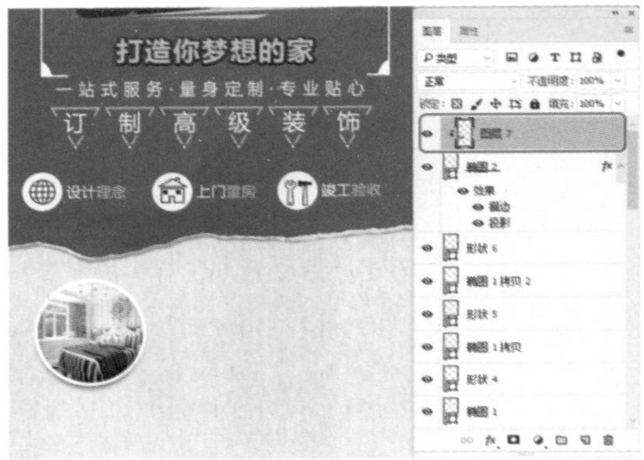

图 3-106 添加素材文件并创建剪贴蒙版

33 使用同样的方法创建其他效果，并对其进行调整，效果如图 3-107 所示。

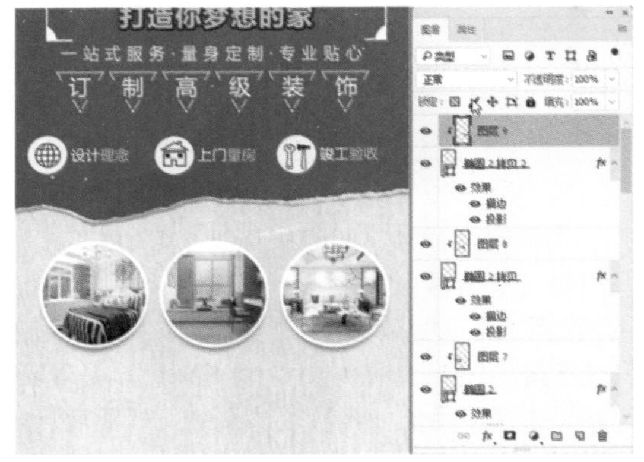

图 3-107 创建其他效果

34 根据前面所介绍的方法，创建其他文本与图形，并对其进行相应的设置，效果如图 3-108 所示。

图 3-108 创建其他文本与图形后的效果

3.4 制作酒店活动宣传展架

酒店，又称为宾馆、旅馆、旅店、旅社、客店、客栈，主要为游客提供住宿、餐饮、游戏、娱乐、购物等服务。酒店活动宣传展架效果如图 3-109 所示。

图 3-109 酒店活动宣传展架

素材	素材 \Cha03\ 酒店 logo.png、酒店背景 .jpg、酒店背景 2.jpg~ 酒店背景 8.jpg
场景	场景 \Cha03\ 制作酒店活动宣传展架 .psd

视频	视频教学 \Cha03\3.4 制作酒店活动宣传展架 .mp4

01 按 Ctrl+N 快捷键，弹出【新建文档】对话框，将【宽度】和【高度】分别设置为 1500、4001，【分辨率】设置为 300，将【背景颜色】设置为 #efe6d4，单击【创建】按钮，如图 3-110 所示。

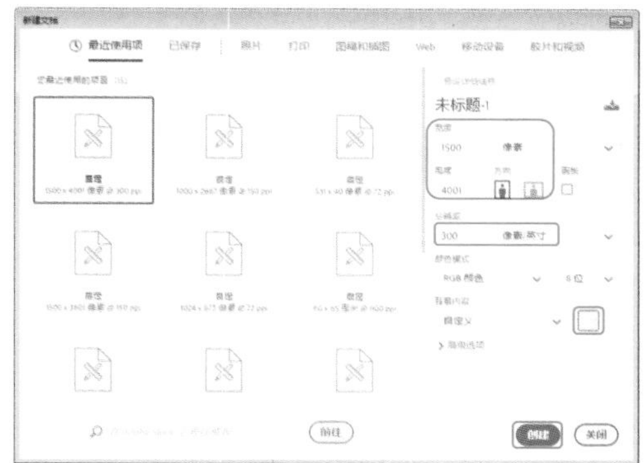

图 3-110 设置新建文档参数

02 新建【图层 1】图层，选择工具箱中的【钢笔工具】，将【工具模式】设置为【路径】，绘制路径。按 Ctrl+Enter 快捷键将路径转换为选区。将【前景色】设置为黑色，按 Alt+Delete 快捷键填充颜色，如图 3-111 所示。

图 3-111 填充选区颜色

疑难解答 【背景】图层能使用图层样式吗?

图层样式不能用于【背景】图层。但可以按住 Alt 键双击【背景】图层，将其转换为普通图层，然后为其添加图层样式效果。

03 在菜单栏中选择【文件】|【置入嵌入对象】命令，弹出【置入嵌入的对象】对话框，选择“酒店背景 .jpg”素材文件，单击【置入】按钮，如图 3-112 所示。

图 3-112 选择素材文件

04 调整置入后的素材文件，效果如图 3-113 所示。

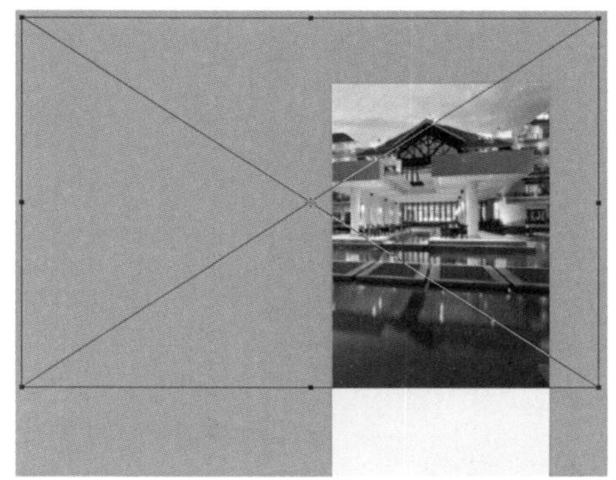

图 3-113 调整素材文件大小

05 在【酒店背景】图层上单击鼠标右键，在弹出的快捷菜单中选择【创建剪贴蒙版】命令，为图层创建剪贴蒙版，如图 3-114 所示。

图 3-114 创建剪贴蒙版

06 在菜单栏中选择【文件】|【置入嵌入

对象】命令，弹出【置入嵌入的对象】对话框，选择“酒店 logo.png”素材文件，单击【置入】按钮，如图 3-115 所示。

图 3-115　选择素材文件

07 调整素材文件的大小和位置，效果如图 3-116 所示。

图 3-116　调整大小和位置

08 使用【直排文字工具】输入文本，将【字体】设置为【方正综艺简体】，【字体大小】设置为 54，【字符间距】设置为 200，将【颜色】设置为白色，如图 3-117 所示。

09 选择工具箱中的【矩形工具】绘制矩形，将【填充】设置为无，【描边】设置为白色，【描边粗细】设置为 7，效果如图 3-118 所示。

10 使用【直排文字工具】输入文本，将【字体】设置为 Arial，【字体大小】设置为 11，【字符间距】设置为 50，【颜色】设置为白色，如图 3-119 所示。

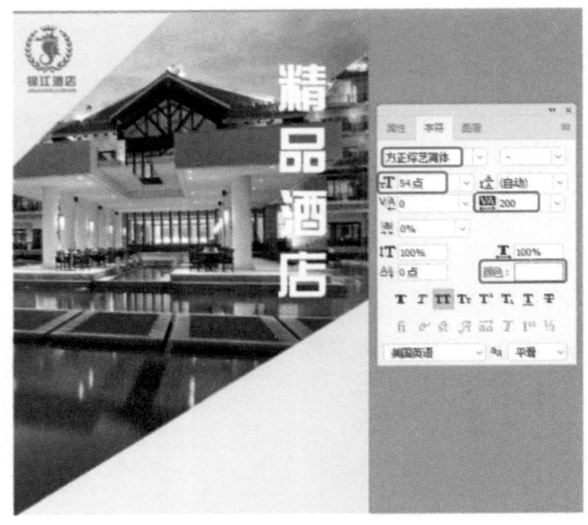

图 3-117　设置文本字符

图 3-118　设置矩形参数

图 3-119　设置文本字符

11 使用【直排文字工具】输入文本，将【字体】设置为【黑体】，【字体大小】设置为 17，【字符间距】设置为 50，如图 3-120

所示。

12 选择【精品酒店】图层，单击【添加图层样式】按钮 fx，在弹出的下拉菜单中选择【投影】命令，如图 3-121 所示。

图 3-120 设置文本字符

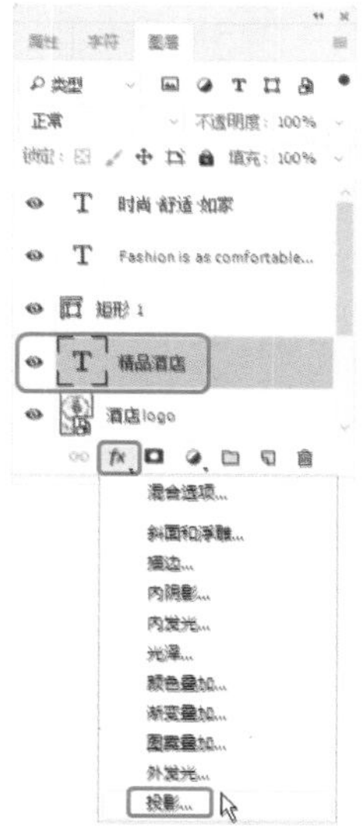

图 3-121 选择【投影】命令

提 示

文字的划分方式有很多种，如果从排列方式上划分，可分为横排文字和直排文字；如果从形式上划分，可分为文字和文字蒙版；如果从创建的内容上划分，可分为点文字、段落文字和路径文字；如果从样式上划分，可分为普通文字和变形文字。

13 在弹出的【图层样式】对话框中，将【混合模式】设置为【正常】，【不透明度】设置为 81，【角度】设置为 0，【距离】、【扩展】、【大小】分别设置为 7、1、3，单击【确定】按钮，如图 3-122 所示。

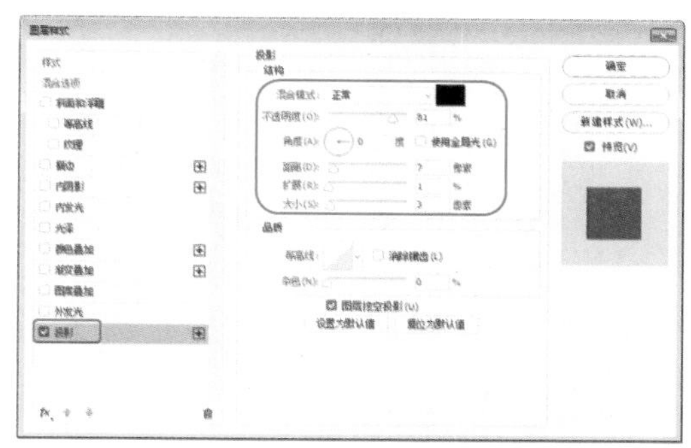

图 3-122 设置投影参数

14 在【精品酒店】图层下方的【效果】上单击鼠标右键，在弹出的快捷菜单中选择【拷贝图层样式】命令，如图 3-123 所示。

图 3-123 选择【拷贝图层样式】命令

15 选择如图 3-124 所示的图层，单击鼠标右键，在弹出的快捷菜单中选择【粘贴图层样式】命令。

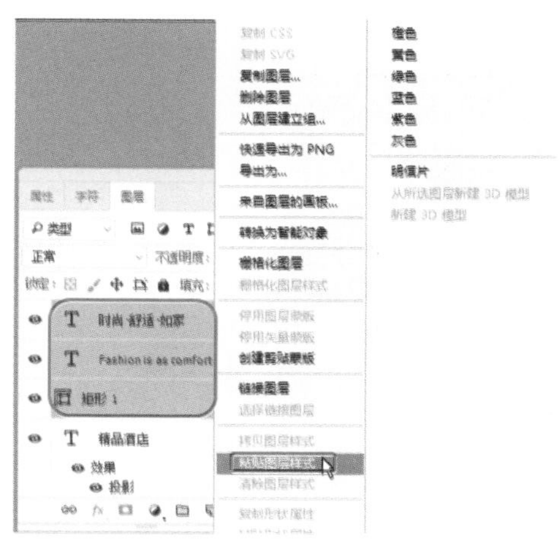

图 3-124 选择【粘贴图层样式】命令

16 应用样式后的效果如图 3-125 所示。

图 3-125 应用样式后的效果

17 新建图层，使用【钢笔工具】绘制如图 3-126 所示的图形。

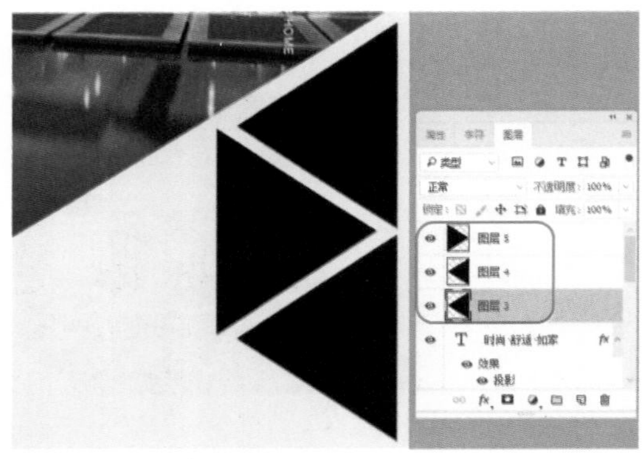

图 3-126 绘制图形

18 置入“酒店背景 2.jpg”“酒店背景 3.jpg”“酒店背景 4.jpg”素材文件，为素材图片添加剪贴蒙版，效果如图 3-127 所示。

图 3-127 制作完成后的效果

19 单击【创建新图层】按钮，新建【图层 6】图层，使用【钢笔工具】绘制图形，按 Ctrl+Enter 快捷键将其转换为选区，如图 3-128 所示。

20 在菜单栏中选择【编辑】|【描边】命令，如图 3-129 所示。

图 3-128 将图形转换为选区

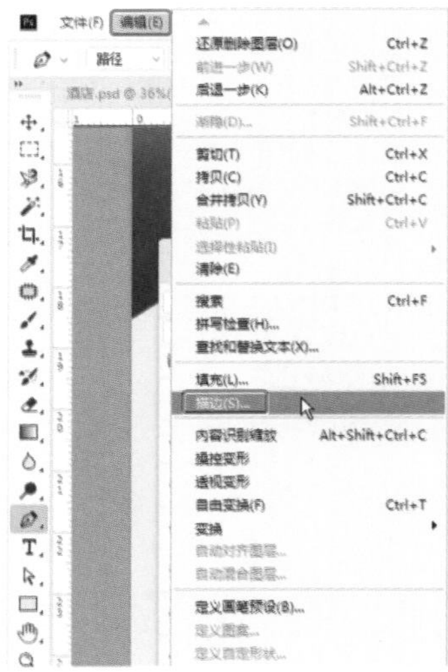

图 3-129 选择【描边】命令

知识链接：酒店类型

根据酒店的经营性质划分如下。

1. 商务型酒店

主要以接待从事商务活动的客人为主，是为商务活动服务的。这类客人对酒店的地理位置要求较高，要求酒店靠近城区或商业中心区。其客流量一般不受季节的影响而产生大的变化。商务性酒店的设施设备齐全、服务功能较为完善。

2. 度假型酒店

以接待休假的客人为主，多兴建在海滨、温泉、风景区附近。其经营的季节性较强。度假性酒店要求有较完善的娱乐设备。

3. 主题性酒店

是以某一特定的主题来体现酒店的建筑风格和装饰艺术，以及特定的文化氛围，历史、文化、城市、自然、童话故事等都可成为主题，如薇爱精品时尚主题酒店。

4. 长住型酒店

为租居者提供较长时间的食宿服务。此类酒店客房多采取家庭式结构，以套房为主，房间大的可供一个家庭使用，小的仅供一人使用的单人房间。它既提供一般酒店的服务，又提供一般家庭的服务。

5. 会议型酒店。

是以接待会议旅客为主的酒店，除食宿娱乐外还为会议代表提供接送站、会议资料打印、录像摄像、旅游等服务。要求有较为完善的会议服务设施（大小会议室、同声传译设备、投影仪等）和功能齐全的娱乐设施。

6. 观光型酒店

主要为观光旅游者服务，多建造在旅游点，经营特点不仅要满足旅游者食住的需要，还要求有公共服务设施，以满足旅游者休息、娱乐、购物的综合需要，使旅游生活丰富多彩，得到精神上和物质上的享受。

7. 经济型酒店

经济型酒店多为出差者预备，其价格低廉，服务方便快捷。特点可是说是快来快去，总体节奏较快，实现住宿者和商家互利的模式。

8. 连锁酒店

连锁酒店可以说是经济型酒店的精品，诸如莫泰、如家等知名品牌酒店，占有的市场份额也是越来越大。

9. 公寓式酒店

公寓式酒店吸引懒人和忙人酒店式服务公寓，最早始于1994年欧洲，意为“酒店式的服务，公寓式的管理”，是当时旅游区内租给游客，供其临时休息的地方，由专门管理公司进行统一上门管理，既有酒店的性质又相当于个人的“临时住宅”。这些物业就成了公寓式酒店的雏形。在公寓式酒店既能享受酒店提供的殷勤服务，又能享受居家的快乐，住户不仅有独立的卧室、客厅、卫浴间、衣帽间等，还可以在厨房里自己烹饪美味的佳肴。早晨可以在酒店餐厅用早餐；房间由公寓的服务员清扫；需要送餐到房间、出差订机票，只需打电话到服务台便可以解决了，很适合又懒又忙的IT小两口。由于酒店式服务公寓主要集中在市中心的高档住宅区内，集住宅、酒店、会所多功能于一体，价格一般都不低。

21 弹出【描边】对话框，将【宽度】设置为5，将【颜色】设置为#7e6327，单击【确定】按钮，如图3-130所示。

22 使用【直排文字工具】输入文本，将【字体】设置为【方正大黑简体】，【字体大小】设置为12.5，【字符间距】设置为100，【颜色】设置为#7e6327，如图3-131所示。

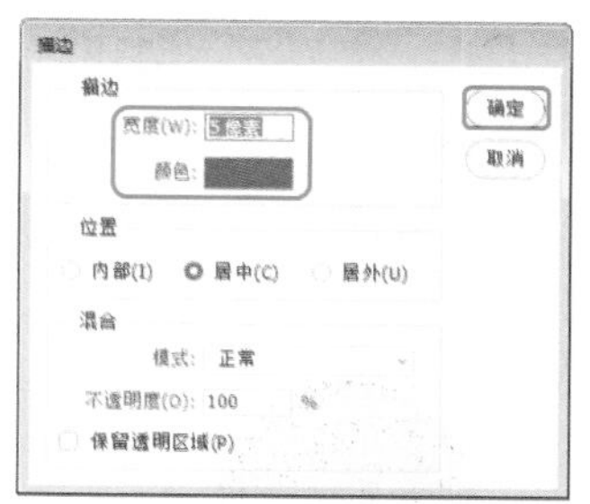

图3-130 设置描边参数

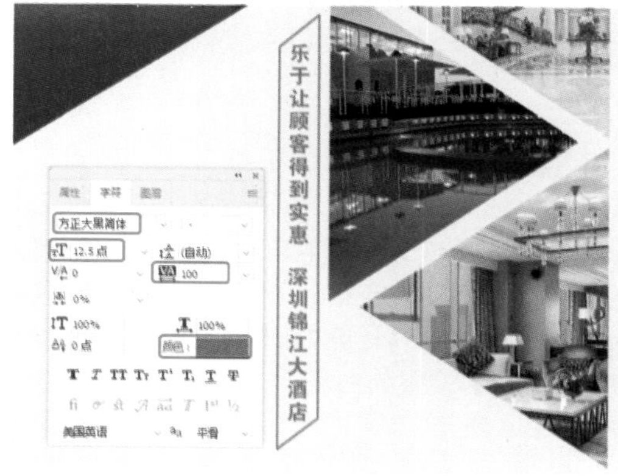

图3-131 设置文本字符

23 使用【横排文字工具】输入文本，将【字体】设置为【方正大黑简体】，【字体大小】设置为7.4，【行距】设置为14，【字符间距】设置为50，【颜色】设置为#866e36，如图3-132所示。

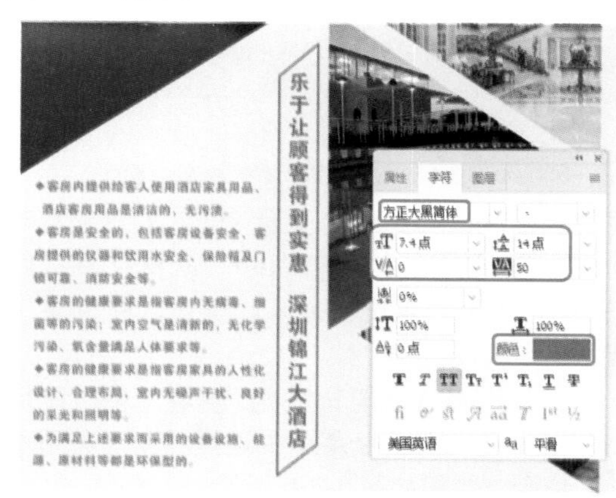

图3-132 设置文本字符

24 选择工具箱中的【椭圆工具】，在工具选项栏中将【填充】设置为黑色，【描边】

设置为无，然后绘制一个椭圆形，如图 3-133 所示。

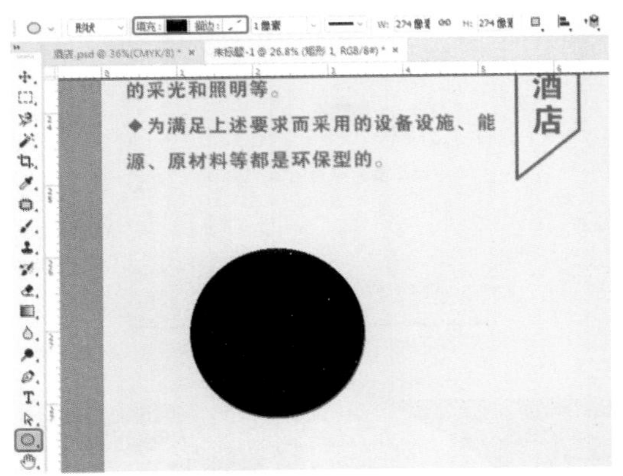

图 3-133　绘制椭圆形

25 在【图层】面板中单击【添加图层样式】按钮 fx.，在弹出的下拉菜单中选择【描边】命令，在弹出的【图层样式】对话框中，将【大小】设置为 15，【位置】设置为【外部】，【混合模式】设置为【正常】，【不透明度】设置为 100，【颜色】设置为白色，单击【确定】按钮，如图 3-134 所示。

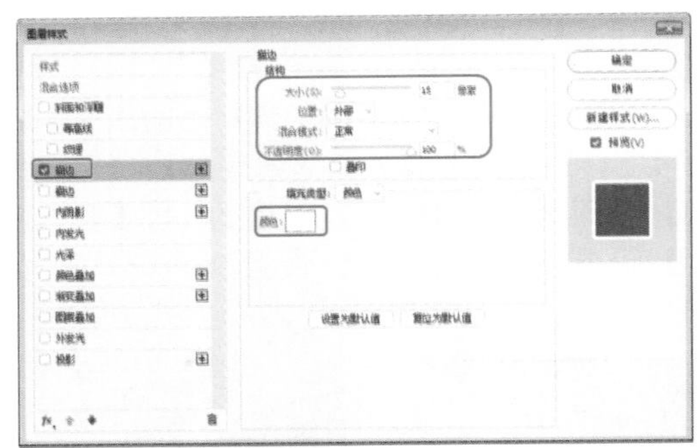

图 3-134　设置描边参数

26 在菜单栏中选择【文件】|【置入嵌入对象】命令，在弹出的【置入嵌入的对象】对话框中选择“酒店背景 5.jpg”素材文件，如图 3-135 所示，单击【置入】按钮，并调整该素材的大小及位置。

27 选择【酒店背景 5】图层，单击鼠标右键，在弹出的快捷菜单中选择【创建剪贴蒙版】命令，效果如图 3-136 所示。

28 使用【横排文字工具】 T. 输入文本，将【字体】设置为【黑体】，【字体大小】设置为 10，【字符间距】设置为 -60，【颜色】设置为 #323335，单击【仿粗体】按钮，如图 3-137 所示。

图 3-135　选择素材文件

图 3-136　创建剪贴蒙版

图 3-137　设置文本字符

提　示

在文字输入状态下，单击鼠标左键 3 次可以选择一行文字；单击鼠标左键 4 次可以选择整个段落；按 Ctrl+A 快捷键可以选择全部的文本。

29 使用同样的方法，制作如图 3-138 所示的内容。

30 新建【图层 7】图层，使用【钢笔工具】 绘制路径，然后将【描边颜色】设置为

#393737，如图 3-139 所示。

图 3-138 制作其他内容

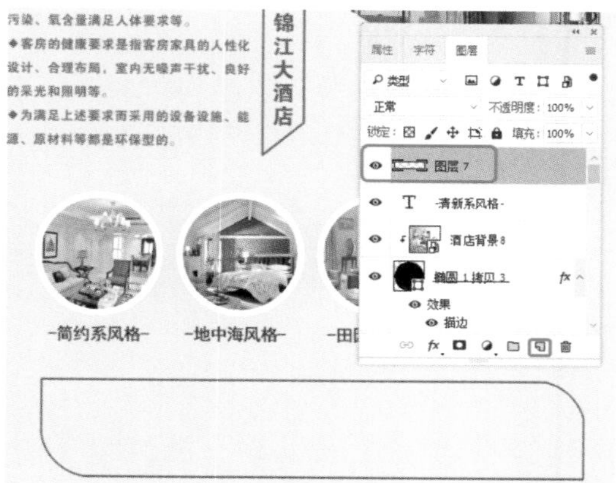

图 3-139 绘制图形并设置描边颜色

31 选择工具箱中的【圆角矩形工具】○.，在工具选项栏中将【填充】设置为 #2f2e2f，【描边】设置为无，【半径】设置为 20，绘制一个圆角矩形，如图 3-140 所示。

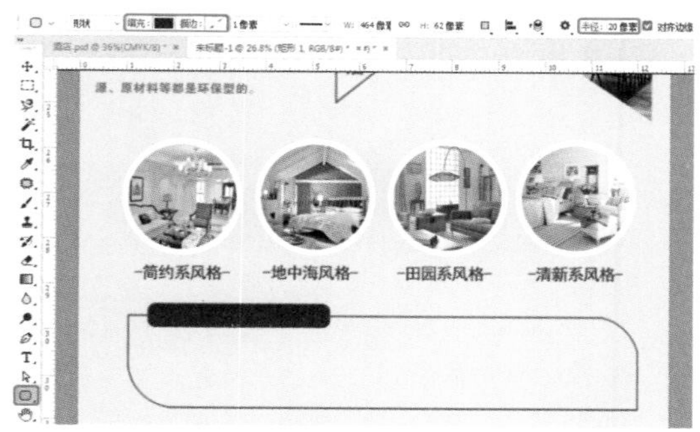

图 3-140 绘制圆角矩形

32 使用【横排文字工具】T. 输入文本，将【字体】设置为【Adobe 黑体 Std】，【字体大小】设置为 10，【字符间距】设置为 20，【颜色】设置为白色，如图 3-141 所示。

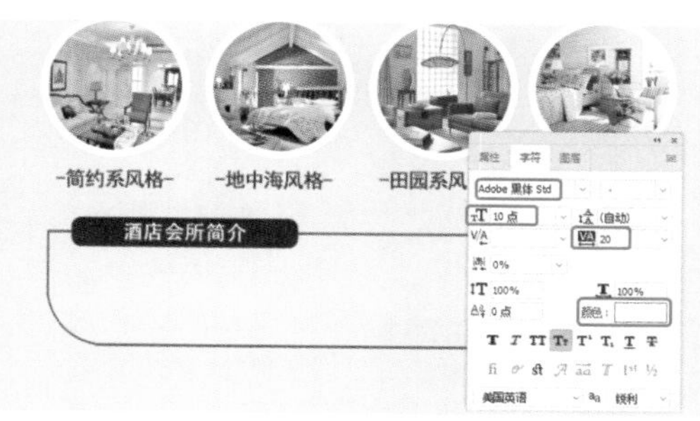

图 3-141 设置文本字符

33 使用【椭圆工具】○.，按住 Shift 键的同时绘制一个正圆形，将【填充颜色】设置为白色，如图 3-142 所示。

34 使用【横排文字工具】T.输入文本，将【字体】设置为【Adobe 黑体 Std】，【字体大小】设置为 7，【字符间距】设置为 40，【颜色】设置为黑色，如图 3-143 所示。

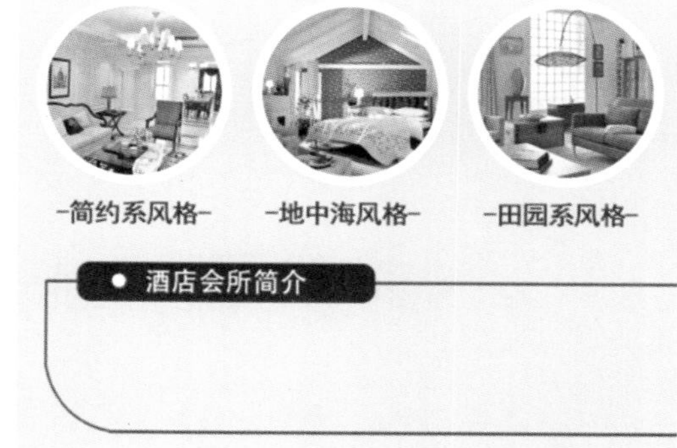

图 3-142 绘制白色正圆形

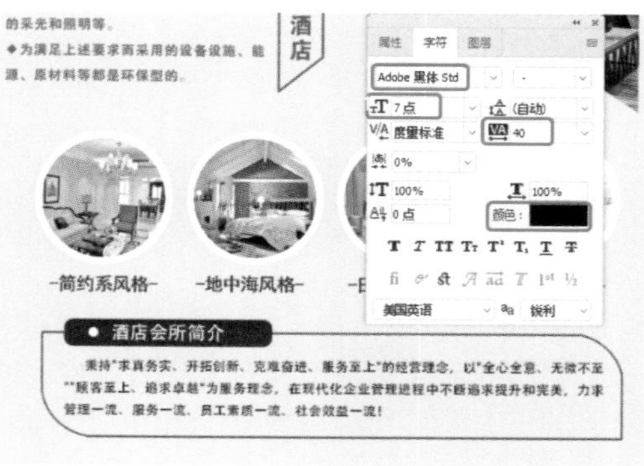

图 3-143 设置文本字符

35 选择工具箱中的【矩形工具】□.，在工具选项栏中将【填充】设置为 #2f2e2f，

【描边】设置为无，绘制一个矩形，如图 3-144 所示。

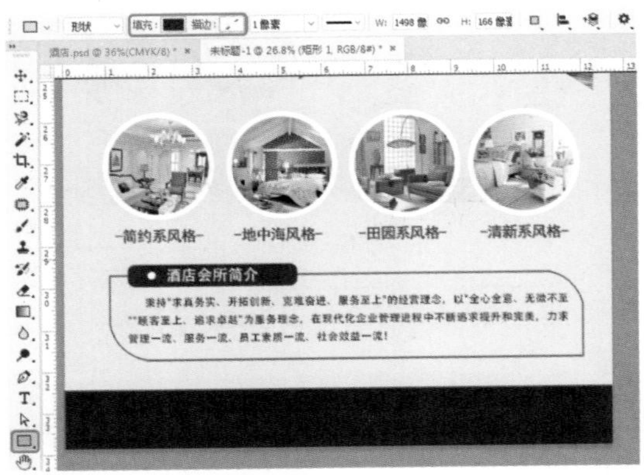

图 3-144　设置矩形填充和描边

36 新建【图层 8】图层，使用【钢笔工具】绘制一个三角形状，并将对象转换为选区，填充颜色为 #f5b124，如图 3-145 所示。

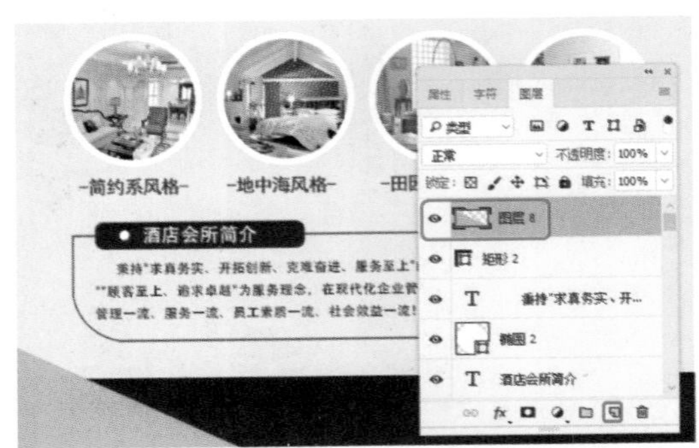

图 3-145　填充三角区域颜色

第 4 章 手机 UI 界面设计

UI 即 User Interface(用户界面) 的简称。泛指用户的操作界面，包含移动 APP、网页、智能穿戴设备等。UI 设计主要指界面的样式、美观程度。而使用上，对软件的人机交互、操作逻辑、界面美观的整体设计也是同样重要。

重点知识

- 个人主页界面
- 购物首页 UI 界面
- 购物车 UI 界面
- 拼团成功界面
- 邀请有礼优惠活动 UI 界面
- 现金红包活动 UI 界面

在人和机器的互动过程中，有一个层面，即我们所说的界面 (Interface)。从心理学意义来分，界面可分为感觉 (视觉、触觉、听觉等) 和情感两个层次。用户界面设计是屏幕产品的重要组成部分。界面设计是一个复杂的有不同学科参与的工程，认知心理学、设计学、语言学等在此都扮演着重要的角色。用户界面设计的三大原则是置界面于用户的控制之下、减少用户的记忆负担、保持界面的一致性。

4.1 个人主页界面

设计师在制作个人主页界面时，界面需要简洁，看上去一目了然。如果界面上充斥着太多的东西，会让用户在查找内容的时候比较困难和乏味，而简洁的画面就能很好地解决这个问题。个人主页界面效果如图 4-1 所示。

图 4-1 个人主页界面

素材	素材 \Cha04\ 头像 1.jpg、小图标 .psd
场景	场景 \Cha04\ 个人主页界面 .psd
视频	视频教学 \Cha04\4.1 个人主页界面 .mp4

01 按 Ctrl+N 快捷键，弹出【新建文档】对话框，将【宽度】和【高度】分别设置为 750、1334，【背景内容】设置为 #f2f2f2，单击【创建】按钮，如图 4-2 所示。

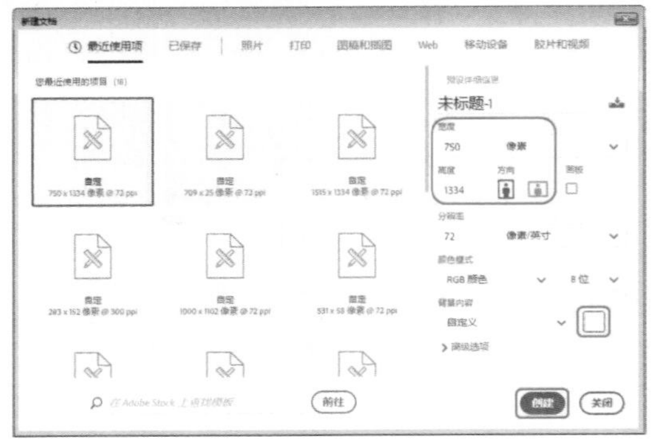

图 4-2 新建文档

02 使用【矩形工具】，绘制一个矩形，在工具选项栏中将【工具模式】设置为【形状】，【填充】设置为 #00a0e9，【描边】设置为无，将 W 和 H 分别设置为 750、150，如图 4-3 所示。

图 4-3 设置矩形参数

03 使用【椭圆工具】按住 Shift 键的同时绘制 3 个 W、H 均为 10 的正圆形，将【填充】设置为白色，【描边】设置为无，如图 4-4 所示。

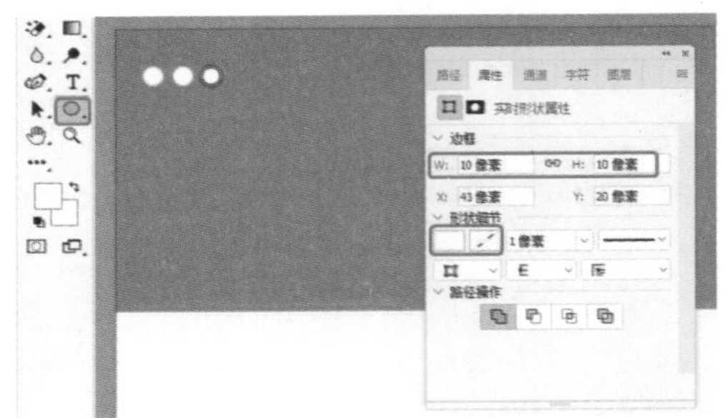

图 4-4 设置正圆形参数

04 使用【椭圆工具】按住 Shift 键的同时绘制两个 W、H 均为 10 的正圆形，将【填充】设置为无，【描边】设置为白色，【描边宽度】设置为 2，如图 4-5 所示。

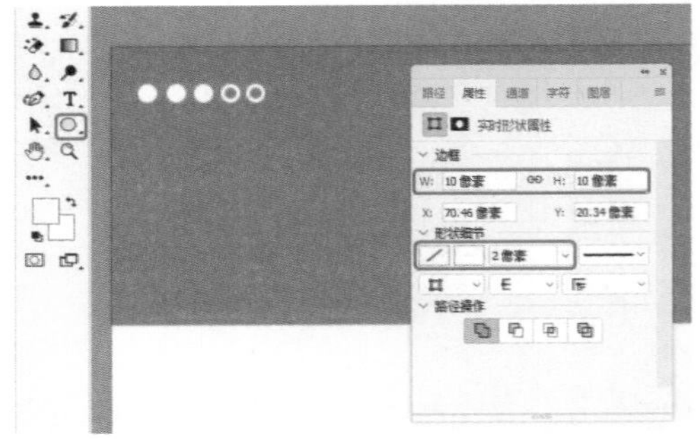

图 4-5 设置正圆形参数

05 使用【横排文字工具】输入文本，将【字体】设置为【黑体】，【字体大小】设置为 20，【字符间距】设置为 0，【颜色】设置为白色，如图 4-6 所示。

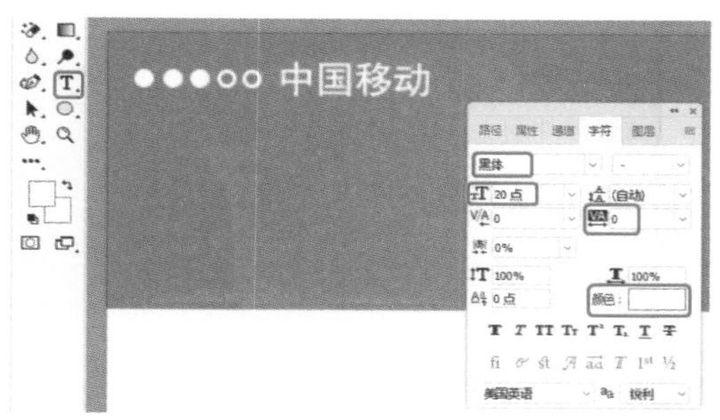

图 4-6 设置文字参数

06 单击【创建新图层】按钮，使用【钢笔工具】绘制图标，按 Ctrl+Enter 快捷键将其转换为选区，将【前景色】设置为白色，按 Alt+Delete 快捷键填充颜色，效果如图 4-7 所示。

图 4-7 绘制图标

知识链接：弯度钢笔工具

如果需要将已经创建的曲线转换为角点，使用【弯度钢笔工具】在锚点上双击，即可将曲线转换为角点状态；同样，如果需要将角点转换为曲线，使用【弯度钢笔工具】在锚点上双击，即可将角点转换为曲线。

在使用【弯度钢笔工具】时，如果需要对创建的锚点进行移动，只需要单击该锚点并按住鼠标左键进行拖动即可移动该锚点的位置。

如果需要将创建的锚点进行删除，可以使用【弯度钢笔工具】在需要删除的锚点上单击，然后按 Delete 键将其删除即可。在删除锚点后，曲线将被保留下来并根据剩余的锚点进行适当的调整。

07 使用【横排文字工具】输入文本，将【字体】设置为【微软雅黑】，【字体大小】设置为 23，【颜色】设置为白色，如图 4-8 所示。

08 使用【钢笔工具】绘制蓝牙标志和电量标志。使用【横排文字工具】输入文本，将【字体】设置为【微软雅黑】，【字体大小】设置为 23，【颜色】设置为白色，如图 4-9 所示。

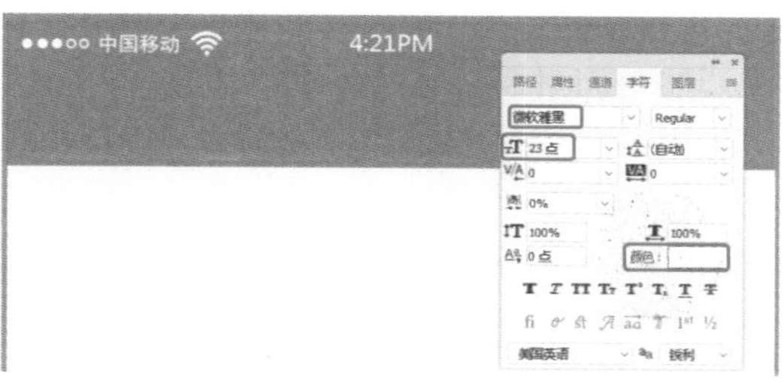

图 4-8 设置文本参数

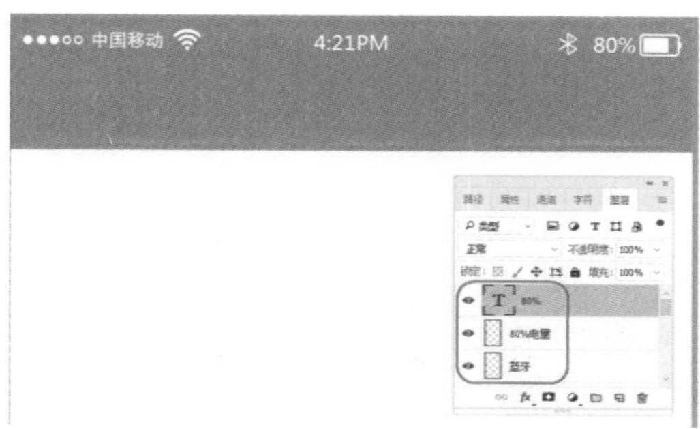

图 4-9 绘制蓝牙标志和电量标志

09 通过【横排文字工具】输入文本，将【字体】设置为【Adobe 黑体 Std】，【字体大小】设置为 36，【颜色】设置为白色，如图 4-10 所示。

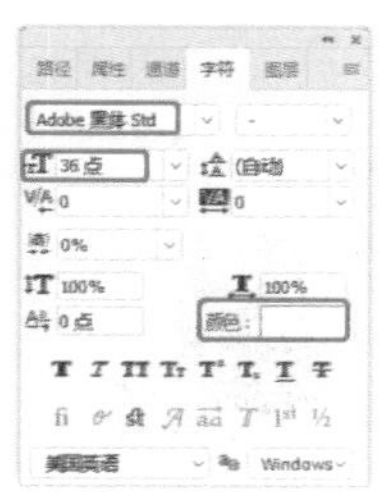

图 4-10 设置文本参数

10 使用【椭圆工具】绘制正圆形，将 W 和 H 设置为 150，【填充】设置为黑色，【描边】设置为白色，【描边宽度】设置为 5，如图 4-11 所示。

11 在菜单栏中选择【文件】|【置入嵌入对象】命令，弹出【置入嵌入的对象】对话框，选择“头像 1.jpg”素材文件，单击【置入】按钮。然后调整素材图像的大小及位置，如图

4-12 所示。

图 4-11　设置正圆形参数

图 4-12　调整素材图像

12 在【图层】面板中选择【头像 1】图层，单击鼠标右键，在弹出的快捷菜单中选择【创建剪贴蒙版】命令，创建蒙版后的效果如图 4-13 所示。

图 4-13　创建蒙版后的效果

13 使用【矩形工具】 绘制矩形，将 W 和 H 分别设置为 752、130，【填充】设置为白色，【描边】设置为无，如图 4-14 所示。

14 在【图层】面板中选择【矩形 2】图层，将其调整至【椭圆 6】图层的下方，如图 4-15 所示。

图 4-14　设置矩形大小

图 4-15　调整图层顺序

15 继续使用【矩形工具】 绘制其他白色矩形，如图 4-16 所示。

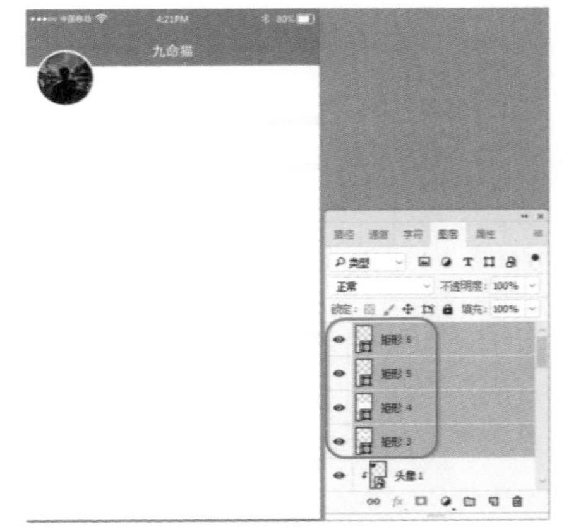

图 4-16　绘制其他矩形

16 在菜单栏中选择【文件】|【置入嵌入对象】命令，弹出【置入嵌入的对象】对话框，选择“小图标.psd”素材文件，单击【置入】按钮，如图 4-17 所示。

图 4-17 选择素材文件

17 置入并调整素材文件的位置，将【小图标】图层调整至图层顶部，如图 4-18 所示。

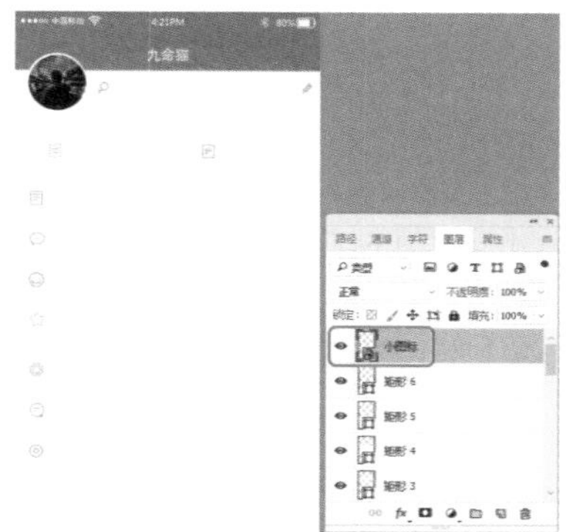

图 4-18 置入素材并进行调整

18 使用【横排文字工具】 T 输入文本，将【字体】设置为【黑体】，【字体大小】设置为 24，【颜色】设置为 #999999，如图 4-19 所示。

图 4-19 设置文本参数

19 使用【横排文字工具】 T 输入文本，将【字体】设置为【黑体】，【字体大小】设置为 35，【颜色】设置为 #666666，如图 4-20 所示。

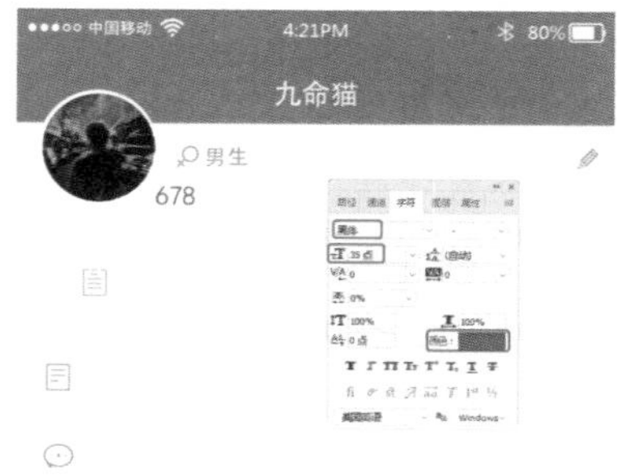

图 4-20 设置文本参数

20 使用【横排文字工具】 T 输入文本，将【字体】设置为【黑体】，【字体大小】设置为 25，【颜色】设置为 #999999，如图 4-21 所示。

图 4-21 设置文本参数

21 继续使用【横排文字工具】 T 输入其他文本内容，如图 4-22 所示。

图 4-22 输入其他文本内容

22 使用【横排文字工具】 T 输入文本，将【字体】设置为【Adobe 黑体 Std】，【字体大小】设置为 28，【颜色】设置为 #666666，如图 4-23 所示。

图 4-23　设置文本参数

23 使用【横排文字工具】 输入文本，将【字体】设置为【Adobe 黑体 Std】，【字体大小】设置为 33，【颜色】设置为 #666666，如图 4-24 所示。

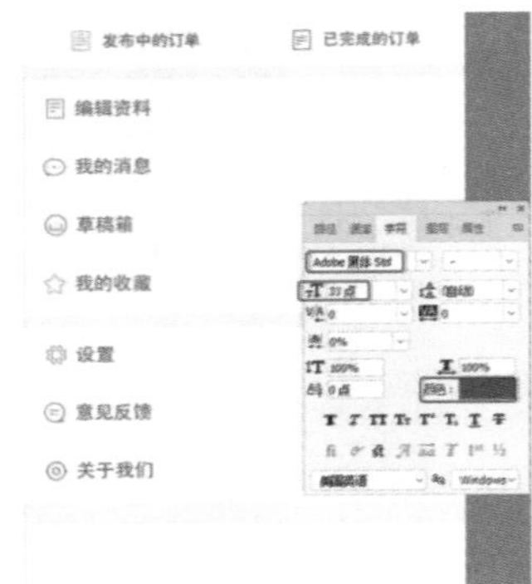

图 4-24　设置文本参数

24 使用【直线工具】 绘制多条直线，在工具选项栏中将【工具模式】设置为【形状】，【填充】设置为 #ebebeb，【粗细】设置为 1，将 W、H 分别设置为 730、1.5，如图 4-25 所示。

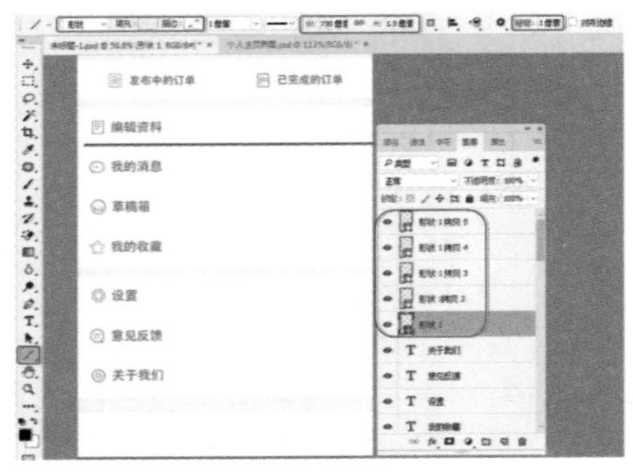

图 4-25　绘制多条直线

25 使用【自定形状工具】，在工具选项栏中将【工具模式】设置为【形状】，【填充】设置为 #666666，【描边】设置为无，设置形状，然后进行绘制，将 W 和 H 分别设置为 47、40，如图 4-26 所示。

图 4-26　设置形状参数

26 使用【椭圆工具】 绘制正圆形，将 W 和 H 均设置为 135，【填充】设置为白色，【描边】设置为无，如图 4-27 所示。

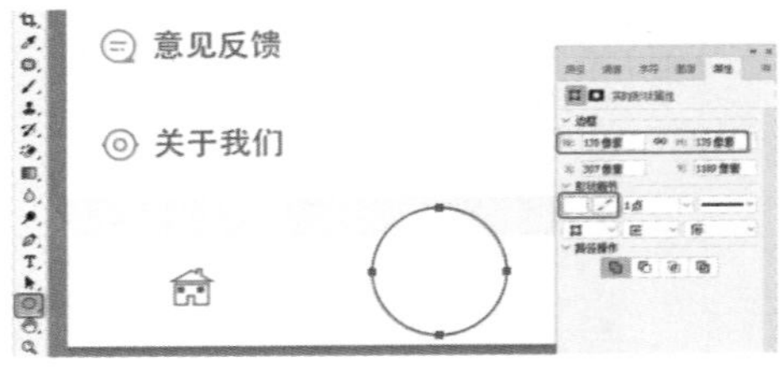

图 4-27　设置正圆形参数

27 使用【椭圆工具】 绘制正圆形，将 W 和 H 均设置为 105，【填充】设置为 #00a0e9，【描边】设置为无，如图 4-28 所示。

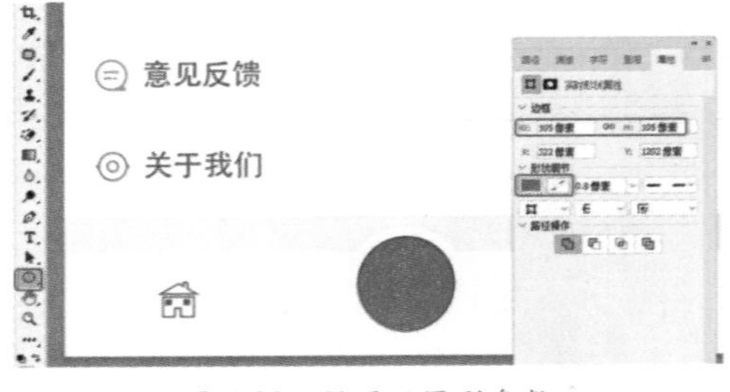

图 4-28　设置正圆形参数

28 使用【自定形状工具】，在工具选项栏中将【工具模式】设置为【形状】，【填充】设置为白色，【描边】设置为无，设置形状，然后进行绘制，将 W 和 H 分别设置为 73、45，如图 4-29 所示。

29 使用上述同样的方法，绘制如图 4-30 所示的图标。

图 4-29 设置形状参数

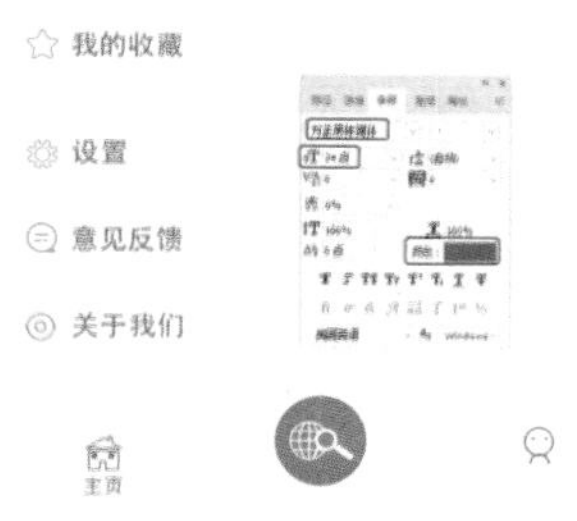

图 4-30 绘制图标

30 使用【横排文字工具】 输入文本，将【字体】设置为【方正黑体简体】，【字体大小】设置为24，【颜色】设置为#666666，如图4-31所示。

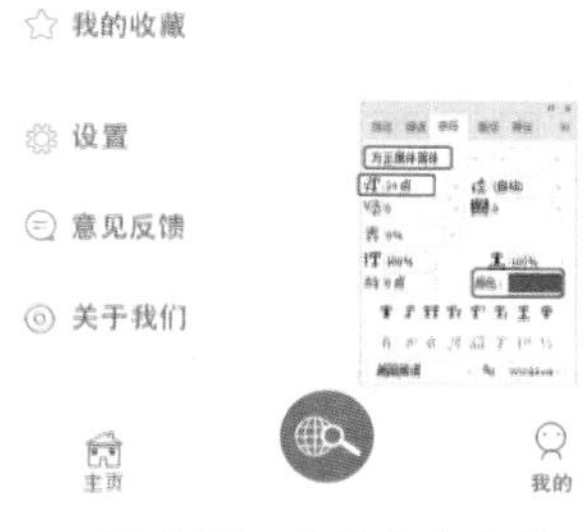

图 4-31 设置文本参数

31 使用【横排文字工具】 输入文本，将【字体】设置为【方正黑体简体】，【字体大小】设置为24，【颜色】设置为#d01117，如图4-32所示。

图 4-32 设置文本参数

4.2 购物首页 UI 界面

UI可以让软件变得有个性、有品位，还可以让软件的操作变得舒适、简单、自由，充分体现软件的定位和特点。购物首页UI界面效果如图4-33所示。

图 4-33 购物首页 UI 界面

素材	素材 \Cha04\G1.png~ G3.png、G4.jpg~G8.jpg、G9.png、G10.png
场景	场景 \Cha04\ 购物首页 UI 界面 .psd
视频	视频教学 \Cha04\4.2 购物首页 UI 界面 .mp4

01 按Ctrl+N快捷键，弹出【新建文档】对话框，将【宽度】和【高度】分别设置为1080、1920，【颜色模式】设置为【RGB颜色/8位】，【背景内容】设置为白色，单击【创建】按钮，如图4-34所示。

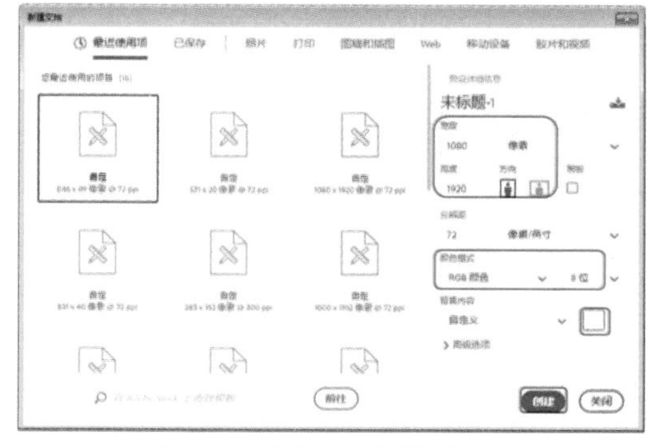

图 4-34 【新建文档】对话框

02 使用【矩形工具】，在工具选项栏中将【工具模式】设置为【形状】，将【填充】设置为#e7444f，【描边】设置为无，绘制W和H分别为1080、600的矩形，效果如图4-35所示。

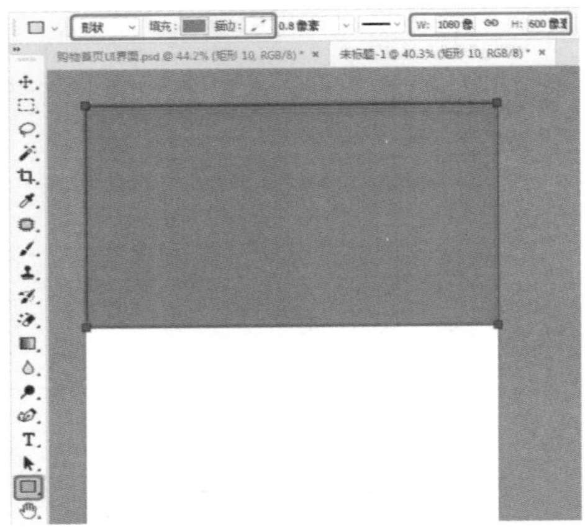
图 4-35　设置矩形参数

03 在菜单栏中选择【文件】|【置入嵌入对象】命令，弹出【置入嵌入的对象】对话框，选择“G1.png”素材文件，单击【置入】按钮，如图 4-36 所示。

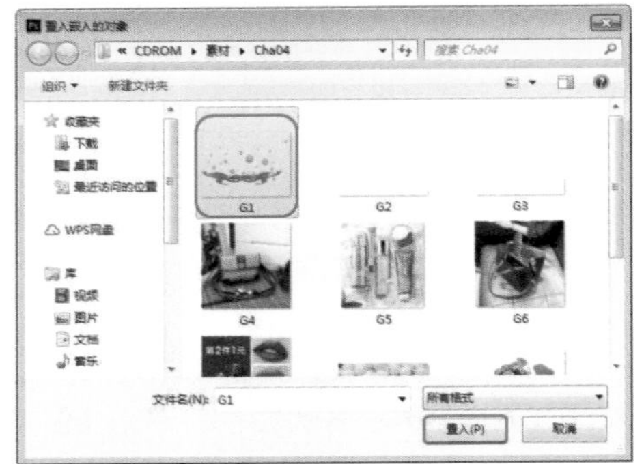
图 4-36　选择素材文件

04 置入图像后调整位置和大小，效果如图 4-37 所示。

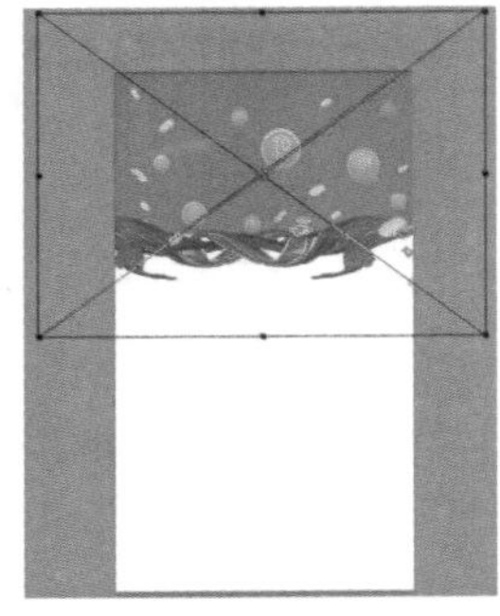
图 4-37　置入素材文件

05 选择 G1 图层，单击鼠标右键，在弹出的快捷菜单中选择【创建剪贴蒙版】命令，创建图层剪贴蒙版，如图 4-38 所示。

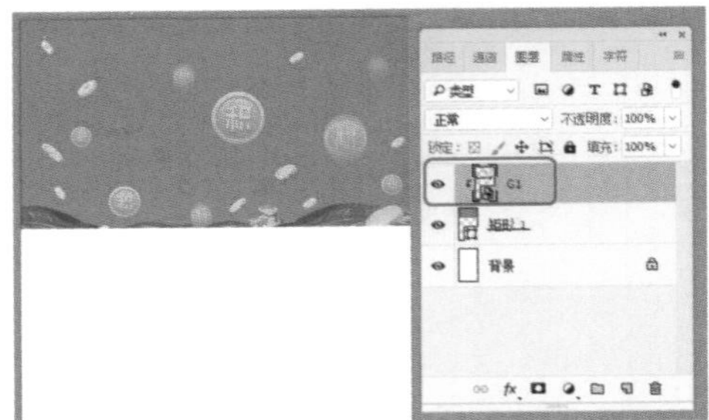
图 4-38　选择【创建剪贴蒙版】命令

06 在菜单栏中选择【文件】|【置入嵌入对象】命令，弹出【置入嵌入的对象】对话框，选择“G2.png”素材文件，单击【置入】按钮，如图 4-39 所示。

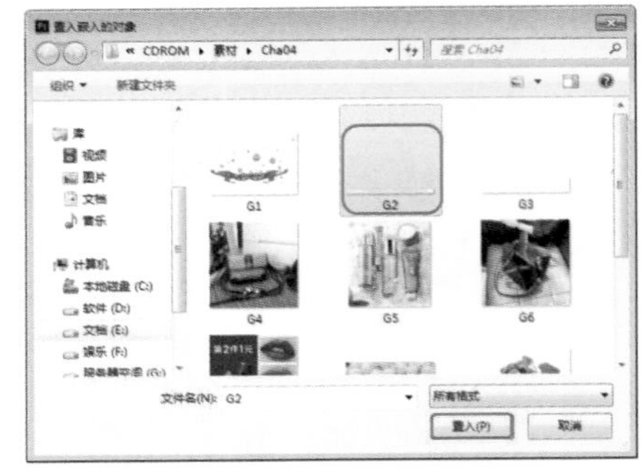
图 4-39　选择素材文件

07 置入素材文件后并调整图像的位置，如图 4-40 所示。

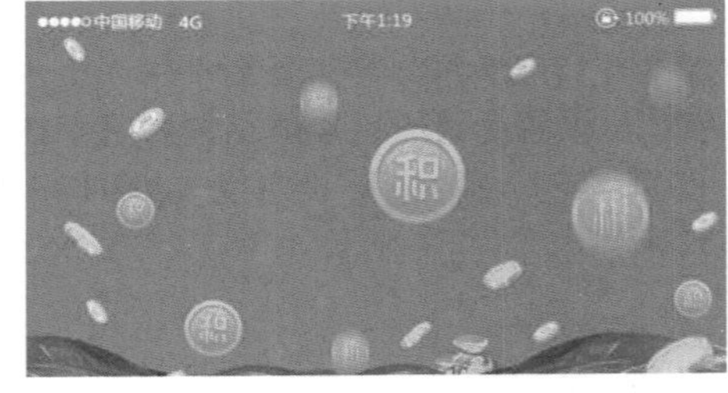

图 4-40　置入素材文件并调整

08 使用【横排文字工具】T.输入文本，将【字体】设置为【微软简综艺】，【字体大小】设置为 130，【字符间距】设置为 -10，【颜色】设置为白色，单击【仿斜体】按钮 T，如图 4-41 所示。

09 确认选中文本对象，在【图层】面板中单击【添加图层样式】按钮 fx.，在弹出的下拉菜单中选择【投影】命令，弹出【图层样式】对话框，勾选【投影】复选框，将【混合模式】

设置为【正片叠底】，【颜色】设置为#ef7f2d，【不透明度】设置为75，【角度】设置为90，【距离】、【扩展】、【大小】分别设置为8、0、5，单击【确定】按钮，如图4-42所示。

图4-41 设置文本参数

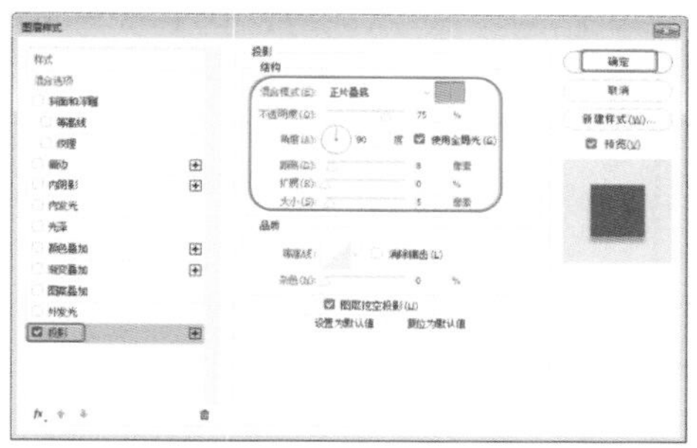

图4-42 设置投影参数

10 返回至工作区中，对文本进行复制，然后更改文字内容，如图4-43所示。

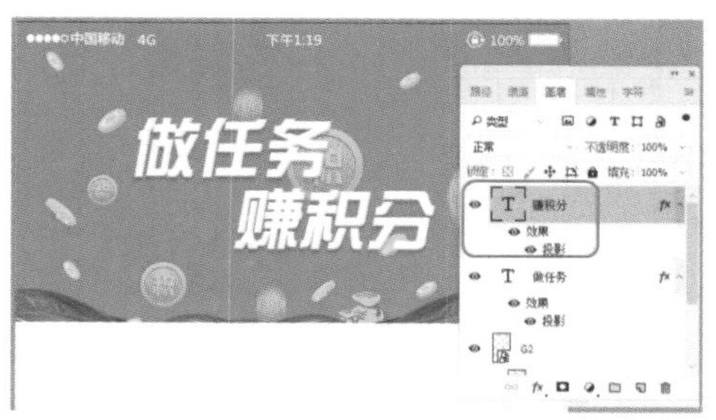

图4-43 更改文字内容

提 示

除了上述方法可以打开【图层样式】对话框外，用户还可以在【图层】面板中选择要进行操作的图层后，在该图层上双击，同样也可以打开【图层样式】对话框。

11 使用【圆角矩形工具】绘制圆角矩形，将W和H分别设置为130、37，【填充】设置为黑色，【描边】设置为无，【圆角半径】均设置为18.5，如图4-44所示。

图4-44 绘制圆角矩形并设置参数

12 在【图层】面板中选择【圆角矩形1】图层，将【不透明度】设置为30，如图4-45所示。

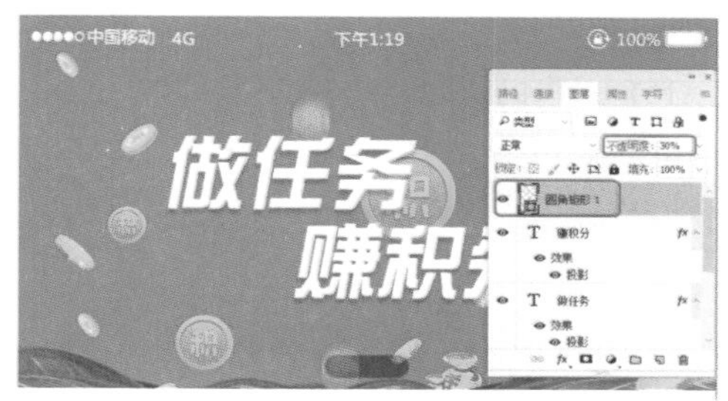

图4-45 设置圆角矩形不透明度

13 使用【椭圆工具】绘制正圆形，将W和H均设置为15，【填充】设置为白色，【描边】设置为无，如图4-46所示。

图4-46 设置正圆形参数

14 对正圆形进行复制，在【图层】面板中，将复制后的正圆形【不透明度】均设置为50，如图4-47所示。

15 使用【横排文字工具】输入文本，将【字体】设置为【黑体】，【字体大小】设置为46，【颜色】设置为白色，如图4-48所示。

16 使用【钢笔工具】，在工具选项栏中将【工具模式】设置为【形状】，【填充】设置为无，【描边】设置为白色，【描边宽度】设置为5，单击 —— 按钮，在弹出的下拉面板中选择描边类型，单击【更多选项】按钮，弹出

【描边】对话框，取消勾选【虚线】复选框，单击【确定】按钮，然后绘制图形，如图 4-49 所示。

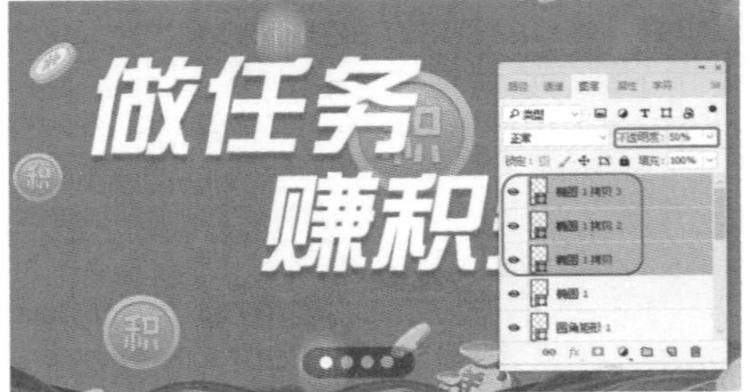

图 4-47　设置正圆形不透明度

图 4-48　设置文本参数

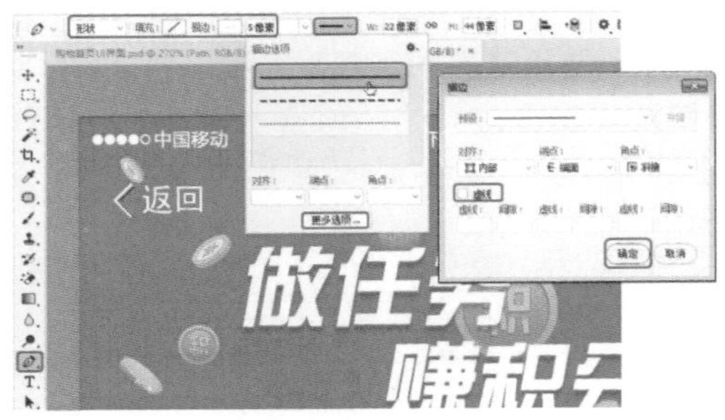

图 4-49　设置线段参数

17 使用【圆角矩形工具】绘制矩形，将 W 和 H 均设置为 123，【颜色】设置为黑色，【描边】设置为无，【圆角半径】均设置为 30，如图 4-50 所示。

图 4-50　设置圆角矩形参数

知识链接：路径

路径是不包含像素的矢量对象，用户可以利用路径功能绘制各种线条或曲线，它在创建复杂选区、准确绘制图形方面有更快捷、更实用的优点。

1. 路径的形态

路径是由线条及其包围的区域组成的矢量轮廓。它包括有起点和终点的开放式路径，如图 4-51 所示，以及没有起点和终点的闭合式路径，如图 4-52 所示。此外，路径也可以由多个相互独立的路径组件组成，这些路径组件被称为子路径。图 4-53 所示的路径中包含 3 个子路径。

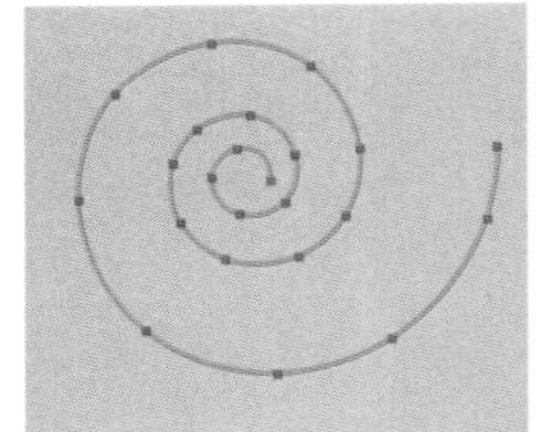

图 4-51　开放式路径

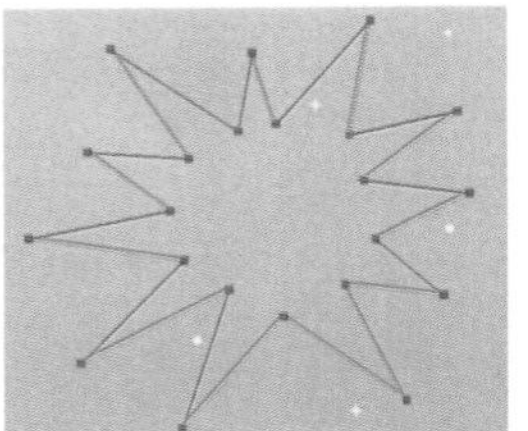

图 4-52　闭合式路径

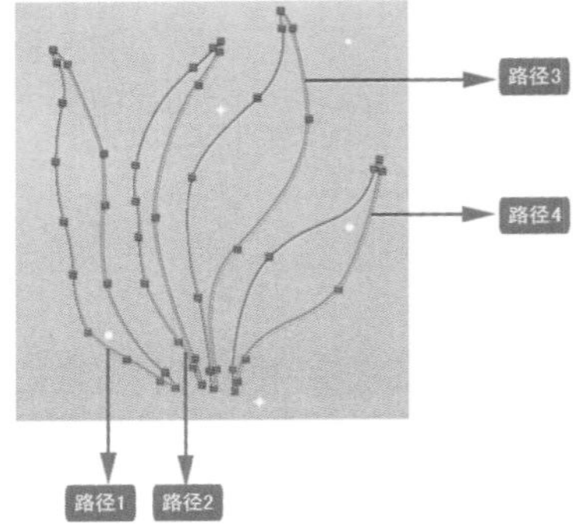

图 4-53　多个子路径组合路径

2. 路径的组成

路径由一个或多个曲线段或直线段、控制点、锚点和方向线等构成，如图 4-54 所示。

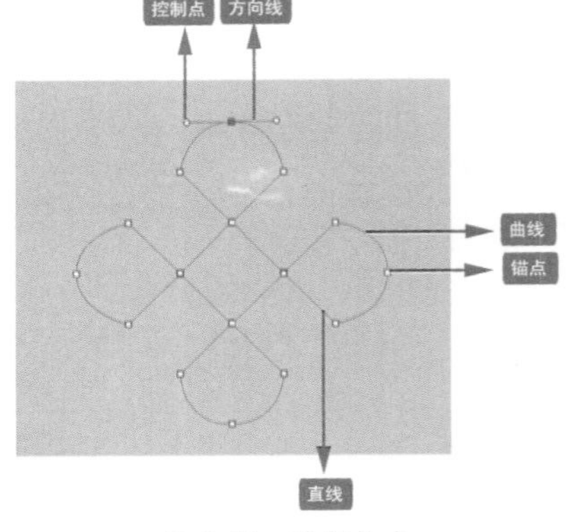

图 4-54　路径构成

锚点又称为定位点，它的两端会连接直线或曲线。根据控制柄和路径的关系，可分为几种不同性质的锚点。平滑点连接可以形成平滑的曲线，如图 4-55 所示；角点连接形成的直线，如图 4-56 所示。

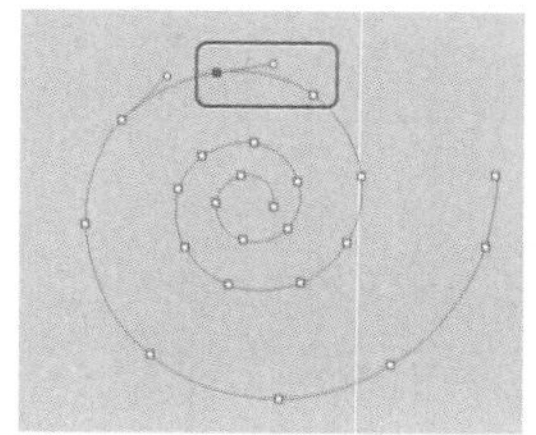

图 4-55 平滑点连接成的平滑曲线

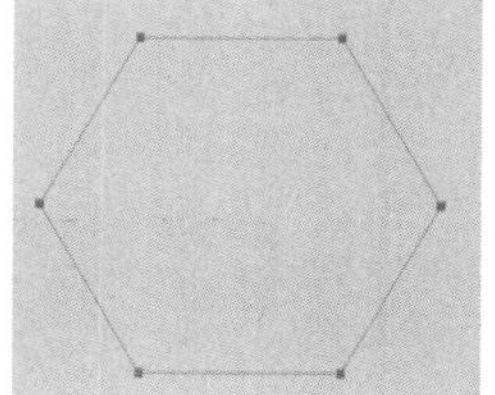

图 4-56 角点连接成的直线

3.【路径】面板

【路径】面板用来存储和管理路径。

在菜单栏中选择【窗口】|【路径】命令，可以打开【路径】面板，面板中列出了每条存储的路径，以及当前工作路径和当前矢量蒙版的名称和缩览图，如图 4-57 所示。

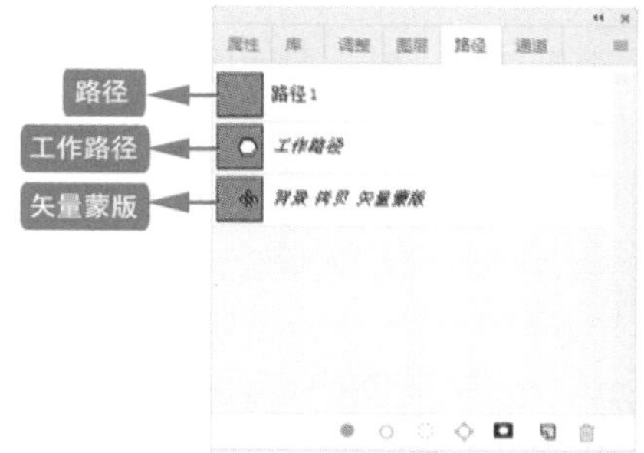

图 4-57 【路径】面板

- 【路径】：当前文档中包含的路径。
- 【工作路径】：【工作路径】是出现在【路径】面板中的临时路径，用于定义形状的轮廓。
- 【矢量蒙版】：当前文档中包含的矢量蒙版。
- 【用前景色填充路径】按钮●：单击该按钮，可以用前景色填充路径形成的区域。
- 【用画笔描边路径】按钮○：单击该按钮，可以用【画笔工具】沿路径描边。
- 【将路径作为选区载入】按钮◌：单击该按钮，可以将当前选择的路径转换为选区。
- 【从选区生成工作路径】按钮◇：如果创建了选区，单击该按钮，可以将选区边界转换为工作路径。
- 【添加图层蒙版】按钮◘：单击该按钮，可以为当前工作路径创建矢量蒙版。
- 【创建新路径】按钮◙：单击该按钮，可以创建新的路径。如果按住 Alt 键单击该按钮，可以弹出【新建路径】对话框，在该对话框中输入路径的名称也可以新建路径。新建路径后，可以使用【钢笔工具】或形状工具绘制图形。
- 【删除当前路径】按钮▪：选择路径后，单击该按钮，可删除路径。也可以将路径拖至该按钮上直接删除。

18 在【图层】面板中单击【添加图层样式】命令 fx.，在弹出的下拉菜单中选择【渐变叠加】命令，如图 4-58 所示。

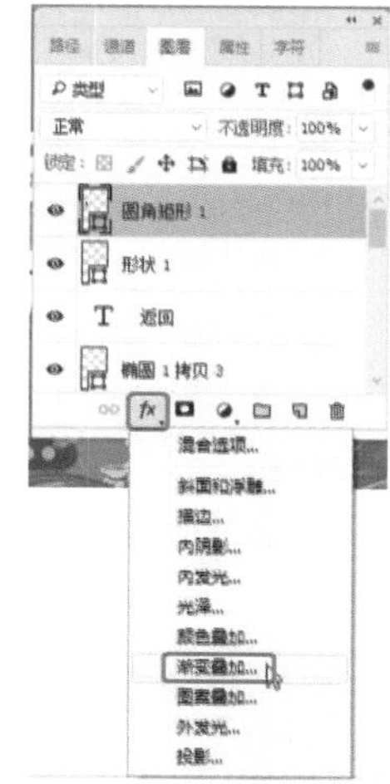

图 4-58 选择【渐变叠加】命令

19 在弹出的【图层样式】对话框中勾选【渐变叠加】复选框，单击【渐变】右侧的颜色条，在弹出的【渐变编辑器】对话框中，将左侧色标的颜色值设置为 #f7683e，右侧色标的颜色值设置为 #fd3361，单击【确定】按钮，如图 4-59 所示。

图 4-59 设置渐变叠加颜色

20 返回至【图层样式】对话框，将【混合模式】设置为【正常】，【不透明度】设置为 100，【样式】设置【线性】，【角度】、【缩放】分别设置为 -45、100，单击【确定】按钮，如图 4-60 所示。

21 对圆角矩形进行多次复制，选择第二个复制的图层，如图 4-61 所示。

22 在图层的【渐变叠加】效果上双击，弹出【图层样式】对话框，确认勾选【渐变叠加】复选框，单击【渐变】右侧的颜色条，弹出【渐变编辑器】对话框，将左侧色标的颜色值设置为 #fcc608，右侧色标的颜色值设置为 #fe9a07，单击【确定】按钮，如图 4-62 所示。

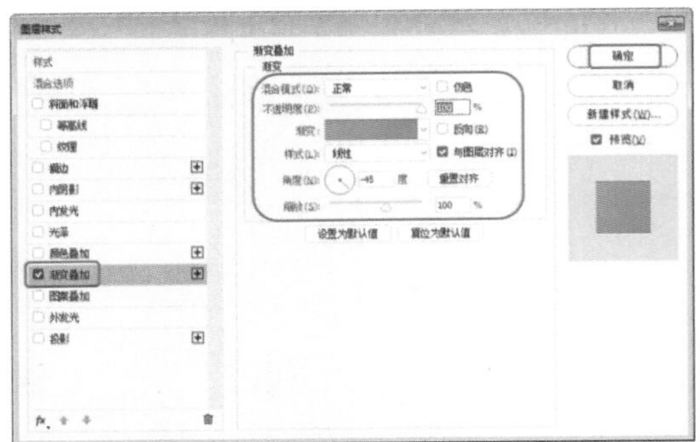
图 4-60　设置渐变叠加参数

图 4-61　选择图层

图 4-62　设置渐变叠加颜色

23 双击【圆角矩形 1 拷贝 2】图层中的【渐变叠加】效果，如图 4-63 所示。

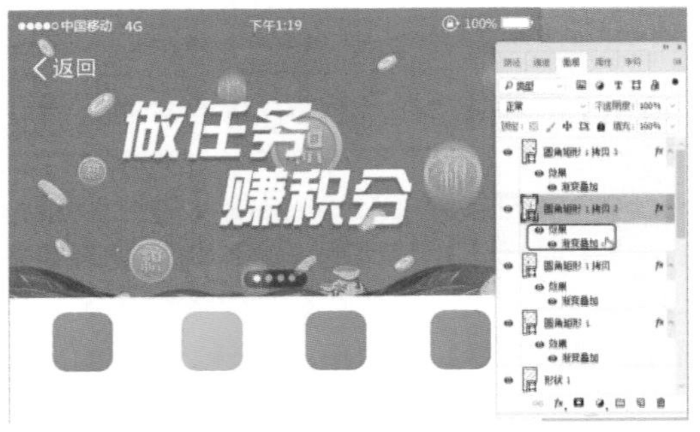

图 4-63　双击【渐变叠加】效果

24 单击【渐变】右侧的颜色条，弹出【渐变编辑器】对话框，将左侧色标的颜色值设置为 #01edbc，右侧色标的颜色值设置为 #01bfab，如图 4-64 所示，单击两次【确定】按钮。

图 4-64　设置渐变叠加颜色

25 双击【圆角矩形 1 拷贝 3】图层中的【渐变叠加】效果，如图 4-65 所示。

图 4-65　双击【渐变叠加】效果

26 单击【渐变】右侧的颜色条，弹出【渐变编辑器】对话框，将左侧色标的颜色值设置为 #00b3f1，右侧色标的颜色值设置为 #019afe，如图 4-66 所示，单击两次【确定】按钮。

图 4-66　设置渐变叠加颜色

27 在菜单栏中选择【文件】|【置入嵌入对象】命令，弹出【置入嵌入的对象】对话框，选择“G3.png”素材文件，单击【置入】按钮，如图 4-67 所示。

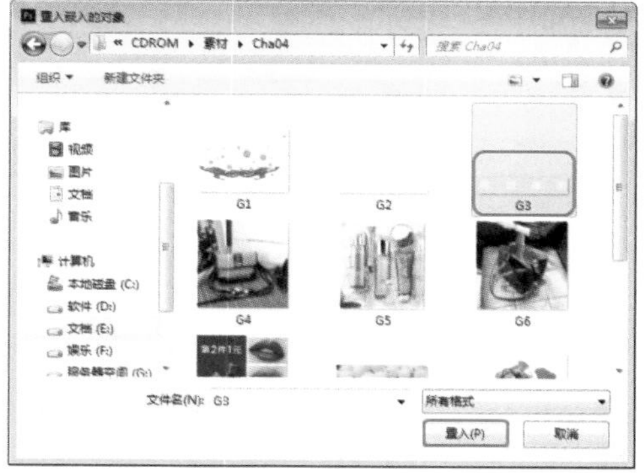

图 4-67 选择素材文件

28 置入素材文件后，调整对象大小及位置，如图 4-68 所示。

图 4-68 调整对象大小及位置

29 使用【横排文字工具】 T 输入文本，将【字体】设置为【黑体】，【字体大小】设置为 34，【颜色】设置为 #535353，如图 4-69 所示。

图 4-69 设置文本参数

30 使用【横排文字工具】 T 输入文本，将【字体】设置为【Adobe 黑体 Std】，【字体大小】设置为 55，【颜色】设置为 #ff3a1b，如图 4-70 所示。

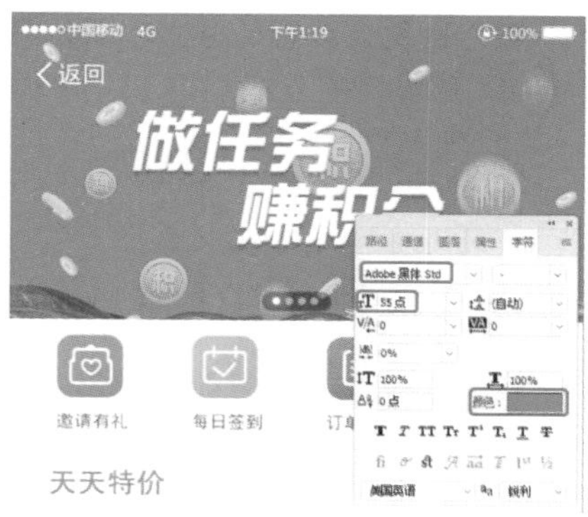

图 4-70 设置文本参数

31 使用【横排文字工具】 T 输入文本，将【字体】设置为【Adobe 黑体 Std】，【字体大小】设置为 32，【颜色】设置为 #9b9b9b，如图 4-71 所示。

图 4-71 设置文本参数

32 在菜单栏中选择【文件】|【置入嵌入对象】命令，弹出【置入嵌入的对象】对话框，选择“G4.jpg”素材文件，单击【置入】按钮，如图 4-72 所示。

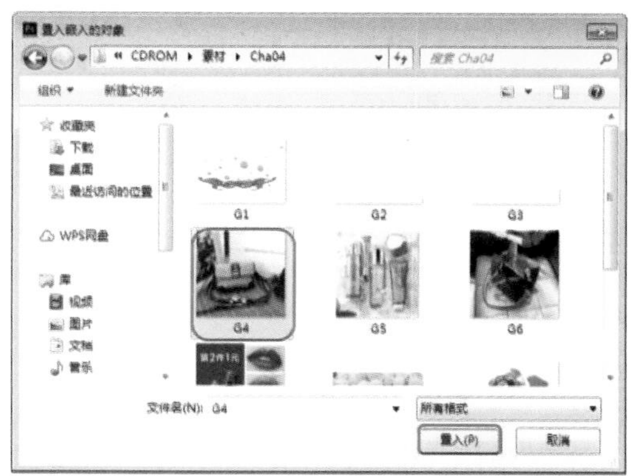

图 4-72 选择素材文件

33 置入素材文件并调整大小及位置，如图 4-73 所示。

图 4-73 调整完成后的效果

34 使用同样的方法，制作其他的文本内容，然后置入素材文件，如图 4-74 所示。

图 4-74 制作完成后的效果

35 按 Ctrl+O 快捷键，弹出【打开】对话框，选择“G8.jpg”素材文件，单击【打开】按钮，如图 4-75 所示。

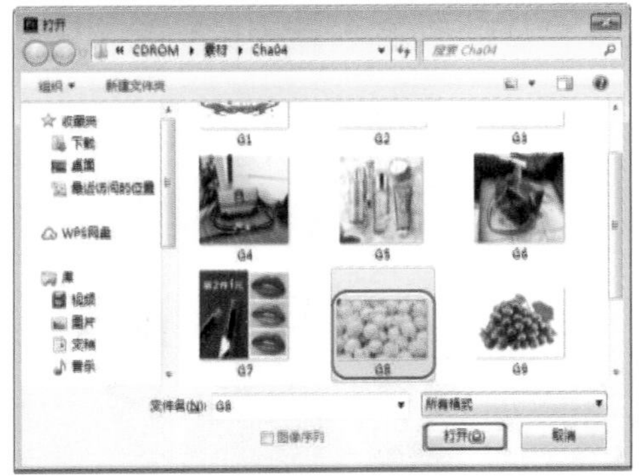

图 4-75 选择素材文件

36 使用【矩形选框工具】框选如图 4-76 所示的区域对象。

图 4-76 框选区域对象

37 按 Shift+Ctrl+I 快捷键反选对象。在【图层】面板中双击【背景】图层，弹出【新建图层】对话框，保持默认设置，单击【确定】按钮，如图 4-77 所示。

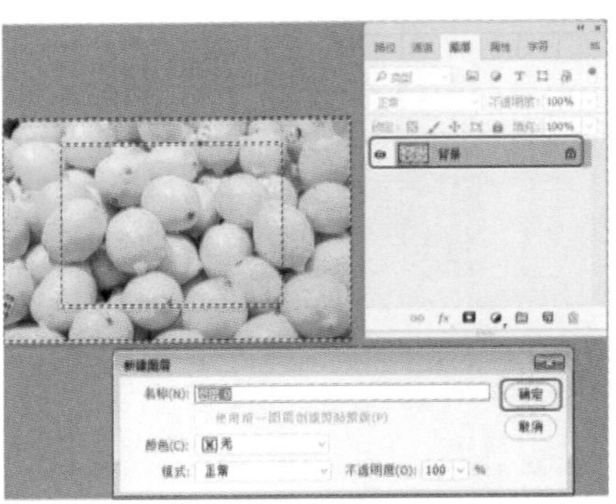

图 4-77 解锁【背景】图层

疑难解答 【反向选择】命令有什么特点？

在创建选区后，【反向选择】命令可以选择与当前被选区域相反的区域，可以在菜单栏中选择【选择】|【反向选择】命令来进行反选，也可以按 Shift+Ctrl+I 快捷键来进行反选。如果需要选择的对象的背景颜色比较简单，可以使用【魔棒工具】等选择背景，然后再使用【反向选择】命令翻转选区，即可将所需的对象选中。

38 按 Delete 键删除多余的对象，如图 4-78 所示。

图 4-78 删除多余的对象

39 取消选区并将素材拖曳至当前场景中

调整位置。使用【横排文字工具】T.输入文本，将【字体】设置为【微软简综艺】，【字体大小】设置为35，【颜色】设置为黑色，如图4-79所示。

图 4-79 设置文本参数

提 示

【反向选择】命令相对应的快捷键是Shift+Ctrl+I，如果想取消选择的区域，可以在菜单栏中选择【选择】|【取消选择】命令(或按Ctrl+D快捷键)，即可取消选择。

40 使用【横排文字工具】T.输入文本，将【字体】设置为【微软雅黑】，【字体大小】设置为36，【颜色】设置为#ff445a，如图4-80所示。

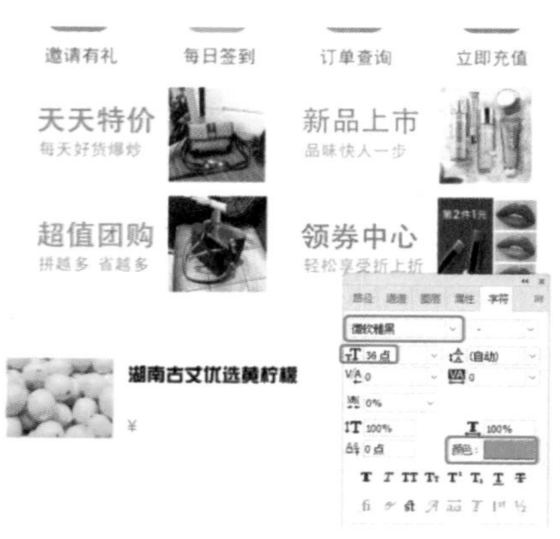

图 4-80 设置文本参数

41 使用【横排文字工具】T.输入文本，将【字体】设置为【Adobe黑体Std】，【字体大小】设置为60，【颜色】设置为#ff445a，如图4-81所示。

42 在菜单栏中选择【文件】|【置入嵌入对象】命令，弹出【置入嵌入的对象】对话框，选择“G9.png”素材文件，单击【置入】按钮，如图4-82所示。

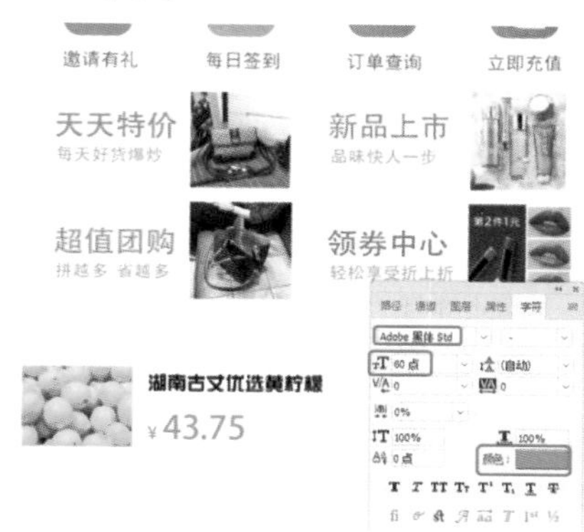

图 4-81 设置文本参数

图 4-82 选择素材文件

43 置入素材文件并调整其大小和位置。使用【横排文字工具】输入其他文本，如图4-83所示。

图 4-83 输入其他文本

44 使用【直线工具】/.，在工具选项栏中将【工具模式】设置为【形状】，【填充】设置为无，【描边】设置为#aaaaaa，【描边宽度】设置为5，绘制如图4-84所示的3条线段。

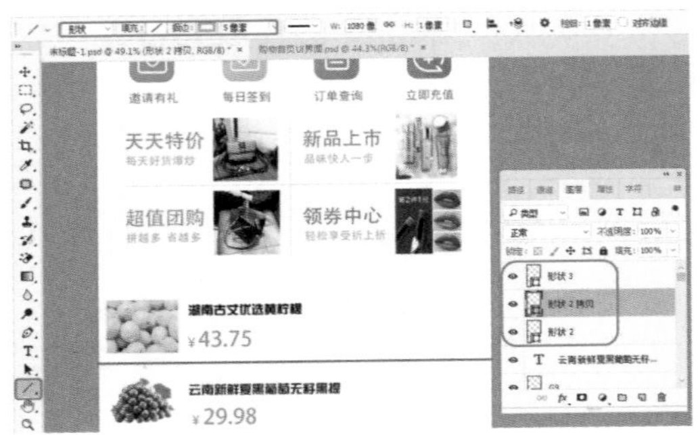

图 4-84　绘制 3 条线段

45 使用【矩形工具】□ 绘制矩形，将 W 和 H 分别设置为 1083、30，【填充】设置为 #eeeeee，【描边】设置为无，如图 4-85 所示。

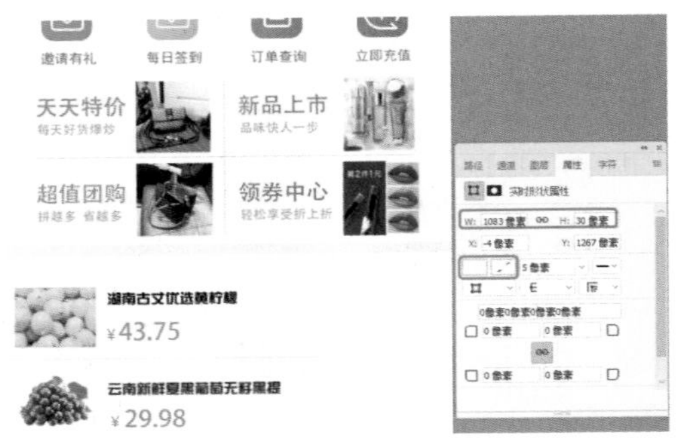

图 4-85　设置矩形参数

46 使用【自定形状工具】，在工具选项栏中将【工具模式】设置为【形状】，【填充】设置为 #ff445a，【描边】设置为无，在工作区中进行绘制，如图 4-86 所示。

图 4-86　设置形状

47 按住 Alt 键对形状进行复制并调整位置，如图 4-87 所示。

48 使用【矩形工具】□ 绘制矩形，将 W 和 H 分别设置为 1086、135，【填充】设置为白色，【描边】设置为无，如图 4-88 所示。

图 4-87　调整位置

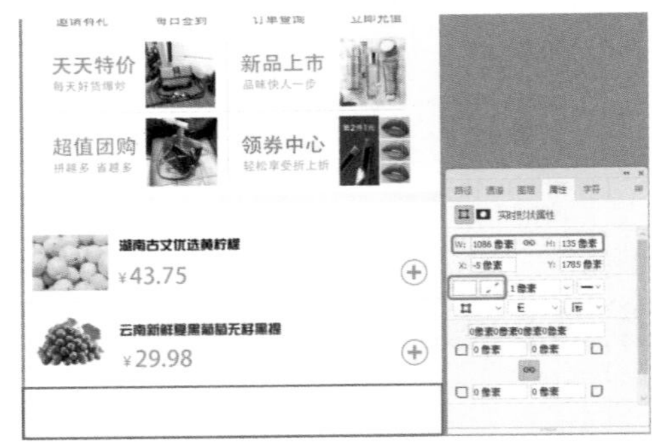

图 4-88　设置矩形参数

49 在【图层】面板中，选择绘制的矩形图层，在右侧双击鼠标左键，弹出【图层样式】对话框，勾选【投影】复选框，将【混合模式】设置为【正常】，【颜色】设置为【黑色】，【不透明度】、【角度】、【距离】、【扩展】、【大小】分别设置为 10、-90、5、0、40，单击【确定】按钮，如图 4-89 所示。

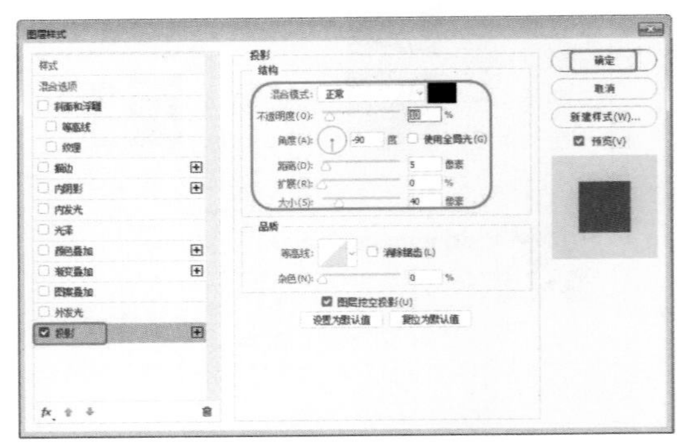

图 4-89　设置投影参数

50 在菜单栏中选择【文件】|【置入嵌入对象】命令，弹出【置入嵌入的对象】对话框，选择“G10.png”素材文件，单击【置入】按钮，如图 4-90 所示。

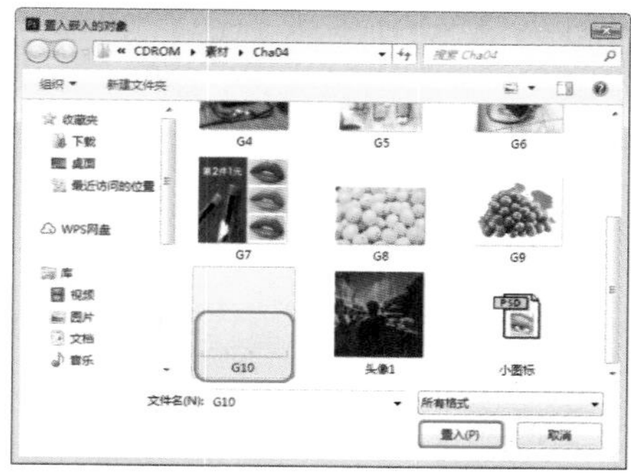

图 4-90 选择素材文件

51 置入素材文件并调整其位置。使用【横排文字工具】输入文本，将【字体】设置为【黑体】，【字体大小】设置为 30，【颜色】设置为 #a8a8a8，如图 4-91 所示。

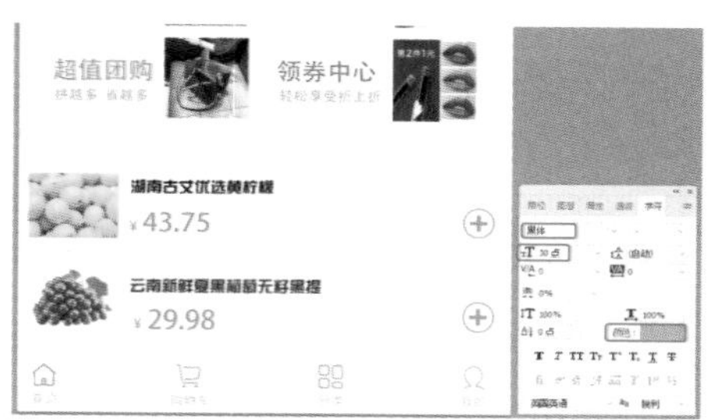

图 4-91 设置文本参数

4.3 购物车 UI 界面

在漫长的软件发展中，界面设计工作一直没有被重视起来。其实软件界面设计就像工业产品中的工业造型设计一样，是产品的重要卖点。一个友好美观的界面会给人带来舒适的视觉享受，拉近人与计算机的距离，为商家创造卖点。购物车 UI 界面效果如图 4-92 所示。

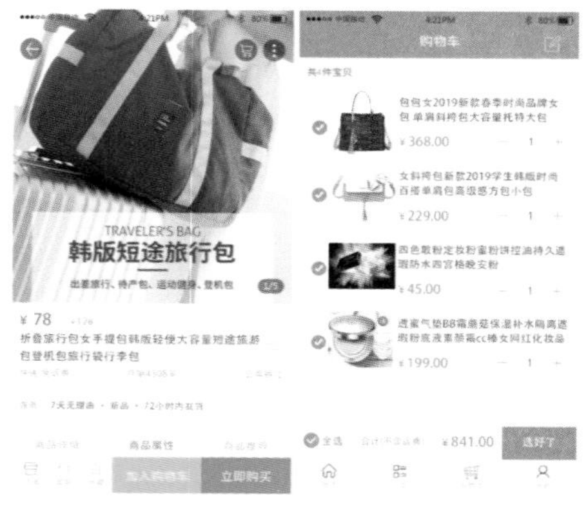

图 4-92 购物车 UI 界面

素材	素材 \Cha04\T1.jpg、T2.jpg、标志 .png、女包封面 .jpg、女包 1.jpg、女包 2.jpg、散粉 .jpg、气垫 .jpg、写字标志 .png
场景	场景 \Cha04\ 购物车 UI 界面 .psd
视频	视频教学 \Cha04\4.3 购物车 UI 界面 .mp4

01 按 Ctrl+N 快捷键，弹出【新建文档】对话框，将【宽度】和【高度】分别设置为 1515、1334，【分辨率】设置为 72，【背景内容】设置为白色，单击【创建】按钮，如图 4-93 所示。

图 4-93 新建文档

02 在菜单栏中选择【文件】|【置入嵌入对象】命令，弹出【置入嵌入的对象】对话框，选择“女包封面 .jpg”素材文件，单击【置入】按钮，如图 4-94 所示。

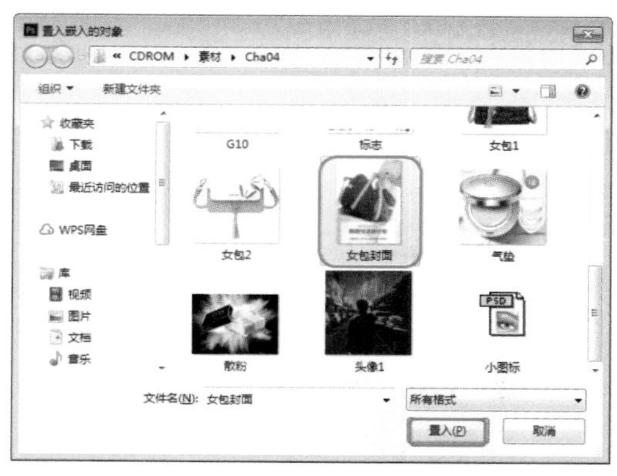

图 4-94 选择素材文件

03 置入素材文件并调整其大小和位置，如图 4-95 所示。

04 在菜单栏中选择【文件】|【置入嵌入对象】命令，弹出【置入嵌入的对象】对话框，选择“标志 .png”素材文件，单击【置入】按钮，如图 4-96 所示。

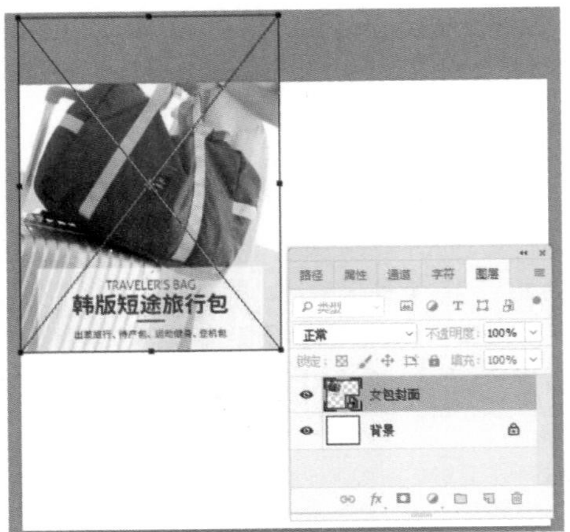

图 4-95　调整素材文件大小和位置

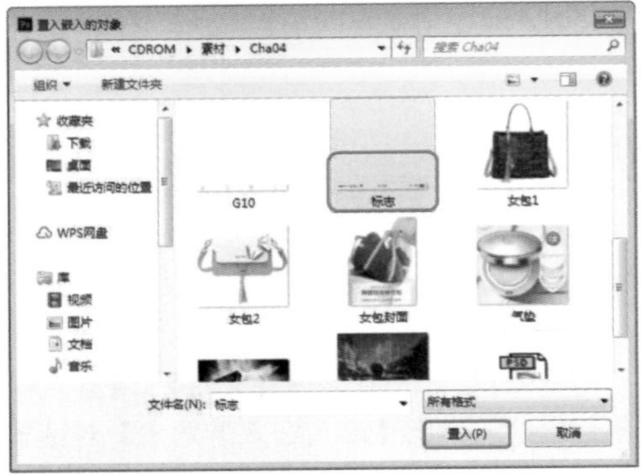

图 4-96　选择素材文件

05 置入素材文件并调整其大小和位置，使用【椭圆工具】，在工具选项栏中将【工具模式】设置为【形状】，将【填充】设置为黑色，【描边】设置为无，绘制一个正圆形，将 W 和 H 均设置为 60，如图 4-97 所示。

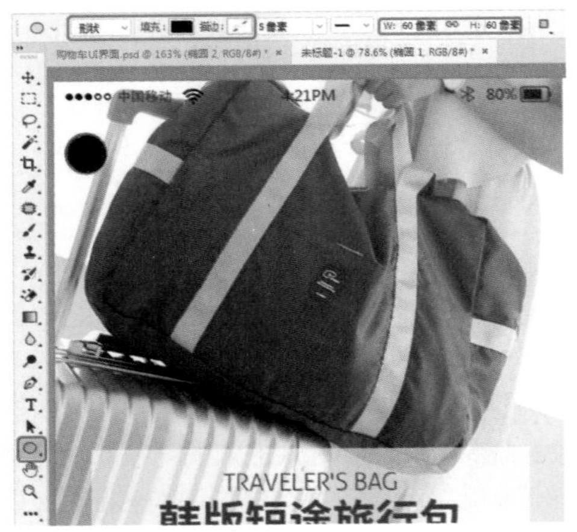

图 4-97　设置正圆形参数

06 在【图层】面板中选择【椭圆 1】图层，将【不透明度】设置为 50，如图 4-98 所示。

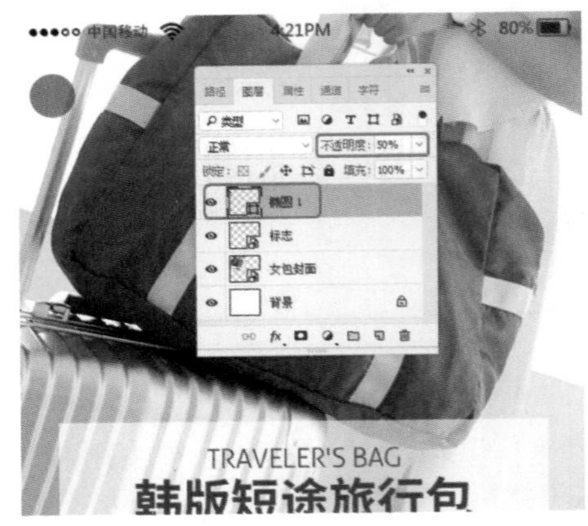

图 4-98　设置椭圆不透明度

知识链接：UI 的工作方向

UI 设计从工作内容上来说分为 3 个方向。它主要是由 UI 研究的 3 个因素决定的，其分别是研究工具、研究人与界面的关系、研究人。

1. 研究工具——图形设计师

美工，但实际上不是单纯意义上的美术工人，而是软件产品的产品外形设计师。

设计师大多是美术院校毕业的，其中大部分是有美术设计教育背景，例如工业外形设计、装潢设计、信息多媒体设计等。

2. 研究人与界面的关系——交互设计师

在图形界面产生之前，长期以来 UI 设计师就是指交互设计师。交互设计师的工作内容就是设计软件的操作流程、树状结构、软件的结构与操作规范等。一个软件产品在编码之前需要做的就是交互设计，并且确立交互模型，交互规范。

交互设计师一般都是软件工程师背景居多。

3. 研究人——用户测试 / 研究工程师

任何产品为了保证质量都需要测试，软件的编码需要测试，UI 设计也需要被测试。这个测试和编码没有任何关系，主要是测试交互设计的合理性以及图形设计的美观性。测试方法一般都是采用焦点小组，用目标用户问卷的形式来衡量 UI 设计的合理性。这个职位很重要，如果没有这个职位，UI 设计的好坏只能凭借设计师的经验或者领导的审美来评判，这样就会给企业带来严重的风险性。

用户研究工程师一般具有心理学、人文学背景的比较合适。

综上所述，UI 设计师就是软件图形设计师、交互设计师和用户研究工程师。

07 使用【钢笔工具】绘制如图 4-99 所示的图形，然后通过【转换点工具】调整对象。

图 4-99 绘制图形

08 使用【圆角矩形工具】绘制圆角矩形，将 W 和 H 分别设置为 70、40，【填充】设置为黑色，【描边】设置为无，将【圆角半径】均设置为 20，如图 4-100 所示。

图 4-100 设置圆角矩形参数

疑难解答 锚点之间的转换有何技巧?

使用【直接选择工具】时，按住 Ctrl+Alt 快捷键 (可以暂时切换为【转换点工具】)，单击并拖动锚点，即可将其转换为平滑点。如果按住 Ctrl+Alt 快捷键在平滑点上单击，即可将平滑点转换为角点。

在使用【钢笔工具】时，将光标放置在锚点上，按住 Alt 键也可以暂时转换为【转换点工具】，按住鼠标左键拖动锚点或者单击锚点，即可完成锚点之间的转换。

09 选择【圆角矩形 1】图层，将【不透明度】设置为 50，如图 4-101 所示。

图 4-101 设置圆角矩形不透明度

10 使用【横排文字工具】输入文本，将【字体】设置为【微软雅黑】，【字体大小】设置为 24，【字符间距】设置为 25，【颜色】设置为白色，如图 4-102 所示。

图 4-102 设置文本参数

11 使用同样的方法制作如图 4-103 所示的内容。

图 4-103 制作完成后的效果

12 使用【矩形工具】绘制矩形，将 W 和 H 分别设置为 750、25，【填充】设置为 #f1f1f1，【描边】设置为无，如图 4-104 所示。

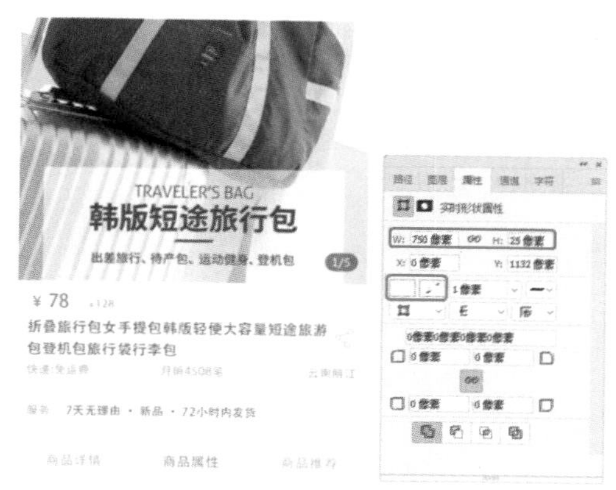

图 4-104 设置矩形参数

13 使用【直线工具】 绘制直线段，在工具选项栏中将【工具模式】设置为【形状】，【填充】设置为无，【描边】设置为 #c8c8c8，【描边宽度】设置为 1，如图 4-105 所示。

图 4-105 设置线段参数

14 在菜单栏中选择【文件】|【置入嵌入对象】命令，弹出【置入嵌入的对象】对话框，选择“T1.jpg”素材文件，单击【置入】按钮，如图 4-106 所示。

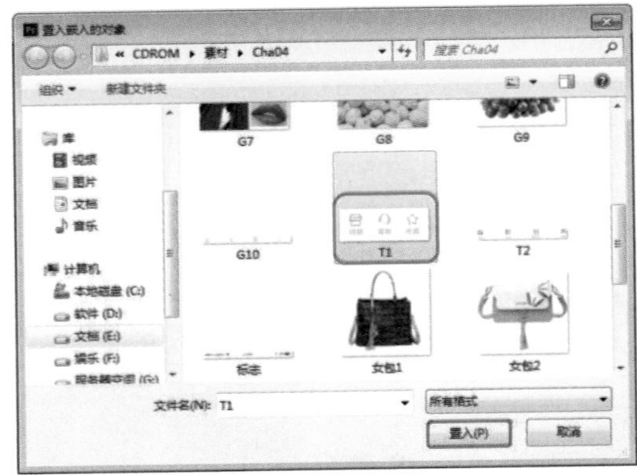

图 4-106 选择素材文件

提 示

在 Photoshop CC 中，除了【背景】图层外，其他图层都可以通过调整不透明度让图像内容变得透明。除此之外，还可以修改图层混合模式，让上下图层之间的图像产生特殊的混合效果。【混合模式】与【不透明度】可以反复调节，不会损伤图像。

15 调整素材文件的大小和位置，效果如图 4-107 所示。

16 使用【矩形工具】 绘制矩形，将 W 和 H 分别设置为 240、100，【填充】设置为 #fcb758，【描边】设置为无，如图 4-108 所示。

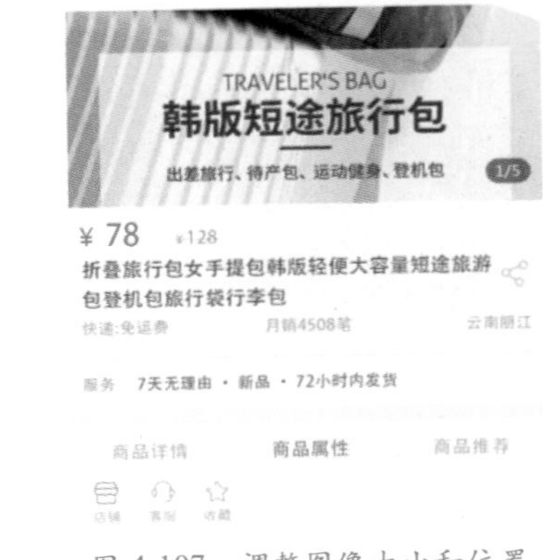

图 4-107 调整图像大小和位置

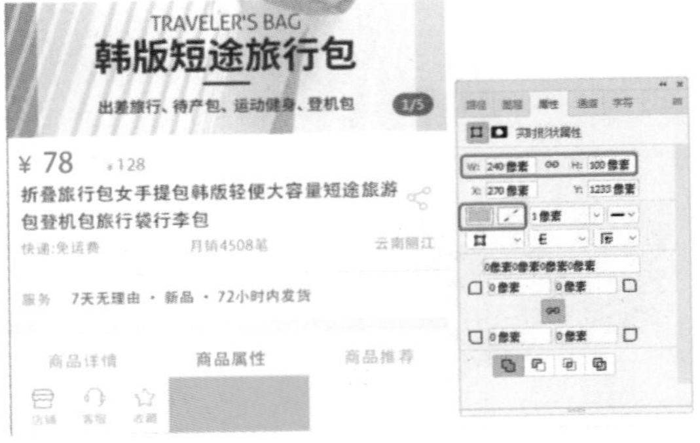

图 4-108 设置矩形参数

17 使用【矩形工具】 绘制矩形，将 W 和 H 分别设置为 240、100，【填充】设置为 #ff3855，【描边】设置为无，如图 4-109 所示。

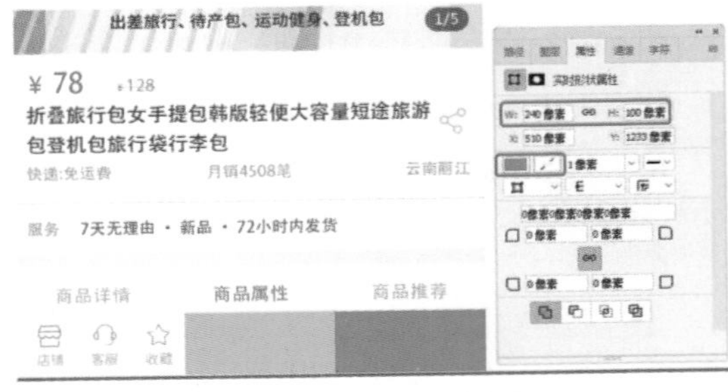

图 4-109 设置矩形参数

18 使用【横排文字工具】 输入文本，将【字体】设置为【黑体】，【字体大小】设置为 34，【颜色】设置为 #fefefe，如图 4-110 所示。

19 使用【矩形工具】绘制任意颜色的矩形，将 W 和 H 分别设置为 750、130，如图 4-111 所示。

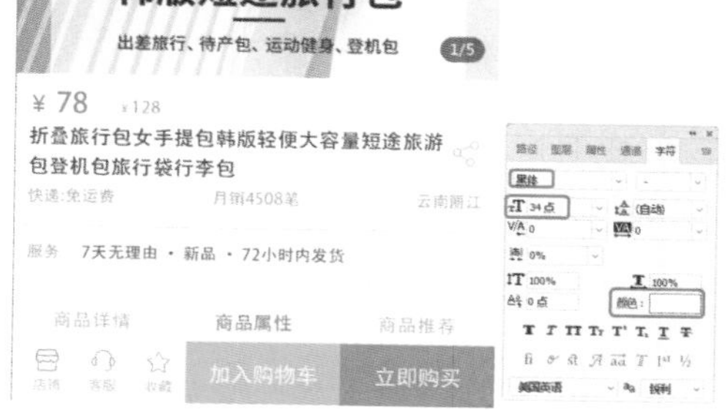

图 4-110 设置文本参数

图 4-111 设置矩形大小

20 在该矩形图层的右侧双击，弹出【图层样式】对话框，勾选【渐变叠加】复选框，单击【渐变】右侧的渐变条，弹出【渐变编辑器】对话框，将左侧色标颜色值设置为#12dab9，右侧色标颜色值设置为#4acfce，单击【确定】按钮，如图 4-112 所示。

图 4-112 设置渐变色标颜色

提 示

若要对矩形进行调整时，在锚点上单击并拖动鼠标，即可将角点转换成平滑点，相邻的两条线段也会变为曲线。如果按住 Alt 键进行拖动，可以将单侧线段变为曲线。

21 返回至【图层样式】对话框中，将【样式】设置为【线性】，【角度】设置为 0，单击【确定】按钮，如图 4-113 所示。

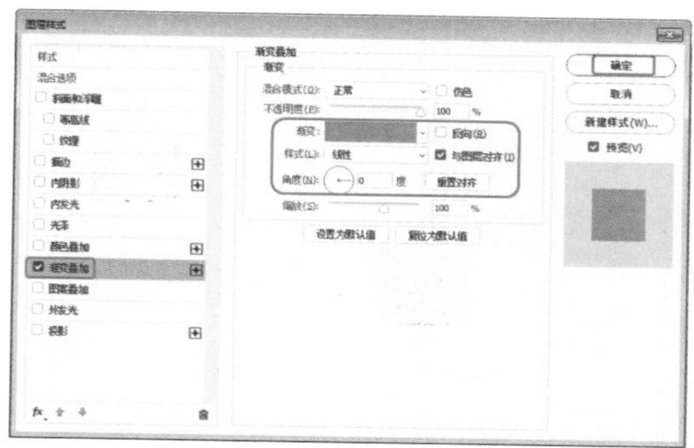

图 4-113 设置渐变叠加参数

22 在【图层】面板中对前面置入的【标志】图层进行复制，然后将复制的图层调整至顶部，如图 4-114 所示。

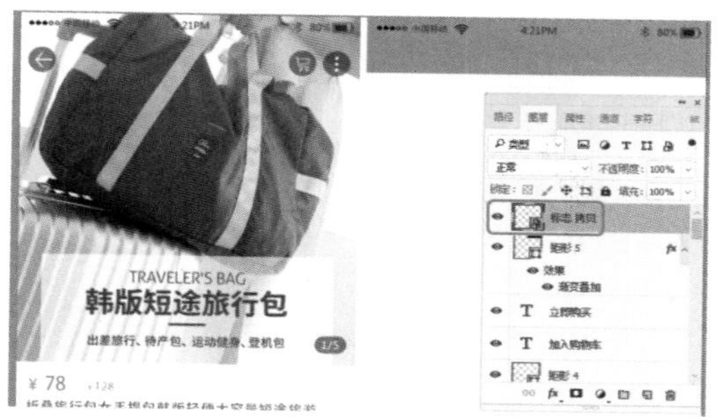

图 4-114 复制图层并调整图层顺序

23 使用【横排文字工具】T. 输入文本，将【字体】设置为【黑体】，【字体大小】设置为 36，【颜色】设置为白色，如图 4-115 所示。

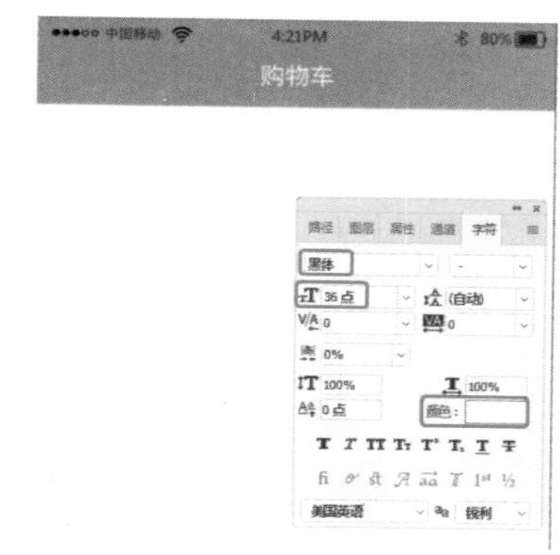

图 4-115 设置文本参数

24 在菜单栏中选择【文件】|【置入嵌入对象】命令，弹出【置入嵌入的对象】对话框，

选择“写字标志.png”素材文件，单击【置入】按钮，如图4-116所示。

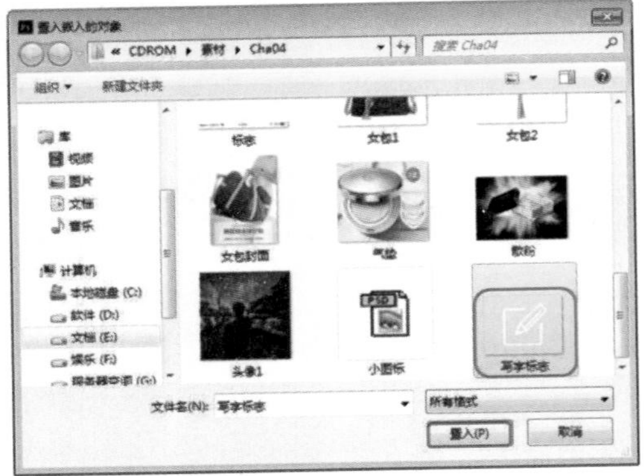

图4-116 选择素材文件

25 调整素材文件的位置，使用【矩形工具】绘制矩形，将【填充】设置为#f4f4f4，【描边】设置为无，绘制两个矩形，如图4-117所示。

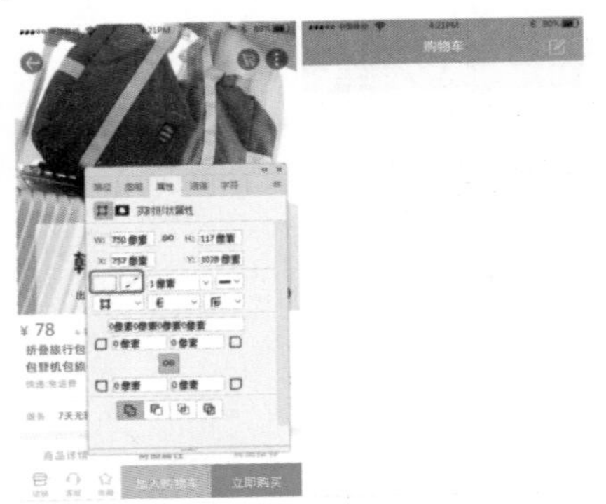

图4-117 绘制矩形

26 在菜单栏中选择【文件】|【置入嵌入对象】命令，弹出【置入嵌入的对象】对话框，选择“女包1.jpg”素材文件，单击【置入】按钮，如图4-118所示。

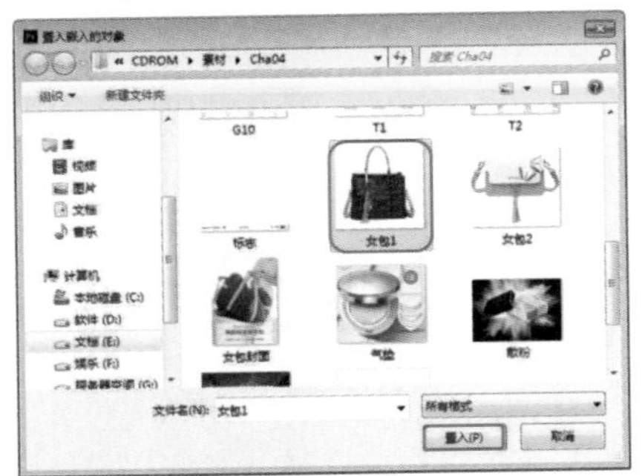

图4-118 选择素材文件

27 调整素材文件的位置，使用【横排文字工具】输入文本，将【字体】设置为【Adobe黑体Std】，【字体大小】设置为30，【行距】设置为40，【颜色】设置为#4c4c4c，如图4-119所示。

图4-119 设置文本参数

28 使用【横排文字工具】输入文本，将¥的【字体】设置为【微软雅黑】，【字体大小】设置为30，368.00的【字体】设置为【Adobe黑体Std】，【字体大小】设置为36，【颜色】均设置为#ff4e6c，如图4-120所示。

图4-120 设置文本参数

29 使用【矩形工具】、【直线工具】和【横排文字工具】制作如图4-121所示的内容。

30 使用【椭圆工具】绘制正圆形，将W和H均设置为40，【填充】设置为#2fd4c4，【描边】设置为无，如图4-122所示。

图 4-121　制作完成后的效果

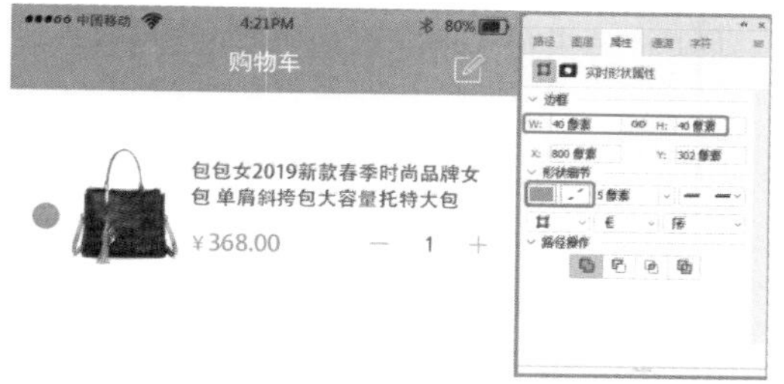

图 4-122　设置正圆形参数

31 使用【自定形状工具】，将【工具模式】设置为【形状】，【填充】设置为白色，【描边】设置为无，设置形状，然后在工作区中绘制图形，如图 4-123 所示。

图 4-123　绘制图形

32 使用同样的方法制作如图 4-124 所示的内容。

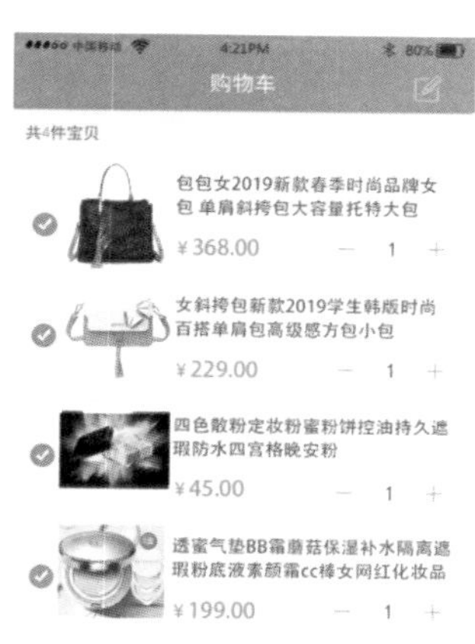

图 4-124　制作完成后的效果

33 对前面绘制的直线段进行多次复制，调整对象的位置，如图 4-125 所示。

图 4-125　调整对象的位置

34 在菜单栏中选择【文件】|【置入嵌入对象】命令，弹出【置入嵌入的对象】对话框，选择“T2.jpg”素材文件，单击【置入】按钮，如图 4-126 所示。

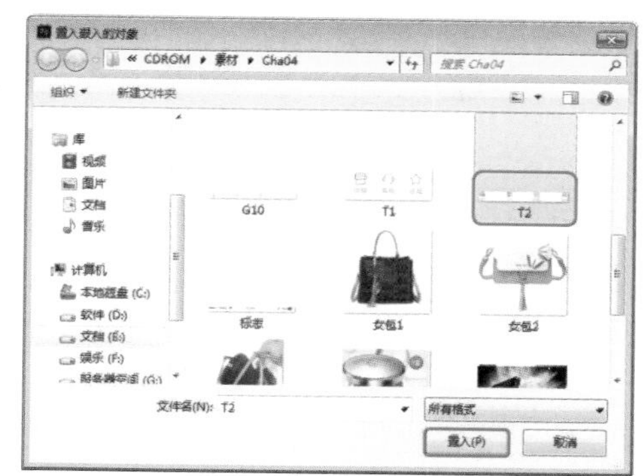

图 4-126　选择素材文件

35 调整对象的位置，使用同样的方法制作其他内容，如图 4-127 所示。

图 4-127　制作其他内容

4.4 拼团成功界面

随着 UI 热的到来，近几年国内很多从事手机、软件、网站、增值服务等企业和公司都设立了这个部门。还有很多专门从事 UI 设计的公司也应运而生。同时使软件 UI 设计师的待遇和地位也逐渐上升。拼团成功界面效果如图 4-128 所示。

图 4-128　拼团成功界面

素材	素材 \Cha04\ 头像 2.jpg~ 头像 4.jpg、礼物 .png、装饰 .png
场景	场景 \Cha04\ 拼团成功界面 .psd
视频	视频教学 \Cha04\4.4　拼团成功界面 .mp4

01 按 Ctrl+N 快捷键，弹出【新建文档】对话框，将【宽度】和【高度】分别设置为 750、1334，【背景内容】设置为 #ff547a，单击【创建】按钮，如图 4-129 所示。

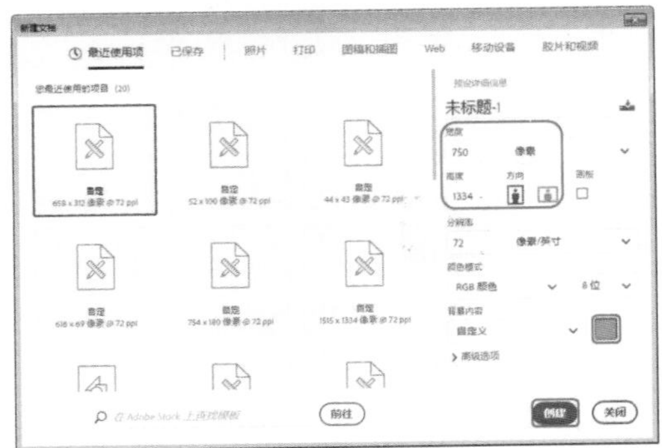

图 4-129　【新建文档】对话框

02 使用【圆角矩形工具】绘制圆角矩形，将 W 和 H 分别设置为 655、595，【填充】设置为 #fca2c5，【描边】设置为无，【圆角半径】均设置为 8，如图 4-130 所示。

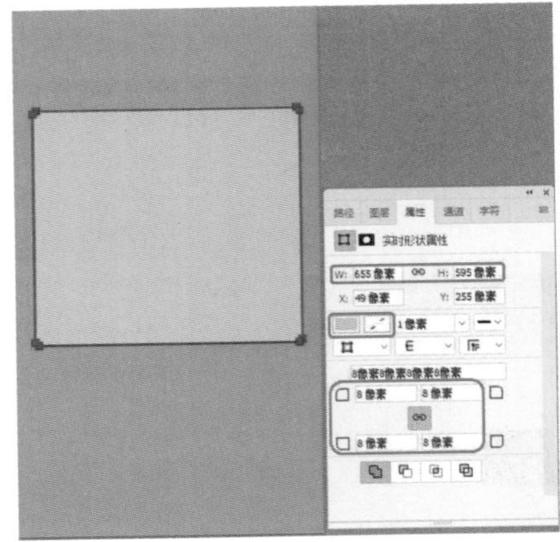

图 4-130　设置圆角矩形参数

03 在该圆角矩形图层的右侧双击，弹出【图层样式】对话框，勾选【投影】复选框，将【混合模式】设置为【正常】，【颜色】设置为 #be3e84，【不透明度】设置为 100，【角度】设置为 90，【距离】、【扩展】、【大小】分别设置为 5、0、35，单击【确定】按钮，如图 4-131 所示。

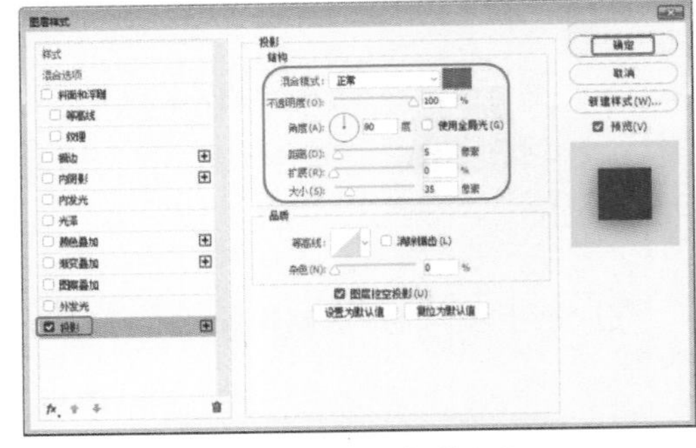

图 4-131　设置投影参数

04 使用【圆角矩形工具】绘制矩形，将 W 和 H 分别设置为 593、578，【填充】设置为白色，【描边】设置为无，将【圆角半径】均设置为 10，如图 4-132 所示。

05 单击【创建新图层】按钮，新建【图层 1】图层。使用【钢笔工具】绘制图形，通过【转换点工具】调整对象，按 Ctrl+Enter 快捷键转换为选区，将【前景色】设置为黑色，按 Alt+Delete 快捷键，对选区进行填充，如图 4-133 所示。

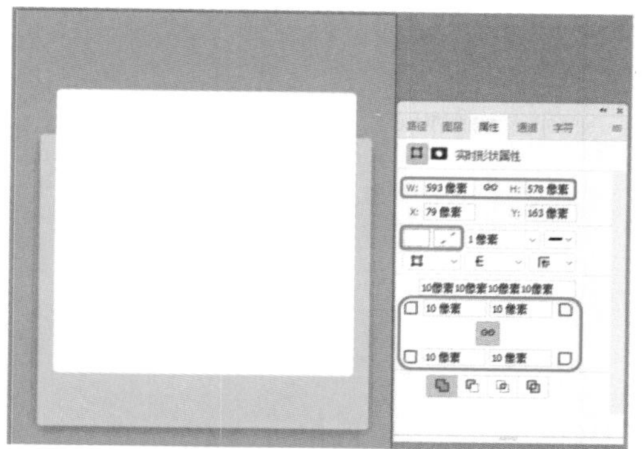
图 4-132 设置矩形参数

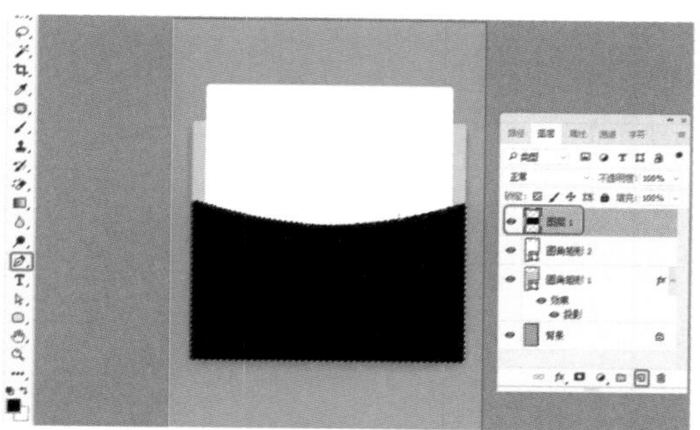
图 4-133 填充颜色

06 在【图层1】图层的右侧双击，弹出【图层样式】对话框，勾选【渐变叠加】复选框，单击【渐变】右侧的渐变条，弹出【渐变编辑器】对话框，将左侧色标的颜色值设置为#ff4091，右侧色标的颜色值设置为#ff9e29，单击【确定】按钮，如图4-134所示。

图 4-134 设置渐变参数

知识链接：转换点工具

使用【转换点工具】可以使锚点在角点、平滑点和转角之间进行转换。

- 将角点转换成平滑点：使用【转换点工具】在锚点上单击并拖动，即可将角点转换成平滑点，如图4-135所示。

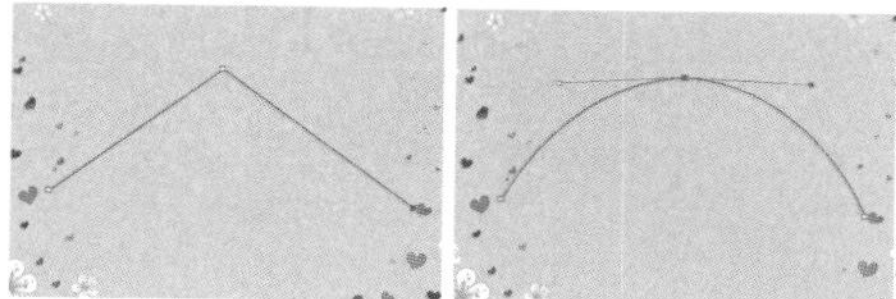
图 4-135 将角点转换成平滑点

- 将平滑点转换成角点：使用【转换点工具】直接在锚点上单击，如图4-136所示。

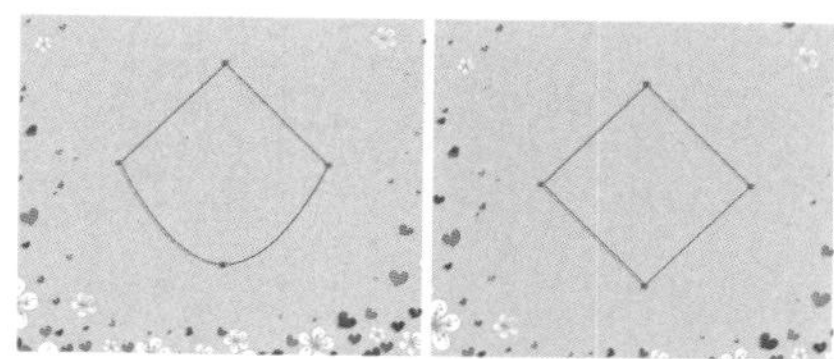
图 4-136 将平滑点转换成角点

- 将平滑点转换成转角：使用【转换点工具】单击方向点并拖动，即可更改控制点的位置或方向线的长短，如图4-137所示。

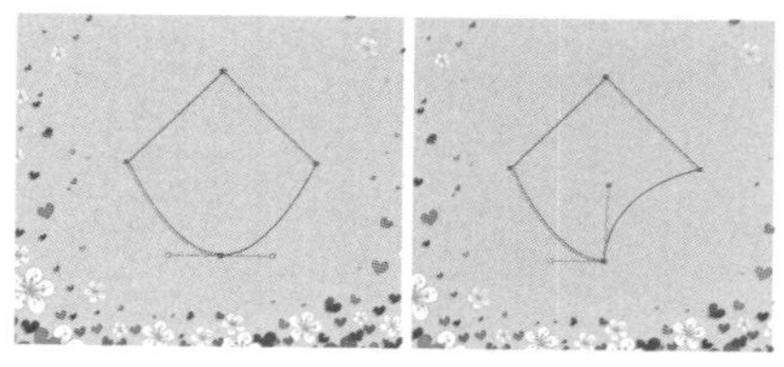
图 4-137 将平滑点转换成转角

07 返回至【图层样式】对话框，将【混合模式】设置【正常】，【不透明度】设置为100，【样式】设置为【线性】，【角度】设置为-31，单击【确定】按钮，如图4-138所示。

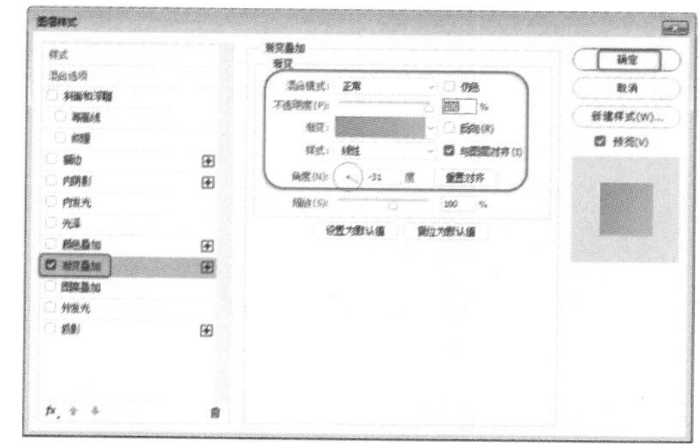
图 4-138 设置渐变叠加参数

08 在菜单栏中选择【文件】|【置入嵌入对象】命令，选择“装饰.png”素材文件，单击【置入】按钮，如图4-139所示。

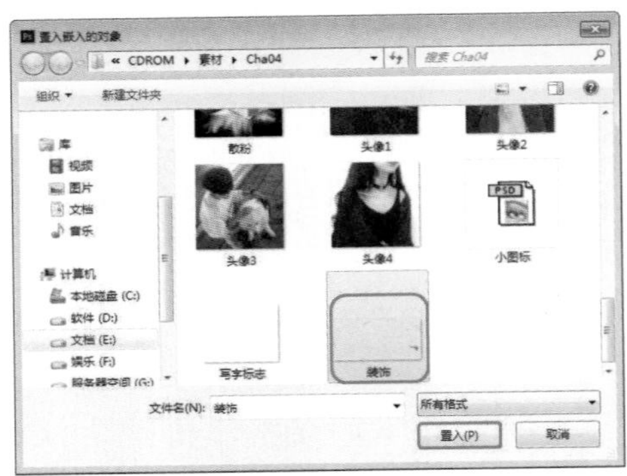

图 4-139　选择素材文件

09 置入素材文件后调整大小和位置，如图 4-140 所示。

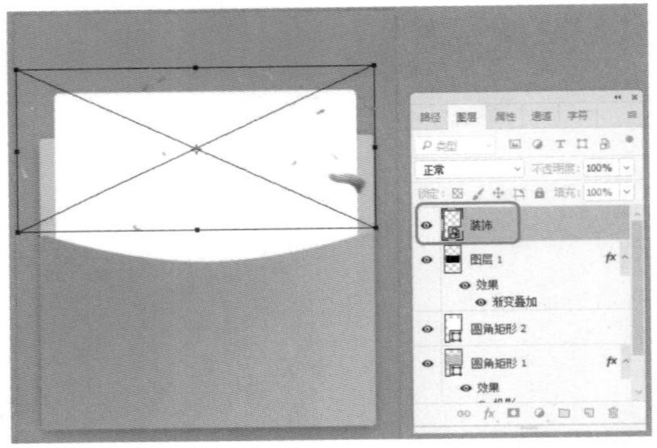

图 4-140　置入素材

10 使用【横排文字工具】T. 输入文本，将【字体】设置为【Adobe 黑体 Std】，【字体大小】设置为 37，【颜色】设置为白色，如图 4-141 所示。

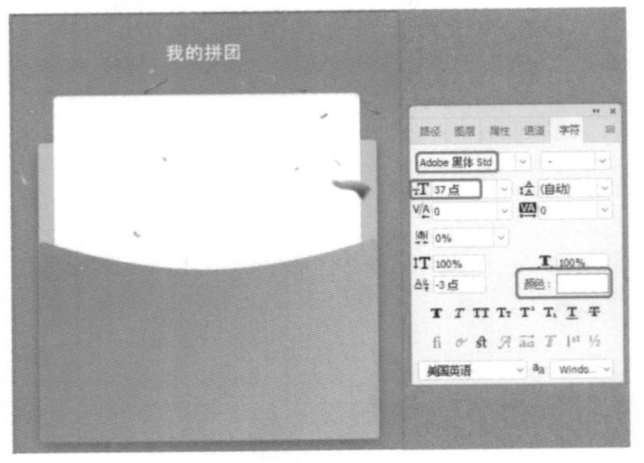

图 4-141　设置文本参数

11 使用【横排文字工具】T. 输入文本，将【字体】设置为【Adobe 黑体 Std】，【字体大小】设置为 35，【垂直缩放】设置为 230，【水平缩放】设置为 150，【颜色】设置为白色，如图 4-142 所示。

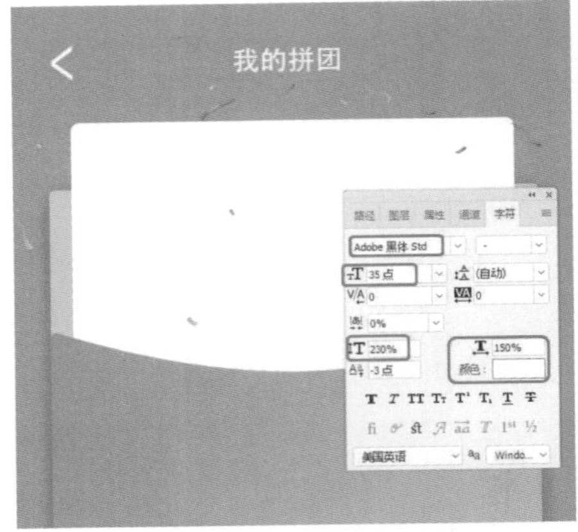

图 4-142　设置文本参数

12 使用【椭圆工具】○. 绘制正圆形，将 W 和 H 均设置为 10，【填充】设置为白色，【描边】设置为无，如图 4-143 所示。

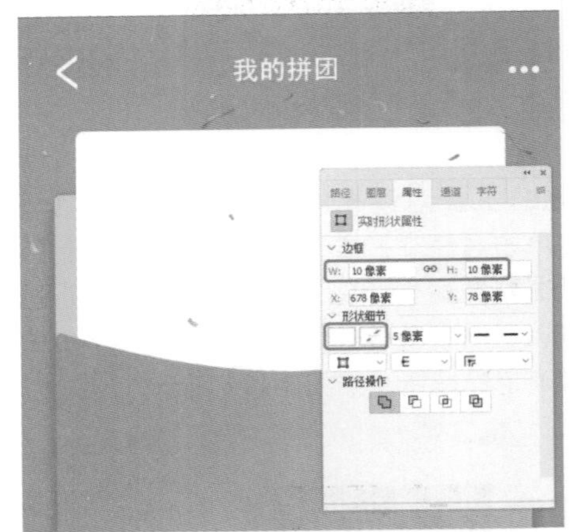

图 4-143　绘制正圆形

13 使用【横排文字工具】T. 输入文本，将【字体】设置为【微软简综艺】，【字体大小】设置为 72，【字符间距】设置为 20，【颜色】设置为黑色，如图 4-144 所示。

14 在该文本图层的右侧双击，弹出【图层样式】对话框，勾选【渐变叠加】复选框，单击【渐变】右侧的渐变条，弹出【渐变编辑器】对话框，将左侧色标的颜色值设置为 #ff4091，右侧色标的颜色值设置为 # ff9e29，单击【确定】按钮，如图 4-145 所示。

15 返回至【图层样式】对话框，将【混

合模式】设置为【正常】,【不透明度】设置为100,【样式】设置为【线性】,【角度】设置为-31,单击【确定】按钮,如图 4-146 所示。

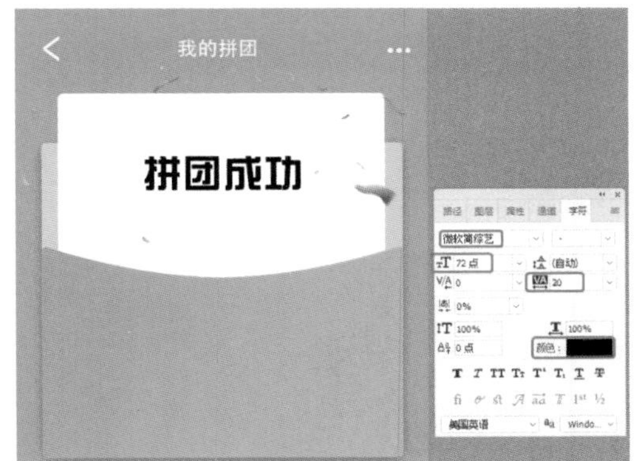

图 4-144 设置文本参数

图 4-145 设置渐变参数

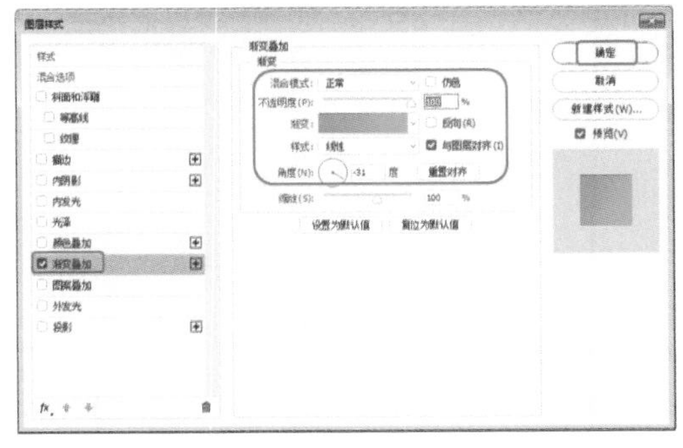

图 4-146 设置渐变叠加参数

16 使用同样的方法制作如图 4-147 所示的内容。

17 使用【椭圆工具】 绘制正圆形,将 W 和 H 均设置为 185,【填充】设置为 #fed556,【描边】设置为无,如图 4-148 所示。

图 4-147 制作完成后的效果

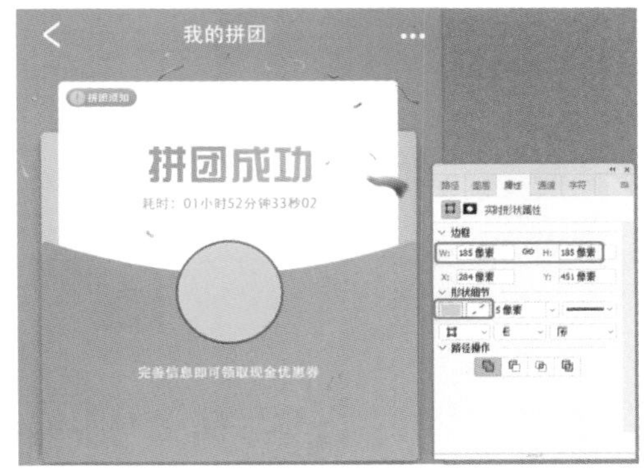

图 4-148 绘制正圆形

18 在该正圆形图层的右侧双击,弹出【图层样式】对话框,勾选【投影】复选框,将【颜色】设置为 #be3e84,【不透明度】设置为45,【角度】设置为 90,【距离】、【扩展】、【大小】分别设置为 3、0、9,单击【确定】按钮,如图 4-149 所示。

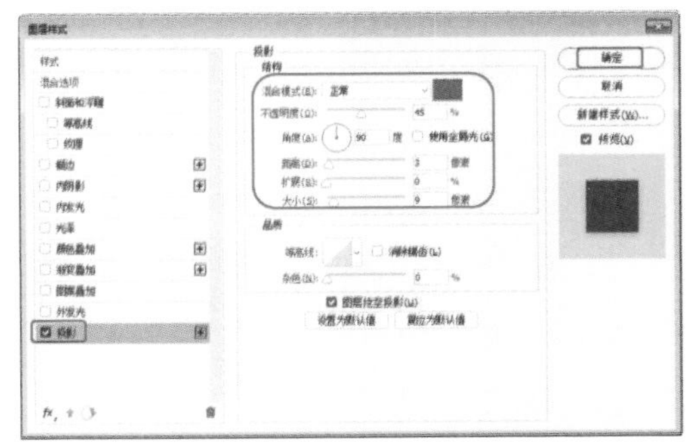

图 4-149 设置投影参数

19 使用【椭圆工具】 绘制正圆形,将 W 和 H 均设置为 165,【填充】设置为无,【填充】设置为 #dc9c25,【描边宽度】设置为 3,如图 4-150 所示。

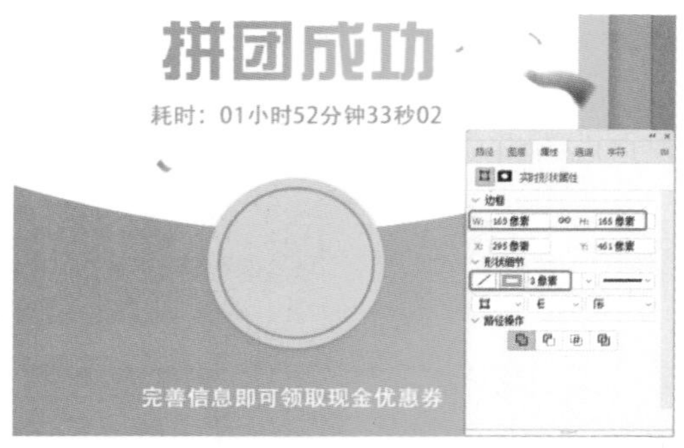

图 4-150　设置正圆形参数

20 在菜单栏中选择【文件】|【置入嵌入对象】命令，在弹出的【置入嵌入的对象】对话框中选择“礼物 .png”素材文件，单击【置入】按钮，如图 4-151 所示。

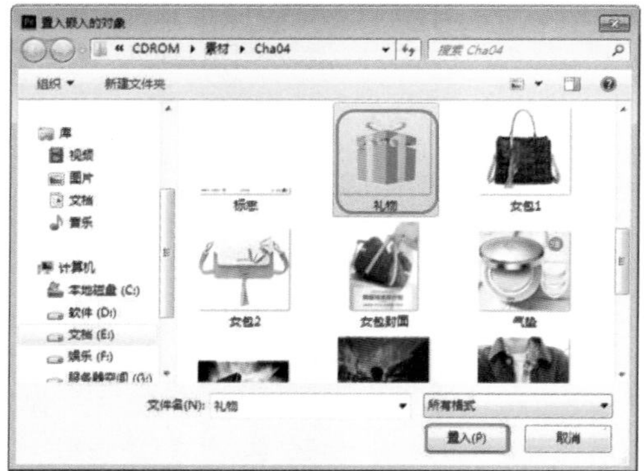
图 4-151　选择素材文件

21 置入素材文件并调整大小和位置，如图 4-152 所示。

图 4-152　置入素材文件并调整

22 使用【圆角矩形工具】绘制圆角矩形，将 W 和 H 分别设置为 551、83，【填充】设置为 #e6b013，【描边】设置为无，【圆角半径】均设置为 41.5，通过【路径选择工具】选择矩形调整位置，如图 4-153 所示。

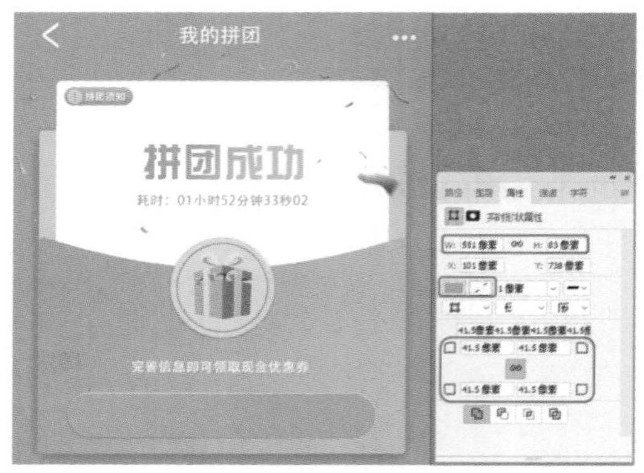

图 4-153　设置圆角矩形参数

提　示

在使用【路径选择工具】时，如果直接拖动鼠标，可以对选中的路径进行移动。

23 使用【圆角矩形工具】绘制圆角矩形，将 W 和 H 分别设置为 551、83，【填充】设置为 #ffd456，【描边】设置为无，【圆角半径】均设置为 41.5，如图 4-154 所示。

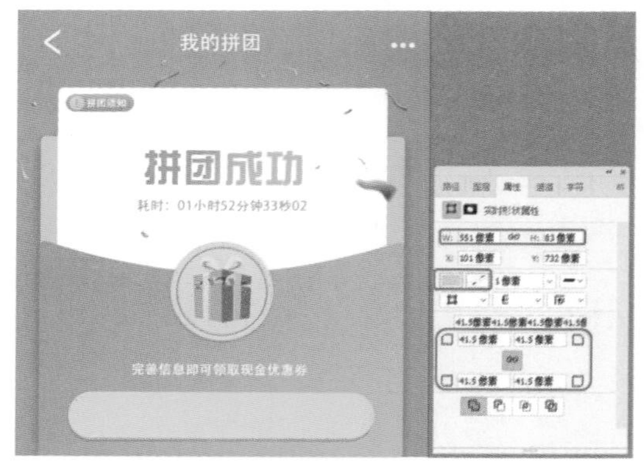

图 4-154　设置圆角矩形参数

24 使用【横排文字工具】输入文本，将【字体】设置为【黑体】，【字体大小】设置为 30，【字符间距】设置为 20，【颜色】设置为 #fd670c，如图 4-155 所示。

25 使用同样的方法制作如图 4-156 所示的内容。

26 使用【椭圆工具】绘制正圆形，将 W 和 H 均设置为 85，【填充】设置为黑色，【描边】设置为无，如图 4-157 所示。

图 4-155 设置文本参数

图 4-156 制作完成后的效果

图 4-157 绘制正圆形

27 在菜单栏中选择【文件】|【置入嵌入对象】命令，弹出【置入嵌入的对象】对话框，选择“头像 2.jpg”素材文件，置入素材文件后调整对象大小，如图 4-158 所示。

28 选择【头像 2】图层，单击鼠标右键，在弹出的快捷菜单中选择【创建剪贴蒙版】命令，创建图层剪贴蒙版。然后置入“头像 3.jpg”“头像 4.jpg”素材文件，并制作图层剪贴蒙版，如图 4-159 所示。

图 4-158 调整对象大小

图 4-159 创建剪贴蒙版后的效果

4.5 邀请有礼活动 UI 界面

在设计 UI 时，保持界面风格的一致性也是整个应用设计中很重要的环节，一致的风格不会让用户有错愕感。邀请有礼优惠活动 UI 界面效果如图 4-160 所示。

图 4-160 邀请有礼优惠活动 UI 界面

素材	素材 \Cha04\ 图标 2.png、图标 3.png
场景	场景 \Cha04\ 邀请有礼优惠活动 UI 界面 .psd
视频	视频教学 \Cha04\4.5 邀请有礼优惠活动 UI 界面 .mp4

01 按 Ctrl+N 快捷键，弹出【新建文档】对话框，将【宽度】和【高度】分别设置为 750、1334，将【背景内容】设置【自定义】，【颜色】设置为 #f2f2f2，如图 4-161 所示。

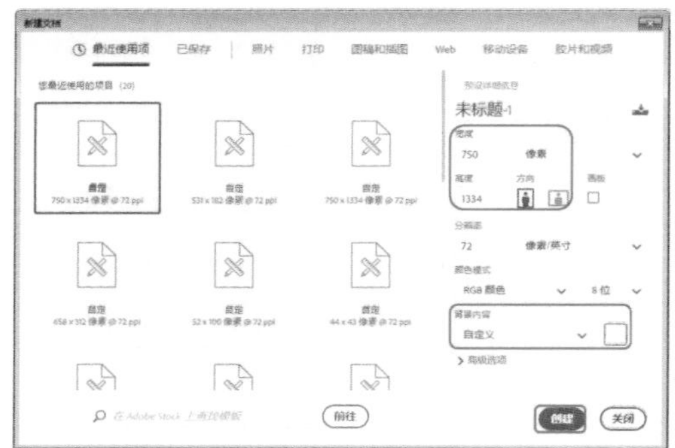

图 4-161 【新建文档】对话框

02 使用【钢笔工具】，在工具选项栏中将【工具模式】设置为【形状】，将【填充】设置为 #fc5144，【描边】设置为无，绘制图形，如图 4-162 所示。

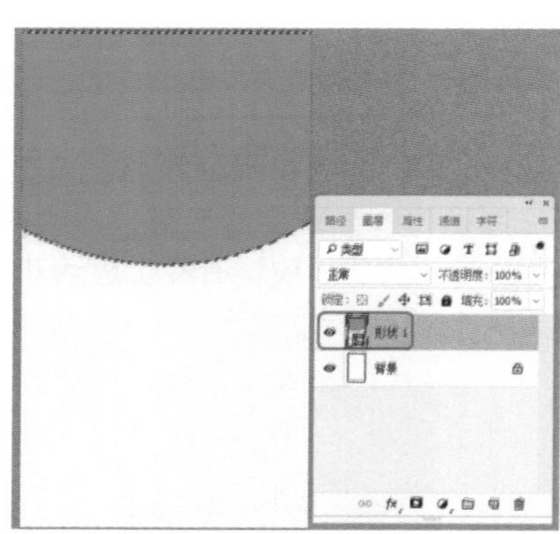

图 4-162 设置图形颜色

03 在菜单栏中选择【文件】|【置入嵌入对象】命令，弹出【置入嵌入的对象】对话框，选择“图标 2.png”素材文件，单击【置入】按钮，如图 4-163 所示。

04 置入素材文件后调整大小和位置，如图 4-164 所示。

05 使用【横排文字工具】输入文本，将【字体】设置为【Adobe 黑体 Std】，【字体大小】设置为 135，【颜色】设置为白色，如图 4-165 所示。

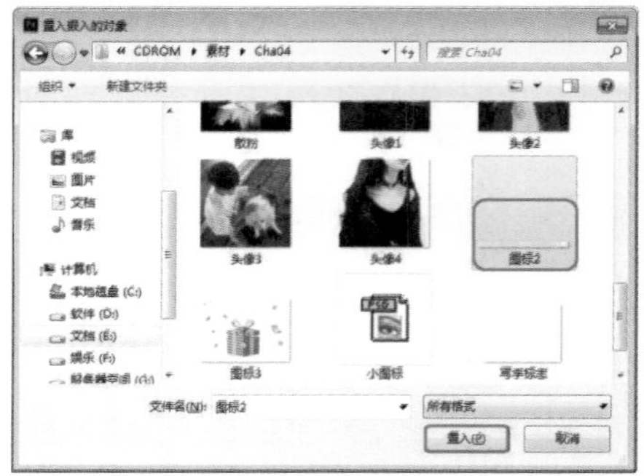

图 4-163 选择素材文件

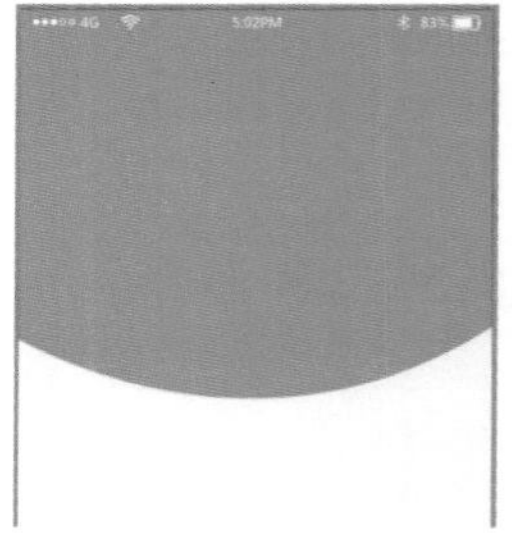

图 4-164 置入素材文件并调整

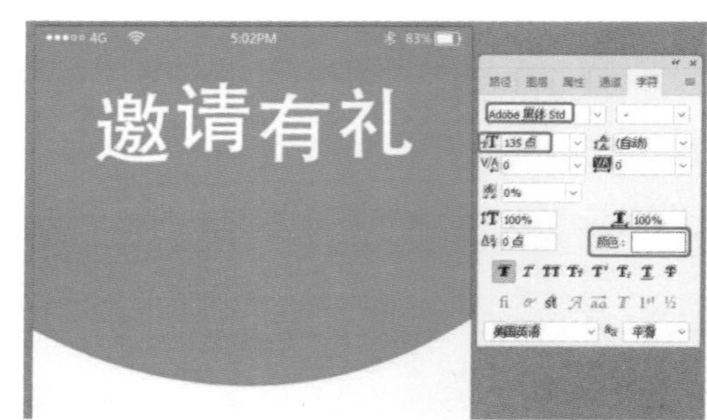

图 4-165 设置文本参数

06 使用【横排文字工具】输入文本，将【字体】设置为【Adobe 黑体 Std】，【字体大小】设置为 22，【颜色】设置为白色，如图 4-166 所示。

07 使用【横排文字工具】输入文本，将【字体】设置为【Adobe 黑体 Std】，【字体大小】设置为 36，【颜色】设置为白色，如图 4-167 所示。

08 使用【横排文字工具】输入文本，将【字体】设置为【Adobe 黑体 Std】，【字体大小】设置为 28，【垂直缩放】设置为 230，【水平缩放】设置为 150，【颜色】设置为白色，如

图 4-168 所示。

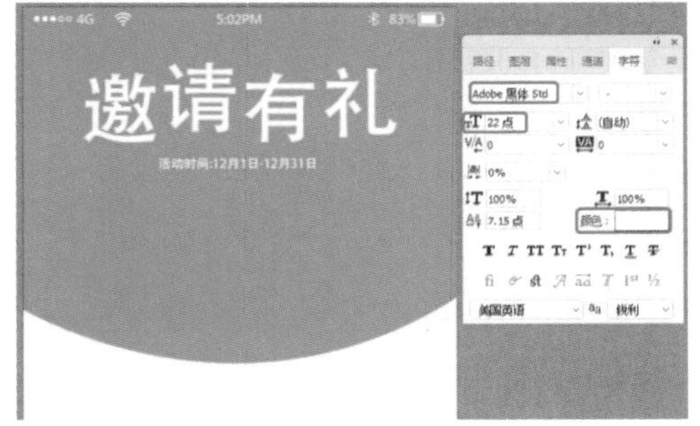

图 4-166 设置文本参数

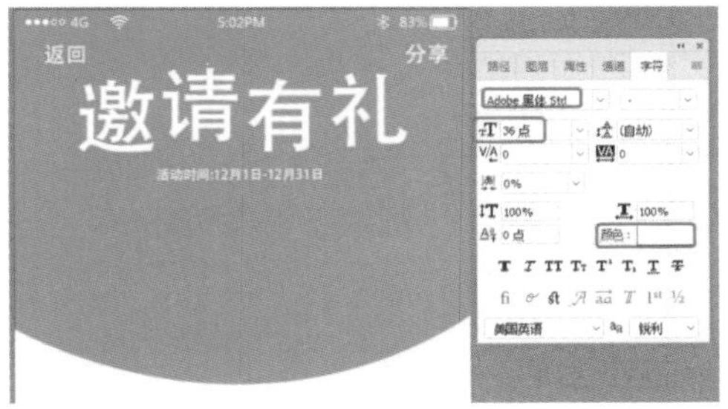

图 4-167 设置文本参数

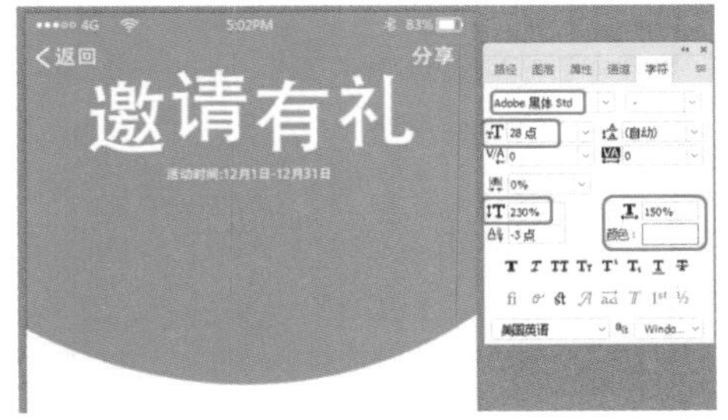

图 4-168 设置文本参数

09 在菜单栏中选择【文件】|【置入嵌入对象】命令，弹出【置入嵌入的对象】对话框，选择“图标 3.png”素材文件，单击【置入】按钮，如图 4-169 所示。

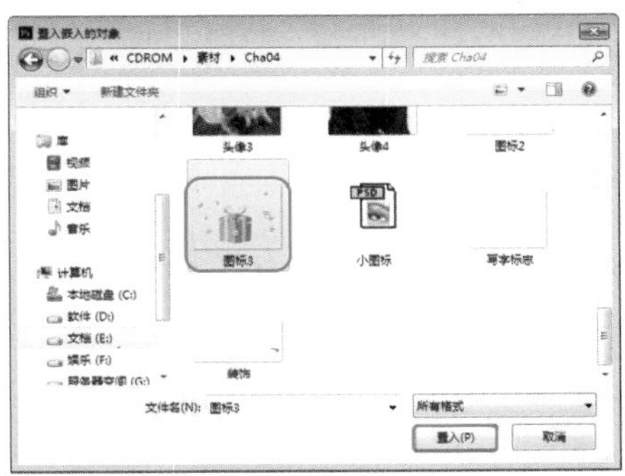
图 4-169 选择素材文件

10 置入素材文件后调整大小和位置，如图 4-170 所示。

图 4-170 置入素材文件并调整

11 使用【钢笔工具】，将【工具模式】设置为【形状】，【填充】设置为 #fc5144，【描边】设置为无，绘制形状，如图 4-171 所示。

图 4-171 绘制形状

12 使用【横排文字工具】 输入文本，将【字体】设置为【Adobe 黑体 Std】，【字体大小】设置为 30，【颜色】设置为黑色，如图 4-172 所示。

图 4-172 设置文本参数

知识链接：路径和选区的转换

下面来介绍路径与选区之间的转换。

在【路径】面板中单击【将路径作为选区载入】按钮，可以将路径转换为选区进行操作，如图 4-173 所示。也可以按 Ctrl+Enter 快捷键来完成这一操作。

图 4-173　将路径转换为选区

如果在按住 Alt 键的同时单击【将路径作为选区载入】按钮，则弹出【建立选区】对话框，如图 4-174 所示。通过该对话框可以设置【羽化半径】等选项。

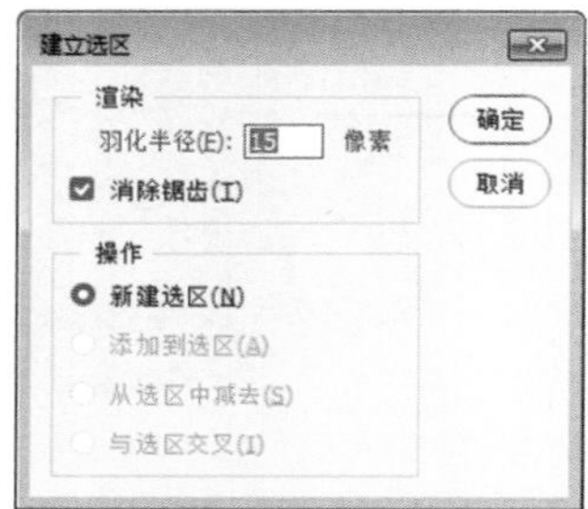

图 4-174　【建立选区】对话框

单击【从选区生成工作路径】按钮，可以将当前的选区转换为路径进行操作。如果在按住 Alt 键的同时单击【从选区生成工作路径】按钮，则弹出【建立工作路径】对话框，如图 4-175 所示。

图 4-175　【建立工作路径】对话框

提　示

【建立工作路径】对话框中的【容差】选项是控制选区转换为路径时的精确度。【容差】值越大，建立路径的精确度就越低；【容差】值越小，建立路径的精确度就越高，但同时锚点也会增多。

13 使用【圆角矩形工具】绘制圆角矩形，将 W 和 H 分别设置为 687、170，【填充】设置为白色，【描边】设置为无，【圆角半径】的设置为 12，如图 4-176 所示。

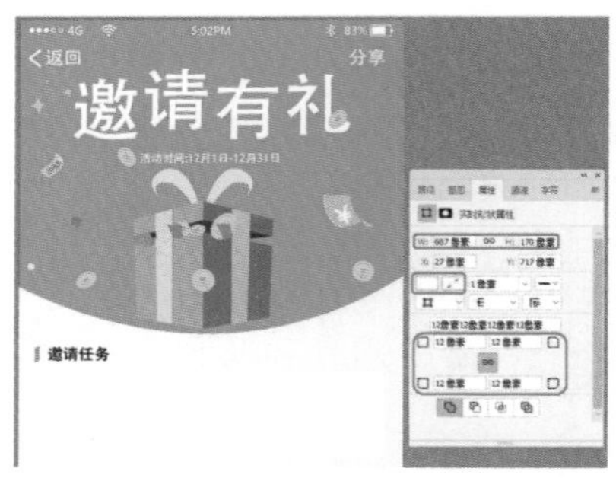

图 4-176　设置圆角矩形参数

14 在该圆角矩形图层的右侧双击，弹出【图层样式】对话框，勾选【投影】复选框，将【混合模式】设置为【正常】，【颜色】设置为 #999999，【不透明度】设置为 38，【角度】设置为 90，【距离】、【扩展】、【大小】分别设置为 0、0、16，单击【确定】按钮，如图 4-177 所示。

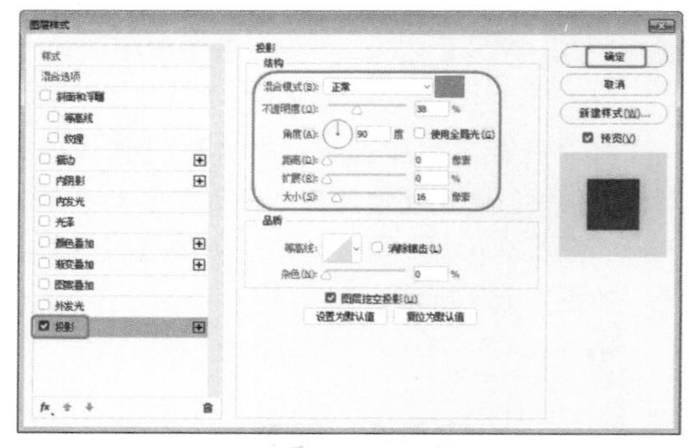

图 4-177　设置投影参数

15 使用【矩形工具】绘制矩形，将 W 和 H 分别设置为 100、95，【填充】设置为 #faebc7，【描边】设置为无，如图 4-178 所示。

16 使用【横排文字工具】输入文本，将【字体】设置为【Adobe 黑体 Std】，【字体大小】设置为 56，【颜色】设置为 #fc5358，如图 4-179 所示。

图 4-178 设置矩形参数

图 4-179 设置文本参数

17 使用【横排文字工具】 输入其他文本，如图 4-180 所示。

图 4-180 输入文本并设置参数

18 使用【圆角矩形工具】 绘制圆角矩形，将 W 和 H 分别设置为 190、72，【填充】设置为 #fc5144，【描边】设置为无，【圆角半径】均设置为 7，如图 4-181 所示。

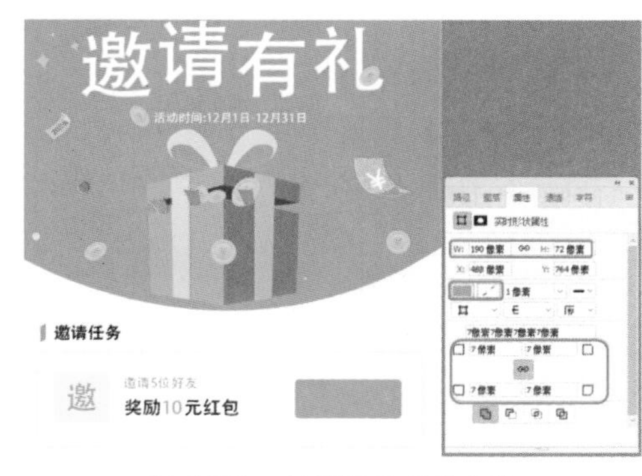

图 4-181 设置圆角矩形参数

19 使用【横排文字工具】 输入文本，将【字体】设置为【Adobe 黑体 Std】，【字体大小】设置为 26，将【颜色】设置为 #fbf8fb，如图 4-182 所示。

图 4-182 设置文本参数

20 选择前面绘制的图形对象，按住 Alt 键拖动鼠标进行复制，调整其位置，更改文本，如图 4-183 所示。

图 4-183 调整完成后的效果

21 对前面制作的形状和文本进行复制，更改文本内容。使用【横排文字工具】 输入文本，将【字体】设置为【Adobe 黑体 Std】，【字体大小】设置为 39，【颜色】设置为黑色，如图 4-184 所示。

图 4-184 设置文本参数

22 使用【横排文字工具】 输入文本，将【字体】设置为【Adobe 黑体 Std】，【字体大小】设置为 28，【颜色】设置为 #666666，如图 4-185 所示。

图 4-185 设置文本参数

疑难解答 路径是否可以进行打印?

路径是矢量对象，不包含像素，则没有进行填充或描边处理的路径是不能被打印出来的。但是使用 PSD、TIFF、JPEG、PDF 等格式存储文件时，可以保存路径。

4.6 现金红包活动 UI 界面

清晰是用户界面设计必须要具备的品质，如果说你的界面设计得很模糊，用户就无法在其中体验到较好的使用，这样会影响用户的整体印象。现金红包活动 UI 界面效果如图 4-186 所示。

图 4-186 现金红包活动 UI 界面

素材	素材 \Cha04\ 红包背景 .jpg
场景	场景 \Cha04\ 现金红包活动 UI 界面 .psd
视频	视频教学 \Cha04\4.6 现金红包活动 UI 界面 .mp4

01 按 Ctrl+O 快捷键，弹出【打开】对话框，选择“红包背景 .jpg”素材文件，如图 4-187 所示。

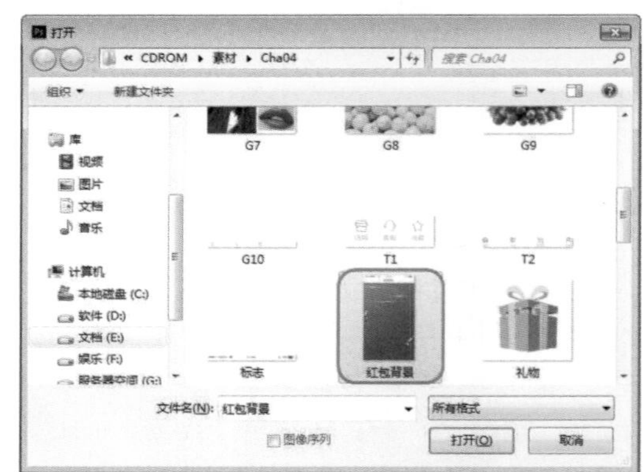

图 4-187 选择素材文件

02 单击【打开】按钮，打开素材文件后的效果如图 4-188 所示。

03 使用【横排文字工具】 输入文本，将【字体】设置为【方正粗宋简体】，【字体大小】设置为 130，【颜色】设置为 #f7e0c8，如图 4-189 所示。

04 在该文本图层的右侧双击，弹出【图层样式】对话框，勾选【投影】复选框，将【混合模式】设置为【正片叠底】，【颜色】设置为黑色，【不透明度】、【角度】、【距离】、【扩展】、【大小】分别设置为 35、177、16、0、7，单击【确定】按钮，如图 4-190 所示。

图 4-188 打开素材文件

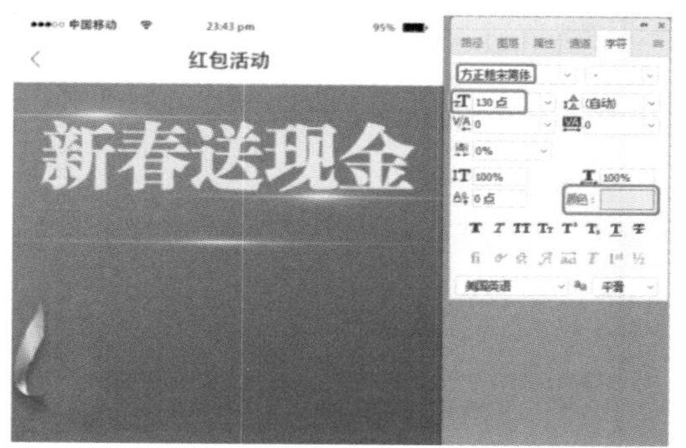

图 4-189 设置文本参数

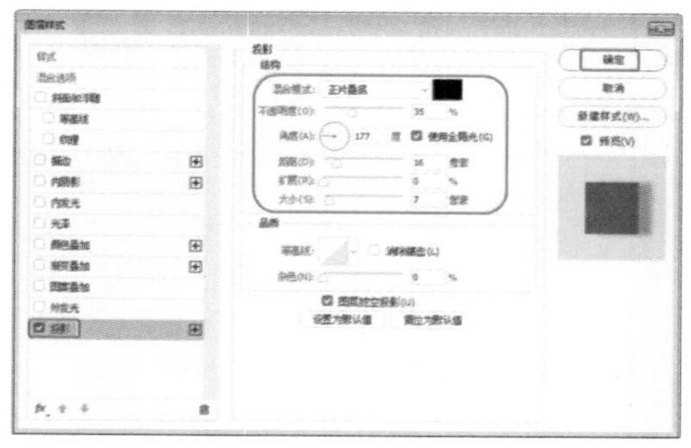

图 4-190 设置投影参数

05 使用【横排文字工具】T. 输入文本，将【字体】设置为【方正粗宋简体】，【字体大小】设置为 50，【字符间距】设置为 200，【颜色】设置为 #f7e0c8，如图 4-191 所示。

06 使用【钢笔工具】绘制如图 4-192 所示的白色图形。

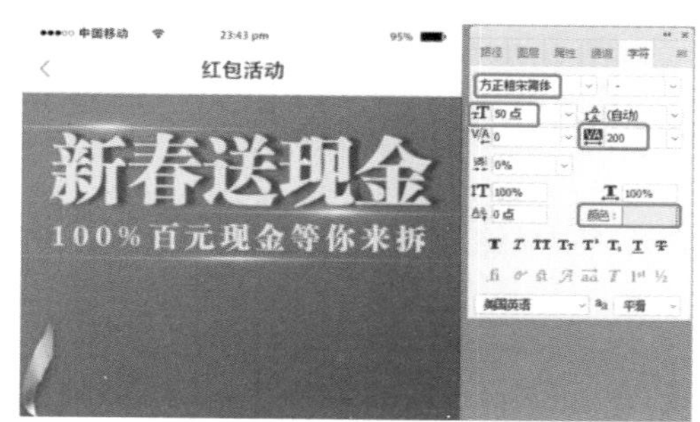

图 4-191 设置文本参数

图 4-192 绘制图形

07 使用【圆角矩形工具】，将【工具模式】设置为【形状】，【填充】设置为无，【描边】设置为 #fc5144，【描边宽度】设置为 2，单击右侧的 —— 按钮，在弹出的下拉面板中选择线段，单击【更多选项】按钮，弹出【描边】对话框，勾选【虚线】复选框，将【虚线】、【间隙】分别设置为 4、2，单击【确定】按钮，如图 4-193 所示。

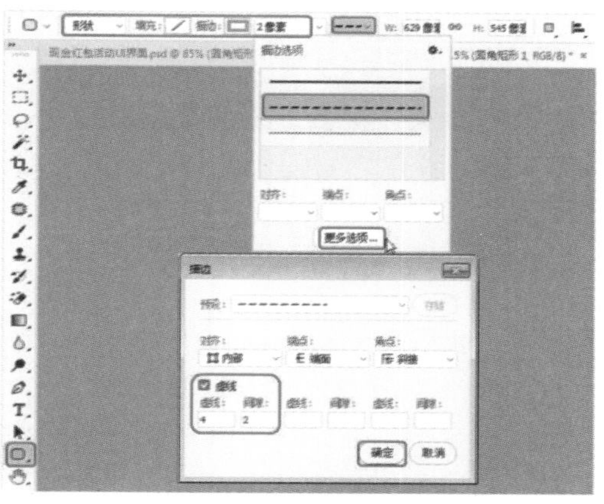

图 4-193 设置圆角矩形参数

08 在工具选项栏中单击【路径操作】按钮，在弹出的下拉列表中选择【减去顶层形状】命令，如图 4-194 所示，绘制圆角矩形。

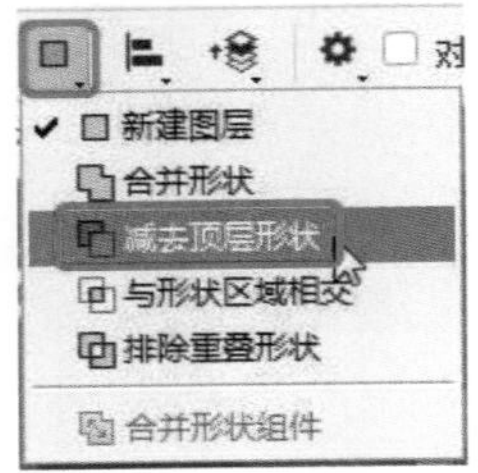

图 4-194　选择【减去顶层形状】命令

09 然后使用【椭圆工具】在左右两侧绘制两个正圆形，如图 4-195 所示。

图 4-195　绘制两个正圆形

10 使用【直线工具】，将【工具模式】设置为【形状】，【填充】设置为无，【描边】设置为 #e06b70，【描边宽度】设置为 2，如图 4-196 所示。

图 4-196　设置线段参数

疑难解答　在 Photoshop 中形状与光栅图像有什么区别?

在 Photoshop 中绘制的形状是矢量对象，修改形状的形态要比光栅图像更容易，即便是绘制好图形之后，也可以通过【直接选择工具】对图形的形态进行修改，并且在对图形进行放大时，不会出现失真的情况。光栅图像也叫做位图、点阵图、像素图，简单地说，就是最小单位由像素构成的图，只有点的信息，缩放时会失真。在 Photoshop 中，形状图层不可以直接进行【羽化】、调整【色阶】、【曲线】等操作，而光栅图像可以进行此操作。

11 使用【横排文字工具】输入文本，将【字体】设置为【Adobe 黑体 Std】，【字体大小】设置为 36，【颜色】设置为 #f96432，单击【仿粗体】按钮，如图 4-197 所示。

图 4-197　设置文本参数

12 使用【圆角矩形工具】绘制圆角矩形，将【填充】设置为 #fdc7ce，【描边】设置为无，【圆角半径】均设置为 18，如图 4-198 所示。

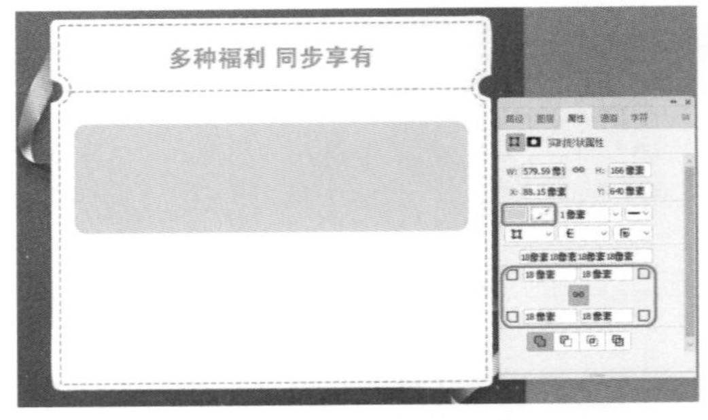

图 4-198　设置圆角矩形参数

13 使用【圆角矩形工具】绘制圆角矩形，将【填充】设置为 # fd7fa1，【描边】设置为无，【圆角半径】均设置为 18，如图 4-199 所示。

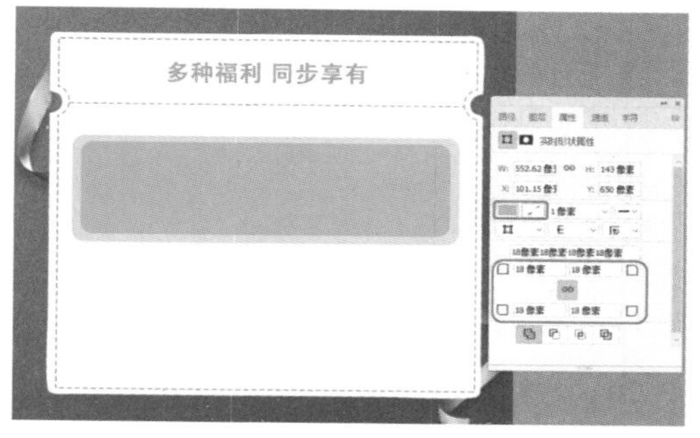

图 4-199 设置圆角矩形参数

14 在该圆角矩形图层的右侧双击，弹出【图层样式】对话框，勾选【内阴影】复选框，将【混合模式】设置为【正常】，【颜色】设置为 #e44a65，【不透明度】设置为 100，【角度】设置为 -94，【距离】、【阻塞】、【大小】分别设置为 10、0、9，单击【确定】按钮，如图 4-200 所示。

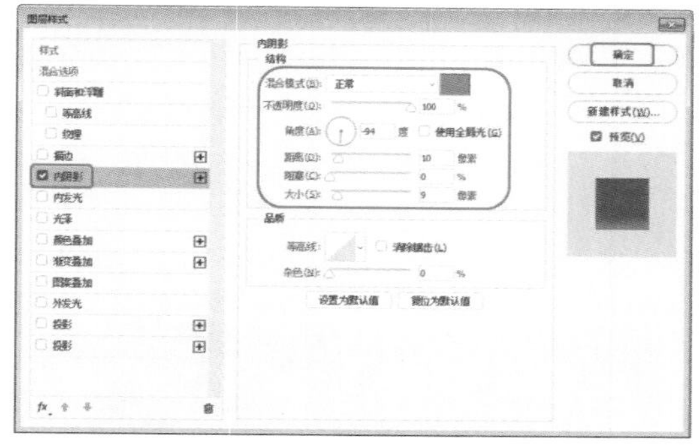

图 4-200 设置内阴影参数

15 设置完成后的效果如图 4-201 所示。

16 使用【横排文字工具】T.输入文本，将【字体】设置为【Adobe 黑体 Std】，【字体大小】设置为 40，【颜色】设置为白色，单击【仿粗体】按钮T，如图 4-202 所示。

图 4-201 设置完成后的效果

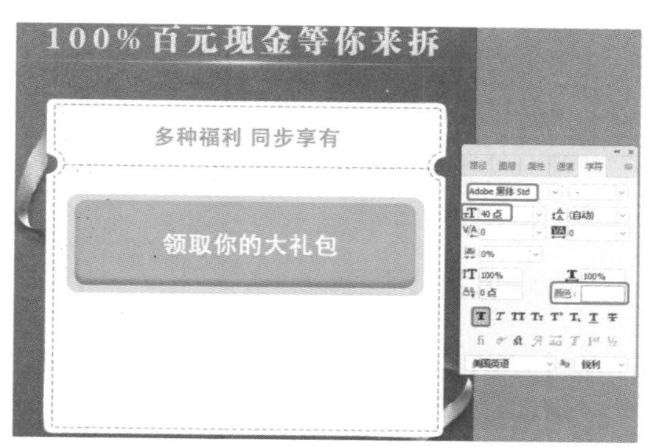

图 4-202 设置文本参数

17 在该文本图层的右侧双击，弹出【图层样式】对话框，勾选【投影】复选框，【混合模式】设置为【正常】，【颜色】设置为 #f44672，【不透明度】设置为 100，【角度】设置为 90，【距离】、【扩展】、【大小】分别设置为 3、100、0，单击【确定】按钮，如图 4-203 所示。

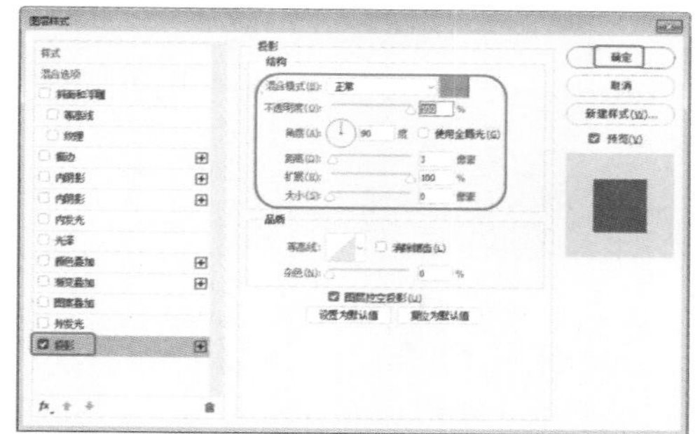

图 4-203 设置投影参数

18 使用同样的方法制作如图 4-204 所示的内容。

图 4-204 制作完成后的效果

19 使用【钢笔工具】绘制两个图形，将

【填充颜色】设置为 #f25238，如图 4-205 所示。

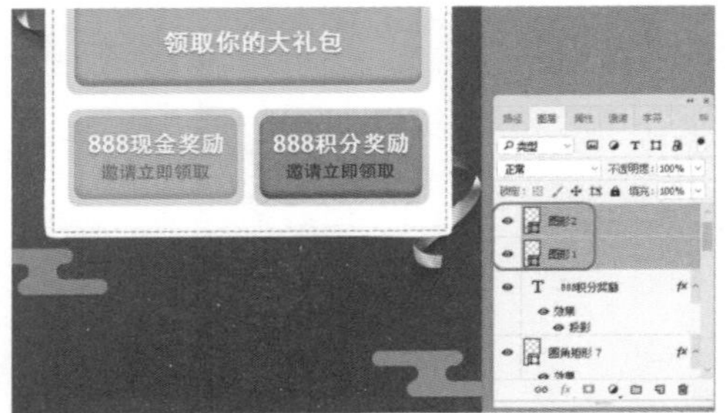

图 4-205 设置图形填充颜色

20 选择绘制的两个图形，在【图层】面板中将【不透明度】设置为 50，如图 4-206 所示。

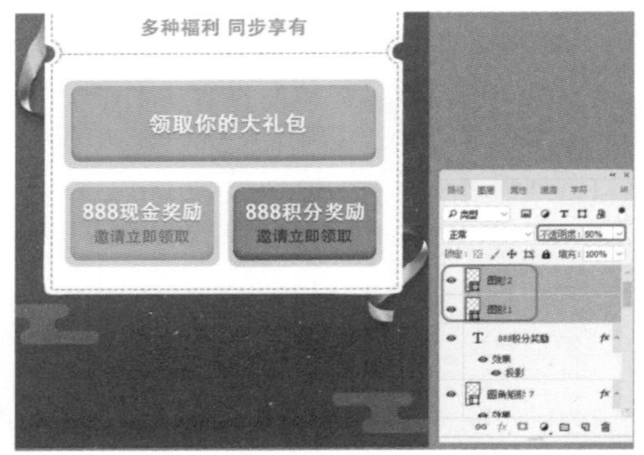

图 4-206 设置不透明度参数

21 使用【圆角矩形工具】绘制圆角矩形，将 W、H 分别设置为 638、104，【圆角半径】均设置为 52，如图 4-207 所示。

图 4-207 设置圆角矩形参数

22 在该圆角矩形图层的右侧双击，弹出【图层样式】对话框，勾选【渐变叠加】复选框，单击【渐变】右侧的渐变条，弹出【渐变编辑器】对话框，将左侧色标的颜色值设置为 #f6393c，将右侧色标的颜色值设置为 #fe5d5b，单击【确定】按钮，如图 4-208 所示。

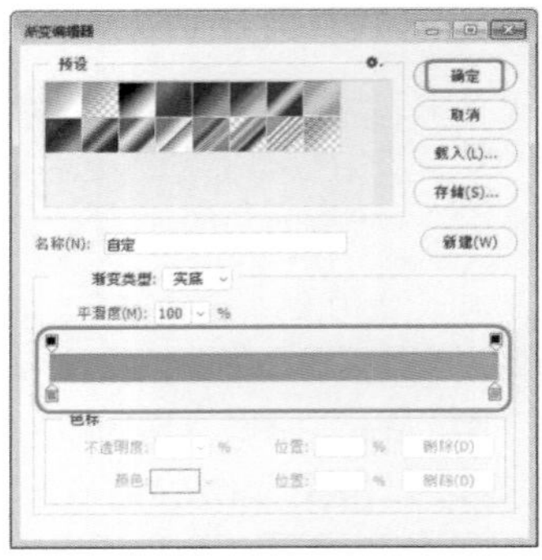

图 4-208 设置渐变参数

知识链接：多边形工具

选择【多边形工具】后，在工具选项栏中单击【设置其他形状和路径选项】按钮，弹出如图 4-209 所示的选项面板。在该面板上可以设置相关参数，其中各个选项的功能如下：

图 4-209 工具选项

【半径】：用来设置多边形或星形的半径。

【平滑拐角】：用来创建具有平滑拐角的多边形或星形。如图 4-210 所示为未勾选与勾选该复选框的对比效果。

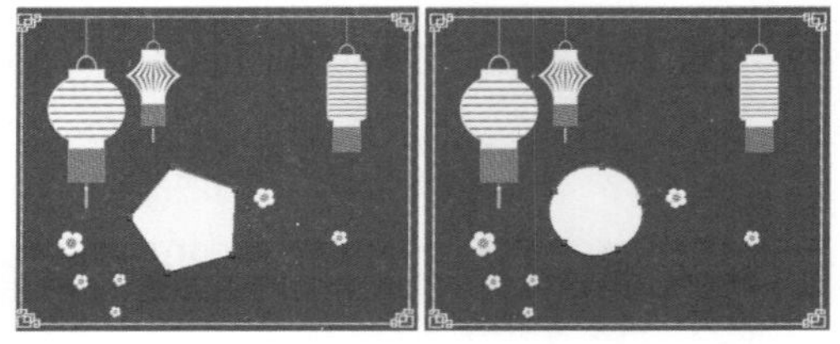

图 4-210 未勾选和勾选【平滑拐角】复选框的对比效果

【星形】：勾选该复选框可以创建星形。

【缩进边依据】：当勾选【星形】复选框后，该选项才会被激活，用于设置星形的边缘向中心缩进的数量，该值越高，缩进量就越大。图 4-211 所示为【缩进边依据】为 50 和 70 的对比效果。

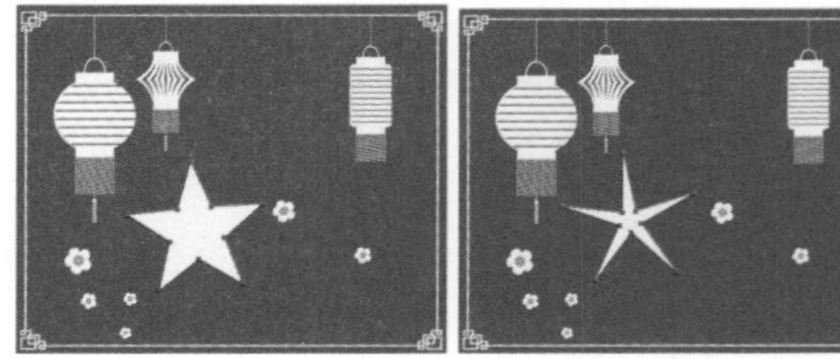

图 4-211 【缩进边依据】为 50 和 70 的对比效果

【平滑缩进】：当勾选【星形】复选框后，该选项才会被激活，可以使星形的边平滑缩进。图 4-212 所示为未勾选与勾选该复选框的对比效果。

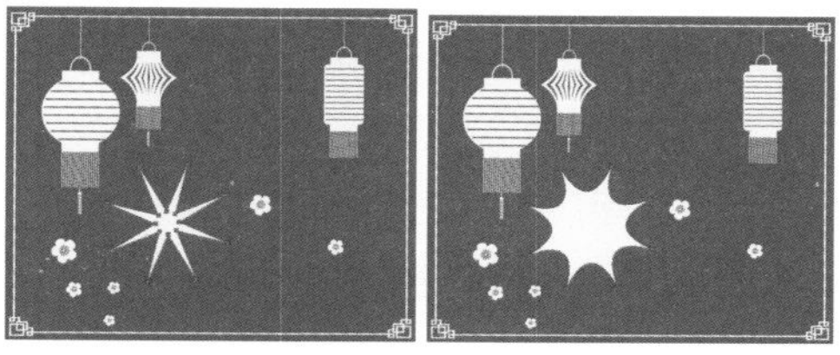

图 4-212　未勾选和勾选【平滑缩进】复选框的对比效果

23 设置完渐变颜色后，将【样式】设置为【线性】，【角度】设置为 90，如图 4-213 所示。

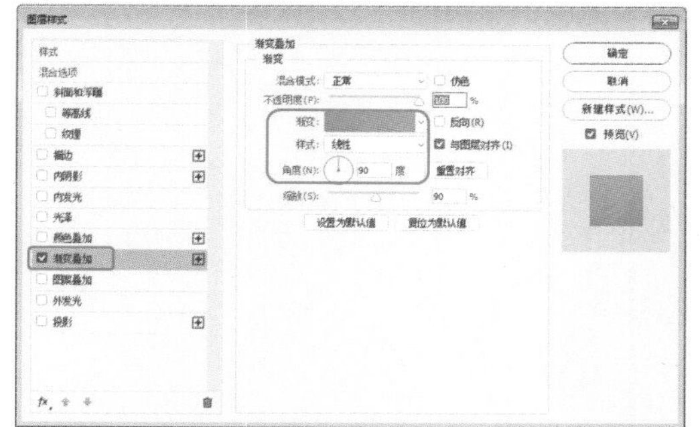

图 4-213　设置渐变叠加参数

24 勾选【投影】复选框，将【混合模式】设置为【正片叠底】，【颜色】设置为 #b01719，【不透明度】设置为 86，【角度】设置为 90，【距离】、【扩展】、【大小】分别设置为 9、0、38，单击【确定】按钮，如图 4-214 所示。

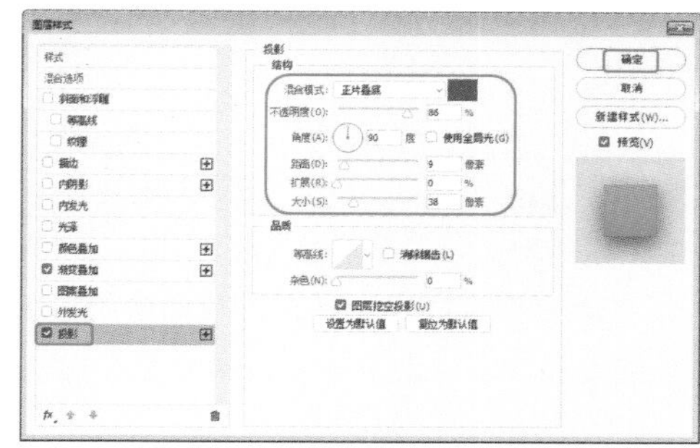

图 4-214　设置投影参数

25 使用【横排文字工具】 T 输入文本，将【字体】设置为【微软简综艺】，【字体大小】设置为 59，【字符间距】设置为 500，【颜色】设置为 #eedfd7，如图 4-215 所示。

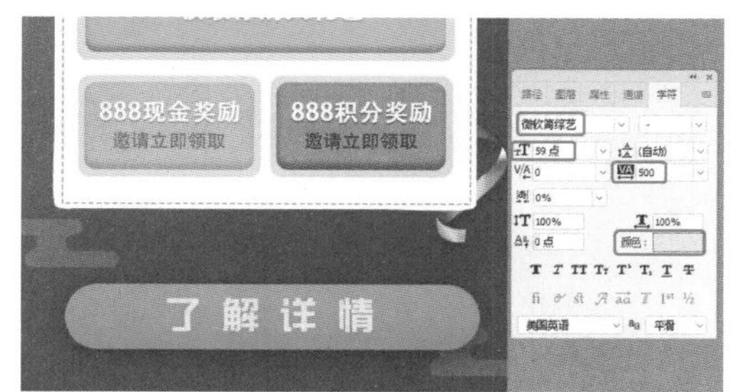

图 4-215　设置文本参数

第 5 章 宣传海报设计

在现代生活当中，海报是一种常见的宣传方式。海报大多应用于影视剧和新品、商业活动等宣传中。而在制作海报的过程中，难免会对图像进行抠图、合成，在 Photoshop 中的蒙版与通道是进行图像合成的重要手法，它可以控制部分图像的显示与隐藏，还可以对图像进行抠图处理。本章将介绍如何利用蒙版与通道制作宣传海报。

重点知识

- 房地产宣传海报
- 开盘倒计时海报
- 盛大开业海报
- 中秋节海报
- 早教宣传海报
- 感恩节宣传海报

海报设计是视觉传达的表现形式之一，通过版面的构成在第一时间内将人们的目光吸引，并获得瞬间的刺激，这要求设计者要将图片、文字、色彩、空间等要素进行完整的结合，以恰当的形式向人们展示宣传信息。

5.1 制作房地产宣传海报

房地产宣传必须注重原创性。醒目而富有力量的大标题，简洁而务实的文案，具备识别性和连贯性的色彩运用是每个广告的必要因素。同时，房产广告还应该注重跳跃性，也就是说，如果你的表现方式已经被效仿，那么应该及时改变表现形式，迅速出新，力争时刻走在上游。本节将介绍如何制作房地产宣传海报，效果如图 5-1 所示。

图 5-1 房地产宣传海报

素材	素材 \Cha05\F1.jpg、F2.png、F3.jpg
场景	场景 \Cha05\ 制作房地产宣传海报 .psd
视频	视频教学 \Cha05\5.1 制作房地产宣传海报 .mp4

01 按 Ctrl+O 快捷键，弹出【打开】对话框，选择“F1.jpg”素材文件，单击【打开】按钮，如图 5-2 所示。

图 5-2 选择素材文件

02 使用【横排文字工具】 输入文本，将【字体】设置为【方正大标宋简体】，【字体大小】设置为 11，【字符间距】设置为 -50，【颜色】设置为 #897171，单击【仿粗体】按钮，如图 5-3 所示。

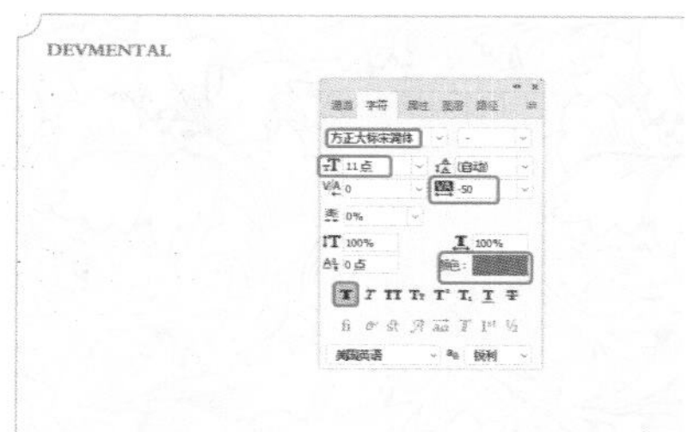

图 5-3 设置文本参数

03 使用【横排文字工具】 输入文本，将【字体】设置为【方正大标宋简体】，【字体大小】设置为 10，【字符间距】设置为 -50，【颜色】设置为 #897171，如图 5-4 所示。

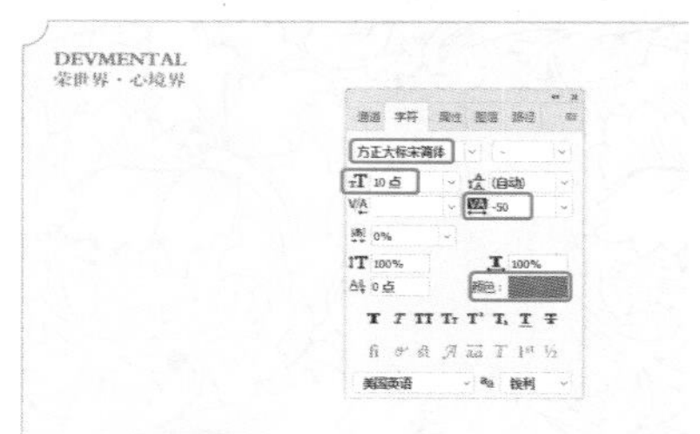

图 5-4 设置文本参数

04 使用【横排文字工具】 输入文本，将【字体】设置为【Adobe 黑体 Std】，【字体大小】设置为 2.3，【垂直缩放】设置为 97，【颜色】设置为 #897171，单击【仿粗体】按钮，如图 5-5 所示。

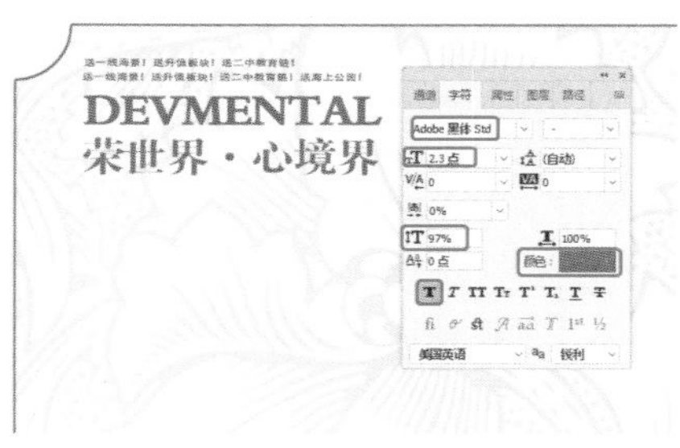

图 5-5 设置文本参数

05 在菜单栏中选择【文件】|【置入嵌入对象】命令，弹出【置入嵌入的对象】对话框，选择“F2.png”素材文件，单击【置入】按钮，如图 5-6 所示。

06 置入素材文件后调整大小和位置，效果如图 5-7 所示。

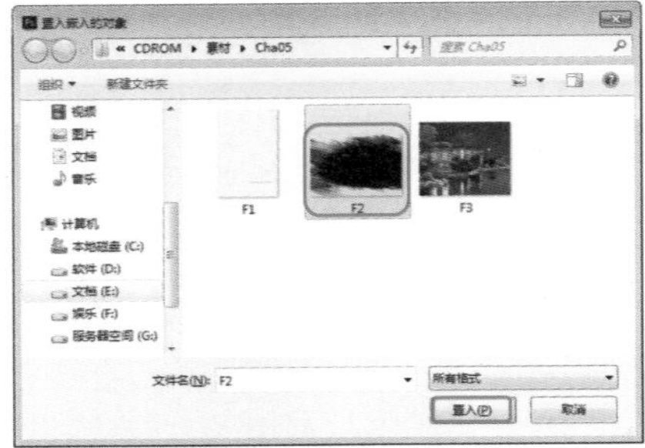

图 5-6　选择素材文件

图 5-7　调整大小和位置后的效果

07 在菜单栏中选择【文件】|【置入嵌入对象】命令，弹出【置入嵌入的对象】对话框，选择“F3.jpg”素材文件，单击【置入】按钮，如图 5-8 所示。

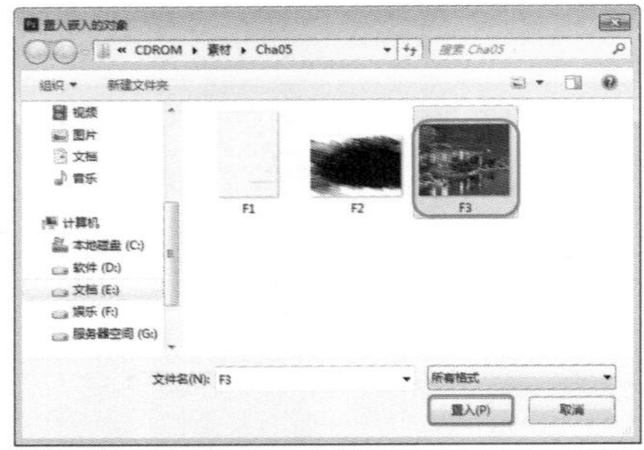

图 5-8　选择素材文件

08 置入素材文件后调整对象的位置。然后在 F3 图层上单击鼠标右键，在弹出的快捷菜单中选择【创建剪贴蒙版】命令，创建剪贴蒙版后的效果如图 5-9 所示。

图 5-9　创建剪贴蒙版

疑难解答　如何创建剪贴蒙版?

在菜单栏中选择【图层】|【创建剪贴蒙版】命令，或者按 Alt+Ctrl+G 快捷键，即可创建剪贴蒙版。

09 使用【横排文字工具】 输入文本，将【字体】设置为【叶根友毛笔行】，【字体大小】设置为 122，【颜色】设置为 #897171，如图 5-10 所示。

图 5-10　设置文本参数

10 双击该文本图层，弹出【图层样式】对话框，勾选【描边】复选框，将【大小】设置为 10，【位置】设置为【外部】，【混合模式】设置为【正常】，【不透明度】设置为 100，【颜色】设置为白色，如图 5-11 所示。

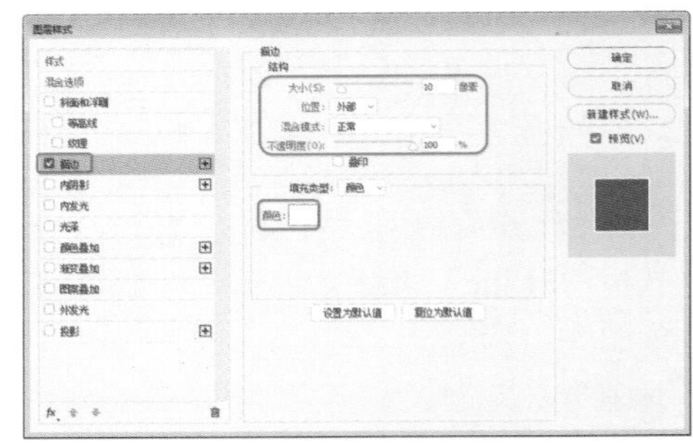

图 5-11　设置描边参数

11 勾选【投影】复选框，将【混合模式】设置为【正片叠底】，【颜色】设置为黑色，【不透明度】设置为 35，【角度】设置为 120，【距离】、【扩展】、【大小】分别设置为 20、15、47，单击【确定】按钮，如图 5-12 所示。

12 选择“凤”文本，将【字体大小】更改为 165，效果如图 5-13 所示。

13 新建【图层 1】图层，使用【钢笔工具】 绘制图形，按 Ctrl+Enter 快捷键将其转换为选区，将【前景色】设置为 #b11920，按 Alt+Delete 快捷键，对图形进行填充，如图 5-14

所示。

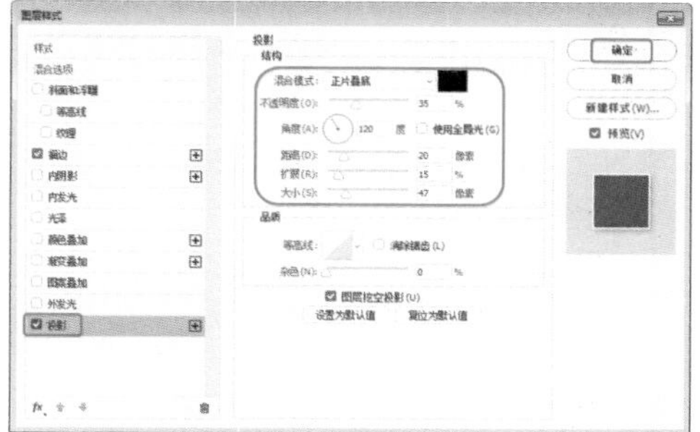

图 5-12 设置投影参数

图 5-13 更改字体大小

图 5-14 填充图形后的效果

14 使用【直排文字工具】 IT. 输入文本，将【字体】设置为【方正黄草简体】，【字体大小】设置为 18，【颜色】设置为白色，单击【仿粗体】按钮 T，如图 5-15 所示。

图 5-15 设置文本参数

提 示

在删除选区中的对象时，需要在【图层】面板中确认是否选中的是该图层的缩览图，而不是矢量蒙版。

15 使用【横排文字工具】 T. 输入文本，将【字体】设置为【Adobe 黑体 Std】，【字体大小】设置为 35，【字符间距】设置为 -100，【颜色】设置为 #897171，如图 5-16 所示。

图 5-16 设置文本参数

16 使用【横排文字工具】 T. 输入文本，将【字体】设置为【Adobe 黑体 Std】，【字体大小】设置为 28，【字符间距】设置为 100，【颜色】设置为 #18244d，如图 5-17 所示。

图 5-17 设置文本参数

17 使用【横排文字工具】 T. 输入文本，将【字体】设置为【Adobe 黑体 Std】，【字体大小】设置为 14.2，【颜色】设置为 #18244d，如图 5-18 所示。

图 5-18 设置文本参数

18 使用【矩形工具】▭ 绘制矩形，将W和H分别设置为510、170，【填充】设置为#897171，【描边】设置为无，如图5-19所示。

图 5-19 设置矩形参数

19 使用【横排文字工具】T 输入文本，将【字体】设置为【Adobe 黑体 Std】，【字体大小】设置为16.5，【字符间距】设置为100，【颜色】设置为白色，如图5-20所示。

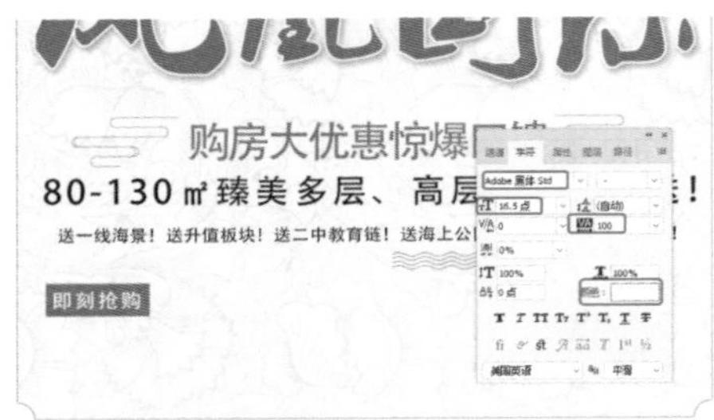

图 5-20 设置文本参数

20 使用【横排文字工具】T 输入如图5-21所示的文本。

图 5-21 输入其他文本

21 使用【圆角矩形工具】绘制圆角矩形，将W和H分别设置为457、117，【填充】设置为#db750c，【描边】设置为无，【圆角半径】设置为16.5，如图5-22所示。

22 使用【横排文字工具】T 输入文本，将【字体】设置为【Adobe 黑体 Std】，【字体大小】设置为12，【字符间距】设置为100，【颜色】设置为黑色，如图5-23所示。

图 5-22 设置圆角矩形参数

图 5-23 设置文本参数

23 通过【圆角矩形工具】▭ 和【横排文字工具】T 制作如图5-24所示的内容。

图 5-24 制作完成后的效果

24 使用同样的方法制作如图5-25所示的内容。

图 5-25 制作其他内容后的效果

5.2 制作开盘倒计时海报

开盘是指项目对外集中公开发售，特别是首次大卖。不少公司都通过制作开盘海报来对目标客户进行针对性的有效价值信息传递，实现客户积累，并对即将开盘的项目起到相应的宣传作用。本节将介绍如何制作开盘倒计时海报，效果如图 5-26 所示。

图 5-26 开盘倒计时海报

素材	素材 \Cha05\P1.jpg、P2.png
场景	场景 \Cha05\ 制作开盘倒计时海报 .psd
视频	视频教学 \Cha05\5.2 制作开盘倒计时海报 .mp4

01 按 Ctrl+O 快捷键，弹出【打开】对话框，选择“P1.jpg”素材文件，单击【打开】按钮，如图 5-27 所示。

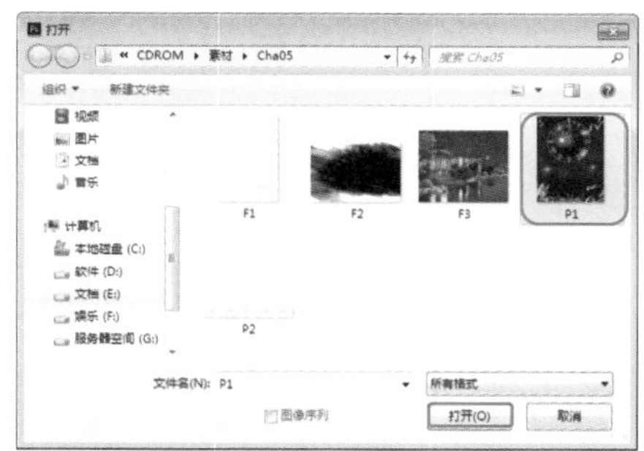

图 5-27 选择素材文件

02 使用【横排文字工具】 输入文本，将【字体】设置为【华文彩云】，【字体大小】设置为 500，【颜色】设置为白色，如图 5-28 所示。

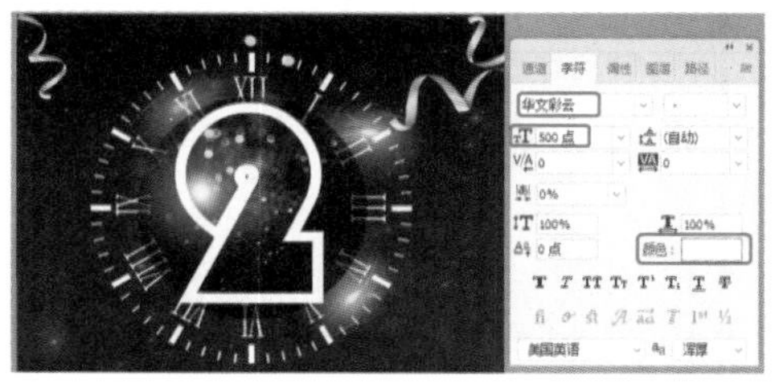

图 5-28 设置文本参数

03 在【图层】面板中选择文本图层，单击【添加蒙版】按钮，使用【橡皮擦工具】，擦除文本多余部分，效果如图 5-29 所示。

图 5-29 擦除完成后的效果

04 在该文本图层上双击，弹出【图层样式】对话框，勾选【斜面和浮雕】复选框，将【样式】设置为【内斜面】，【方法】设置为【平滑】，【深度】设置为 164，【方向】设置为【上】，【大小】和【软化】分别设置为 179、0；将【阴影】选项组下方的【角度】、【高度】分别设置为 121、58，【光泽等高线】设置为【环形 - 双】，【高光模式】设置为【颜色减淡】，【颜色】设置为白色，【不透明度】设置为 100，【阴影模式】设置为【正片叠底】，【颜色】设置为 #fed872，【不透明度】设置为 75，如图 5-30 所示。

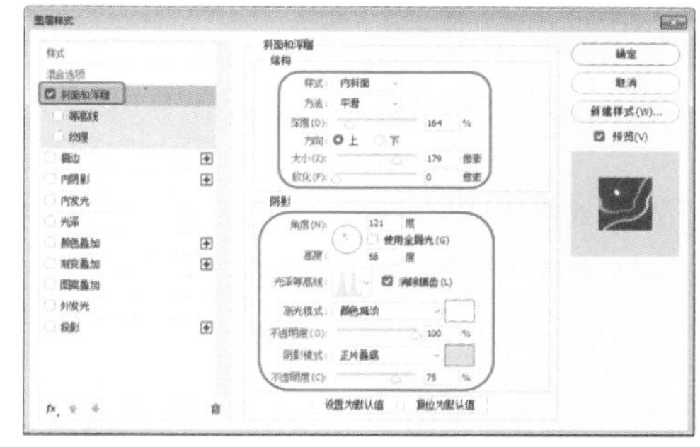

图 5-30 设置斜面和浮雕参数

提 示

【橡皮擦工具】可以将不喜欢的位置进行擦除。【橡皮擦工具】的颜色取决于背景色的 RGB 值，如果在普通图层上使用，则会将像素涂抹成透明效果。

05 勾选【等高线】复选框，将【等高线】设置为半圆，【范围】设置为 50，如图 5-31 所示。

06 勾选【光泽】复选框，将【混合模式】设置为【正片叠底】，【颜色】设置为 #995e00，

【不透明度】、【角度】、【距离】、【大小】分别设置为 50、19、36、10，【等高线】设置为【环形】，如图 5-32 所示。

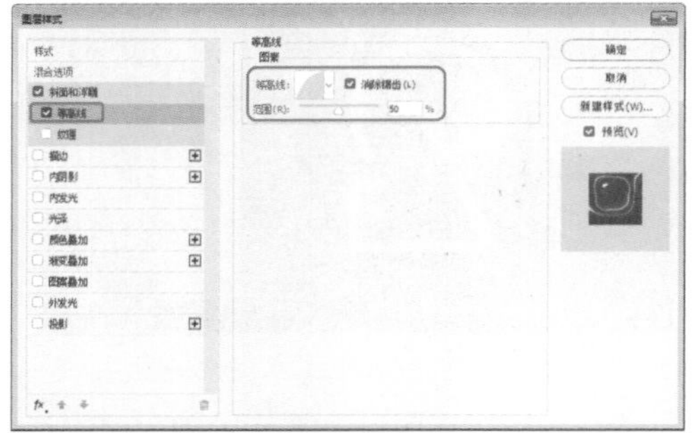

图 5-31　设置等高线参数

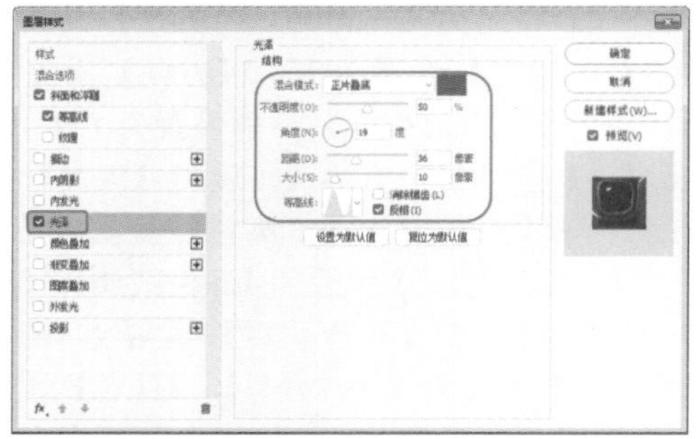

图 5-32　设置光泽参数

07 勾选【投影】复选框，将【混合模式】设置为【正片叠底】，【颜色】设置为黑色，【不透明度】、【角度】、【距离】、【扩展】、【大小】分别设置为 75、120、0、24、11，单击【确定】按钮，如图 5-33 所示。

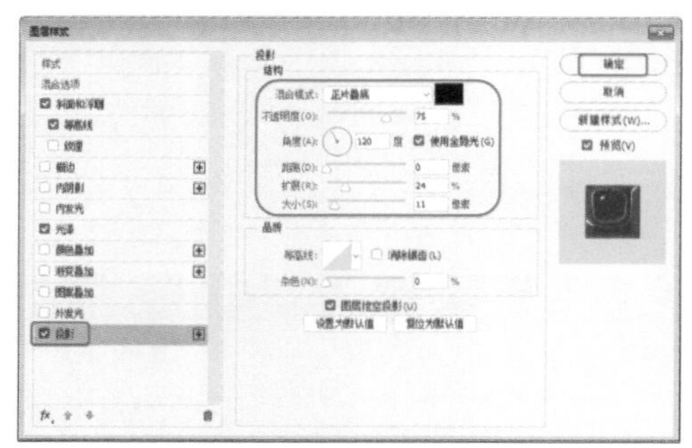

图 5-33　设置投影参数

08 使用【横排文字工具】 输入文本，将【字体】设置为【Adobe 黑体 Std】，【字体大小】设置为 30，【颜色】设置为白色，如图 5-34 所示。

图 5-34　设置文本参数

09 双击该文本图层，弹出【图层样式】对话框，勾选【投影】复选框，将【混合模式】设置为【正片叠底】，【不透明度】设置为 75，【角度】、【距离】、【扩展】、【大小】分别设置为 120、6、0、0，单击【确定】按钮，如图 5-35 所示。

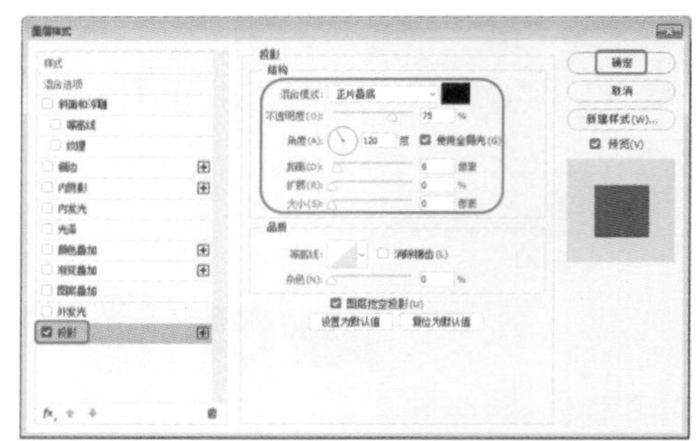

图 5-35　设置投影参数

10 使用【横排文字工具】 输入文本，将【字体】设置为【Adobe 黑体 Std】，【字体大小】设置为 49，【字符间距】设置为 60，【颜色】设置为白色，如图 5-36 所示。

图 5-36　设置文本参数

11 在该文本图层上双击，弹出【图层样式】对话框，勾选【投影】复选框，将【混合模式】设置为【正片叠底】，【颜色】设置为黑色，【不透明度】、【角度】、【距离】、【扩展】、【大小】分别设置为75、120、6、0、0，单击【确定】按钮，如图5-37所示。

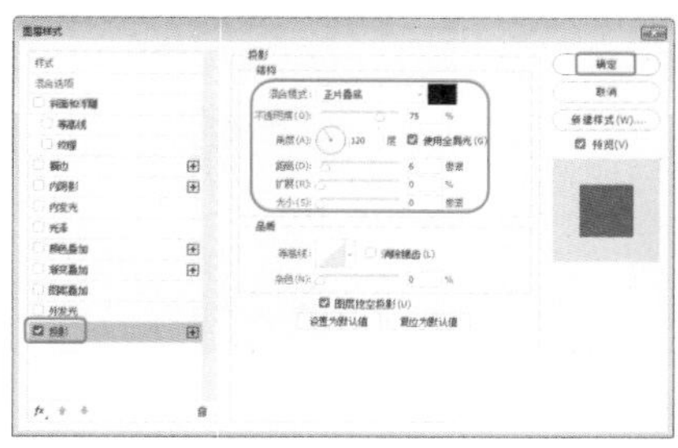

图 5-37　设置投影参数

12 使用【横排文字工具】 T. 输入文本，将【字体】设置为【方正大标宋简体】，【字体大小】设置为145，【字符间距】设置为 -125，【颜色】设置为白色，如图5-38所示。

图 5-38　设置文本参数

13 在2图层下方的效果上单击鼠标右键，在弹出的快捷菜单中选择【拷贝图层样式】命令，如图5-39所示。

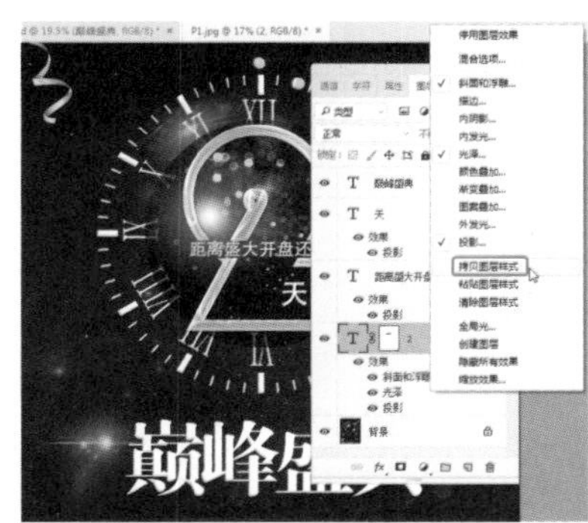

图 5-39　选择【拷贝图层样式】命令

14 选择【巅峰盛典】图层，单击鼠标右键，在弹出的快捷菜单中选择【粘贴图层样式】命令，如图5-40所示。

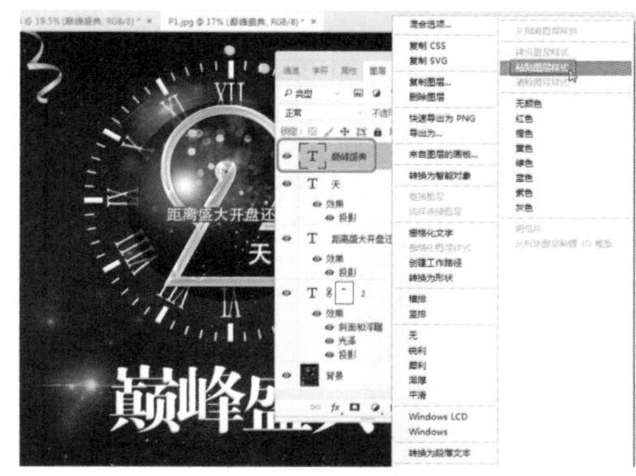

图 5-40　选择【粘贴图层样式】命令

15 应用图层样式后的效果如图5-41所示。

16 使用【横排文字工具】 T. 输入文本，将【字体】设置为【Adobe 黑体 Std】，【字体大小】设置为35，【颜色】设置为#f4d77c，如图5-42所示。

图 5-41　应用图层样式后的效果

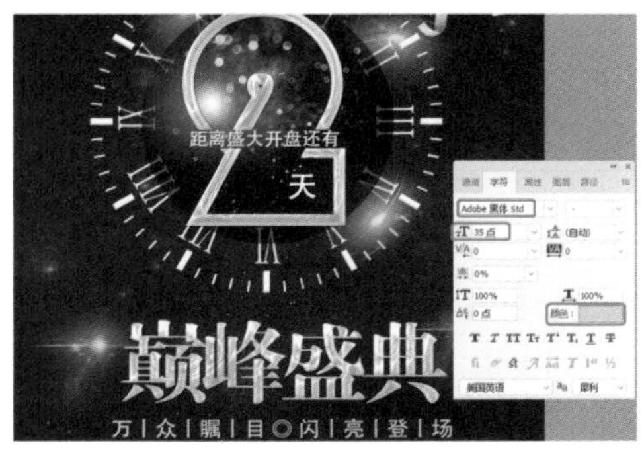

图 5-42　设置文本参数

17 新建【图层1】图层，使用【矩形选框工具】 ⬚，绘制矩形选区，如图5-43所示。

图 5-43　绘制矩形选区

18 在菜单栏中选择【编辑】|【描边】命令，如图 5-44 所示。

图 5-44　选择【描边】命令

提　示

按住 Alt+Shift 快捷键以光标所在位置为中心创建正方形选区。

19 弹出【描边】对话框，将【宽度】设置为 7，【颜色】设置为 #e5c07f，单击【确定】按钮，如图 5-45 所示。

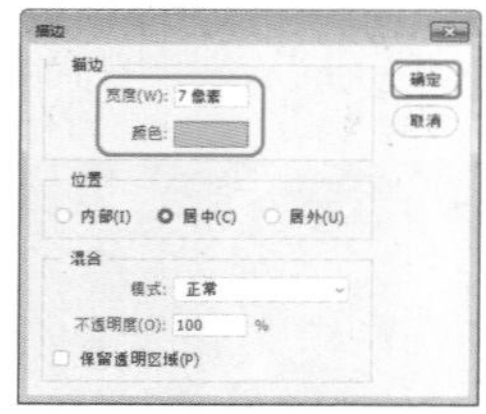
图 5-45　设置描边参数

20 使用【直线工具】，在工具选项栏中将【工具模式】设置为【形状】，【填充】设置为 #e5c07f，【描边】设置为无，【粗细】设置为 5，绘制线段，如图 5-46 所示。

疑难解答　如何删除绘制不够准确的直线？

连续按 Delete 键可依次向前删除不够准确的直线；按住 Delete 键不放或者按 Esc 键，可以删除所有直线。

21 使用【横排文字工具】输入文本，将【字体】设置为【方正大标宋简体】，【字体大小】设置为 22.5，【字符间距】设置为 193，【颜色】设置为 #bea863，如图 5-47 所示。

图 5-46　绘制线段

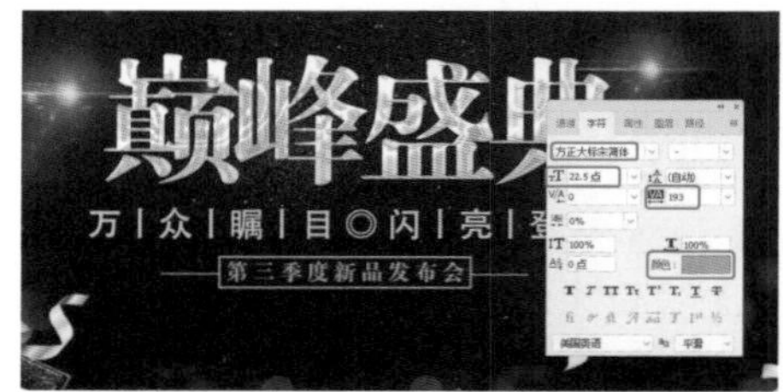
图 5-47　设置文本参数

22 使用【横排文字工具】输入如图 5-48 所示的文本。

图 5-48　输入其他文本

23 在菜单栏中选择【文件】|【置入嵌入对象】命令，弹出【置入嵌入的对象】对话框，选择“P2.png”素材文件，单击【置入】按钮，如图 5-49 所示。

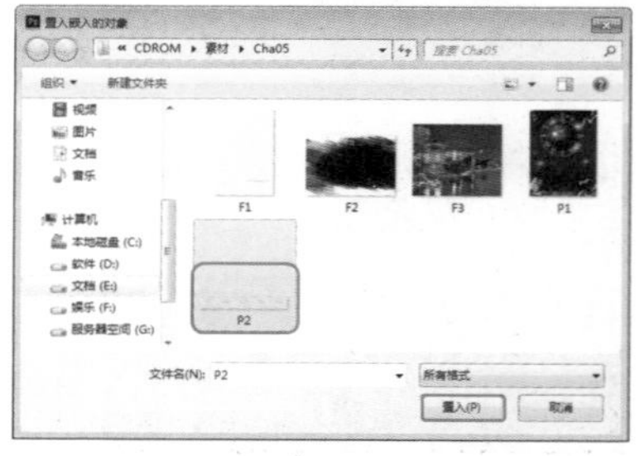
图 5-49　选择素材文件

24 调整素材文件的位置，效果如图 5-50 所示。

图 5-50　置入素材文件后的效果

5.3 制作盛大开业海报

开业等于是一个新公司或店铺的首次亮相，因此给前来参加的同行以及客户留下深刻的印象是非常重要的。在公司或店铺准备开业的阶段，很多商家都会向众人张贴相关的开业海报，相对于简单的宣传单页而言，海报所承载的信息量比较大，因而受到人们的追捧，从而也能起到更好的推广与宣传作用，盛大开业海报效果如图 5-51 所示。

图 5-51　盛大开业海报

素材：	素材\Cha05\盛大开业海报背景.jpg、礼物.png、礼物 2.png、文字.png
场景	场景\Cha05\制作盛大开业海报.psd
视频	视频教学\Cha05\5.3　制作盛大开业海报.mp4

01 按 Ctrl+O 快捷键，弹出【打开】对话框，选择“盛大开业海报背景.jpg”素材文件，单击【打开】按钮，如图 5-52 所示。

02 打开素材文件后的效果如图 5-53 所示。

03 在菜单栏中选择【文件】|【置入嵌入对象】命令，弹出【置入嵌入的对象】对话框，选择“礼物.png”素材文件，单击【置入】按钮，如图 5-54 所示。

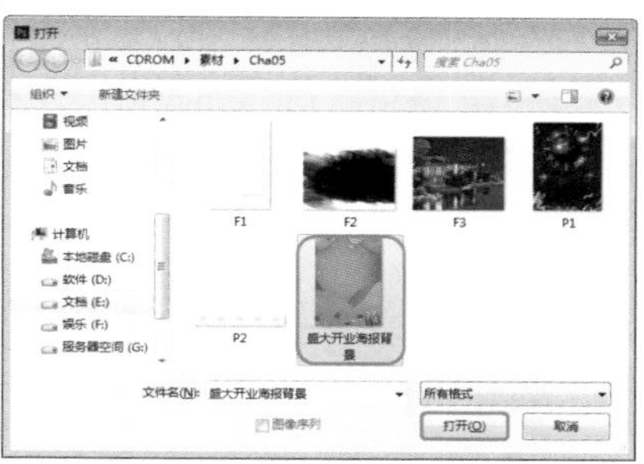

图 5-52　选择素材文件

图 5-53　打开素材文件

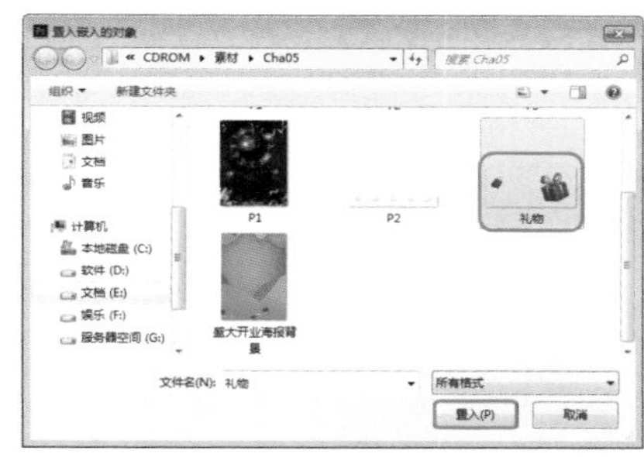

图 5-54　选择素材文件

04 确认选中该素材文件，在菜单栏中选择【图像】|【调整】|【亮度/对比度】命令，如图 5-55 所示。

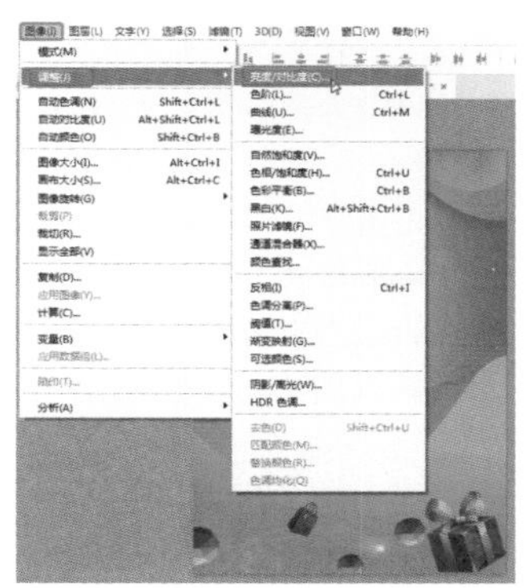

图 5-55　选择【亮度/对比度】命令

05 弹出【亮度 / 对比度】对话框，勾选【使用旧版】复选框，将【亮度】、【对比度】分别设置为 32、8，单击【确定】按钮，如图 5-56 所示。

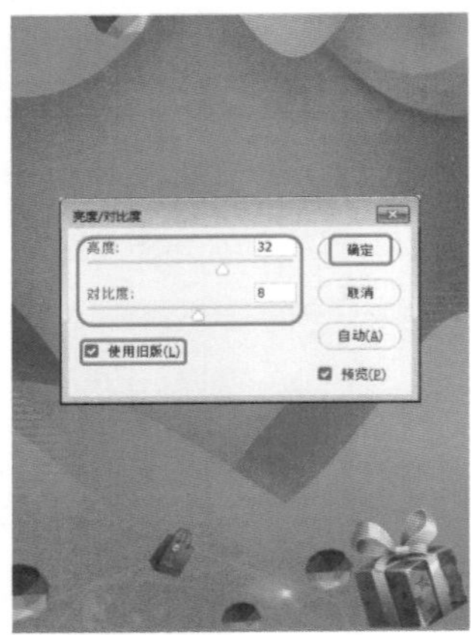

图 5-56 设置亮度 / 对比度参数

06 使用【横排文字工具】 输入文本，将【字体】设置为【方正大黑简体】，【字体大小】设置为 335，【颜色】设置为白色，如图 5-57 所示。

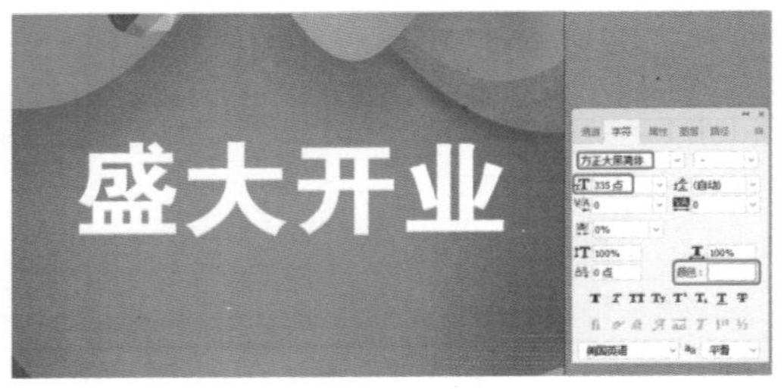

图 5-57 设置文本参数

知识链接：调整亮度 / 对比度

【亮度 / 对比度】命令可以对图像的色调范围进行简单的调整。【亮度 / 对比度】对话框如图 5-58 所示。

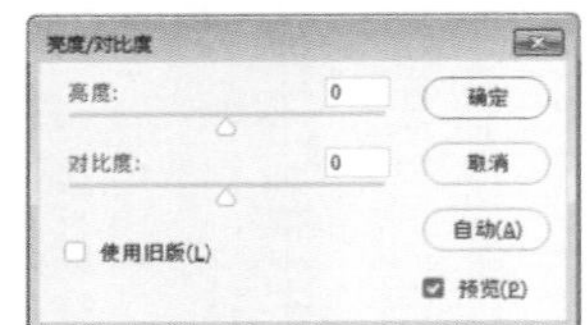

图 5-58 【亮度 / 对比度】对话框

在该对话框中勾选【使用旧版】复选框，然后向左侧拖动滑块可以降低图像的亮度和对比度，如图 5-59 所示；向右侧拖动滑块则增加亮度和对比度，如图 5-60 所示。

图 5-59 降低图像的亮度和对比度

图 5-60 增加图像的亮度和对比度

提 示

【亮度 / 对比度】命令会对每个像素进行相同程度的调整（即线性调整），有可能导致丢失图像细节；对于高端输出，最好使用【色阶】或【曲线】命令，这两个命令可以对图像中的像素应用按比例（非线性）调整。

07 在该文本图层上双击，弹出【图层样式】对话框，勾选【颜色叠加】复选框，【混合模式】设置为【正常】，【颜色】设置为白色，【不透明度】设置为 100，如图 5-61 所示。

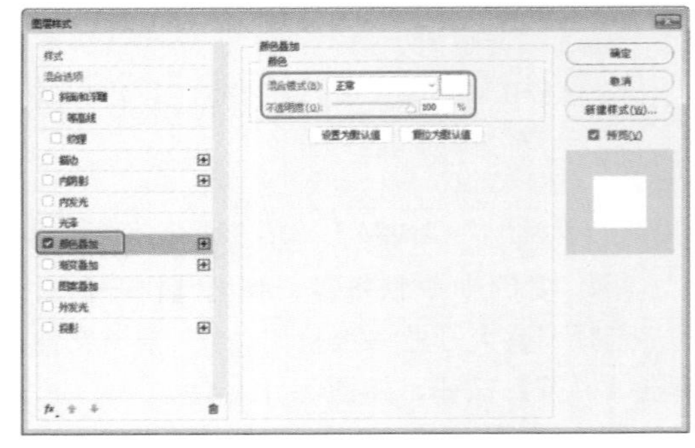

图 5-61 设置颜色叠加参数

08 勾选【投影】复选框，将【混合模式】设置为【正片叠底】，【颜色】设置为黑色，【不透明度】、【角度】、【距离】、【扩展】、【大小】分别设置为 30、90、70、70、0，单击【确定】

按钮，如图 5-62 所示。

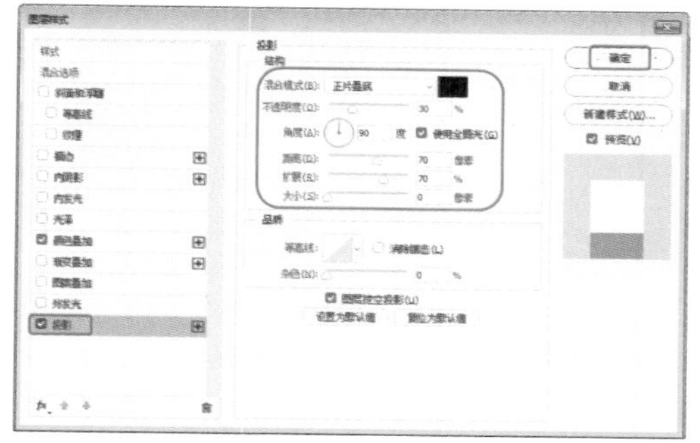

图 5-62 设置投影参数

09 使用【矩形工具】绘制矩形，将 W 和 H 分别设置为 1496、203，【填充】设置为 #fff799，【描边】设置为无，如图 5-63 所示。

图 5-63 设置矩形参数

10 在矩形图层上双击，弹出【图层样式】对话框，勾选【描边】复选框，将【大小】设置为 6，【位置】设置为【外部】，【混合模式】设置为【正常】，【不透明度】设置为 100，【填充类型】设置为【颜色】，【颜色】设置为 #fff600，如图 5- 64 所示。

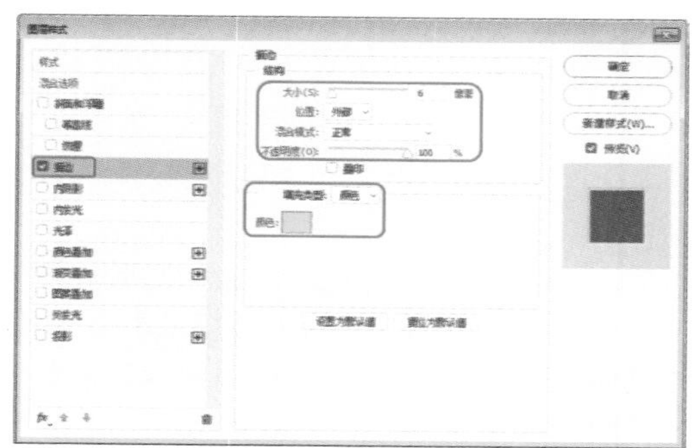

图 5-64 设置描边参数

11 勾选【投影】复选框，将【混合模式】设置为【正片叠底】，【颜色】设置为黑色，【不透明度】、【角度】、【距离】、【扩展】、【大小】分别设置为 25、90、35、35、0，单击【确定】按钮，如图 5-65 所示。

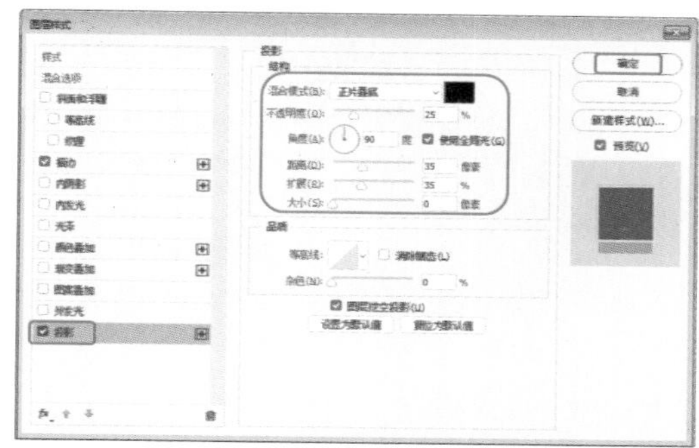

图 5-65 设置投影参数

12 使用【横排文字工具】输入文本，将【字体】设置为【方正综艺简体】，【字体大小】设置为 65，【字符间距】设置为 40，【颜色】设置为 #c62129，如图 5-66 所示。

图 5-66 设置文本参数

13 使用【横排文字工具】输入文本，将【字体】设置为【Adobe 黑体 Std】，【字体大小】设置为 40，【字符间距】设置为 200，【颜色】设置为白色，如图 5-67 所示。

图 5-67 设置文本参数

14 使用【横排文字工具】输入如图 5-68 所示的内容。

15 使用【横排文字工具】输入文本，将【字体】设置为【经典特宋简】，【字体大小】设置为 158，【字符间距】设置为 50，【颜色】

设置为白色，如图 5-69 所示。

图 5-68　输入其他文本内容

图 5-69　设置文本参数

16 使用【横排文字工具】 T. 输入文本，将【字体】设置为【Adobe 黑体 Std】，【字体大小】设置为 96，【字符间距】设置为 -25，【颜色】设置为白色，如图 5-70 所示。

图 5-70　设置文本参数

17 双击该文本图层，弹出【图层样式】对话框，勾选【投影】复选框，将【混合模式】设置为【正片叠底】，【颜色】设置为黑色，【不透明度】、【角度】、【距离】、【扩展】、【大小】分别设置为 22、90、40、16、35，单击【确定】按钮，如图 5-71 所示。

18 使用【横排文字工具】 T. 输入文本，将【字体】设置为【Adobe 黑体 Std】，【字体大小】设置为 61，【字符间距】设置为 20，将【颜色】分别设置为白色和 #ffe70c，如图 5-72 所示。

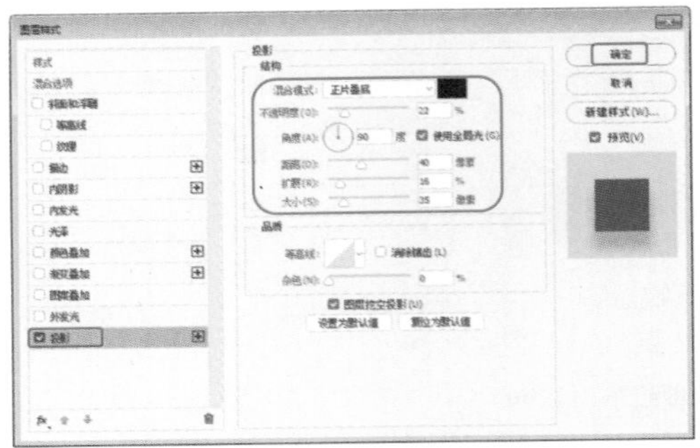

图 5-71　设置投影参数

图 5-72　设置文本参数

19 双击该文本图层，弹出【图层样式】对话框，勾选【投影】复选框，将【混合模式】设置为【正片叠底】，【颜色】设置为黑色，【不透明度】、【角度】、【距离】、【扩展】、【大小】分别设置为 22、90、28、0、28，单击【确定】按钮，如图 5-73 所示。

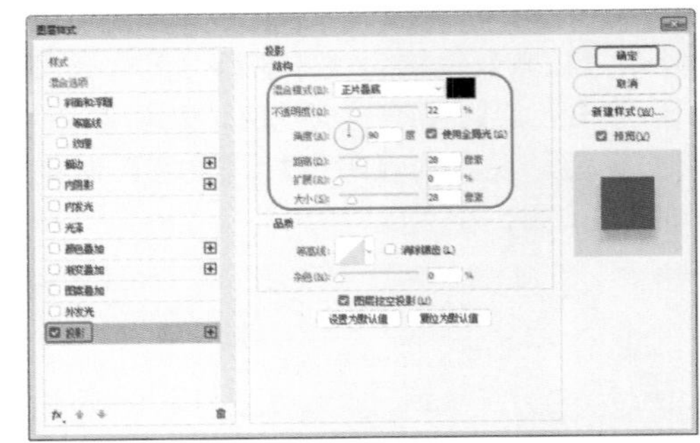

图 5-73　设置投影参数

20 使用【矩形工具】 □. 绘制矩形，将 W 和 H 分别设置为 2582、209，【填充】设置为无，【描边】设置为白色，【描边宽度】设置为 3，如图 5-74 所示。

21 使用【矩形工具】 □. 绘制矩形，将 W 和 H 分别设置为 2676、158，【填充】设置为无，【描边】设置为白色，【描边宽度】设置为 3，如图 5-75 所示。

图 5-74 绘制矩形

图 5-75 再次绘制矩形

22 使用【横排文字工具】 T. 输入文本，将【字体】设置为【Adobe 黑体 Std】，【字体大小】设置为 53，【颜色】设置为白色，如图 5-76 所示。

图 5-76 设置文本参数

23 使用【矩形工具】 ▭. 绘制矩形，将 W 和 H 分别设置为 1014、163，【填充】设置为无，【描边】设置为白色，【描边宽度】设置为 10，如图 5-77 所示。

图 5-77 绘制矩形

24 使用【横排文字工具】 T. 输入文本，将【字体】设置为【方正美黑简体】，【字体大小】设置为 45，【字符间距】设置为 100，【颜色】设置为白色，如图 5-78 所示。

图 5-78 设置文本参数

25 在菜单栏中选择【文件】|【置入嵌入对象】命令，弹出【置入嵌入的对象】对话框，选择“礼物 2.png”素材文件，单击【置入】按钮，如图 5-79 所示。

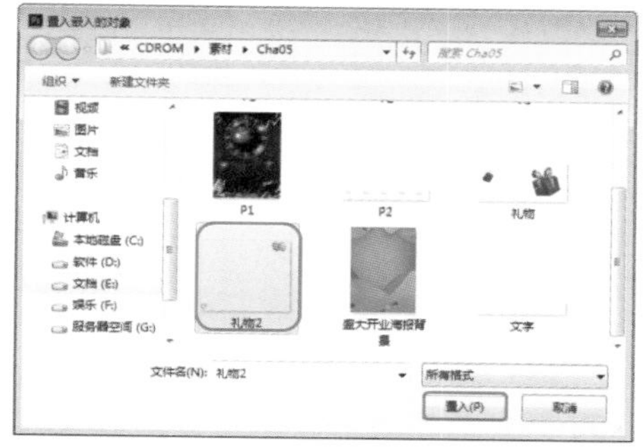

图 5-79 选择素材文件

26 置入素材文件后调整对象位置，效果如图 5-80 所示。

图 5-80 调整后的效果

27 在菜单栏中选择【文件】|【置入嵌入对象】命令，弹出【置入嵌入的对象】对话框，选择“文字 .png”素材文件，单击【置入】按钮，如图 5-81 所示。

28 置入素材文件后的效果如图 5-82 所示。

29 使用【横排文字工具】 T. 输入文本，将【字体】设置为【方正姚体简体】，【字体大小】设置为 30，【字符间距】设置为 -30，【颜色】设置为白色，如图 5-83 所示。

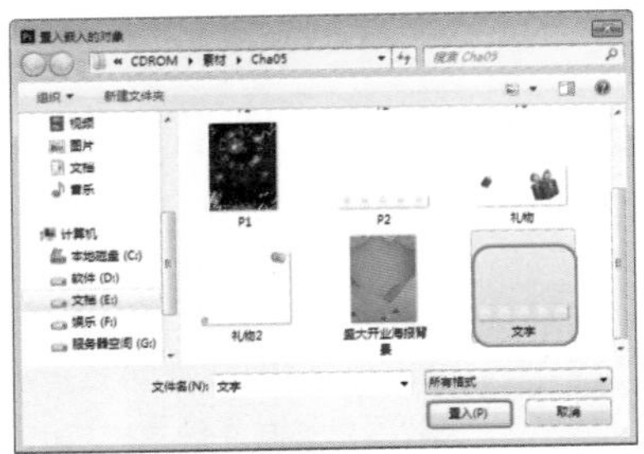

图 5-81　选择素材文件

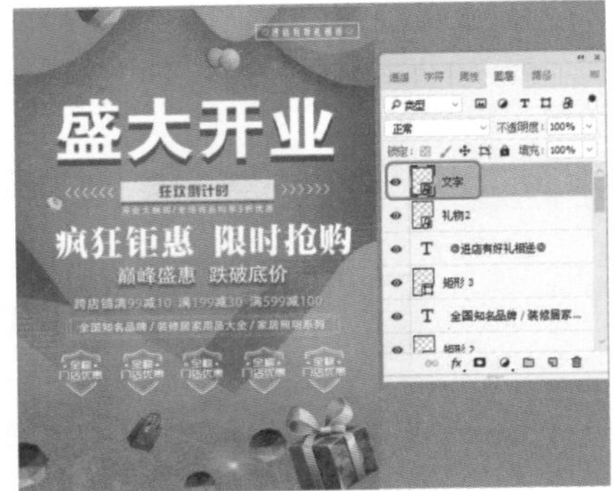

图 5-82　置入素材文件后的效果

图 5-83　设置文本参数

30 按 Ctrl+Alt+Shift+E 快捷键，盖印图层，在菜单栏中选择【图像】|【调整】|【色彩平衡】命令，如图 5-84 所示。

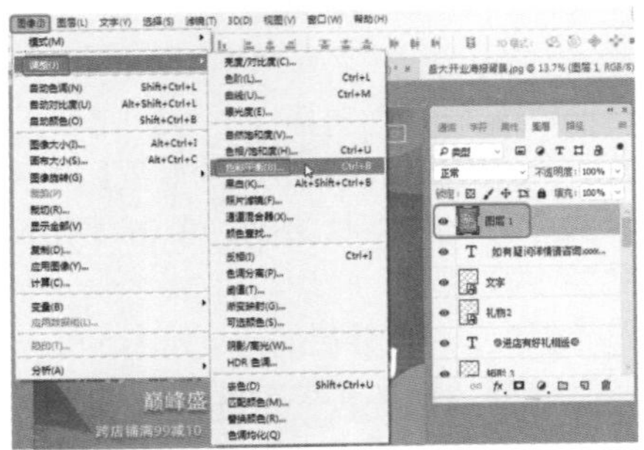

图 5-84　选择【色彩平衡】命令

31 弹出【色彩平衡】对话框，将【色阶】分别设置为 +55、+11、+54，单击【确定】按钮，如图 5-85 所示。

32 设置完成后的效果如图 5-86 所示。

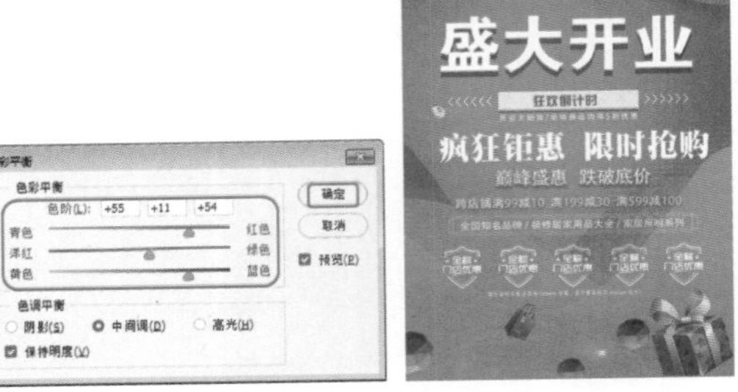

图 5-85　设置色阶参数　　图 5-86　设置完成后的效果

知识链接：色彩平衡

在进行色彩调整时，首先应在【色调平衡】选项组中选择要调整的色调范围，包括【阴影】、【中间调】和【高光】选项，然后在【色阶】文本框中输入数值，或者拖动【色彩平衡】选项组内的滑块进行调整。当滑块靠近一种颜色时，将减少另外一种颜色。例如：如果将最上面的滑块移向【青色】，其他参数保持不变，可以在图像中增加青色，减少红色，如图 5-87 所示。如果将滑块移向【红色】，其他参数保持不变，则增加红色，减少青色，如图 5-88 所示。

图 5-87　增加青色减少红色

图 5-88　增加红色减少青色

将滑块移向【洋红】后的效果如图 5-89 所示。将滑块移向【绿色】后的效果如图 5-90 所示。

图 5-89　增加洋红减少绿色

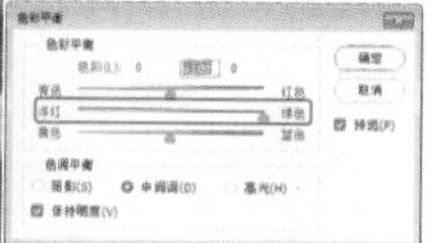

图 5-90 增加绿色减少洋红

将滑块移向【黄色】后的效果如图 5-91 所示。将滑块移向【蓝色】后的效果如图 5-92 所示。

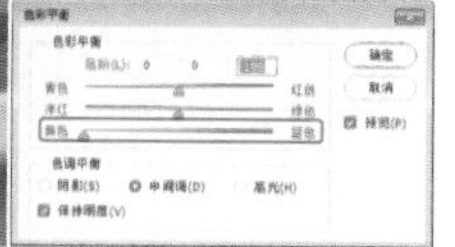

图 5-91 增加黄色减少蓝色

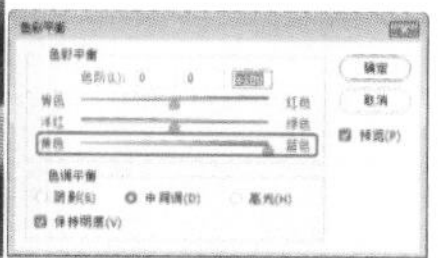

图 5-92 增加蓝色减少黄色

5.4 制作中秋节海报

中秋节是流行于中国众多民族与汉字文化圈诸国的传统文化节日，时在农历八月十五；因其恰值三秋之半，故名，也有些地方将中秋节定在八月十六。中秋节海报效果如图 5-93 所示。

图 5-93 中秋节海报

素材	素材 \Cha05\ 中秋节背景 .jpg、中秋文字 .png
场景	场景 \Cha05\ 制作中秋节海报 .psd
视频	视频教学 \Cha05\5.4 制作中秋节海报 . mp4

01 按 Ctrl+O 快捷键，弹出【打开】对话框，选择“中秋节背景 .jpg”素材文件，单击【打开】按钮，如图 5-94 所示。

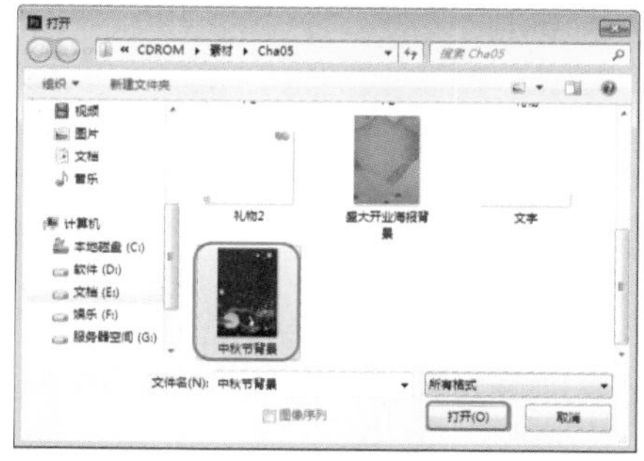

图 5-94 选择素材文件

02 使用【矩形工具】绘制矩形，将 W 和 H 分别设置为 1877、2741，【填充】设置为无，【描边】设置为白色，【描边宽度】设置为 6，如图 5-95 所示。

图 5-95 设置矩形参数

03 选择【矩形 1】图层，单击鼠标右键，在弹出的快捷菜单中选择【栅格化图层】命令，如图 5-96 所示。

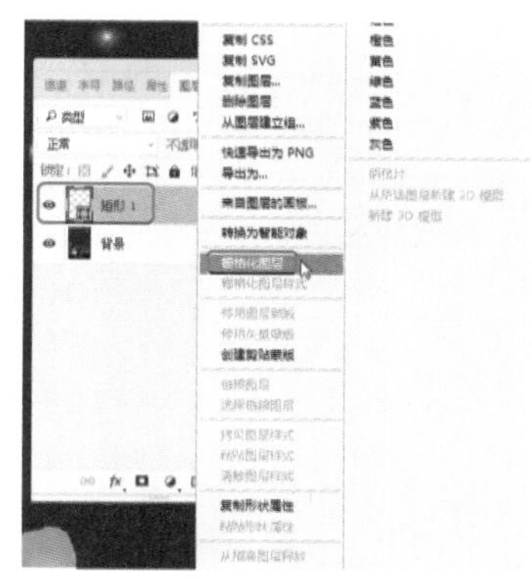

图 5-96 选择【栅格化图层】命令

04 使用【橡皮擦工具】擦除多余的线

段，如图 5-97 所示。

图 5-97　擦除多余线段

05 使用【横排文字工具】 输入文本，将【字体】设置为【方正小标宋简体】，【字体大小】设置为 300，【水平缩放】设置为 93，【颜色】设置为白色，如图 5-98 所示。

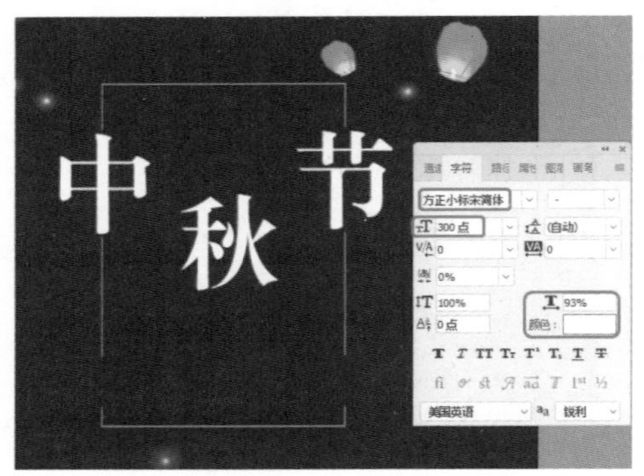

图 5-98　设置文本参数

06 新建【图层 1】图层，使用【钢笔工具】 绘制如图 5-99 所示的图形，并将填充颜色设置为白色。

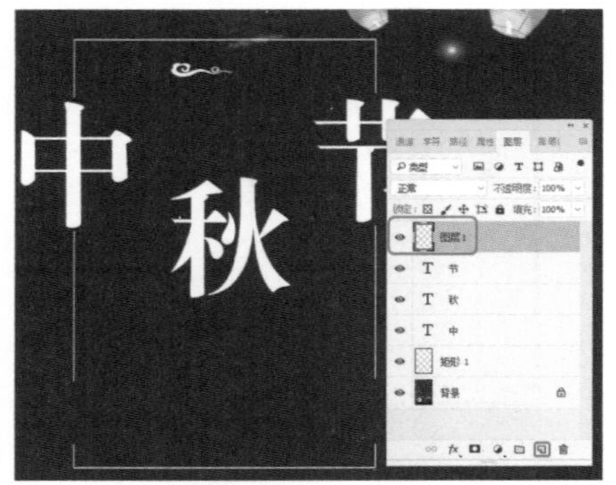

图 5-99　绘制图形

07 使用【椭圆工具】 绘制正圆形，将 W 和 H 均设置为 105，【填充】设置为 #ffb700，【描边】设置为无，如图 5-100 所示。

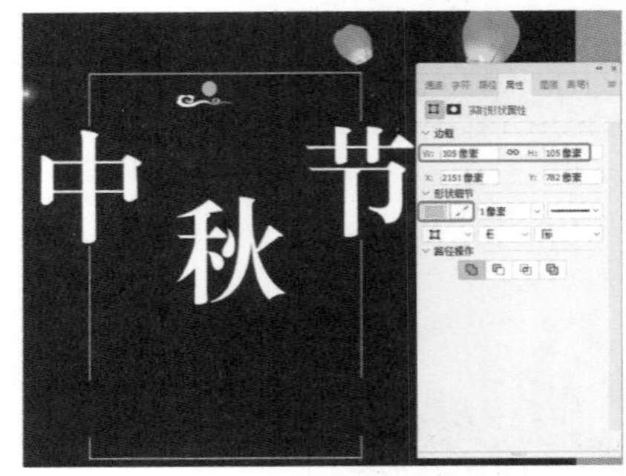

图 5-100　设置正圆形参数

08 使用【椭圆工具】 绘制多个正圆形，将 W 和 H 均设置为 170，【填充】设置为无，【描边】设置为白色，【描边宽度】设置为 5，如图 5-101 所示。

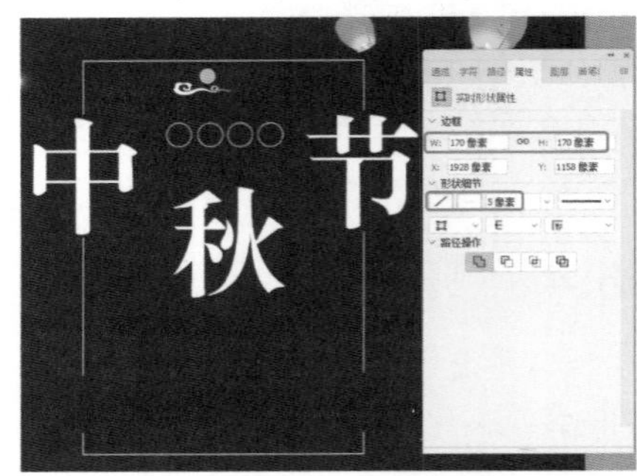

图 5-101　设置正圆形参数

09 使用【横排文字工具】 输入文本，将【字体】设置为【方正小标宋简体】，【字体大小】设置为 45，【字符间距】设置为 800，【水平缩放】设置为 93，【颜色】设置为白色，如图 5-102 所示。

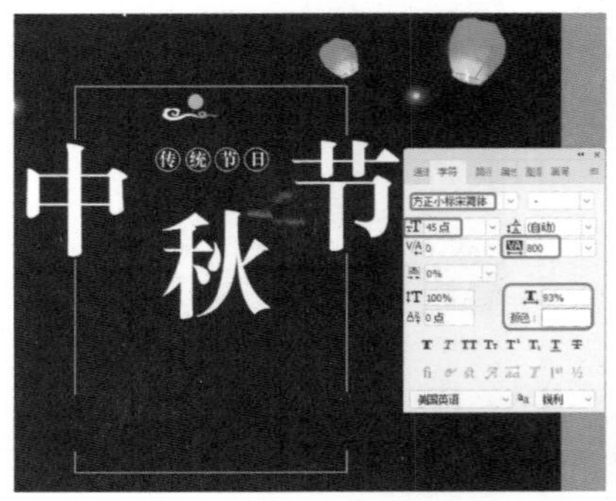

图 5-102　设置文本参数

10 使用【横排文字工具】 输入文本，

将【字体】设置为【方正小标宋简体】，【字体大小】设置为22，【字符间距】设置为200，【水平缩放】设置为93，【颜色】设置为白色，如图5-103所示。

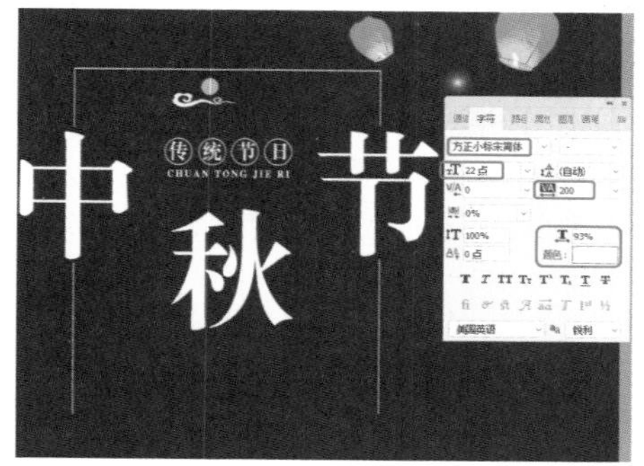

图 5-103 设置文本参数

11 使用【横排文字工具】T. 输入文本，将【字体】设置为【方正小标宋简体】，【字体大小】设置为55，【字符间距】设置为200，【颜色】设置为白色，如图5-104所示。

图 5-104 设置文本参数

12 使用【横排文字工具】T. 输入文本，将【字体】设置为【方正小标宋简体】，【字体大小】设置为55，【字符间距】设置为500，【颜色】设置为白色，如图5-105所示。

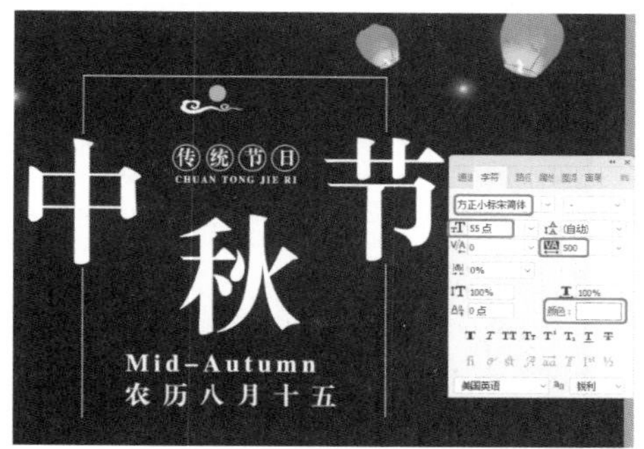

图 5-105 设置文本参数

13 使用【横排文字工具】T. 输入文本，将【字体】设置为【方正粗活意简体】，【字体大小】设置为33，【字符间距】设置为200，【颜色】设置为白色，如图5-106所示。

图 5-106 设置文本参数

14 使用【横排文字工具】T. 输入文本，将【字体】设置为【黑体】，【字体大小】设置为18，【行距】设置为24，【字符间距】设置为200，【颜色】设置为白色，如图5-107所示。

图 5-107 设置文本参数

15 新建【图层2】和【图层3】图层，使用【钢笔工具】 分别绘制如图5-108所示的图形，并将填充颜色设置为白色。

图 5-108 绘制图形并填充白色

16 在菜单栏中选择【文件】|【置入嵌入对象】命令，弹出【置入嵌入的对象】对话框，选择“中秋文字 .png”素材文件，单击【置入】按钮，如图 5- 109 所示。

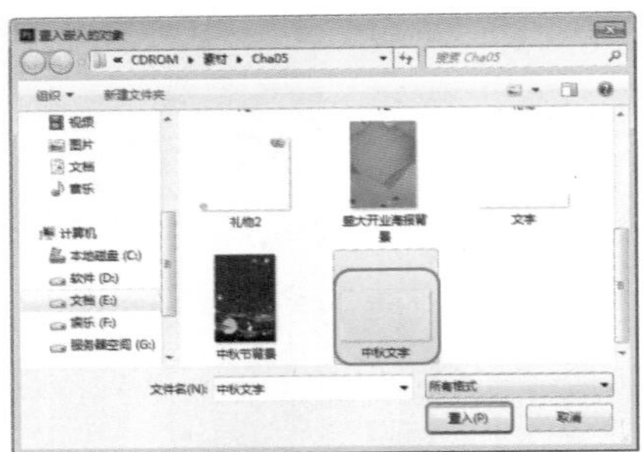

图 5-109　选择素材文件

17 置入素材文件后调整中秋文本的位置，如图 5-110 所示。

图 5-110　调整文本位置

18 使用【横排文字工具】 输入文本，将【字体】设置为【方正书宋简体】，【字体大小】设置为 43，【字符间距】设置为 340，【颜色】设置为白色，单击【仿粗体】按钮，如图 5-111 所示。

图 5-111　设置文本参数

19 使用【矩形工具】 绘制矩形，将 W 和 H 分别设置为 780、155，【填充】设置为无，【描边】设置为 #760877，【描边宽度】设置为 9，如图 5-112 所示。

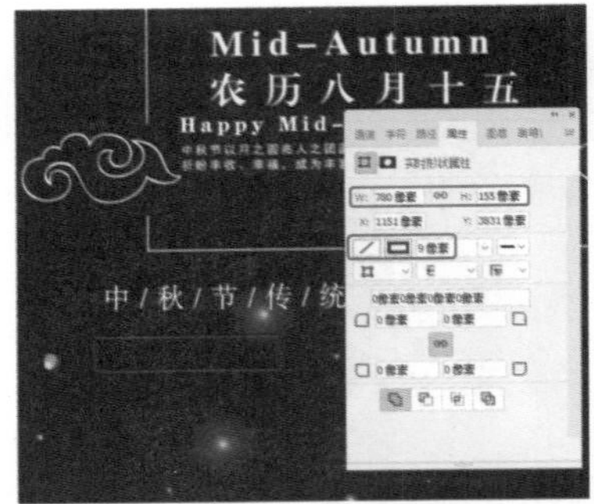

图 5-112　设置矩形参数

20 使用【矩形工具】 绘制矩形，将 W 和 H 分别设置为 466、140，【填充】设置为 #760877，【描边】设置为无，如图 5-113 所示。

图 5-113　设置矩形参数

21 使用【横排文字工具】 输入文本，将【字体】设置为【创艺简老宋】，【字体大小】设置为 30，【字符间距】设置为 25，【颜色】设置为白色，如图 5-114 所示。

图 5-114　设置文本参数

22 选择绘制的矩形和文本，按住 Alt 键对其进行复制，如图 5-115 所示。

图 5-115 复制对象

23 将第 2 个复制矩形的【填充】和【描边】颜色更改为 #007cff，如图 5-116 所示。

图 5-116 更改第 2 个矩形颜色

24 将第 3 个复制矩形的【填充】和【描边】颜色更改为 # f08b08，如图 5-117 所示。

图 5-117 更改第 3 个矩形颜色

25 使用【横排文字工具】 输入文本，将【字体】设置为【Adobe 黑体 Std】，【字体大小】设置为 45，【颜色】设置为白色，单击【仿粗体】按钮，如图 5-118 所示。

图 5-118 设置文本参数

26 使用【横排文字工具】 输入文本，将【字体】设置为【Adobe 黑体 Std】，【字体大小】设置为 21，【颜色】设置为白色，单击【仿粗体】按钮，如图 5-119 所示。

图 5-119 设置文本参数

27 使用【横排文字工具】 输入文本，将【字体】设置为【Adobe 黑体 Std】，【字体大小】设置为 37，【颜色】设置为白色，单击【仿粗体】按钮，如图 5-120 所示。

图 5-120 设置文本参数

28 按 Ctrl+Alt+Shift+E 快捷键，将图层重命名为“盖印图层”，如图 5-121 所示。

图 5-121　盖印图层

29 在菜单栏中选择【图像】|【调整】|【色阶】命令，如图 5-122 所示。

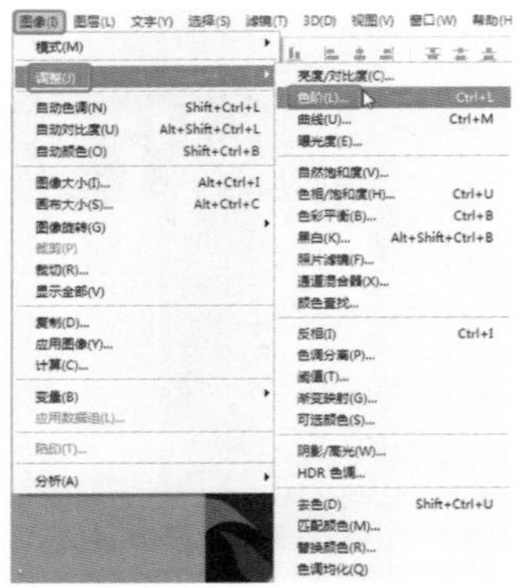

图 5-122　选择【色阶】命令

30 弹出【色阶】对话框，将【色阶】分别设置为 13、1.44、221，单击【确定】按钮，如图 5-123 所示。

31 设置色阶的最终效果如图 5-124 所示。

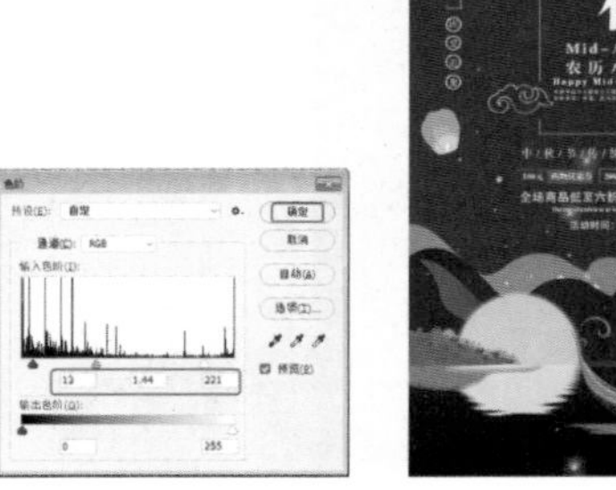

图 5-123　设置色阶参数

图 5-124　最终效果

知识链接：色阶

【色阶】命令通过调整图像暗调、灰色调和高光的亮度级别来校正图像的影调，包括反差、明暗和图像层次以及平衡图像的色彩。

打开【色阶】对话框的方法有以下几种。

- 在菜单栏中选择【图像】|【调整】|【色阶】命令。
- 按 Ctrl+L 快捷键。
- 打开一张素材图片，按 F7 键打开【图层】面板，然后单击该面板底部的【创建新的填充或调整图层】按钮，在弹出的下拉菜单中选择【色阶】命令，如图 5-125 所示。

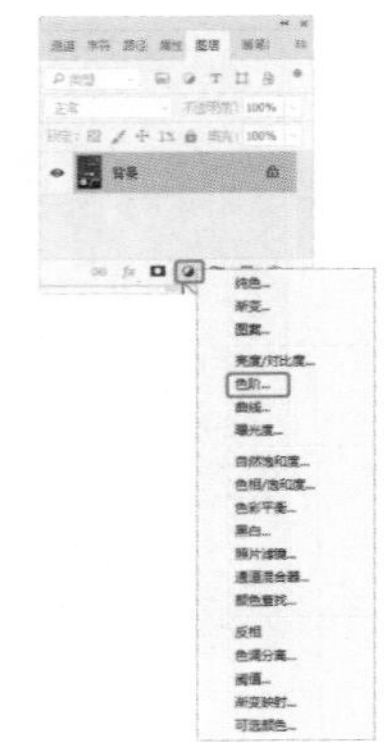

图 5-125　选择【色阶】命令

打开的【色阶】对话框如图 5-126 所示。

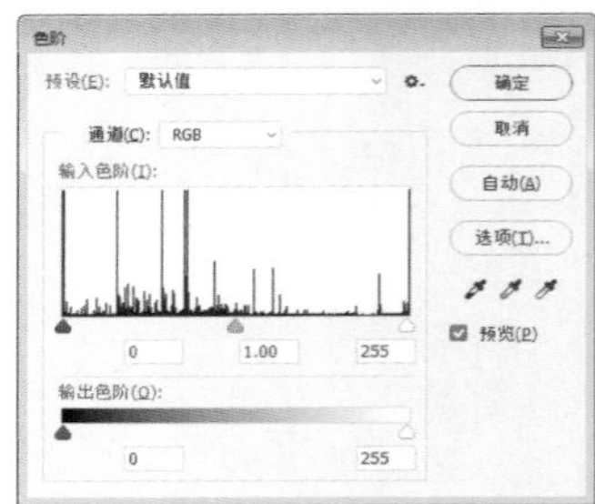

图 5-126　【色阶】对话框

【色阶】对话框中各个选项的介绍如下。

- 【通道】下拉列表框：利用该下拉列表框，可以在整个的颜色范围内对图像进行色调调整，也可以单独编辑特定颜色的色调。若要同时编辑一组颜色通道，在选择【色阶】命令之前应按住 Shift 键在【通道】面板中选择这些通道。之后，通道菜单会显示目标通道的缩写，例如 CM 代表青色和洋红。此下拉列表框还包含所选组合的个别通道。可以只分别编辑专色通道和 Alpha 通道。
- 【输入色阶】参数框：可以分别调整暗调、中间调和高光的亮度级别来修改图像的色调范围，以提高或降低图像的对比度。
    - 在【输入色阶】参数框中可以输入目标值，这种方法比较精确，但直观性不好。
    - 以输入色阶直方图为参考，拖动 3 个【输入色阶】滑块可使色调的调整更为直观。
    - 最左边的黑色滑块（阴影滑块）：向右拖动可以增大图像的暗调范围，使图像显示得更暗。同时拖曳的程度会在【输入色阶】最左边的方框中得到量化，如图 5-127 所示。

图 5-127 增大图像的暗调范围

- 最右边的白色滑块（高光滑块）：向左拖动可以增大图像的高光范围，使图像变亮。高光的范围会在【输入色阶】最右边的方框中显示，如图 5-128 所示。

图 5-128 增大图像的高光范围

- 中间的灰色滑块（中间调滑块）：左右拖动可以增大或减小中间色调范围，从而改变图像的对比度。其作用与在【输入色阶】中间方框输入数值相同。

- 【输出色阶】参数框：只有暗调滑块和高光滑块，通过拖动滑块或在方框中输入目标值，可以降低图像的对比度。向右拖动暗调滑块，【输出色阶】左边方框中的值会相应增加，但此时图像却会变亮；向左拖动高光滑块，【输出色阶】右边方框中的值会相应减小，但图像却会变暗。这是因为在输出时 Photoshop 的处理过程是这样的：比如将第一个方框的值调为 10，则表示输出图像会以在输入图像中色调值为 10 的像素的暗度为最低暗度，所以图像会变亮；将第二个方框的值调为 245，则表示输出图像会以在输入图像中色调值 245 的像素的亮度为最高亮度，所以图像会变暗。总而言之，【输入色阶】的调整是用来增加对比度，而【输出色阶】的调整则是用来减少对比度。
- 吸管工具：该工具共有 3 个，即【图像中取样以设置黑场】、【图像中取样以设置灰场】、【图像中取样以设置白场】，它们分别用于完成图像中的黑场、灰场和白场的设定。使用设置黑场吸管在图像中的某点颜色上单击，该点则成为图像中的黑色，该点与原来黑色的颜色色调范围内的颜色都将变为黑色，该点与原来白色的颜色色调范围内的颜色整体都进行亮度的降低。使用设置白场吸管，完成的效果则正好与设置黑场吸管的作用相反。使用设置灰场吸管可以完成图像中的灰度设置。
- 【自动】按钮：单击【自动】按钮可将高光和暗调滑块自动地移动到最亮点和最暗点。

5.5 制作感恩节宣传海报

感恩节是美国的传统节日，主要流传于北美国家。感恩节旨在感谢生命中遇到的一些人和事。在临近感恩节时，各种商店都会对商品进行打折销售，近年来愈演愈烈，甚至有的商家把打折日提前到了感恩节当天，因此，不少商家会提前制作感恩节宣传海报来进行宣传，感恩节宣传海报效果如图 5-129 所示。

图 5-129 感恩节宣传海报

素材	素材 \Cha05\ 感恩节 -01.jpg、感恩节 -02.jpg、感恩节 -03.png、感恩节 -04.jpg、感恩节 -05.png
场景	场景 \Cha05\ 制作感恩节宣传海报 .psd
视频	视频教学 \Cha05\5.5 制作感恩节宣传海报 .mp4

01 启动 Photoshop 软件，按 Ctrl+N 快捷键，在弹出的【新建文档】对话框中将【宽度】、【高度】分别设置为 640、853，将【分辨率】设置为 96，将【背景内容】设置为【白色】，如图 5-130 所示。

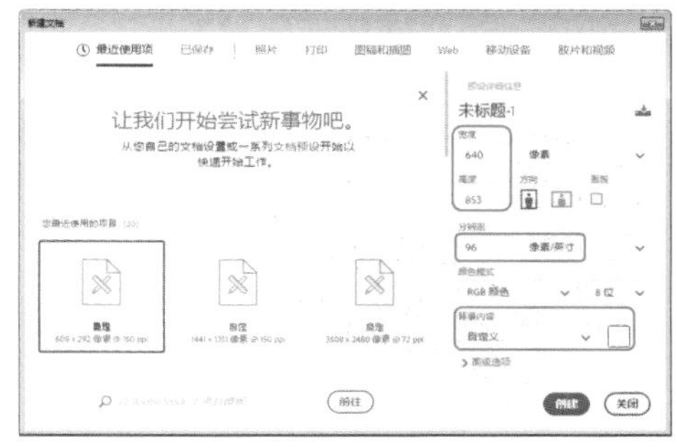

图 5-130 设置新建文档参数

02 设置完成后，单击【创建】按钮。按

Ctrl+O 快捷键，在弹出的【打开】对话框中选择“感恩节 -01.jpg”素材文件，单击【打开】按钮，如图 5-131 所示。

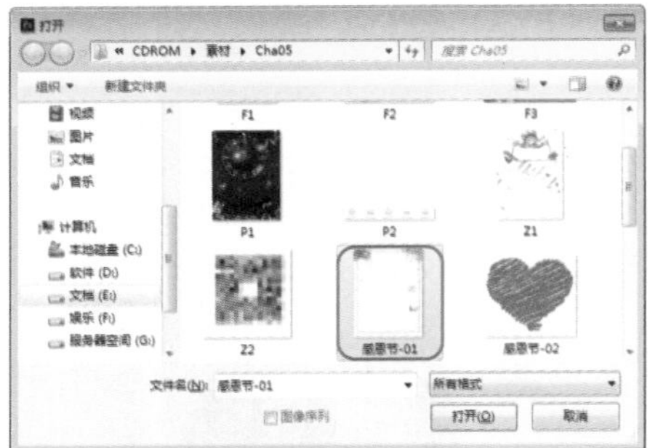

图 5-131　选择素材文件

03 单击工具箱中的【移动工具】按钮 ，在工作区中按住鼠标左键，将其拖曳至新建的文档中，在【属性】面板中将 W、H 分别设置为 16.96、22.6，将 X、Y 均设置为 0，如图 5-132 所示。

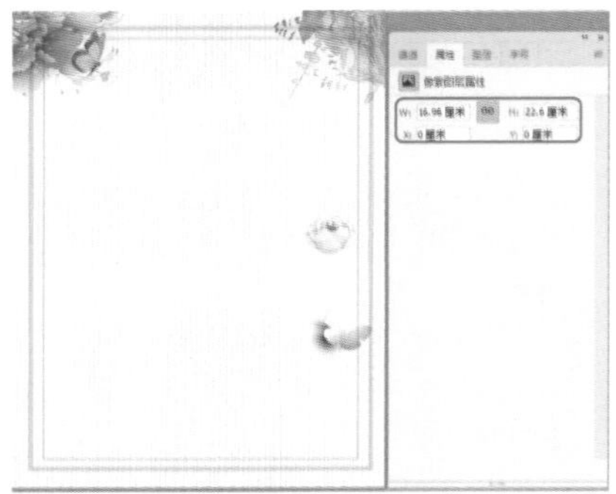

图 5-132　设置素材大小和位置

04 按 Ctrl+O 快捷键，在弹出的【打开】对话框中选择“感恩节 -02.jpg”素材文件。在【通道】面板中单击【绿】通道，按住 Ctrl 键单击【绿】通道缩览图，将其载入选区，如图 5-133 所示。

图 5-133　将通道载入选区

05 按 Ctrl+Shift+I 快捷键，将选区进行反选。在【通道】面板中单击【将选区存储为通道】按钮 ，将选区存储为通道，如图 5-134 所示。

图 5-134　将选区存储为通道

06 在【通道】面板中选择 Alpha 1 通道，按住 Ctrl 键单击【绿】通道的缩览图，按 Ctrl+Shift+I 快捷键进行反选，按 Ctrl+Delete 快捷键填充背景色，如图 5-135 所示。

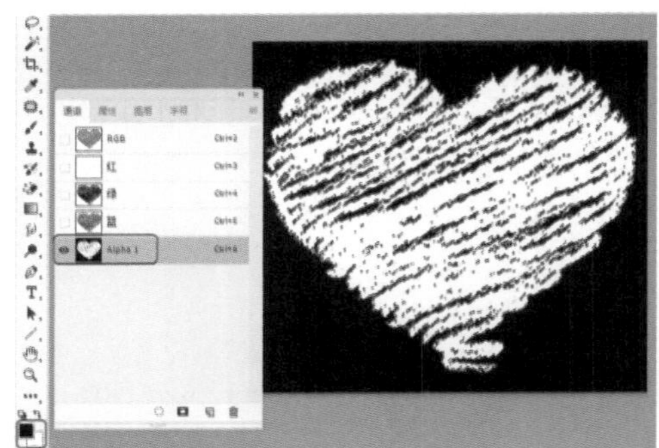

图 5-135　填充通道

07 在【通道】面板中按住 Ctrl 键单击【蓝】通道缩览图，按 Ctrl+Shift+I 快捷键进行反选，按 Ctrl+Delete 快捷键填充背景色，效果如图 5-136 所示。

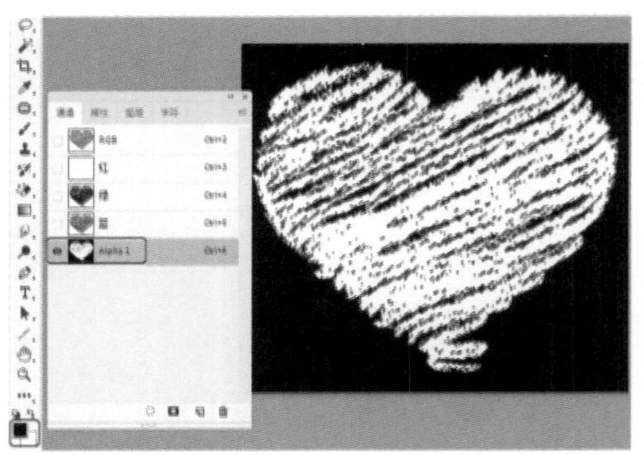

图 5-136　填充【蓝】通道选区

08 在【通道】面板中选择 RGB 通道，按住 Ctrl 键单击 Alpha 1 通道缩览图，将其载入选区，如图 5-137 所示。

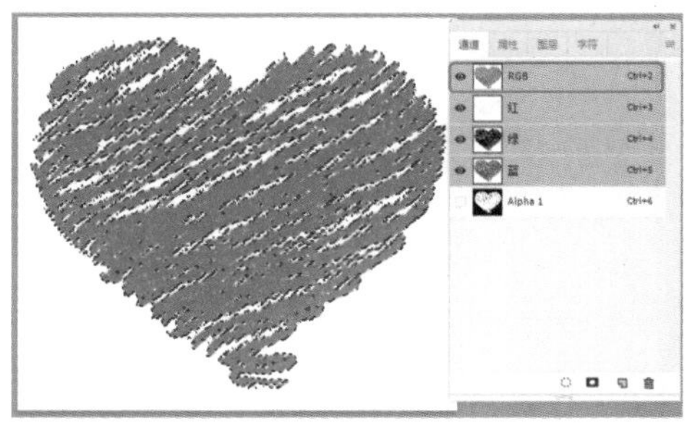

图 5-137 将 Alpha 1 通道载入选区

09 在【图层】面板中选择【背景】图层，单击【添加蒙版】按钮，即可将选区作为蒙版进行添加，效果如图 5-138 所示。

图 5-138 添加蒙版后的效果

10 选择工具箱中的【移动工具】，按住鼠标左键，将其拖曳至新建的文档中，在【属性】面板中将 W、H 分别设置为 11.54、10，将 X、Y 分别设置为 2.86、1.91，效果如图 5-139 所示。

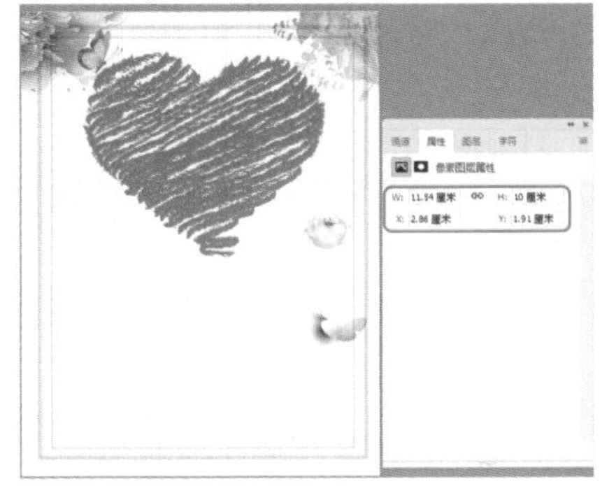

图 5-139 移动素材并设置其参数

11 在【图层】面板中双击【图层 2】图层，在弹出的【图层样式】对话框中勾选【斜面和浮雕】复选框，将【样式】设置为【内斜面】，将【方法】设置为【平滑】，将【深度】设置为 100，选中【上】单选按钮，将【大小】、【软化】、【角度】、【高度】分别设置为 2、0、90、30，勾选【使用全局光】复选框，将【光泽等高线】设置为【线性】，将【高光模式】设置为【正常】，将【高光颜色】的 RGB 值设置为 238、90、105，将【高光模式】下的【不透明度】设置为 75，将【阴影模式】设置为【正片叠底】，将【阴影颜色】的 RGB 值设置为 227、66、99，将【阴影模式】下的【不透明度】设置为 75，如图 5-140 所示。

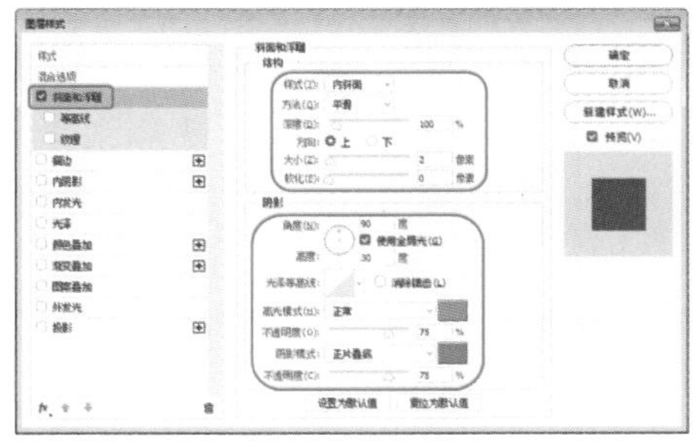

图 5-140 设置斜面和浮雕参数

12 勾选【纹理】复选框，将【图案】设置为【气泡 (80×80 像素，RGB 模式)】，将【缩放】、【深度】分别设置为 37、100，勾选【与图层链接】复选框，如图 5-141 所示。

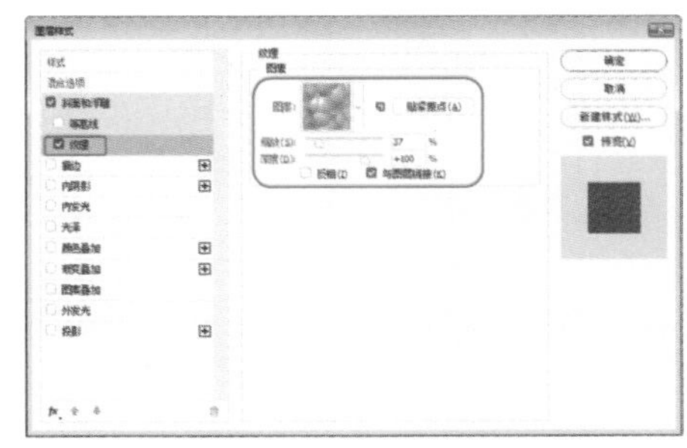

图 5-141 设置纹理参数

13 勾选【颜色叠加】复选框，将【混合模式】设置为【正常】，将【叠加颜色】的 RGB 值设置为 199、13、32，将【不透明度】设置为 100，如图 5-142 所示。

14 勾选【投影】复选框，将【混合模式】设置为【正片叠底】，将【阴影颜色】的 RGB 值设置为 150、14、16，将【不透明度】设置为 33，将【角度】设置为 90，勾选【使用全局光】复选框，将【距离】、【扩展】、【大小】分别设置为 1、0、1，如图 5-143 所示。

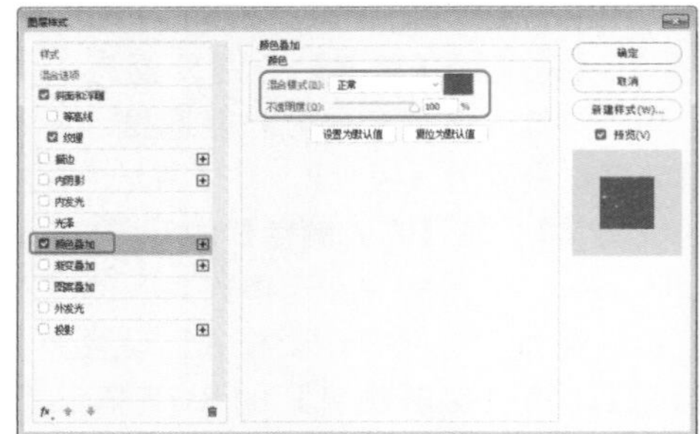

图 5-142　设置颜色叠加参数

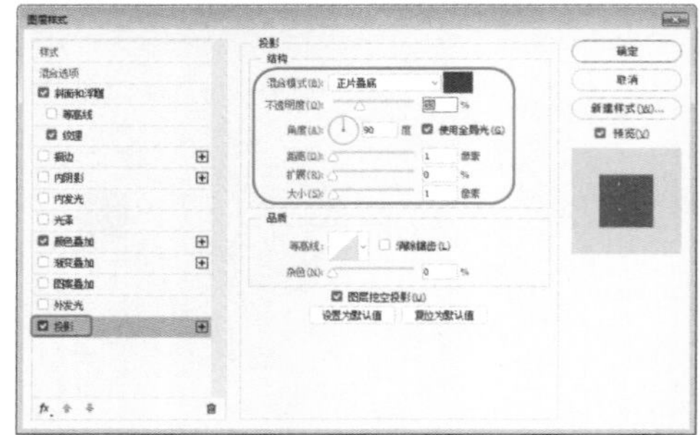

图 5-143　设置投影参数

知识链接：海报的用途

1. 广告宣传海报：可以传播到社会中，主要为提高企业或个人的知名度。

2. 现代社会海报：较为普遍的社会现象，为多数人所接纳，提供现代生活的重要信息。

3. 企业海报：为企业部门所认可，它可以利用到控制员工的一些思想，引发思考。

4. 文化宣传海报：所谓文化是当今社会必不可少的，无论是多么偏僻的角落，多么寂静的山林，都存在着文化宣传海报。

5. 影视剧海报：比较常见的宣传方式，通过了解影视剧的人物线索和主题，来制作海报达到宣传的效果。

15 设置完成后，单击【确定】按钮。选择工具箱中的【横排文字工具】T，在工作区中单击鼠标左键，输入文本。选中输入的文本，在【字符】面板中将【字体】设置为【汉仪蝶语体简】，将【字体大小】设置为 129.78，将【字符间距】设置为 100，将【基线偏移】设置为 5.64，将【颜色】的 RGB 值设置为 255、255、255，单击【仿粗体】按钮T，在【属性】面板中将 X、Y 分别设置为 4.6、2.93，如图 5-144 所示。

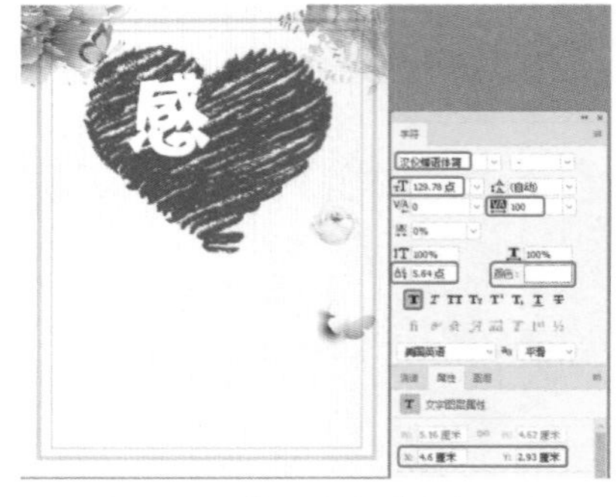

图 5-144　输入文本并进行设置

16 在【图层】面板中选中该图层并双击，在弹出的【图层样式】对话框中勾选【投影】复选框，将【阴影颜色】的 RGB 值设置为 144、9、23，将【不透明度】设置为 51，将【角度】设置为 90，勾选【使用全局光】复选框，将【距离】、【扩展】、【大小】分别设置为 9、26、9，如图 5-145 所示。

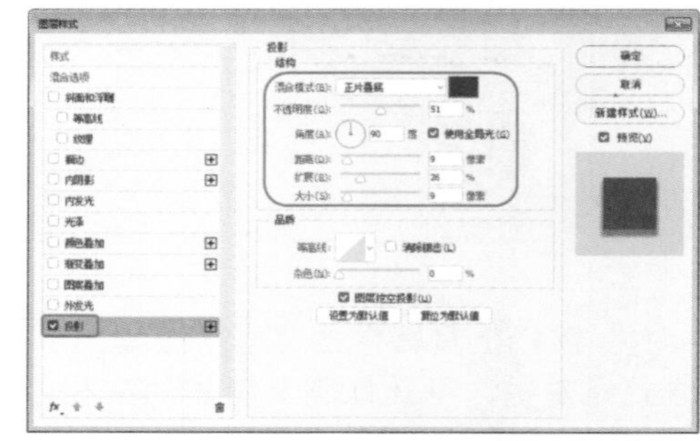

图 5-145　设置投影参数

17 设置完成后，单击【确定】按钮。使用相同的方法输入其他文本，输入后的效果如图 5-146 所示。

图 5-146　输入其他文本后的效果

18 选择工具箱中的【圆角矩形工具】，在工具选项栏中将【工具模式】设置为【形状】，将【填充】的RGB值设置为234、82、73，在工作区中绘制一个圆角矩形。在【属性】面板中将W、H分别设置为36、80，将X、Y分别设置为207、287，将【左上角半径】、【右上角半径】、【左下角半径】、【右下角半径】均设置为17，如图5-147所示。

图 5-147 绘制圆角矩形并进行设置

19 继续选中该圆角矩形，按Ctrl+T快捷键，在工具选项栏中将【旋转】设置为-5，如图5-148所示。

图 5-148 设置旋转角度后的效果

20 选择工具箱中的【直排文字工具】，在工作区中单击鼠标，输入文本，调整文本的角度和位置。在【字符】面板中将【字体】设置为【Adobe 黑体 Std】，将【字体大小】设置为12.21，将【字符间距】设置为120，将【颜色】的RGB值设置为255、255、255，单击【仿粗体】按钮，效果如图5-149所示。

21 根据前面所介绍的方法绘制其他图形并创建其他文本，效果如图5-150所示。

图 5-149 输入文本并进行设置

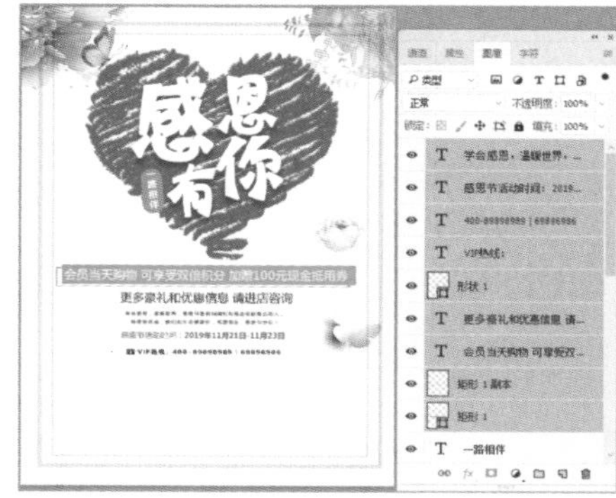

图 5-150 创建其他图形与文本后的效果

提 示

用户在制作本案例时若需要查看案例中的设置，可以在"场景\Cha05\制作感恩节海报.psd"场景文件中查看。

22 按Ctrl+O快捷键，在弹出的【打开】对话框中选择"感恩节-03.png"素材文件，按住鼠标左键将其拖曳至新创建的文档中，在【属性】面板中将W、H分别设置为16.54、10，将X、Y分别设置为4.29、14.23，如图5-151所示。

图 5-151 添加素材并设置其大小和位置

23 打开“感恩节 -04.jpg”素材文件，按住鼠标左键将其拖曳至新创建的文档中，在【属性】面板中将 W、H 分别设置为 16.54、8.55，将 X、Y 分别设置为 1.06、14.23，在【图层】面板中选择【图层 4】图层，并右击，在弹出的快捷菜单中选择【创建剪贴蒙版】命令，效果如图 5-152 所示。

图 5-152　添加素材文件并进行设置

疑难解答　剪贴蒙版有什么优点?

剪贴蒙版可以用一个图层中包含像素的区域来限制其上方图像的显示范围。它最大的优点是可以通过一个图层来控制多个图层的显示内容，而图层蒙版与矢量蒙版仅可以控制一个图层。

24 根据前面所介绍的方法将“感恩节 -05.png”素材文件添加至新创建的文档中，并调整其位置与大小，调整后的效果如图 5-153 所示。

图 5-153　添加其他素材文件后的效果

5.6　制作早教宣传海报

早教是指从人出生到小学以前阶段的教育。随着现代教育的不断发展，越来越多的早教中心脱颖而出，竞争力也日益增长，不少早教中心都以制作宣传单页为营销手段，在制作单页时，要求设计者将图片、文字、色彩、空间等要素进行完整的结合，以恰当的形式向人们展示宣传信息，从而引起关注的效果。早教宣传海报效果如图 5-154 所示。

图 5-154　早教宣传海报

素材	素材 \Cha02\Z1.png、Z2.png
场景	场景 \Cha02\ 制作早教宣传海报 .psd
视频	视频教学 \Cha02\5.6　制作早教宣传海报 .mp4

01 启动 Photoshop CC 软件，在菜单栏中选择【文件】|【新建】命令，在弹出的【新建文档】对话框中将【宽度】和【高度】分别设置为 1240、1754，将【分辨率】设置为 72，将【颜色模式】设置为【RGB 颜色】，将【背景内容】设置为【白色】，单击【创建】按钮，如图 5-155 所示。

图 5-155　设置新建文档参数

02 选择工具箱中的【矩形工具】，在工作区中单击并拖动鼠标绘制矩形。绘制完成后，在弹出的【属性】面板中将 W 和 H 分别设置为 1240、1754，将 X 和 Y 均设置为 0，将

【填充】设置为 #0066ff，将【描边】设置为无，设置完成后按 Enter 键，完成矩形的绘制，如图 5-156 所示。

图 5-156 绘制矩形

03 在【图层】面板中单击【新建图层】按钮，新建【图层 1】图层，如图 5-157 所示。

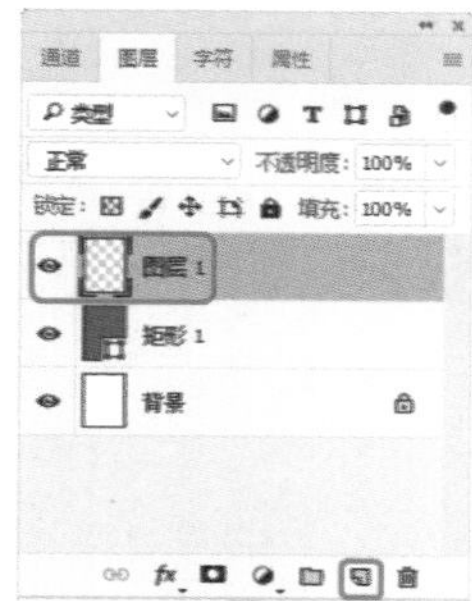

图 5-157 新建图层

04 选中【图层 1】图层，在工具箱中将【前景色】设置为 #00ffff，选择【渐变工具】，单击工具选项栏中的【编辑渐变】右侧的下三角按钮，在下拉面板中单击【前景色到透明渐变】图标，将【渐变类型】设置为【线性渐变】，在工作区中绘制透明渐变，如图 5-158 所示。

图 5-158 绘制透明渐变

05 在菜单栏中选择【文件】｜【打开】命令，在弹出的【打开】对话框中选择“Z1.png”素材文件，单击【打开】按钮，如图 5-159 所示。

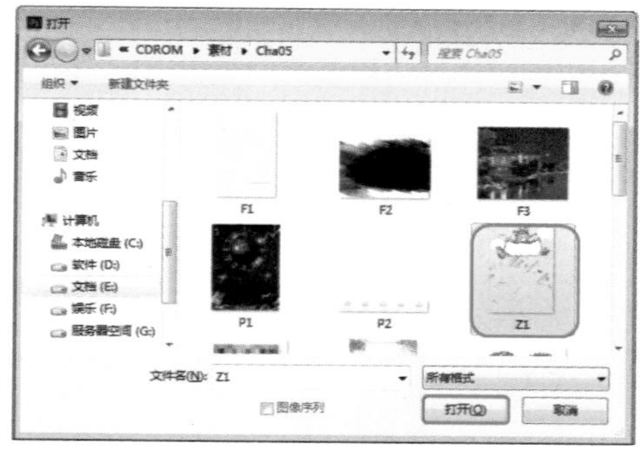

图 5-159 选择素材文件

06 选择工具箱中的【移动工具】，将打开的素材文件拖曳至新创建的文档中，并将其调整至合适的位置，效果如图 5-160 所示。

图 5-160 调整完成后的效果

提 示

使用【移动工具】移动素材文件时会移动整个图层。如果想要移动该图层中某个区域，可以使用【矩形选框工具】滑动鼠标，框选选区，然后使用【移动工具】移动该选区即可。

07 选择工具箱中的【横排文字工具】，输入文本“童林堡”，输入完成后打开【字符】面板，在该面板中将【字体】设置为【方正胖娃简体】，将【字体大小】设置为 200，将【行距】和【字符间距】分别设置为 28、0，将【颜色】设置为 #ffff33，设置完成后按 Enter 键，完成文本的输入，如图 5-161 所示。

08 在【图层】面板中单击【添加图层样式】按钮，在弹出的下拉菜单中选择【描边】

命令，如图 5-162 所示。

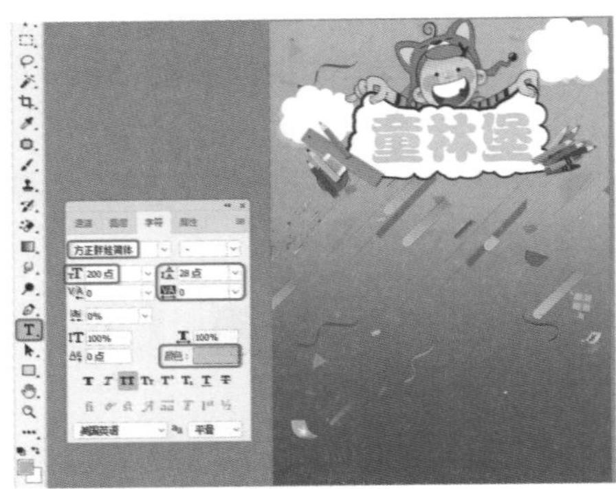

图 5-161 创建文本

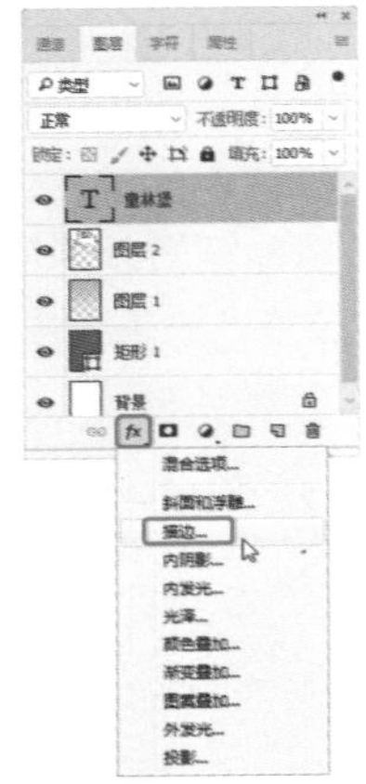

图 5-162 选择【描边】命令

09 在弹出的【图层样式】对话框中将【大小】设置为 20，将【位置】设置为【外部】，将【混合模式】设置为【正常】，将【填充类型】设置为【颜色】，将【颜色】设置为 # 006633，设置完成后单击【确定】按钮，如图 5-163 所示。

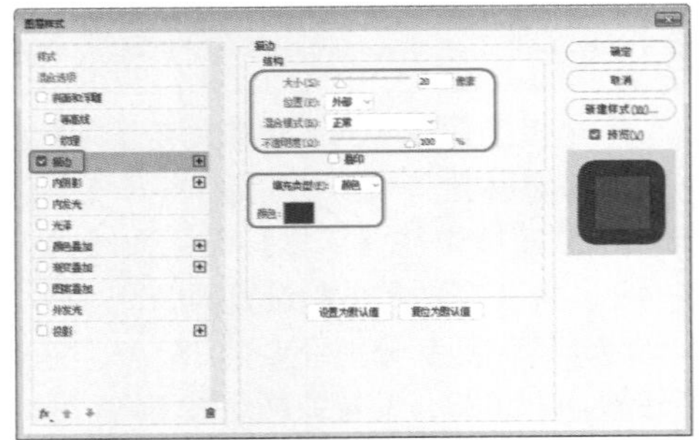

图 5-163 设置描边参数

10 使用同样的方法制作如图 5-164 所示的文本。

图 5-164 设置完成后的效果

11 在【图层】面板中单击【创建新图层】按钮，选中创建的新图层，使用工具箱中的【钢笔工具】绘制图形，按 Ctrl+Enter 快捷键，将其转换为选区，如图 5-165 所示。

图 5-165 绘制图形并转换为选区

12 选择工具箱中的【渐变工具】，在工具选项栏中单击渐变条，在弹出的【渐变编辑器】对话框中将左侧色标的颜色设置为 #ed3502，将右侧色标的颜色设置为 #fd7e56，如图 5-166 所示。

图 5-166 设置渐变颜色

13 设置完成后，单击【确定】按钮。在工作区中绘制渐变，使用上面介绍的方法再次使用【钢笔工具】绘制图形，并为其设置渐变颜色，设置完成后的效果如图 5-167 所示。

14 在【图层】面板中单击【创建新图层】按钮，选中创建的新图层，使用工具箱中的【钢笔工具】，绘制不规则图形，如图 5-168 所示。

图 5-167 绘制图形

图 5-168 再次绘制图形

15 绘制完成后使用鼠标右键单击不规则图形，在弹出的快捷菜单中选择【填充路径】命令，如图 5-169 所示。

图 5-169 选择【填充路径】命令

16 在弹出的【填充路径】对话框中，将【内容】设置为【颜色】，在弹出的【拾色器(填充颜色)】对话框中将【颜色】设置为 #261cf5，设置完成后，单击【确定】按钮。返回至【填充路径】对话框中，将【模式】设置为【正常】，将【不透明度】设置为 80，其他设置保持默认即可，单击【确定】按钮，如图 5-170 所示。

17 设置完成后，按 Ctrl+J 快捷键将其进行复制；按 Ctrl+T 快捷键调整其大小和位置，调整完成后的效果如图 5-171 所示。

18 选中最左侧的不规则图形，在【图层】面板中将【不透明度】设置为 36，如图 5-172 所示。

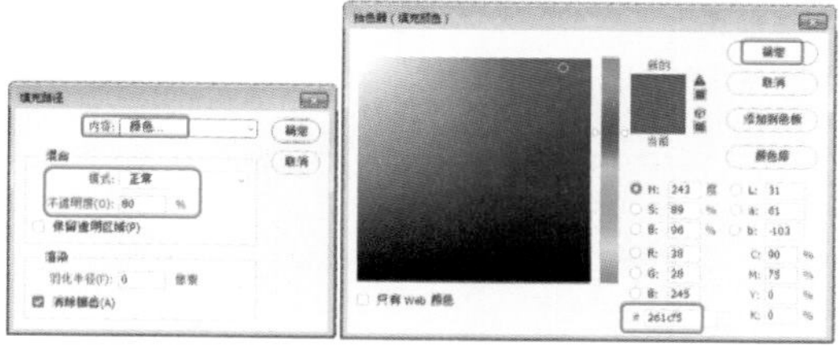

图 5-170 设置填充路径

图 5-171 调整完成后的效果

图 5-172 设置不透明度

19 选择工具箱中的【横排文字工具】，在工作区输入文本，然后打开【字符】面板，将【字体】设置为【Adobe 黑体 Std】，将【字体大小】设置为 46，将【字符间距】设置为 0，将【颜色】设置为白色，如图 5-173 所示。

20 使用上面介绍的方法再次创建文本，并在【字符】面板中设置其参数，设置完成后的效果如图 5-174 所示。

图 5-173 创建文本

图 5-174 再次创建文本

21 选择工具箱中的【矩形工具】，在工作区中绘制矩形，然后打开【属性】面板，将 W 和 H 分别设置为 10、130，将【填充】设置为白色，将【描边】设置为无，如图 5-175 所示。

22 在菜单栏中选择【文件】|【置入嵌入对象】命令，弹出【置入嵌入的对象】对话框，

选择“Z2.png”素材文件，单击【置入】按钮，如图 5-176 所示。

图 5-175 绘制矩形

图 5-176 选择素材文件

23 将置入的素材文件调整至合适的位置，按 Ctrl+Alt+Shift+E 快捷键，盖印图层，如图 5-177 所示。

图 5-177 盖印图层

24 在菜单栏中选择【图像】|【调整】|【色相/饱和度】命令，弹出【色相/饱和度】对话框，将【色相】、【饱和度】分别设置为 +5、+2，如图 5-178 所示。

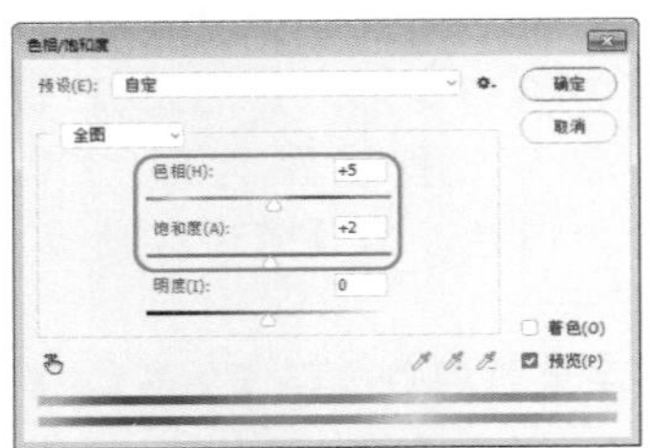

图 5-178 设置色相/饱和度参数

25 设置完成后的最终效果如图 5-179 所示。

图 5-179 最终效果

知识链接：色相/饱和度

【色相/饱和度】对话框中各选项的介绍如下。

- 【色相】：默认情况下，在【色相】文本框中输入数值，或者拖动滑块可以改变整个图像的色相，如图 5-180 所示。也可以在【编辑】选项下拉列表中选择一个特定的颜色，然后拖动色相滑块，单独调整该颜色的色相。图 5-181 所示为单独调整红色色相的效果。

图 5-180 拖动滑块调整图像的色相

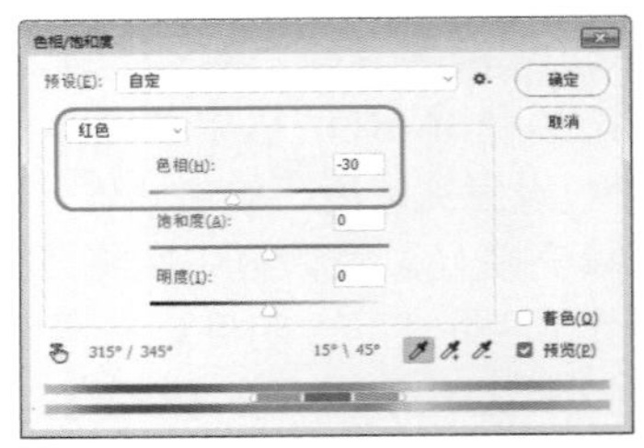

图 5-181 调整红色色相的效果

- 【饱和度】：向右侧拖动滑块可以增加饱和度，向左侧拖动滑块则减少饱和度。同样，也可以在【编辑】选项下拉列表中选择一个特定的颜色，然后单独调整该颜色的饱和度。图 5-182 所示为增加整个图像饱和度的调整结果；图 5-183 所示为单独增加红色饱和度的调整结果。
- 【明度】：向左侧拖动滑块降低亮度，向右侧拖动滑块可以增加亮度。同样，也可以在【编辑】下拉列表中选择一个特定颜色，调整图像中该颜色部分的亮度。图 5-184 所示为增加整个图像亮度的调整结果；图 5-185 所示为单独增加红色亮度的调整结果。

图 5-182 拖动滑块调整图像的饱和度

图 5-183 调整红色饱和度的效果

图 5-184 拖动滑块调整图像的亮度

图 5-185 调整红色亮度效果

- 【着色】：勾选该复选框后，图像将转换为只有一种颜色的单色调图像，如图 5-186 所示。变为单色调图像后，可拖动色相滑块和其他滑块来调整图像的颜色，如图 5-187 所示。

图 5-186 单色调图像

图 5-187 调整其他颜色

- 【吸管工具】：如果在【编辑】选项中选择了一种颜色，可以使用【吸管工具】在图像中单击，定位颜色范围，然后对该范围内的颜色进行更加细致的调整。如果要添加其他颜色，可以用【添加到取样】在相应的颜色区域单击；如果要减少颜色，可以使用【从取样中减去】，单击相应的颜色。
- 【颜色条】：在对话框的底部有两个颜色条，上面的颜色条代表了调整前的颜色，下面的颜色条代表了调整后的颜色。如果在【编辑】选项中选择了一种颜色，两个颜色条之间便会出现几个滑块，如图 5-188 所示。两个内部的垂直滑块定义了将要修改的颜色范围，调整所影响的区域会由此逐渐向两个外部的三角形滑块处衰减，三角形滑块以外的颜色不会受到影响，如图 5-189 所示。

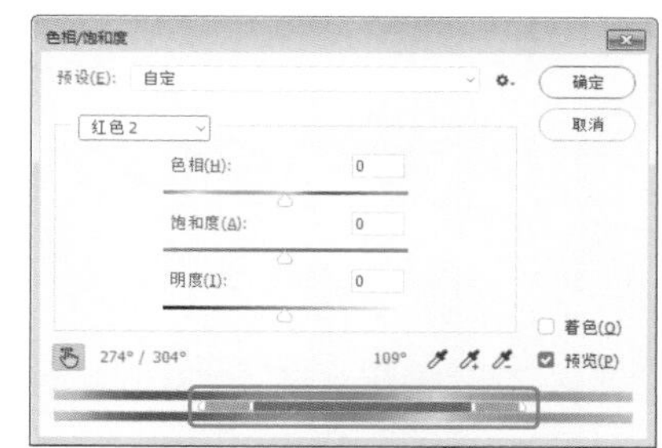

图 5-188 【色相 / 饱和度】对话框

图 5-189 调整颜色

第 6 章　网页宣传图设计

网页宣传图设计往往是利用图片、文字等元素构成的，并且通过视觉元素传达信息，使信息传递得更为准确，将真实的图片展现出来，让观赏者一目了然，有一种真实、直观、形象的感觉。本章将介绍如何制作网页宣传图。

全网首发

音随我动

给你不一样的世界

铝做机身 精工品质

重点知识

- 制作护肤品网页宣传
- 制作耳机网页宣传图
- 制作洗衣机网页宣传
- 制作网页活动宣传图

在很多网站的宣传图中，为了增添艺术效果，利用了多种颜色以及复杂的图形相结合，让画面看起来色彩斑斓、光彩夺目，从而吸引大众的购买欲，使观众对宣传内容有新的兴趣，进而使网页的点击率增多，这也是网页宣传图的一大特点。

6.1 制作护肤品网页宣传图

护肤品已成为每个女性必备的法宝，成功的化妆能唤起女性心理和生理上的活力，增强自信心。随着消费者自我意识的日渐提升，护肤品市场迅速发展，然而随着社会发展的加快，人们对于护肤品的消费从商超走向网购，让护肤、彩妆成为生活中必不可少的课题，因此，众多护肤品销售部门都专门建立了相应的宣传网站进行宣传。护肤品网页宣传图的效果如图 6-1 所示。

图 6-1 护肤品网页宣传图

素材	素材 \Cha06\ 护肤品素材 01.png~ 护肤品素材 10.png
场景	场景 \Cha06\ 制作护肤品网页宣传图 .psd
视频	视频教学 \Cha06\6.1 制作护肤品网页宣传图 .mp4

01 启动 Photoshop CC 软件，按 Ctrl+N 快捷键，在弹出的【新建文档】对话框中将【宽度】、【高度】分别设置为 1000、530，将【分辨率】设置为 72，将【颜色模式】设置为【RGB 颜色】，如图 6-2 所示。

图 6-2 设置新建文档参数

02 设置完成后，单击【创建】按钮。选择工具箱中的【矩形工具】，在工作区中绘制一个矩形。选中绘制的矩形，在【属性】面板中将 W、H 分别设置为 1000、530，将 X、Y 均设置为 0，将【填充】设置为 #bbe4f9，将【描边】设置为无，如图 6-3 所示。

图 6-3 绘制矩形并设置参数

03 选择工具箱中的【钢笔工具】，在工具选项栏中将【填充】设置为 # ffd3dd，将【描边】设置为无，在工作区中绘制一个如图 6-4 所示的图形。

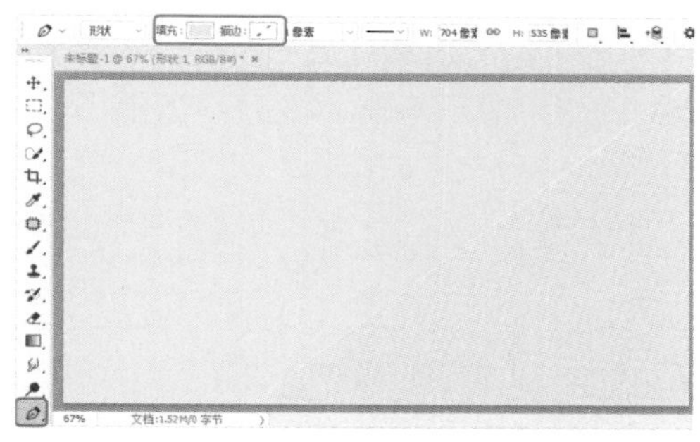

图 6-4 绘制图形

04 按 Ctrl+O 快捷键，在弹出的【打开】对话框中选择“护肤品素材 01.png”素材文件，如图 6-5 所示。

图 6-5 选择素材文件

05 选择工具箱中的【移动工具】，按住鼠标左键将其添加至新建的文档中，在【属性】面板中将X、Y分别设置为-4.41、5.08，在【图层】面板中将【混合模式】设置为【颜色加深】，如图6-6所示。

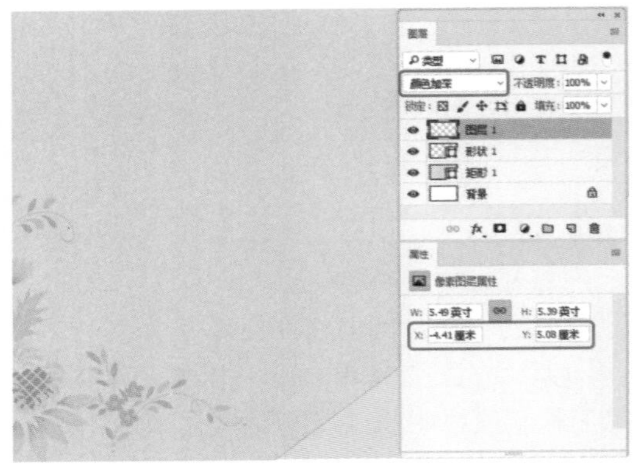

图6-6　添加素材文件并进行设置

06 将“护肤品素材02.png”素材文件添加至新建文档中，在【属性】面板中将X、Y分别设置为-2.05、6.39，如图6-7所示。

图6-7　添加素材文件并调整位置

07 将“护肤品素材03.png”素材文件添加至新建文档中，在【属性】面板中将X、Y分别设置为4.34、-0.04，如图6-8所示。

08 在【图层】面板中双击【图层3】图层，在弹出的【图层样式】对话框中勾选【投影】复选框，将【混合模式】设置为【正片叠底】，将【阴影颜色】设置为#7babc1，将【不透明度】设置为61，将【角度】设置为120，勾选【使用全局光】复选框，将【距离】、【扩展】、【大小】分别设置为10、0、27，如图6-9所示。

图6-8　添加素材文件并设置参数

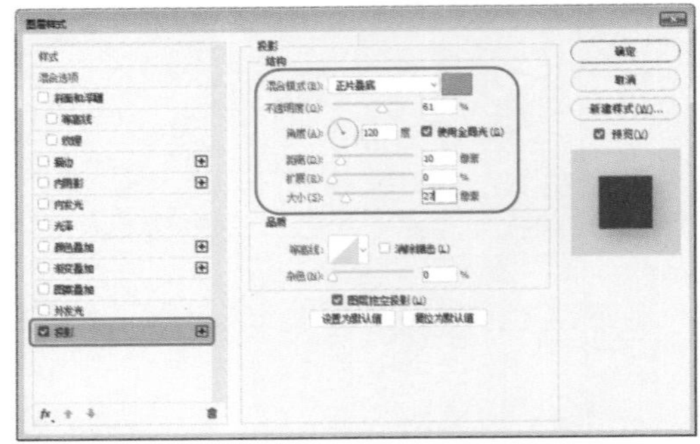

图6-9　设置投影参数

09 设置完成后，单击【确定】按钮。将“护肤品素材04.png”素材文件添加至新建文档中，并设置其旋转角度与位置。在【图层】面板中选择【图层3】图层，单击鼠标右键，在弹出的快捷菜单中选择【拷贝图层样式】命令，如图6-10所示。

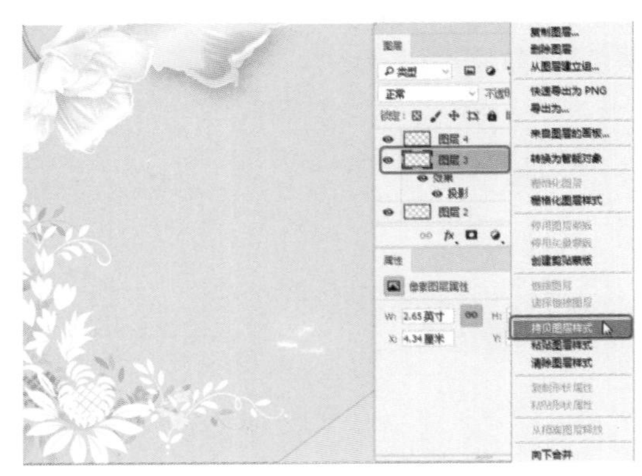

图6-10　选择【拷贝图层样式】命令

10 在【图层】面板中选择【图层4】图层，单击鼠标右键，在弹出的快捷菜单中选择【粘贴图层样式】命令，如图6-11所示。

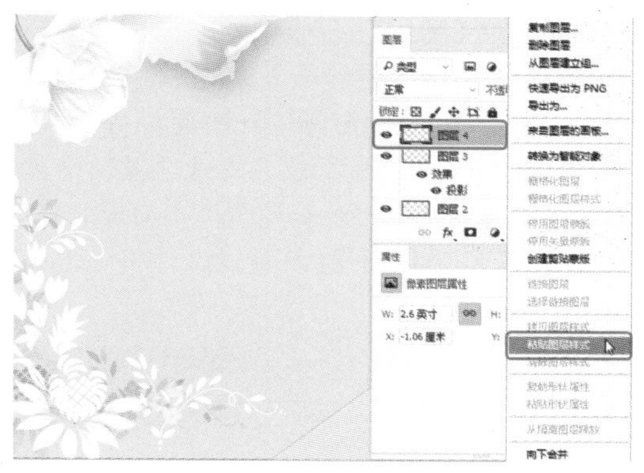

图 6-11 选择【粘贴图层样式】命令

11 使用同样的方法将其他素材添加至新建文档中，并对其进行相应的设置，效果如图 6-12 所示。

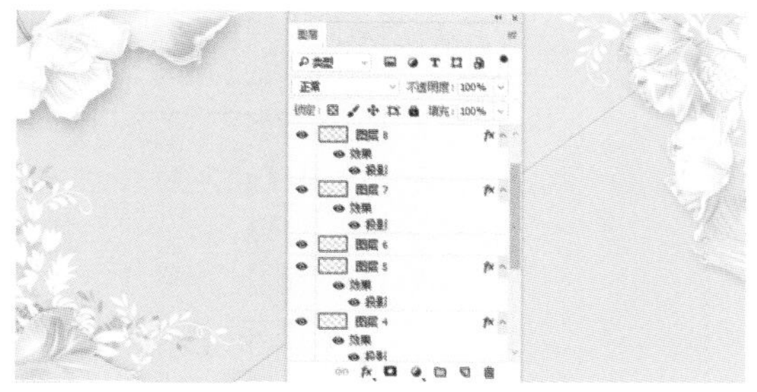

图 6-12 添加其他素材文件后的效果

12 选择工具箱中的【矩形工具】□，在工具选项栏中将【路径操作】设置为【减去顶层形状】，在工作区中绘制一个矩形。在【属性】面板中将 W、H 分别设置为 478、383，将 X、Y 分别设置为 130、99，将【填充】设置为 # ffffff，将【描边】设置为无，如图 6-13 所示。

图 6-13 绘制矩形并进行设置

知识链接：路径操作

【路径操作】下拉菜单中各个命令介绍如下。

- 【新建图层】：选择该命令后，可以创建新的图形图层。
- 【合并形状】：选择该选项后，新绘制的图形会与现有的图形合并，如图 6-14 所示。

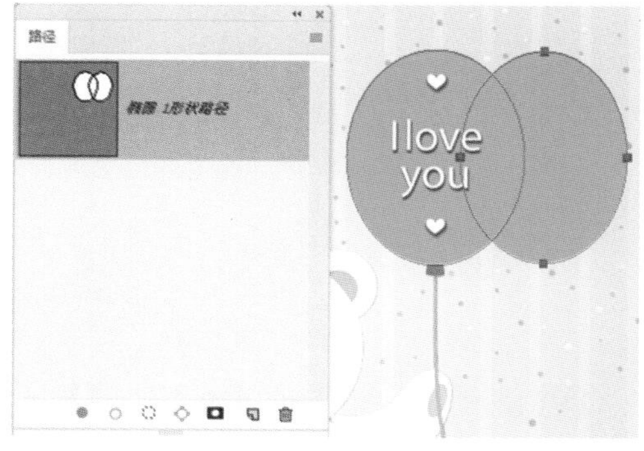

图 6-14 合并形状

- 【减去顶层形状】：选择该命令后，可以从现有的图形中减去新绘制的图形，如图 6-15 所示。

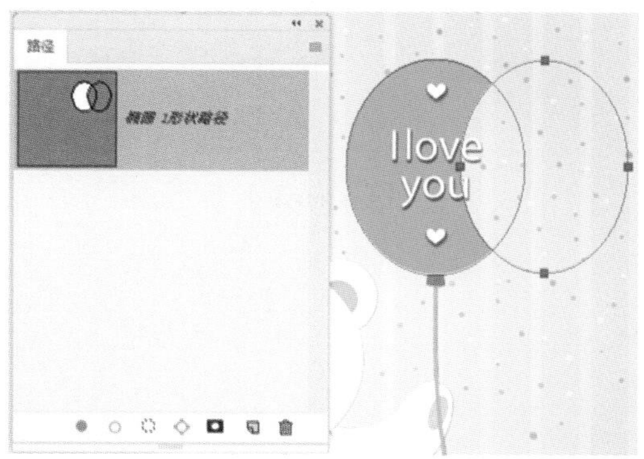

图 6-15 减去顶层形状

- 【与形状区域相交】：选择该命令后，即可保留两个图形所相交的区域，如图 6-16 所示。

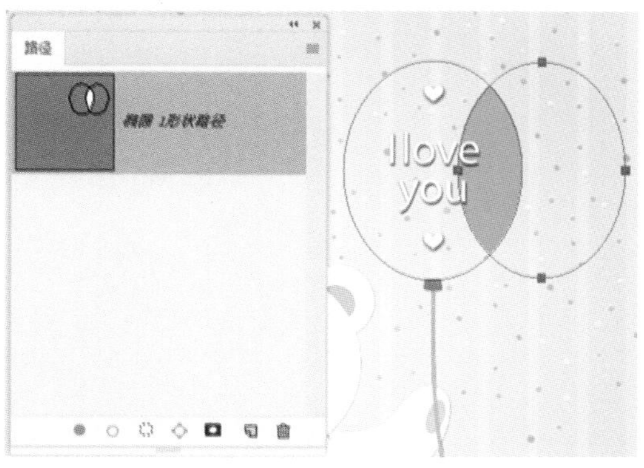

图 6-16 与形状区域相交

- 【排除重叠形状】：选择该命令后，将删除两个图形所重叠的部分，效果如图 6-17 所示。

图 6-17　排除重叠形状

- 【合并形状组件】：选择该命令后，会将两个图形进行合并，并将其转换为常规路径。

13 选择工具箱中的【椭圆工具】，在工作区中按住鼠标左键绘制一个椭圆形，在【属性】面板中将 W、H 分别设置为 16、27，将 X、Y 分别设置为 144、470，效果如图 6-18 所示。

图 6-18　绘制椭圆形并进行设置

14 再次使用【椭圆工具】在工作区中绘制多个椭圆形，效果如图 6-19 所示。

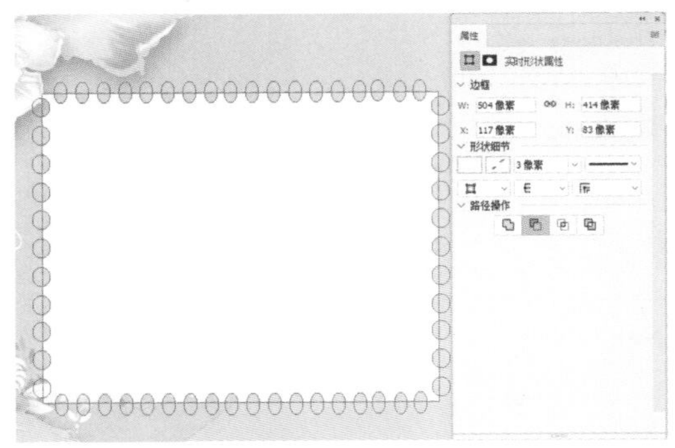

图 6-19　绘制其他椭圆形后的效果

15 在【图层】面板中双击【图层 2】图层，在弹出的【图层样式】对话框中勾选【投影】复选框，将【阴影颜色】设置为 #88bdd9，将【不透明度】设置为 48，将【角度】设置为 120，勾选【使用全局光】复选框，将【距离】、【扩展】、【大小】分别设置为 13、0、16，如图 6-20 所示。

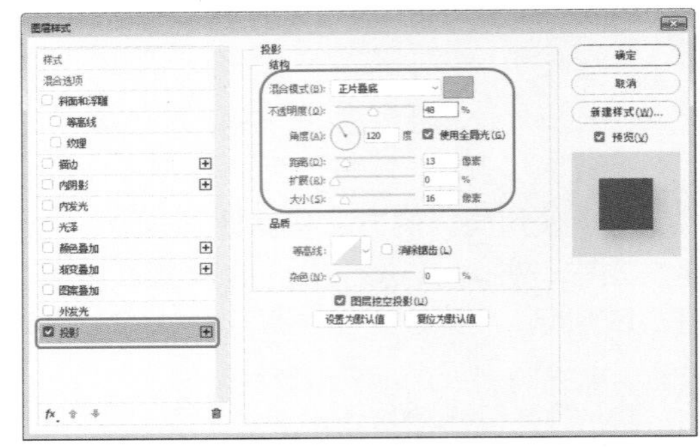

图 6-20　设置投影参数

16 设置完成后，单击【确定】按钮。选择工具箱中的【横排文字工具】，在工作区中输入文本，在【属性】面板中将【字体】设置为【创艺简老宋】，将【字体大小】设置为 138.3，将【字符间距】设置为 0，将【颜色】设置为 #45c1d3，并调整其位置，效果如图 6-21 所示。

图 6-21　创建文本并进行设置

17 继续选中该文本，按 Ctrl+T 快捷键，调出自由变换框，在工具选项栏中将【旋转】设置为 -12.1，如图 6-22 所示。

18 按 Enter 键确认变换。在【图层】面板中双击【爱】图层，在弹出的【图层样式】对话框中勾选【描边】复选框，将【大小】设置为 3，将【位置】设置为【外部】，将【颜色】

设置为 #ffffff，如图 6-23 所示。

图 6-22　旋转文本

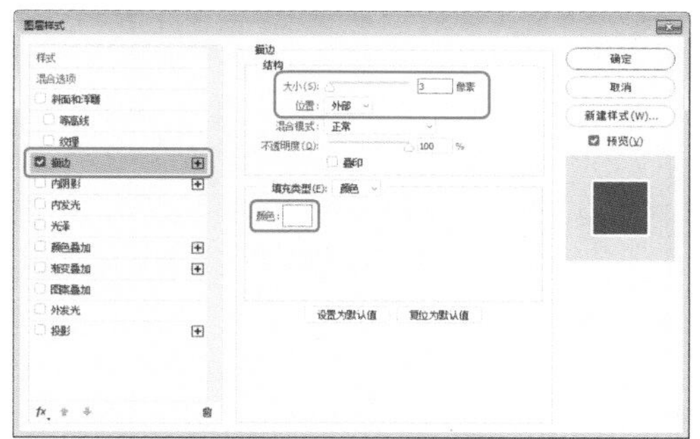

图 6-23　设置描边参数

19 再勾选【投影】复选框，将【阴影颜色】设置为 #58a4b4，将【不透明度】设置为 27，将【角度】设置为 120，将【距离】、【扩展】、【大小】分别设置为 5、0、5，如图 6-24 所示。

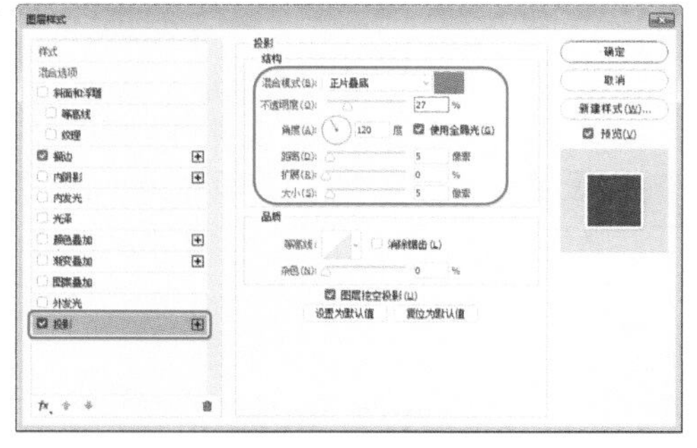

图 6-24　设置投影参数

20 设置完成后，单击【确定】按钮。选择工具箱中的【横排文字工具】T.，在工作区中单击鼠标，输入文本，在【属性】面板中将【字体】设置为【创艺简老宋】，将【字体大小】设置为 75，将【字符间距】设置为 0，将【颜色】设置为 #ff7e00，并调整其位置，效果如图 6-25 所示。

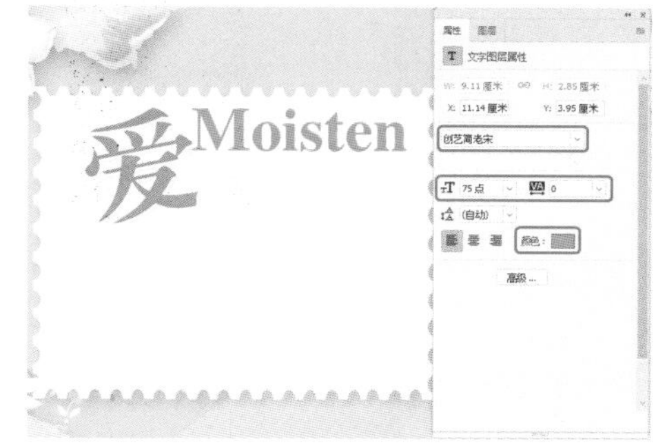

图 6-25　输入文本并进行设置

21 继续选中该文本，按 Ctrl+T 快捷键，调出自由变换框，在工具选项栏中将【旋转】设置为 -4.29，如图 6-26 所示。

图 6-26　设置旋转参数

22 在【图层】面板中双击 Moisten 图层，在弹出的【图层样式】对话框中勾选【描边】复选框，将【大小】设置为 3，将【位置】设置为【外部】，将【颜色】设置为 #ffffff，如图 6-27 所示。

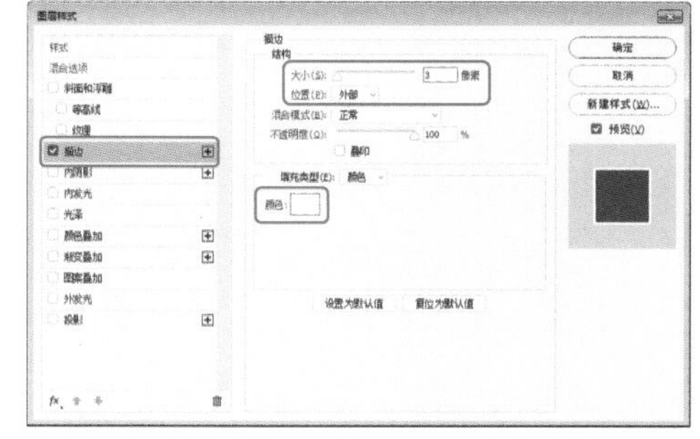

图 6-27　设置描边参数

23 再勾选【投影】复选框，将【阴影颜色】设置为 #000000，将【不透明度】设置为 75，将【角度】设置为 120，将【距离】、【扩展】、【大小】分别设置为 3、0、7，如图 6-28 所示。

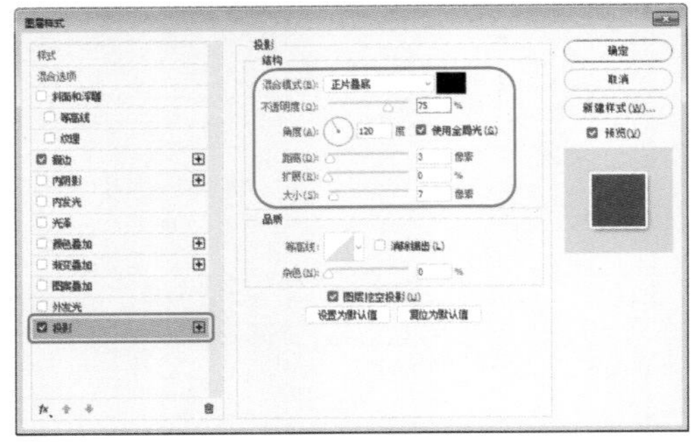

图 6-28　设置投影参数

24 设置完成后，单击【确定】按钮。使用同样的方法创建其他文本，并对其进行相应的设置，效果如图 6-29 所示。

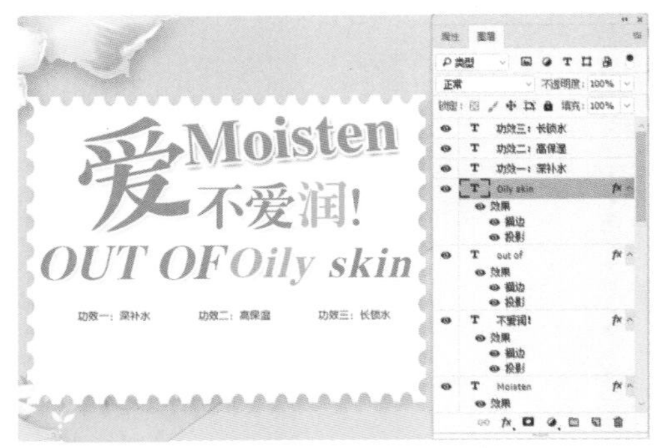

图 6-29　创建其他文本后的效果

25 选择工具箱中的【矩形工具】▭，在工具选项栏中将【路径操作】设置为【新建图层】，在工作区中绘制一个矩形。在【属性】面板中将 W、H 分别设置为 131、45，将【填充】设置为无，将【描边】设置为 #00c6e3，将【描边宽度】设置为 6，如图 6-30 所示。

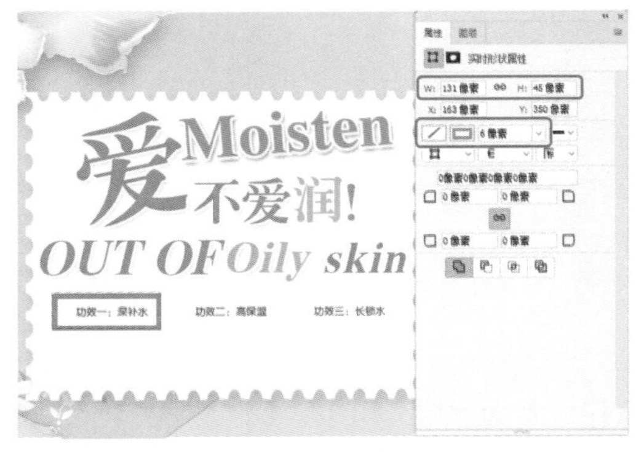

图 6-30　绘制矩形并进行设置

26 在【图层】面板中选择该矩形图层，将【不透明度】设置为 10，如图 6-31 所示。

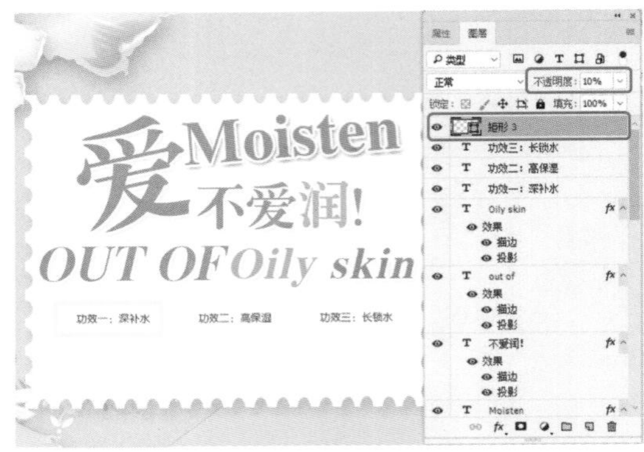

图 6-31　设置不透明度

27 使用【矩形工具】▭ 在工作区中绘制一个矩形。在【属性】面板中将 W、H 分别设置为 120、33，将【填充】设置为无，将【描边】设置为 #45c1d3，将【描边宽度】设置为 4，如图 6-32 所示。

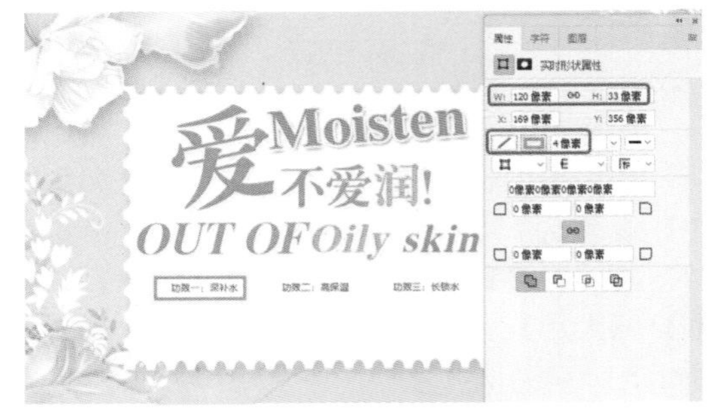

图 6-32　绘制矩形并进行设置

28 选择工具箱中的【自定形状工具】，在工具选项栏中将【填充】设置为 #ff7e00，将【描边】设置为无，将【形状】设置为【前进】，在工作区中绘制如图 6-33 所示的形状。

图 6-33　绘制形状

29 使用【移动工具】在工作区中对绘制的形状进行复制，并调整其位置，效果如图 6-34 所示。

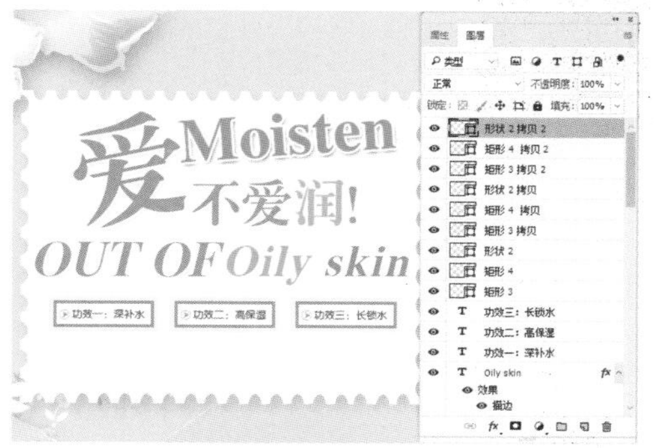

图 6-34 复制形状后的效果

30 选择工具箱中的【钢笔工具】，在工具选项栏中将【填充】设置为 #ffbb0e，将【描边】设置为无，在工作区中绘制一个如图 6-35 所示的形状。

图 6-35 绘制形状

31 使用同样的方法，在工作区中绘制一个【填充】为 #31b8d5 的图形，效果如图 6-36 所示。

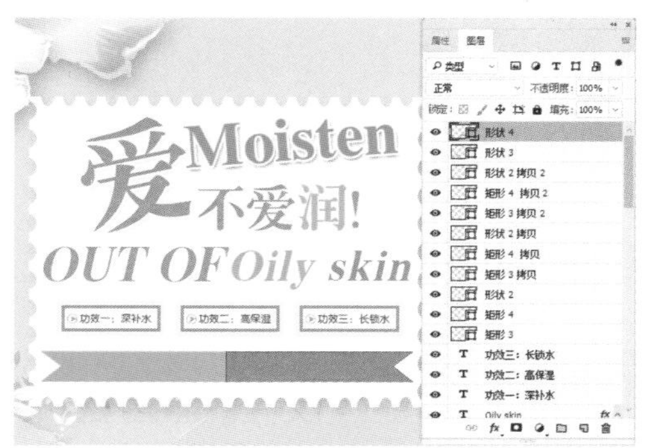

图 6-36 绘制图形

32 根据前面所介绍的方法，在工作区中创建其他文本，并对其进行设置，效果如图 6-37 所示。

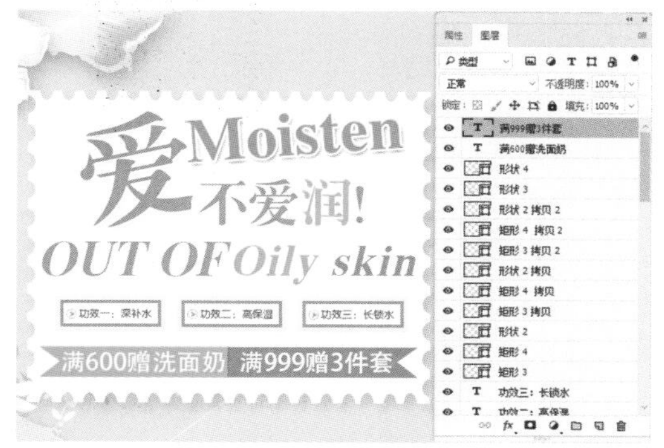

图 6-37 创建其他文本后的效果

33 将“护肤品素材 09.png”素材文件添加至新建文档中，在工作区中调整其位置，效果如图 6-38 所示。

图 6-38 添加素材文件

34 在【图层】面板中选择【图层 10】图层，单击鼠标右键，在弹出的快捷菜单中选择【转换为智能对象】命令，如图 6-39 所示。

图 6-39 选择【转换为智能对象】命令

提　示

在此为【图层 10】图层添加的是智能滤镜。智能滤镜不会破坏原始图像，并且为图像添加智能滤镜后既可以保留源图像原有的数据，还可以保留滤镜命令的参数，方便查看修改。但在为图像添加智能滤镜时，该图像必须为智能对象。

35 在菜单栏中选择【滤镜】|【锐化】|【智能锐化】命令，如图 6-40 所示。

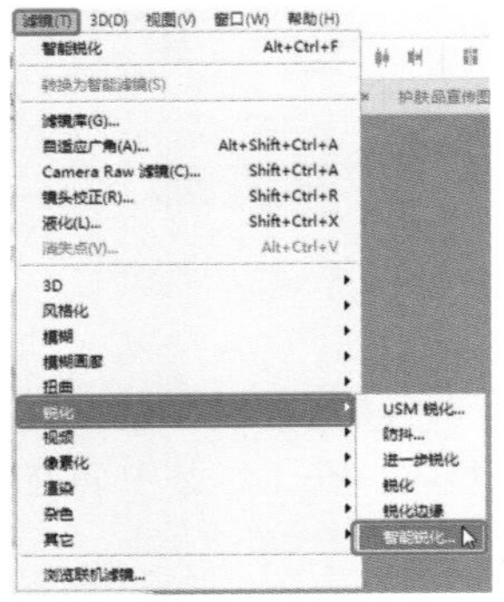

图 6-40　选择【智能锐化】命令

36 在弹出的【智能锐化】对话框中将【数量】、【半径】、【减少杂色】分别设置为 200、1、7，如图 6-41 所示。

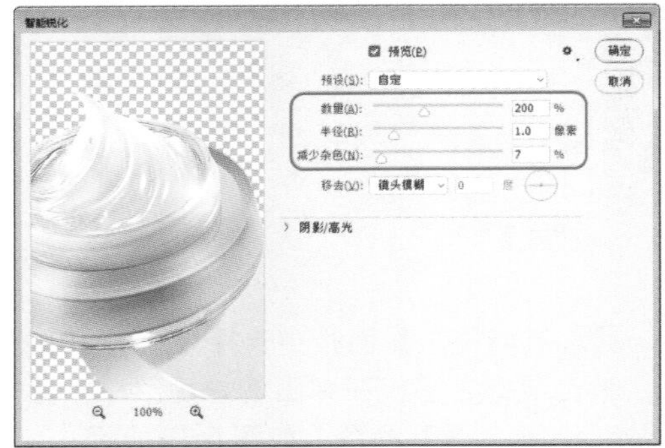

图 6-41　设置智能锐化参数

知识链接：智能锐化

【智能锐化】滤镜可以对图像进行更全面的锐化，它具有独特的锐化控制功能，通过该功能可设置锐化算法，或控制在阴影和高光区域中进行的锐化量。【智能锐化】对话框中各个选项介绍如下。

- 【数量】：设置锐化量。较大的值将会增强边缘像素之间的对比度，从而看起来更加锐利。
- 【半径】：决定边缘像素周围受锐化影响的像素数量。半径值越大，受影响的边缘就越宽，锐化的效果也就越明显。
- 【减少杂色】：减少不需要的杂色，同时保持重要边缘不受影响。
- 【移去】：设置用于对图像进行锐化的锐化算法：【高斯模糊】是【USM 锐化】滤镜使用的方法；【镜头模糊】将检测图像中的边缘和细节，可对细节进行更精细的锐化，并减少了锐化光晕；【动感模糊】将尝试减少由于相机或主体移动而导致的模糊效果。如果选取了【动感模糊】选项，【角度】参数才可用。
- 【角度】：为【移去】控件的【动感模糊】选项设置运动方向。

使用【阴影 / 高光】选项组调整较暗和较亮区域的锐化。如果暗的或亮的锐化光晕看起来过于强烈，可以使用这些控件减少光晕，这仅对于 8 位 / 通道和 16 位 / 通道的图像有效。

- 【渐隐量】：该选项用于调整高光或阴影中的锐化量。
- 【色调宽度】：该选项用于控制阴影或高光中色调的修改范围。向左移动滑块会减小【色调宽度】值，向右移动滑块会增加该值。较小的值会限制只对较暗区域进行阴影校正的调整，并只对较亮区域进行高光校正的调整。
- 【半径】：控制每个像素周围区域的大小，该大小用于决定像素是在阴影还是在高光中。向左移动滑块会指定较小的区域，向右移动滑块会指定较大的区域。

疑难解答　为什么有些滤镜无法使用？

【滤镜】菜单中显示为灰色的命令是不能使用的命令，通常情况下，这是由于图像的模式造成的，例如，部分滤镜不能用于 CMYK 模式的图像，而索引模式和位图模式的图像不能使用任何滤镜，如果要对索引模式和位图模式的图像使用滤镜，需要先将该图像转换为 RGB 模式。

37 设置完成后，单击【确定】按钮，即可为选中的对象添加滤镜效果。根据前面所介绍的方法将“护肤品素材 10.png”素材文件添加至新建文档中，如图 6-42 所示。

图 6-42　添加素材文件后的效果

知识链接：滤镜

滤镜是 Photoshop 中最具吸引力的功能之一，它就像是一个魔术师，可以把普通的图像变为非凡的视觉作品。滤镜不仅可以制作各种特效，还能模拟素描、油画、水彩等绘画效果。

【滤镜】原本是摄影师安装在照相机前的过滤器，用来改变照片的拍摄方式，以产生特殊的拍摄效果；Photoshop 中的滤镜是一种插件模块，能够操纵图像中的像素。我们知道，位图图像是由像素组成的，每一个像素都有位置和颜色值，滤镜就是通过改变像素的位置或颜色生成各种特殊的效果。图 6-43 所示为原图像；图 6-44 所示为【拼贴】滤镜处理后的效果。

图 6-43　原图像

图 6-44　滤镜处理后的效果

Photoshop 的【滤镜】菜单中包含多种滤镜，如图 6-45 所示。其中，【滤镜库】、【镜头校正】、【液化】和【消失点】是特殊的滤镜，被单独列出，而其他滤镜都依据其主要的功能被放置在不同类别的滤镜组中，如图 6-46 所示。

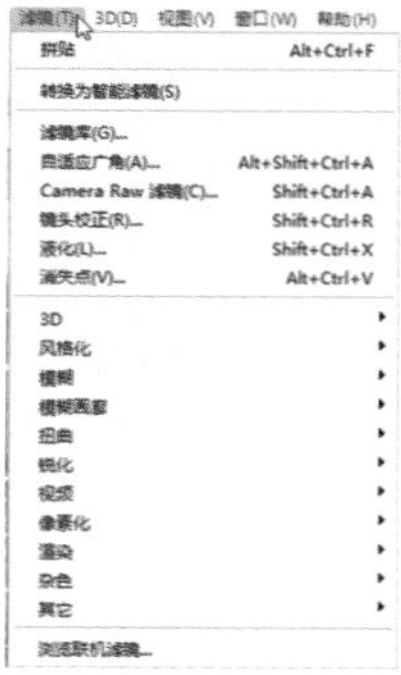

图 6-45　【滤镜】菜单 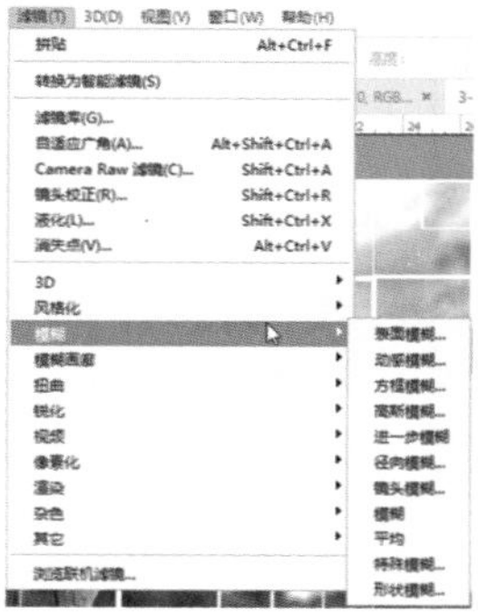　　图 6-46　滤镜子菜单

Photoshop 中的滤镜可分为 3 种类型，第一种是修改类滤镜，它们可以修改图像中的像素，如【扭曲】、【纹理】、【素描】等滤镜，这类滤镜的数量最多；第二种是复合类滤镜，这类滤镜有自己的工具和独特的操作方法，更像是一个独立的软件，如【液化】、【消失点】和【滤镜库】，如图 6-47 所示；第三种是创造类滤镜，这类滤镜不需要借助任何像素便可以产生效果，如【云彩】滤镜可以在透明的图层上生成云彩，如图 6-48 所示，这类滤镜的数量最少。

图 6-47　滤镜库

图 6-48　滤镜处理后的效果

使用滤镜处理图层中的图像时，该图层必须是可见的。如果创建了选区，滤镜只处理选区内的图像，如图 6-49 所示。没有创建选区，则处理当前图层中的全部图像，如图 6-50 所示。

图 6-49　对选区内图像使用滤镜

滤镜可以处理图层蒙版、快速蒙版和通道。

滤镜的处理效果是以像素为单位进行计算的，因此，相同的参数处理不同分辨率的图像，其效果也会不同。

图 6-50　对全部图形应用滤镜

除【云彩】滤镜可以应用在没有像素的区域外，其他滤镜都只能应用在包含像素的区域，否则不能使用这些滤镜。例如，图 6-51 所示的是在透明图层上应用【风】滤镜时弹出的提示对话框。

图 6-51　提示对话框

6.2 制作耳机网页宣传图

耳机一般是与媒体播放器可分离的，利用一个插头连接。耳机可以在不影响旁人的情况下，独自聆听音乐；也可隔开周围环境的声响，对在录音室、DJ、旅途、运动等噪吵环境下使用的人很有帮助，耳机网页宣传图效果如图 6-52 所示。

图 6-52　耳机网页宣传图

素材	素材 \Cha06\ 耳机素材 01.png~ 耳机素材 05.png
场景	场景 \Cha06\ 制作耳机网页宣传图 .psd
视频	视频教学 \Cha06\6.2　制作耳机网页宣传图 .mp4

01 启动 Photoshop CC 软件，按 Ctrl+N 快捷键，在弹出的【新建文档】对话框中将【宽度】、【高度】分别设置为 1915、899，将【分辨率】设置为 96，将【颜色模式】设置为【RGB 颜色】，如图 6-53 所示。

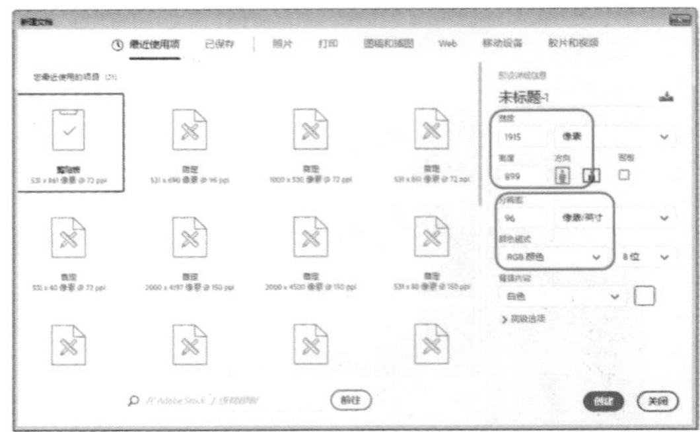

图 6-53　设置新建文档参数

02 设置完成后，单击【创建】按钮，选择工具箱中的【矩形工具】，在工作区中绘制一个矩形。在【属性】面板中将 W、H 分别设置为 1915、899，将 X、Y 均设置为 0，将【填充】设置为 #6bbffd，将【描边】设置为无，如图 6-54 所示。

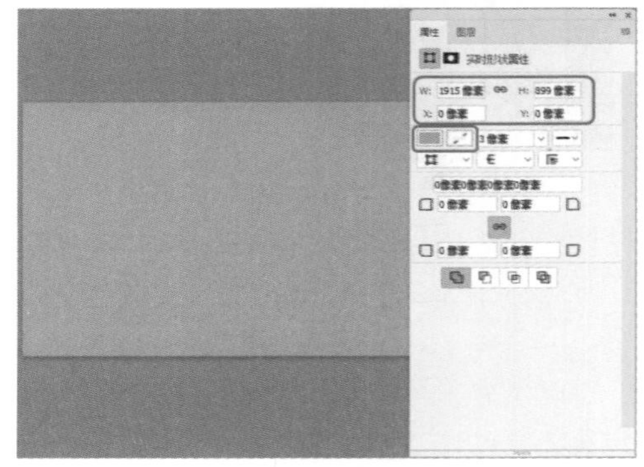

图 6-54　绘制矩形

03 在【图层】面板中双击【矩形 1】图层，在弹出的【图层样式】对话框中勾选【渐变叠加】复选框，将【混合模式】设置为【正常】，将【不透明度】设置为 100，单击渐变条，在弹出的【渐变编辑器】对话框中将左侧色标设置为 #190145，将右侧色标设置为 #540296，如图 6-55 所示。

04 单击【确定】按钮，返回到【图层样式】对话框。将【样式】设置为【线性】，将【角度】设置为 90，将【缩放】设置为 108，如

图 6-56 所示。

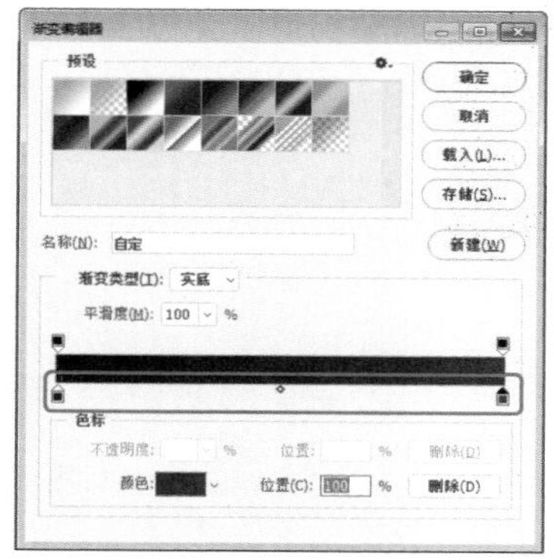

图 6-55 设置渐变颜色

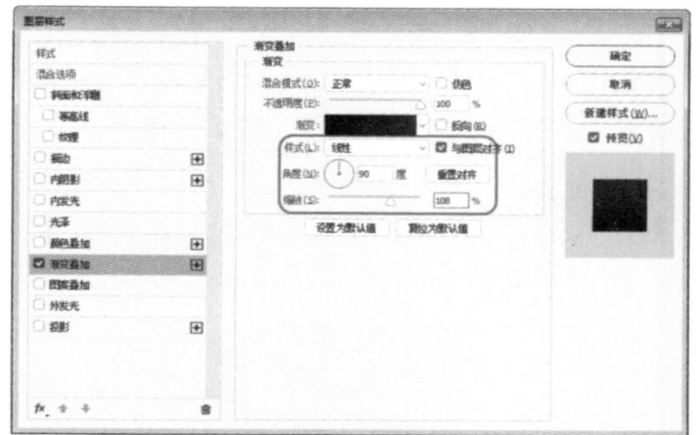

图 6-56 设置渐变叠加参数

05 设置完成后，单击【确定】按钮。按 Ctrl+O 快捷键，在弹出的【打开】对话框中选择“耳机素材 01.png”素材文件，如图 6-57 所。

图 6-57 选择素材文件

06 选择工具箱中的【移动工具】，按住鼠标左键将其添加至新建的文档中，在【属性】面板中将 X、Y 分别设置为 -8.2、-7.09，如图 6-58 所示。

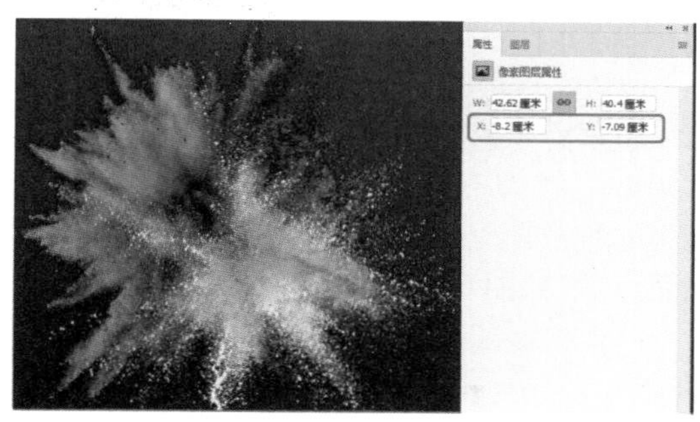

图 6-58 添加素材文件并调整其位置

07 在【图层】面板中选择【图层 1】图层，将【混合模式】设置为【线性减淡(添加)】，如图 6-59 所示。

图 6-59 设置图层的混合模式

08 选择工具箱中的【矩形工具】，在工具选项栏中将【填充】设置为 #6bbffd，将【描边】设置为无，在工作区中绘制一个矩形，并对其进行旋转，效果如图 6-60 所示。

图 6-60 绘制矩形并进行调整

09 在【图层】面板中双击【矩形 2】图层，在弹出的【图层样式】对话框中勾选【渐变叠加】复选框，单击渐变条，弹出【渐变编辑器】对话框，将左侧色标的颜色值设置为 #4304b5，将【不透明度】设置为 0，在 51% 位置处添加一个色标，将其颜色值设置为 #4304b5，将【不透明度】设置为 100，将右侧色标的颜色值设置为 #4304b5，将【不透明度】设置为 0，如图 6-61 所示。

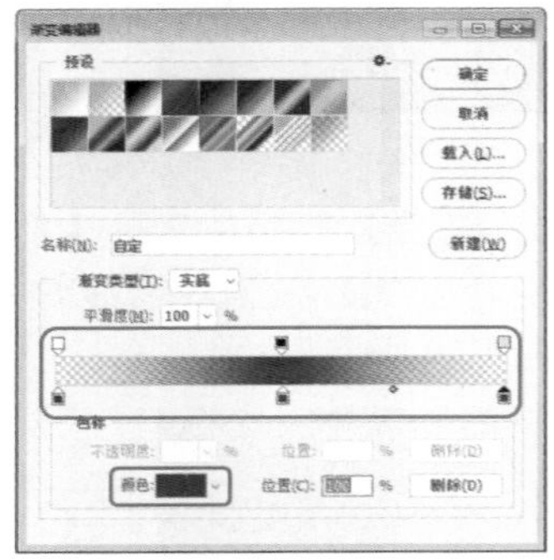

图 6-61　设置渐变颜色

10 设置完成后，单击【确定】按钮，返回到【图层样式】对话框。将【样式】设置为【线性】，将【角度】设置为 -90，将【缩放】设置为 100，如图 6-62 所示。

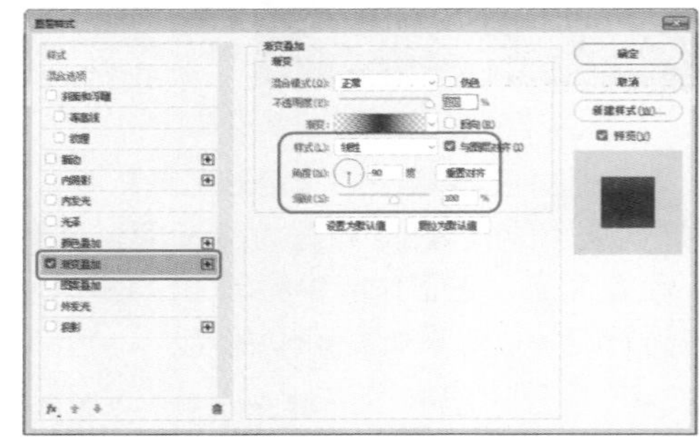

图 6-62　设置渐变叠加参数

11 设置完成后，单击【确定】按钮。在【图层】面板中选择【矩形 2】图层，将【填充】设置为 0，如图 6-63 所示。

图 6-63　设置填充参数

12 选择工具箱中的【移动工具】，选择设置后的矩形，按住 Alt 键对其进行复制，并调整其渐变颜色和位置，效果如图 6-64 所示。

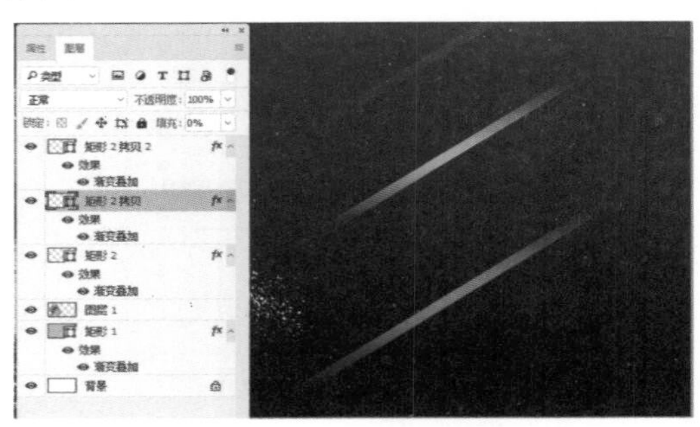

图 6-64　复制图形并进行设置

13 将“耳机素材 02.png”素材文件添加至新建文档中，在【属性】面板中将 X、Y 分别设置为 37.02、-3.73，在【图层】面板中选择【图层 2】图层，将【混合模式】设置为【点光】，如图 6-65 所示。

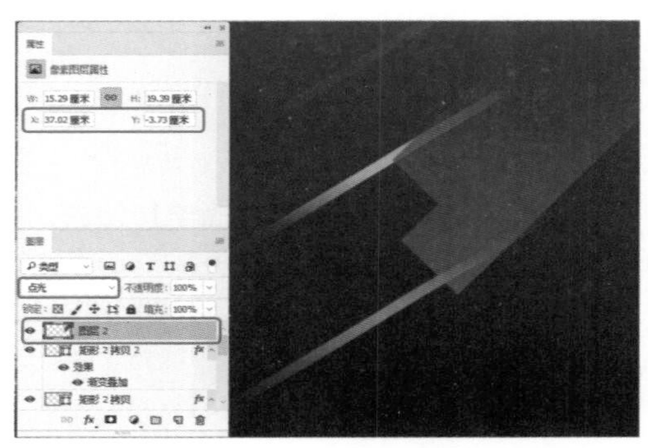

图 6-65　设置位置和图层混合模式

14 在【图层】面板中选择【图层 2】图层，单击鼠标右键，在弹出的快捷菜单中选择【转换为智能对象】命令，如图 6-66 所示。

图 6-66　选择【转换为智能对象】命令

15 在菜单栏中选择【滤镜】|【模糊】|【动感模糊】命令，如图 6-67 所示。

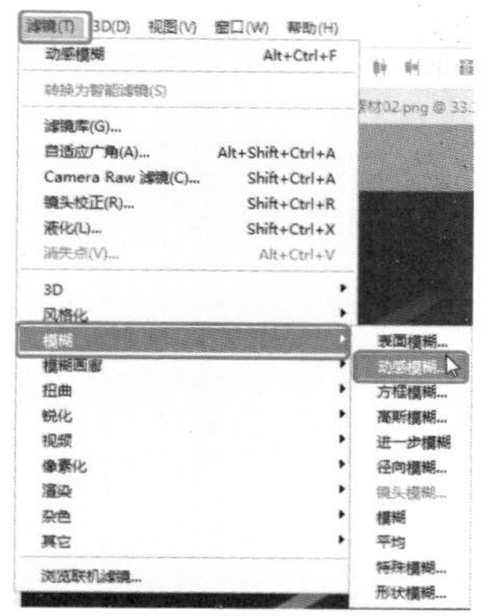

图 6-67 选择【动感模糊】命令

16 在弹出的【动感模糊】对话框中将【角度】、【距离】分别设置为 0、99，如图 6-68 所示。

图 6-68 设置动感模糊

提 示

【动感模糊】滤镜可以沿指定的方向，以指定的强度模糊图像，产生一种移动拍摄的效果。在表现对象的速度感时经常会用到该滤镜。

17 设置完成后，单击【确定】按钮。将“耳机素材 03.png”素材文件添加至文档中，在工作区中将 X、Y 分别设置为 0、8.73，在【图层】面板中选择【图层 3】图层，将【混合模式】设置为【减去】，如图 6-69 所示。

18 将“耳机素材 04.png”素材文件添加至新建文档中，在【属性】面板中将 X、Y 分别设置为 4.58、2.22，如图 6-70 所示。

19 在【图层】面板中选择【图层 4】图层，单击【创建新的填充或调整图层】按钮，在弹出的下拉菜单中选择【色彩平衡】命令，如图 6-71 所示。

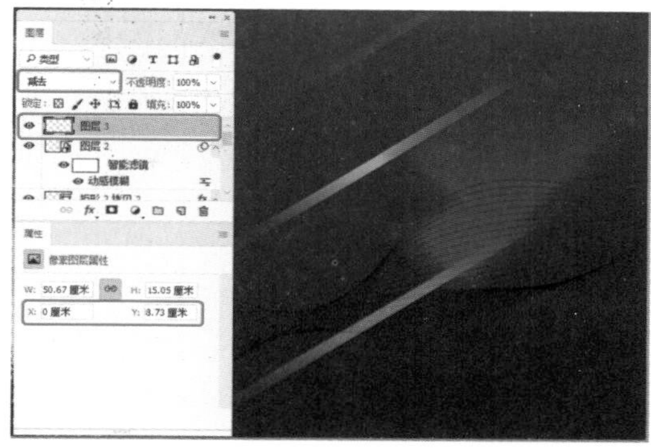

图 6-69 设置素材位置与混合模式

图 6-70 添加素材文件并设置其位置

图 6-71 选择【色彩平衡】命令

20 在【属性】面板中将【色彩平衡】分别设置为 -45、0、16，如图 6-72 所示。

21 再在【图层】面板中单击【创建新的填充或调整图层】按钮，在弹出的下拉菜单中选择【曲线】命令，在【属性】面板中添加两个编辑点，将编辑点的【输入】、【输出】分别设置为 202、198 与 112、97，如图 6-73 所示。

图 6-72　设置色彩平衡参数

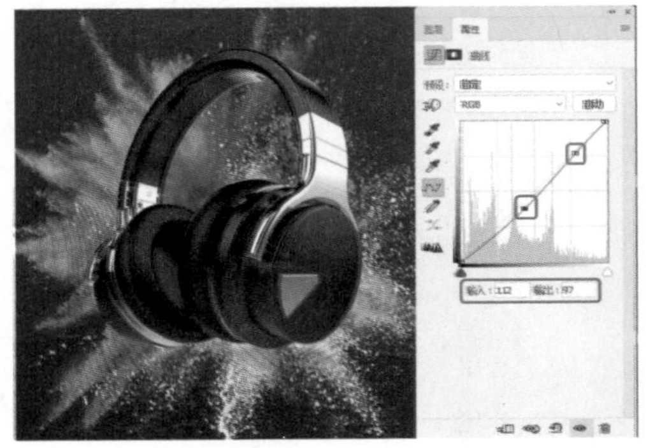

图 6-73　设置曲线参数

22 在【图层】面板中单击【创建新的填充或调整图层】按钮，在弹出的下拉菜单中选择【色相/饱和度】命令，在【属性】面板中将【色相】、【饱和度】、【明度】分别设置为11、-15、0，如图 6-74 所示。

图 6-74　设置色相/饱和度参数

23 在【图层】面板中选择【色彩平衡 1】、【曲线 1】、【色相/饱和度 1】调整图层，单击鼠标右键，在弹出的快捷菜单中选择【创建剪贴蒙版】命令，如图 6-75 所示。

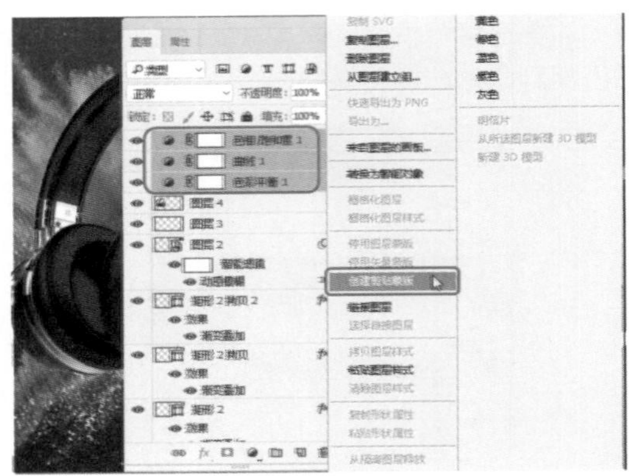

图 6-75　选择【创建剪贴蒙版】命令

24 选择工具箱中的【钢笔工具】，在工具选项栏中将【填充】设置为无，将【描边】设置为 #ffffff，将【描边宽度】设置为 2，在工作区中绘制一个三角形。在【图层】面板中选择该形状图层，将【不透明度】设置为 43，如图 6-76 所示。

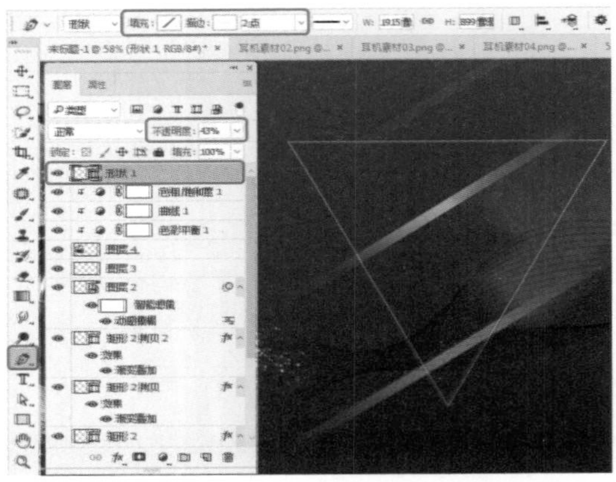

图 6-76　绘制图形

25 继续在【图层】面板中选中该形状图层，单击【添加图层蒙版】按钮，创建图层蒙版。选择工具箱中的【矩形选框工具】，在工作区中绘制一个矩形选框，按 Ctrl+Delete 快捷键填充背景色，如图 6-77 所示。

26 按 Ctrl+D 快捷键取消选区。在【图层】面板中选择【形状 1】图层，按住鼠标左键将其拖曳至【创建新图层】按钮上，对其进行复制，并选择复制后的图层，将【不透明度】设置为 100。选择工具箱中的【钢笔工具】，在工具选项栏中将【描边宽度】设置为 6，并在工作区中调整该形状的位置，效果如

图 6-78 所示。

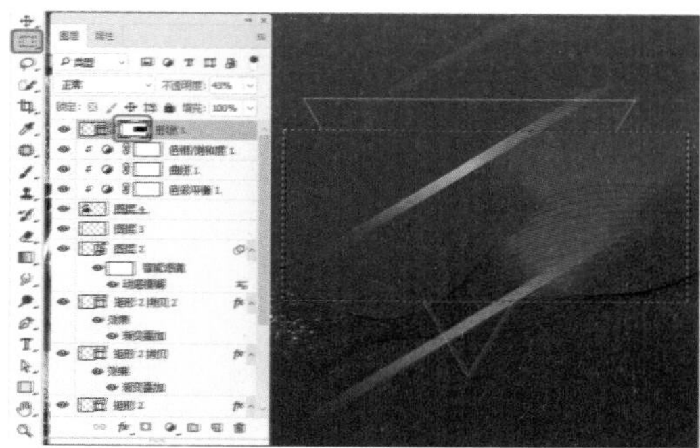

图 6-77 添加蒙版并绘制矩形选框

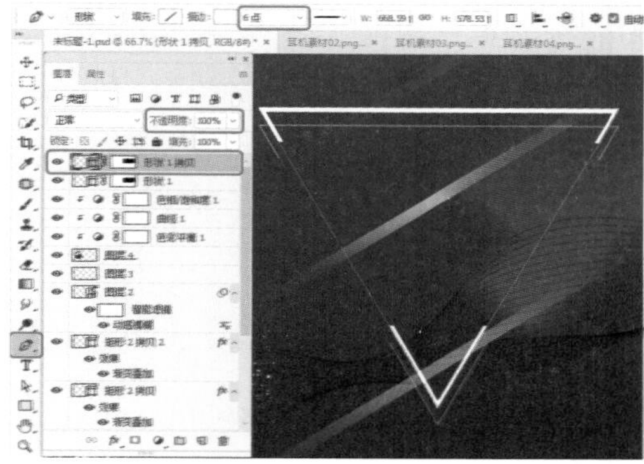

图 6-78 复制图层并进行调整

27 选择工具箱中的【横排文字工具】，在工作区中单击鼠标，输入文本。在【字符】面板中将【字体】设置为【汉仪菱心体简】，将【字体大小】设置为 194.39，将【字符间距】设置为 -100，将【颜色】设置为 #00b8f4，单击【仿斜体】按钮，并调整该文字的位置与宽度，如图 6-79 所示。

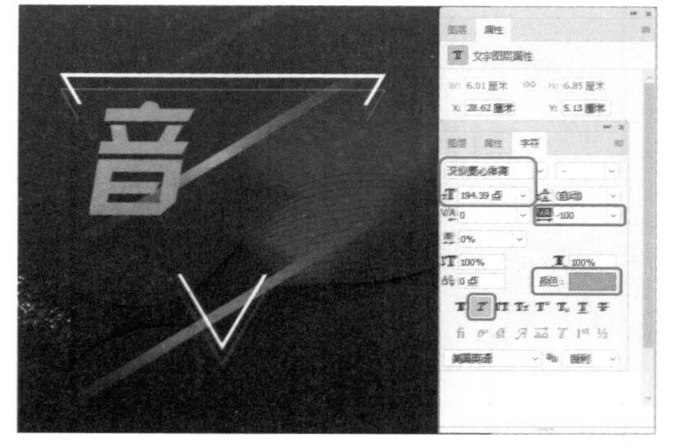

图 6-79 输入文本并进行设置

28 在【图层】面板中选择【音】图层，按住鼠标左键将其拖曳至【创建新图层】按钮上，对其进行复制。在【属性】面板中将【颜色】设置为 #fdfcfc，调整复制后的文本的位置，如图 6-80 所示。

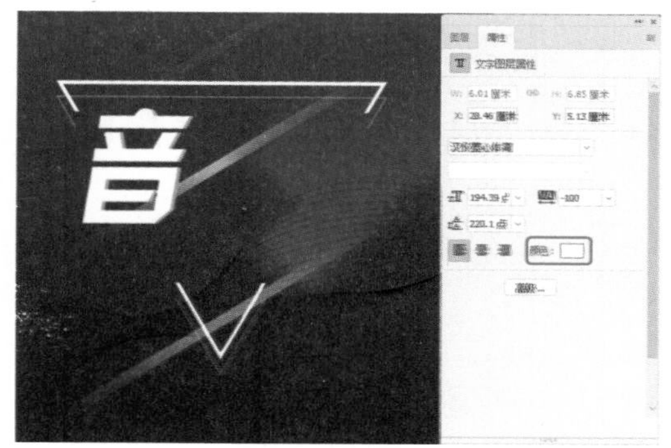

图 6-80 复制文本并进行调整

29 在【图层】面板中双击【音 拷贝】图层，在弹出的【图层样式】对话框中勾选【斜面和浮雕】复选框，将【样式】设置为【内斜面】，将【方法】设置为【平滑】，将【深度】设置为 84，选中【上】单选按钮，将【大小】、【软化】分别为 1、0，将【角度】、【高度】分别设置为 90、30，将【高光模式】设置为【滤色】，将【高光颜色】设置为 #ffffff，将【不透明度】设置为 0，将【阴影模式】设置为【正片叠底】，将【阴影颜色】设置为 #7e7e7e，将【不透明度】设置为 75，如图 6-81 所示。

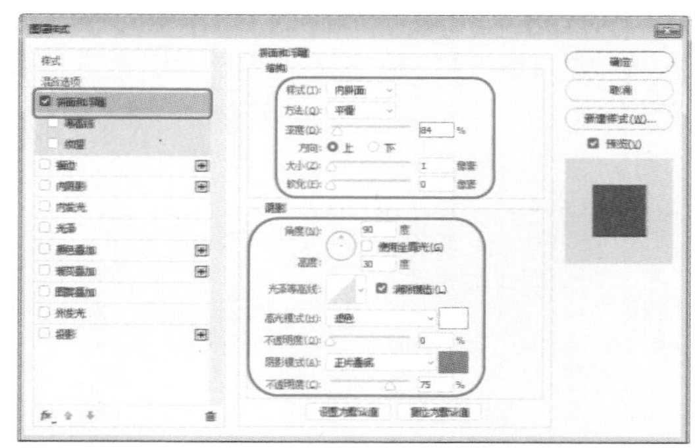

图 6-81 设置斜面和浮雕参数

30 再勾选【投影】复选框，将【混合模式】设置为【正常】，将【阴影颜色】设置为 #ea00c6，将【不透明度】设置为 98，将【角度】设置为 120，取消勾选【使用全局光】复选框，将【距离】、【扩展】、【大小】分别设置为 4、0、7，如图 6-82 所示。

31 设置完成后，单击【确定】按钮。使

用同样的方法创建如图 6-83 所示的文本，并对其进行相应的设置。

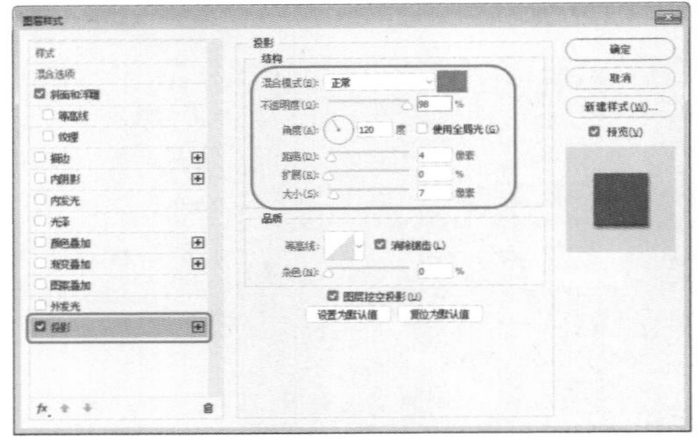

图 6-82　设置投影参数

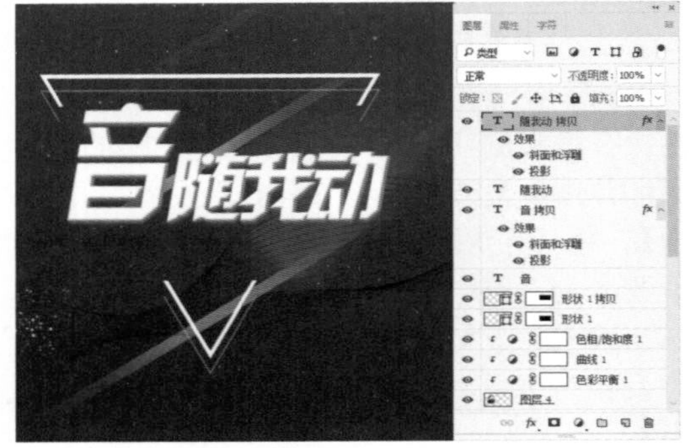

图 6-83　创建文本并进行设置

32 在【图层】面板中单击【创建新组】按钮，新建一个图层组。选择所有的文本图层，按住鼠标左键将其拖曳至新建的图层组中，选择【组 1】，单击【创建新的填充或调整图层】按钮，在弹出的下拉菜单中选择【色彩平衡】命令，如图 6-84 所示。

图 6-84　选择【色彩平衡】命令

33 在【属性】面板中将【色彩平衡】分别设置为 -19、0、21，如图 6-85 所示。

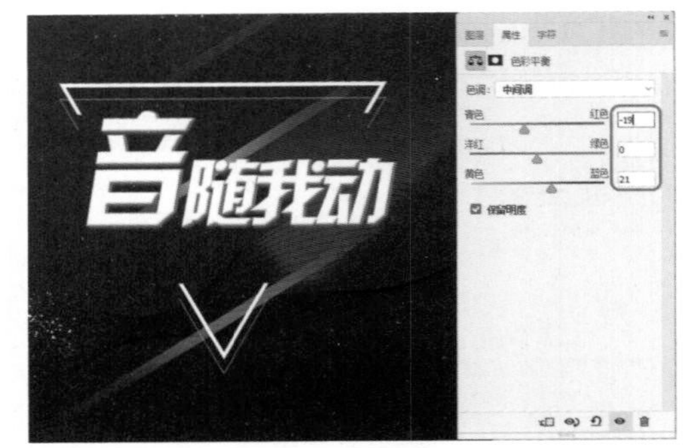

图 6-85　设置色彩平衡参数

34 在【图层】面板中将【色彩平衡 2】调整图层调整至【组 1】的上方，在【色彩平衡 2】图层上单击鼠标左键，在弹出的快捷菜单中选择【创建剪贴蒙版】命令，如图 6-86 所示。

图 6-86　选择【创建剪贴蒙版】命令

35 根据前面所介绍的方法，在工作区中绘制其他图形并创建文本，效果如图 6-87 所示。

图 6-87　创建其他图形与文本后的效果

36 将“耳机素材 05.png”素材文件添加至新建文档中，在工作区中调整该素材文件的位置，效果如图 6-88 所示。

图 6-88 添加素材文件并进行调整

37 继续选中该素材文件，在菜单栏中选择【滤镜】|【滤镜库】命令，如图 6-89 所示。

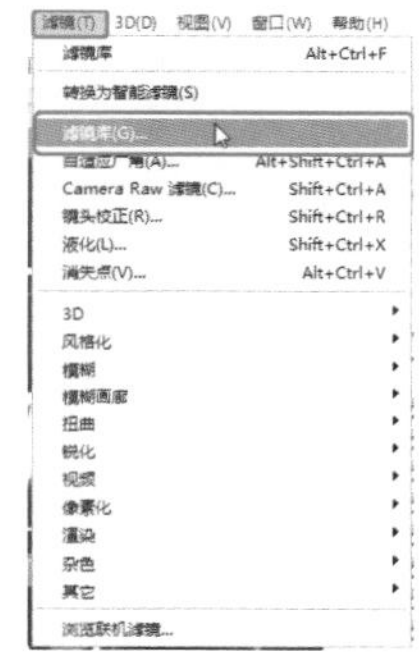

图 6-89 选择【滤镜库】命令

38 在弹出的【滤镜库】对话框中选择【素描】下的【半调图案】，将【大小】、【对比度】分别设置为 1、5，将【图案类型】设置为【圆形】，如图 6-90 所示。

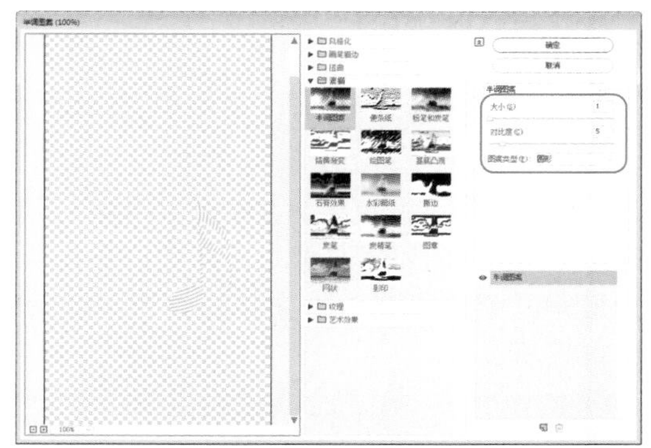

图 6-90 设置半调图案参数

疑难解答 在 Photoshop 中，哪些功能不可以同时处理多个图层？

滤镜以及绘图工具、加深、涂抹、污点修复画笔等装饰工具只能处理当前选择的一个图层，而不能同时处理多个图层；但是，移动、缩放、旋转等操作可以同时处理多个图层。

知识链接：滤镜库

在 Photoshop 中，将【风格化】、【画笔描边】、【扭曲】、【素描】、【纹理】和【艺术效果】滤镜组中的主要滤镜整合在一个对话框中，这个对话框就是【滤镜库】。通过【滤镜库】可以将多个滤镜同时应用于图像，也可以对同一图像多次应用同一滤镜，并且，还可以使用其他滤镜替换原有的滤镜。

在菜单栏中选择【滤镜】|【滤镜库】命令，可以打开【滤镜库】对话框，此处，对话框的名称会根据选择不同的滤镜发生变化，如图 6-91 所示。对话框的左侧是滤镜效果预览区，中间是 6 组滤镜列表，右侧是参数设置区和效果图层编辑区。

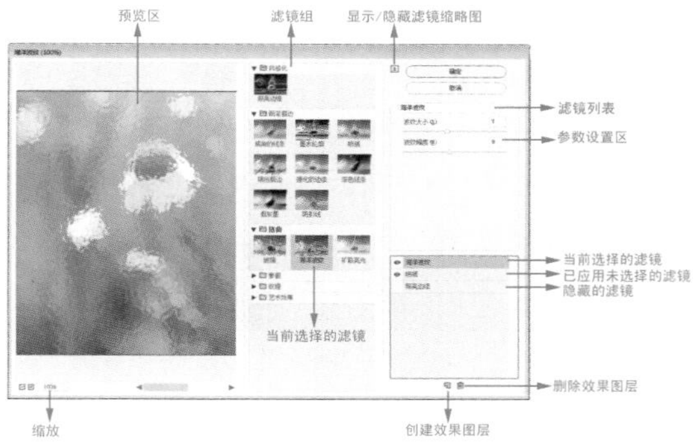

图 6-91 【滤镜库】对话框

- 【预览区】：用来预览滤镜的效果。
- 【滤镜组/参数设置组】：【滤镜库】中共包含 6 组滤镜，单击一个滤镜组前的▸按钮，可以展开该滤镜组，单击滤镜组中的一个滤镜即可使用该滤镜。与此同时，右侧的参数设置区内会显示该滤镜的参数选项。
- 【当前选择的滤镜缩览图】：显示了当前使用的滤镜。
- 【显示/隐藏滤镜缩览图】：单击按钮，可以隐藏滤镜组，进而将空间留给图像预览区，再次单击则显示滤镜组。
- 【滤镜下拉列表】：单击 照亮边缘 ，可在打开的下拉列表中选择一个滤镜，这些滤镜是按照滤镜名称拼音的先后顺序排列的，如果想要使用某个滤镜，但不知道它在哪个滤镜组，便可以通过该下拉列表进行选择。
- 【缩放】：单击⊞按钮，可放大预览区图像的显示比例；单击⊟按钮，可缩小图像的显示比例，也可以在文本框中输入数值进行精确缩放。

39 设置完成后，单击【确定】按钮。继续在【图层】面板中选中该图层，将【混合模式】设置为【颜色减淡】，将【不透明度】设置为 80，如图 6-92 所示。

40 选择工具箱中的【移动工具】，按住 Alt 键在工作区中对音符进行复制，并调整其位置与大小，如图 6-93 所示。

图 6-92　设置图层混合模式与不透明度

图 6-93　复制对象后的效果

6.3 制作洗衣机网页宣传图

在我们日常生活中，有很多生活必需用品。比如说，现在很多人都喜欢用洗衣机洗衣服，因为自己手洗的话太累了，而且也很浪费时间。所以大家有时候更倾向于用洗衣机来代替自己洗衣服。而随着洗衣机的品牌越来越多，不少商家都选择利用网页宣传来对洗衣机进行推广。洗衣机网页宣传图的效果如图 6-94 所示。

图 6-94　洗衣机网页宣传图

素材	素材 \Cha06\ 洗衣机素材 01.jpg、洗衣机素材 02.png~ 洗衣机素材 10.png
场景	场景 \Cha06\ 制作洗衣机网页宣传图 .psd
视频	视频教学 \Cha06\6.3　制作洗衣机网页宣传图 .mp4

01 启动 Photoshop CC 软件，按 Ctrl+N 快捷键，在弹出的【新建文档】对话框中将【宽度】、【高度】分别设置为 1920、900，将【分辨率】设置为 72，将【颜色模式】设置为【RGB 颜色】，如图 6-95 所示。

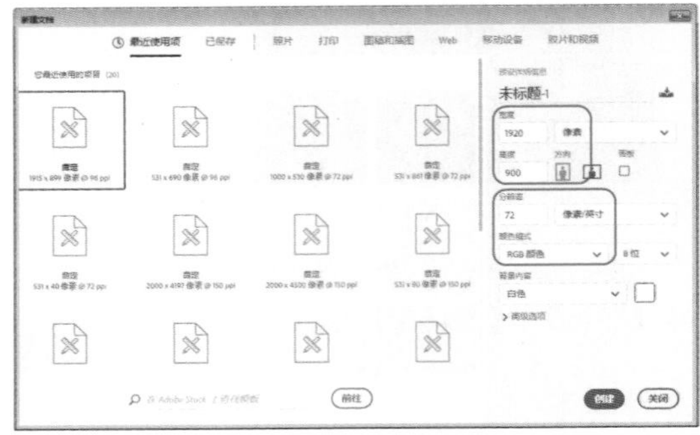

图 6-95　设置新建文档参数

02 设置完成后，单击【创建】按钮。按 Ctrl+O 快捷键，在弹出的【打开】对话框中选择“洗衣机素材 01.jpg”素材文件，如图 6-96 所示。

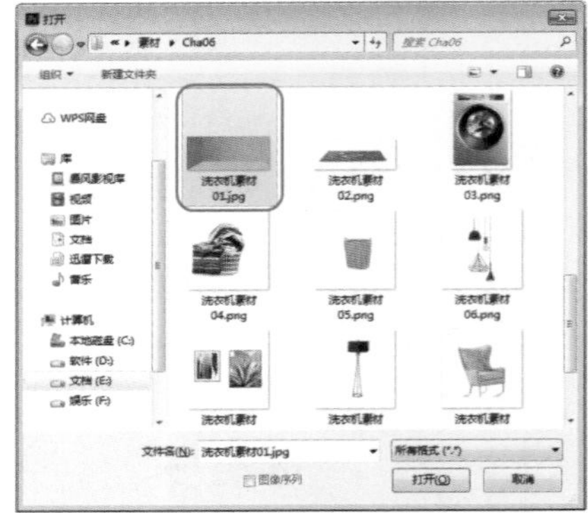

图 6-96　选择素材文件

03 选择工具箱中的【移动工具】，按住鼠标左键将素材文件添加至新建的文档中，在工作区中调整该素材文件的位置，效果如图 6-97 所示。

图 6-97　添加素材文件并进行调整

04 按 Ctrl+O 快捷键，在弹出的对话框中选择“洗衣机素材 02.png”素材文件，单击【打开】按钮。然后在菜单栏中选择【滤镜】|【消失点】命令，如图 6-98 所示。

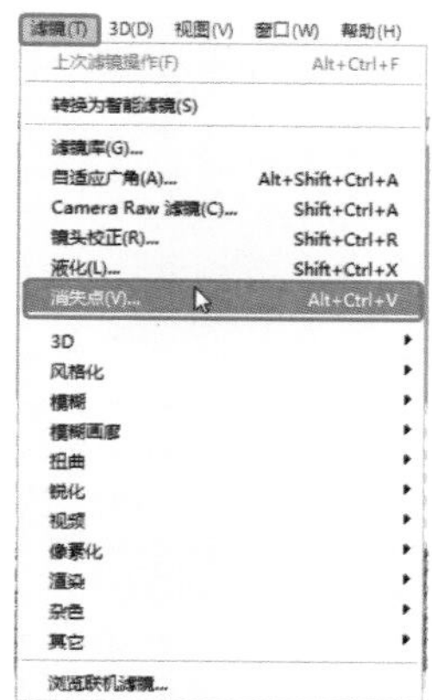

图 6-98　选择【消失点】命令

知识链接：消失点

利用【消失点】滤镜将以立体方式在图像中的透视平面上工作。当使用【消失点】滤镜来修饰、添加或移去图像中的内容时，结果将更加逼真，因为系统可正确确定这些编辑操作的方向，并且将它们缩放到透视平面。

【消失点】滤镜是一个特殊的滤镜，它可以在包含透视平面（如建筑物侧面或任何矩形对象）的图像中进行透视校正编辑。使用【消失点】滤镜时，首先要在图像中指定透视平面，然后再进行绘画、仿制、复制或粘贴以及变换等操作，所有的操作都采用该透视平面来处理，Photoshop 可以确定这些编辑操作的方向，并将它们缩放到透视平面。因此，可以使编辑结果更加逼真。【消失点】对话框如图 6-99 所示。其中【消失点】对话框中各选项介绍如下。

图 6-99　【消失点】对话框

- 【编辑平面工具】：用来选择、编辑、移动平面的节点以及调整平面的大小。
- 【创建平面工具】：用来定义透视平面的 4 个角节点。创建了 4 个角节点后，可以移动、缩放平面或重新确定其形状。按住 Ctrl 键拖动平面的边节点可以拉出一个垂直平面。
- 【选框工具】：在平面上单击并拖动鼠标可以选择图像。选择图像后，将光标移至选区内，按住 Alt 键拖动可以复制图像，按住 Ctrl 键拖动选区，则可以用源图像填充该区域。
- 【图章工具】：选择该工具后，按住 Alt 键在图像中单击设置取样点，然后在其他区域单击并拖动鼠标即可复制图像。按住 Shift 键单击可以将描边扩展到上一次单击处。
- 【画笔工具】：可在图像上绘制选定的颜色。
- 【变换工具】：使用该工具时，可以通过移动定界框的控制点来缩放、旋转和移动浮动选区，类似于在矩形选区上使用【自由变换】命令。
- 【吸管工具】：可拾取图像中的颜色作为画笔工具的绘画颜色。
- 【测量工具】：可在平面中测量项目的距离和角度。
- 【抓手工具】：放大图像的显示比例后，使用该工具可在窗口内移动图像。
- 【缩放工具】：在图像上单击，可放大图像的视图；按住 Alt 键单击，则缩小视图。

05 在弹出的【消失点】对话框中单击【创建平面工具】按钮，在素材文件上创建一个平面，如图 6-100 所示。

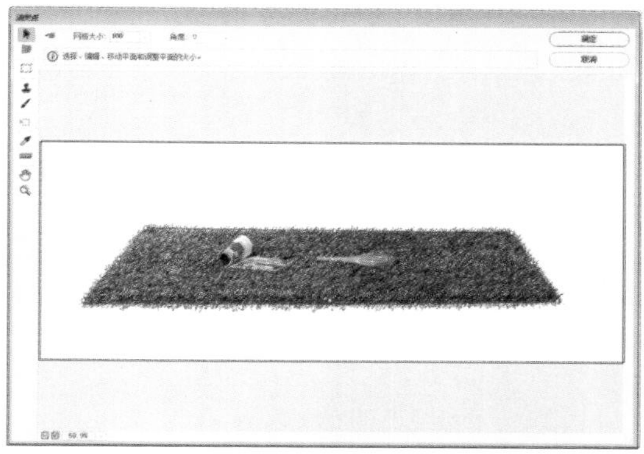

图 6-100　创建平面

06 选择工具箱中的【选框工具】按钮，在平面中创建一个矩形选框，按住 Alt 键将选区向右进行拖动，对素材文件进行修复，如图 6-101 所示。

07 再次使用【选框工具】在平面中创建一个矩形选框，按住 Alt 键将选区向右进行拖动，对素材文件进行修复，如图 6-102 所示。

08 修复完成后，单击【确定】按钮，

选择工具箱中的【移动工具】✥，按住鼠标左键将其拖曳至新建的文档中，在【属性】面板中将X、Y分别设置为24.59、23.71，如图6-103所示。

图 6-101　对素材文件进行修复

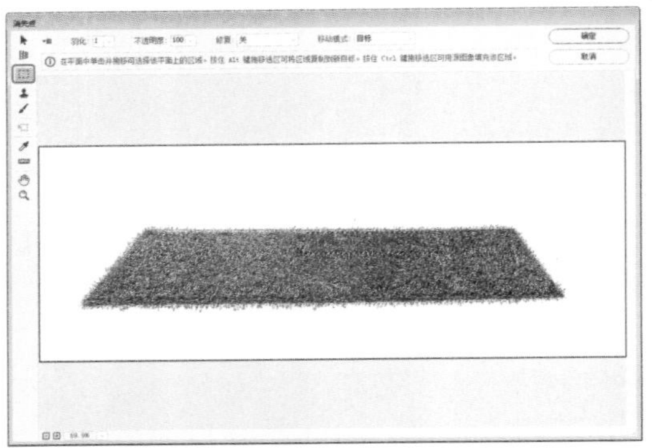

图 6-102　再次对素材进行修复

图 6-103　添加素材文件并调整其位置

09 在【图层】面板中选择【图层2】图层，单击【创建新的填充或调整图层】按钮◉，在弹出的下拉菜单中选择【色相/饱和度】命令，如图6-104所示。

10 在【属性】面板中将【色相】、【饱和度】、【明度】分别设置为-7、-16、0，如图6-105所示。

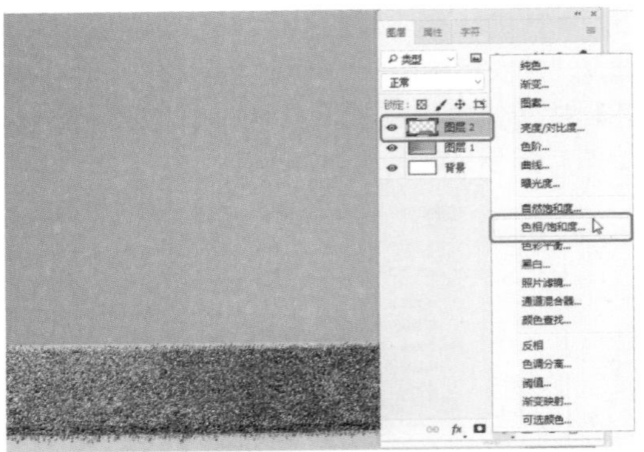

图 6-104　选择【色相/饱和度】命令

图 6-105　设置【色相/饱和度】参数

11 在【图层】面板中单击【创建新的填充或调整图层】按钮◉，在弹出的下拉菜单中选择【曲线】命令，如图6-106所示。

图 6-106　选择【曲线】命令

12 在【属性】面板中单击鼠标左键，添加一个编辑点，将【输入】、【输出】分别设置为163、138，如图6-107所示。

13 在【图层】面板中选择【曲线1】、【色相/饱和度1】调整图层，单击鼠标右键，在弹出的快捷菜单中选择【创建剪贴蒙版】命令，如图 6-108 所示。

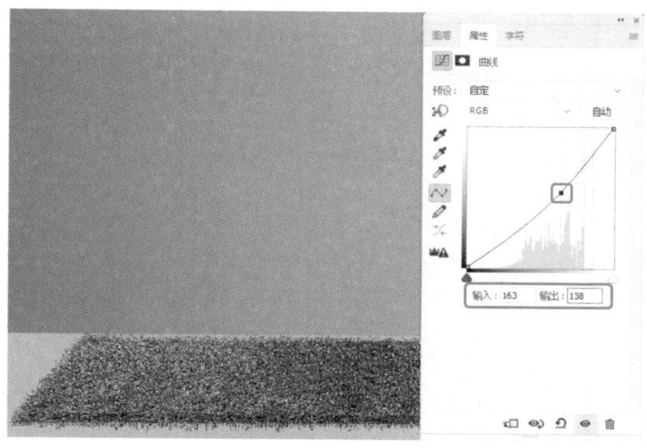

图 6-107 设置曲线参数

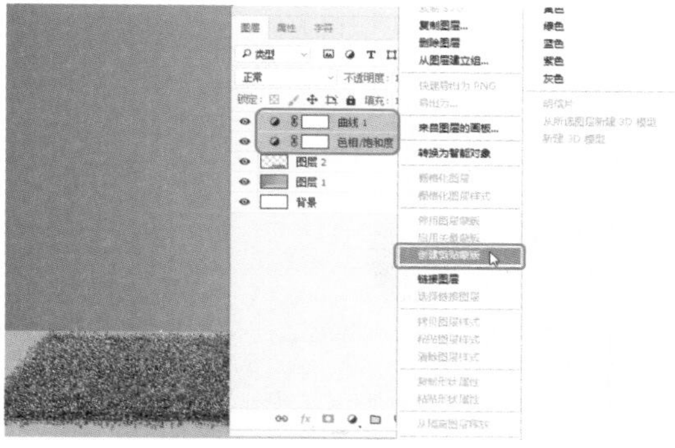

图 6-108 选择【创建剪贴蒙版】命令

14 将“洗衣机素材 03.png”素材文件添加至新建文档中，在【属性】面板中将 X、Y 分别设置为 40.78、6.35，如图 6-109 所示。

图 6-109 添加素材文件并调整其位置

15 在【图层】面板中选择【图层 3】图层，双击鼠标左键，在弹出的【图层样式】对话框中勾选【投影】复选框，将【阴影颜色】设置为 #060606，将【不透明度】设置为 38，将【角度】设置为 90，取消勾选【使用全局光】复选框，将【距离】、【扩展】、【大小】分别设置为 8、0、5，如图 6-110 所示。

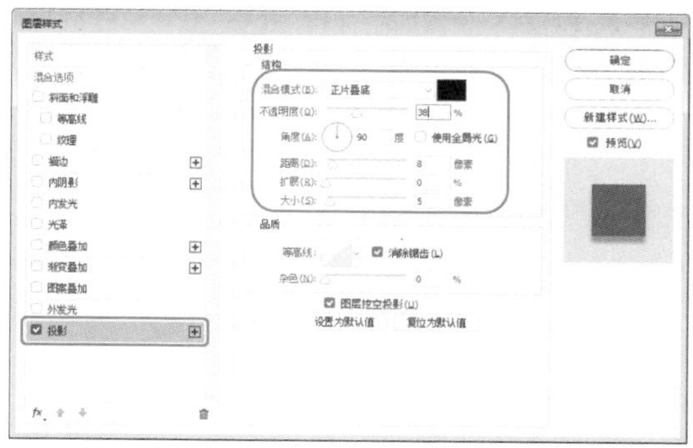

图 6-110 设置投影参数

16 设置完成后，单击【确定】按钮。将“洗衣机素材 04.png”素材文件添加至新建文档中，在【属性】面板中将 X、Y 分别设置为 34.54、17.6，如图 6-111 所示。

图 6-111 添加素材文件并调整其位置

17 将“洗衣机素材 05.png”素材文件添加至新建文档中，在【属性】面板中将 X、Y 分别设置为 55.28、22.75，如图 6-112 所示。

图 6-112 添加素材文件

18 在【图层】面板中双击【图层 5】图层，在弹出的【图层样式】对话框中勾选【投影】复选框，将【阴影颜色】设置为 #060606，将【不透明度】设置为 27，将【角度】设置为 45，取消勾选【使用全局光】复选框，将【距离】、【扩展】、【大小】分别设置为 8、0、5，如图 6-113 所示。

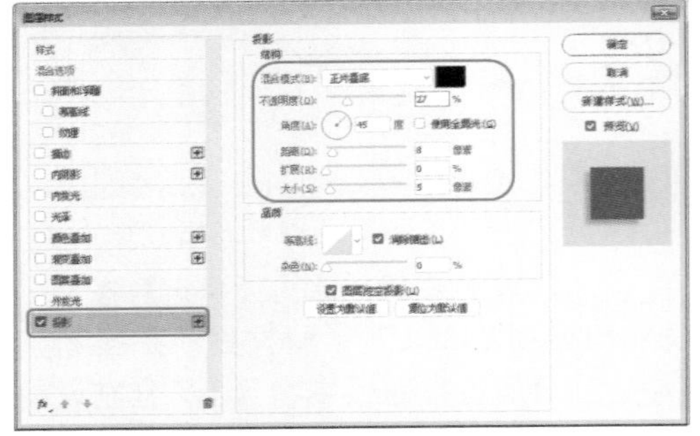

图 6-113 设置投影参数

19 设置完成后，单击【确定】按钮。在【图层】面板中单击【创建新的填充或调整图层】按钮，在弹出的下拉菜单中选择【色相 / 饱和度】命令，如图 6-114 所示。

图 6-114 选择【色相 / 饱和度】命令

20 在【属性】面板中将【色相】、【饱和度】、【明度】分别设置为 0、-18、0，如图 6-115 所示。

21 在【图层】面板中单击【创建新的填充或调整图层】按钮，在弹出的下拉菜单中选择【曲线】命令，如图 6-116 所示。

22 在【属性】面板中单击鼠标左键，添加一个编辑点，将【输入】、【输出】分别设置为 162、152，如图 6-117 所示。

23 在【图层】面板中选择【曲线 2】、【色相 / 饱和度 2】调整图层，单击鼠标右键，在弹出的快捷菜单中选择【创建剪贴蒙版】命令，如图 6-118 所示。

图 6-115 设置色相 / 饱和度参数

图 6-116 选择【曲线】命令

图 6-117 设置曲线参数

图 6-118 选择【创建剪贴蒙版】命令

24 将“洗衣机素材06.png”素材文件添加至新建文档中，在【属性】面板中将X、Y分别设置为57.47、-7.8，如图6-119所示。

图6-119 添加素材文件并进行设置

25 添加一个【曲线】调整图层，在【属性】面板中单击鼠标左键，添加两个编辑点，将【输入】、【输出】分别设置为196、210与78、55，如图6-120所示。

图6-120 设置曲线参数

26 在【图层】面板中选择【曲线3】调整图层，单击鼠标右键，在弹出的快捷菜单中选择【创建剪贴蒙版】命令，如图6-121所示。

图6-121 选择【创建剪贴蒙版】命令

27 将“洗衣机素材07.png”素材文件添加至新建文档中，在工作区中调整其位置。在【图层】面板中双击该图层，在弹出的【图层样式】对话框中勾选【投影】复选框，将【阴影颜色】设置为#828282，将【不透明度】设置为84，将【角度】设置为120，取消勾选【使用全局光】复选框，将【距离】、【扩展】、【大小】分别设置为5、0、2，如图6-122所示。

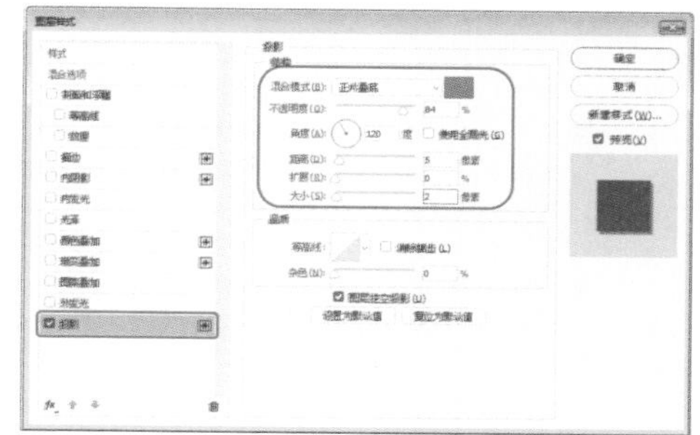

图6-122 设置投影参数

28 设置完成后，单击【确定】按钮。使用同样的方法，将“洗衣机素材08.png”和“洗衣机素材09.png”添加至新建文档中，并对其进行相应的设置，效果如图6-123所示。

图6-123 添加其他素材文件后的效果

29 选择工具箱中的【钢笔工具】，在工具选项栏中将【填充】设置为无，将【描边】设置为#f8d905，将【描边宽度】设置为12.76，在工作区中绘制一个如图6-124所示的图形。

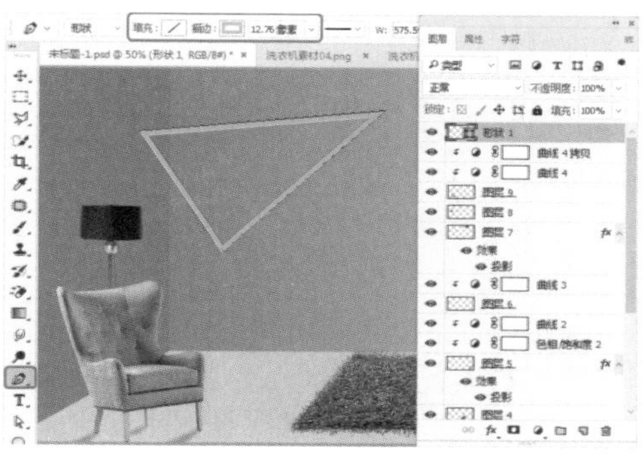

图6-124 绘制图形

30 在【图层】面板中选择【形状 1】图层，单击【添加图层蒙版】按钮，为图层添加蒙版。选择工具箱中的【多边形套索工具】，在工作区中对形状进行套索，按 Ctrl+Delete 快捷键填充背景色，如图 6-125 所示。

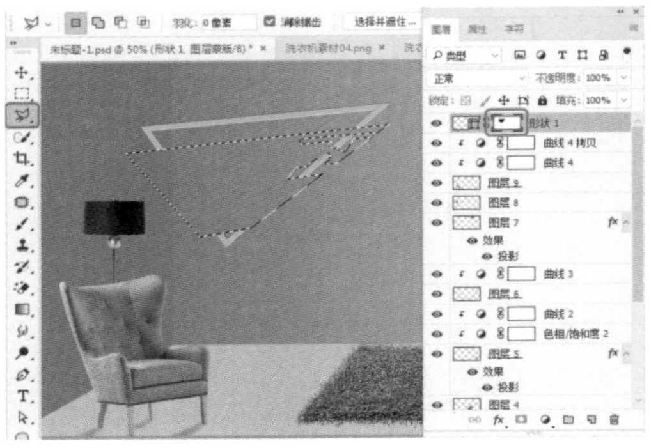

图 6-125 创建图层蒙版

31 按 Ctrl+D 快捷键取消选区。选择工具箱中的【横排文字工具】T，在工作区中单击鼠标，输入文本，在【属性】面板中将【字体】设置为【微软简综艺】，将【字体大小】设置为 100，将【字符间距】设置为 -25，将【颜色】设置为 #ffffff，单击【仿斜体】按钮，如图 6-126 所示。

图 6-126 输入文本并进行设置

32 继续选中该文字，按 Ctrl+T 快捷键，在工具选项栏中将【旋转】设置为 -5，如图 6-127 所示。

33 设置完成后，按 Enter 键确认。在【图层】面板中双击【静音洗护】图层，在弹出的【图层样式】对话框中勾选【投影】复选框，将【阴影颜色】设置为 #2daaed，将【不透明度】设置为 75，勾选【使用全局光】复选框，将【角度】设置为 90，将【距离】、【扩展】、【大小】分别设置为 2、0、3，如图 6-128 所示。

图 6-127 设置旋转参数

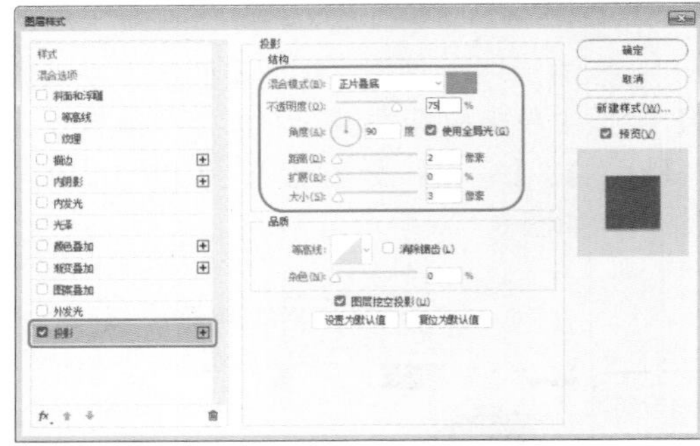

图 6-128 设置投影参数

34 设置完成后，单击【确定】按钮。在【图层】面板中选择【静音洗护】图层，按住鼠标左键将其拖曳至【创建新图层】按钮上，对其进行复制，并将复制后的图层重命名为“静音洗护 副本”，在【字符】面板中将【颜色】设置为 #f8d905，在【图层】面板中的【静音洗护 副本】图层下方的【投影】效果上单击鼠标右键，在弹出的快捷菜单中选择【清除图层样式】命令，如图 6-129 所示。

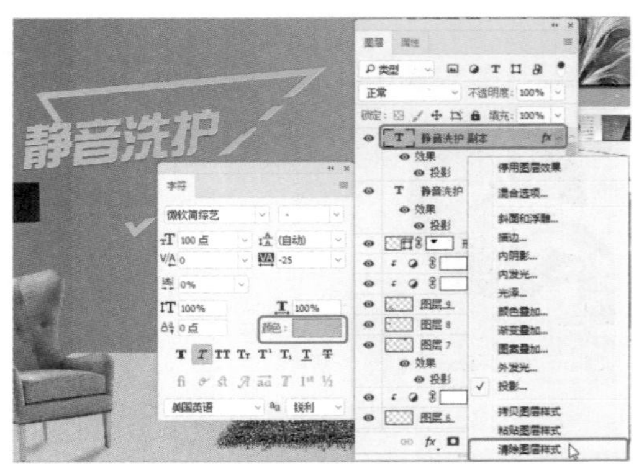

图 6-129 复制文本图层并进行设置

35 在【图层】面板中选择【静音洗护 副本】图层，按住 Alt 键单击【添加图层蒙版】按钮，为图层添加蒙版。选择工具箱中的【多边形套索工具】，在工具选项栏中单击【添加到选区】按钮，在工作区中绘制选区，按 Alt+Delete 快捷键填充前景色，效果如图 6-130 所示。

图 6-130 添加图层蒙版

36 按 Ctrl+D 快捷键取消选区。在【图层】面板中选择【静音洗护】图层，按住鼠标左键将其拖曳至【创建新图层】按钮上，对其进行复制，并将其更改为“生活的大师”，在【属性】面板中将【字符间距】设置为 0，并调整其位置，效果如图 6-131 所示。

图 6-131 复制文本并进行修改

37 根据相同的方法在工作区中创建其他文本与图形，并对其进行相应的设置，效果如图 6-132 所示。

38 将“洗衣机素材 10.png”素材文件添加至新建文档中，在工作区中调整素材文件的位置，在【图层】面板中选择该素材文件的图层，单击鼠标左键，在弹出的快捷菜单中选择【转换为智能对象】命令，如图 6-133 所示。

图 6-132 创建其他文本与图形后的效果

图 6-133 选择【转换为智能对象】命令

知识链接：滤镜的使用技巧

在使用滤镜处理图像时，以下技巧可以帮助用户更好地完成操作。

选择完一个滤镜命令后，【滤镜】菜单的第一行便会出现该滤镜的名称，如图 6-134 所示。单击或者按 Alt+Ctrl+F 快捷键可以快速应用这一滤镜。

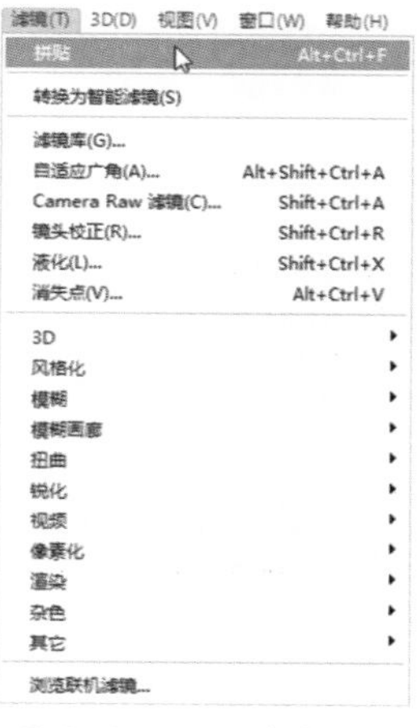

图 6-134 显示滤镜名称

在任意【滤镜】对话框中按住 Alt 键，对话框中的【取消】按钮都会变成【复位】按钮，如图 6-135 所示。单击该按钮可以将滤镜的参数恢复到初始状态。

图 6-135 【取消】按钮与【复位】按钮

如果在选择滤镜的过程中想要终止滤镜，可以按 Esc 键。

选择滤镜时通常会打开滤镜库或者相应的对话框，在预览框中可以预览滤镜效果，单击⊞和⊟按钮可以放大或缩小图像的显示比例。将光标移至预览框中，单击并拖动鼠标，可移动预览框内的图像，如图 6-136 所示。如果想要查看某一区域内的图像，则可将鼠标移至文档中，光标会显示为一个方框状，单击鼠标左键，滤镜预览框内将显示单击处的图像，如图 6-137 所示。

图 6-136 拖动鼠标查看图像

图 6-137 在预览框中查看图像

使用滤镜处理图像后，可选择【编辑】|【渐隐】命令修改滤镜效果的混合模式和不透明度。使用【渐隐】命令必须是在进行了编辑操作后立即选择，如果这中间又进行了其他操作，则无法选择该命令。

疑难解答 在 Photoshop 中的所有滤镜都可以作为智能滤镜使用吗?

【消失点】与【镜头模糊】等少数滤镜不可以作为智能滤镜使用，其他的滤镜都可以作为智能滤镜使用，其中也包括外挂滤镜。除此之外，【图像】|【调整】子菜单中的命令也可以作为智能滤镜使用，但是其中不包括【去色】、【匹配颜色】、【替换颜色】、【色调均化】等命令。

39 继续选中素材文件的图层，在菜单栏中选择【滤镜】|【模糊】|【高斯模糊】命令，在弹出的【高斯模糊】对话框中将【半径】设置为 7，如图 6-138 所示。

图 6-138 设置模糊半径

40 设置完成后，单击【确定】按钮。在【图层】面板中单击【创建新的填充或调整图层】按钮，在弹出的下拉菜单中选择【曲线】命令，在【属性】面板中单击鼠标左键，添加两个编辑点，将【输入】、【输出】分别设置为 175、173 与 108、67，如图 6-139 所示。

图 6-139 设置曲线参数

41 在【图层】面板中按住 Ctrl 键的同时单击洗衣机的缩览图，将其载入选区。将【前景色】设置为 #b5b4b4，在【图层】面板中选择【曲线 5】调整图层右侧的蒙版，按 Alt+Delete

快捷键填充前景色，效果如图 6-140 所示。

图 6-140 填充蒙版

42 按 Ctrl+D 快捷键取消选区，将该图层锁定，将衣服图层调整至最顶层，调整后的效果如图 6-141 所示。

图 6-141 调整图层后的效果

6.4 制作网页活动宣传图

随着时代的发展与变迁，当下购物形式发生了翻天覆地的变化，很多人不仅仅限于去实体店铺购买商品；网购，已经为当下时期一种必不可少的购物方式，快捷便利的网上购物可以让人们足不出户就享受到逛街的乐趣。一个优秀的网页宣传图能够迅速引起购买者的注意，并向购买者传达一种恰当的信息。网页活动宣传图，效果如图 6-142 所示。

图 6-142 网页活动宣传图

素材	素材 \Cha06\ 边框 .png、红包 .png、礼盒 1.png ~ 礼盒 3.png、气球 .png、图案 5.pat、纹理 .jpg
场景	场景 \Cha06\ 制作网页活动宣传图 .psd
视频	视频教学 \Cha06\6.4 制作网页活动宣传图 .mp4

01 启动 Photoshop CC 软件，按 Ctrl+N 快捷键，在弹出的【新建文档】对话框中将【名称】设置为“网页活动宣传图”，将【宽度】、【高度】分别设置为 1000、511，将【分辨率】设置为 300，将【背景颜色】的 RGB 值设置为 208、7、7，如图 6-143 所示。

图 6-143 设置新建文档参数

02 设置完成后，单击【创建】按钮。在【图层】面板中新建一个图层，并将该图层命名为“底纹”，将【前景色】的 RGB 值设置为 255、255、255，按 Alt+Delete 快捷键填充前景色，效果如图 6-144 所示。

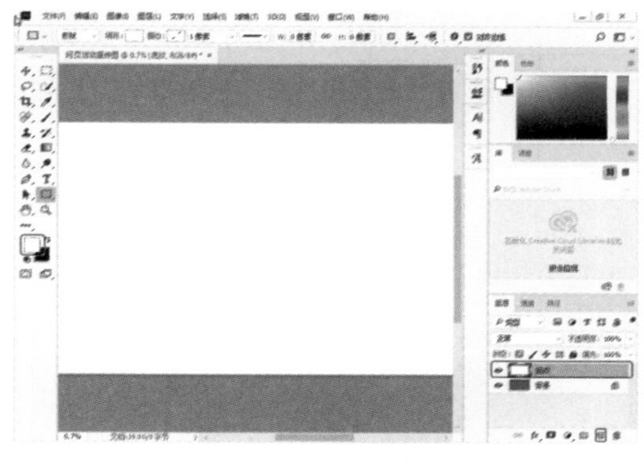

图 6-144 新建图层并填充前景色

03 在【图层】面板中双击【底纹】图层，在弹出的【图层样式】对话框中勾选【图案叠加】复选框，单击【图案】右侧的按钮，在弹出的下拉面板中单击 按钮，在弹出的下拉菜单中选择【载入图案】命令，如图 6-145 所示。

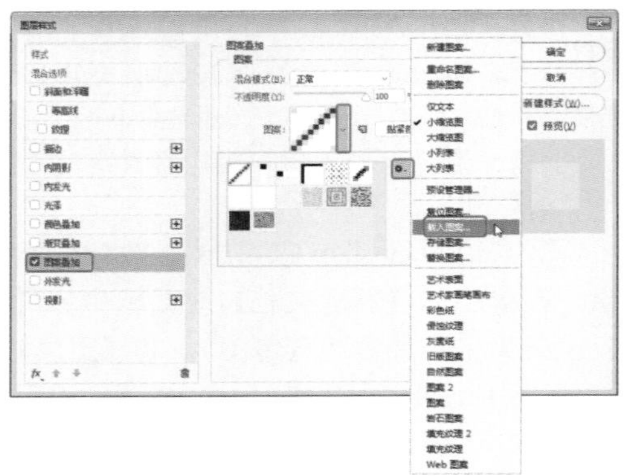

图 6-145　选择【载入图案】命令

04 在弹出的【载入】对话框中选择“图案 5.pat”素材文件，如图 6-146 所示。

图 6-146　选择素材文件

05 单击【载入】按钮，在【图案】下拉面板中选择【图案 5(8×8 像素，RGB 模式)】，将【缩放】设置为 87，如图 6-147 所示。

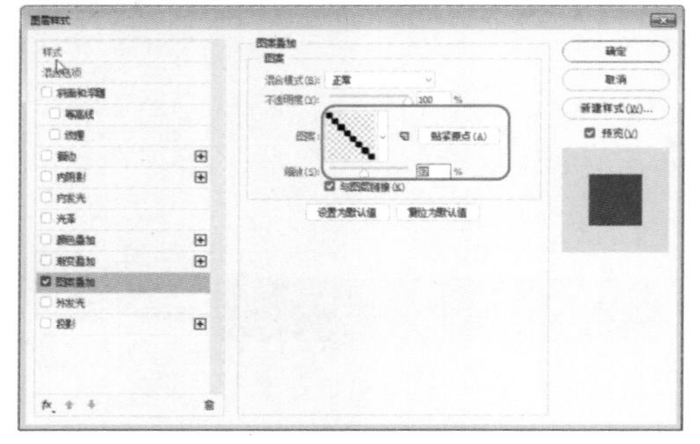

图 6-147　选择图案并设置缩放

06 设置完成后，单击【确定】按钮。在【图层】面板中选择【底纹】图层，将【混合模式】设置为【线性加深】，将【不透明度】设置为 19，如图 6-148 所示。

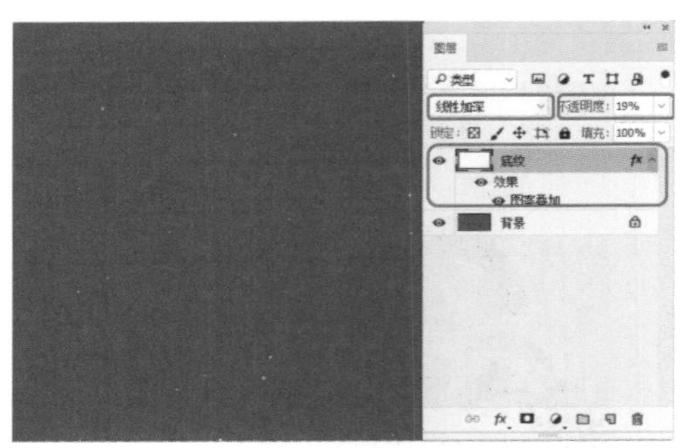

图 6-148　设置图层混合模式

07 打开“纹理 .jpg”素材文件，按住鼠标左键将其拖曳至新建文档中，在【属性】面板中将 W、H 分别设置为 3.76、0.47，将 X、Y 分别设置为 -0.05、-0.29，在【图层】面板中选中【图层 1】图层，将【混合模式】设置为【滤色】，如图 6-149 所示。

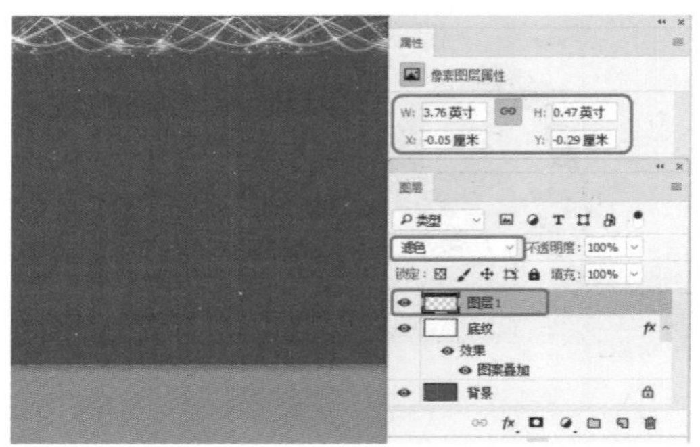

图 6-149　添加素材文件并进行设置

08 打开“红包 .png”素材文件，按住鼠标左键将其拖曳至新建文档中，在【属性】面板中将 W、H 分别设置为 3、1.32，将 X、Y 分别设置为 0.74、0.36，如图 6-150 所示。

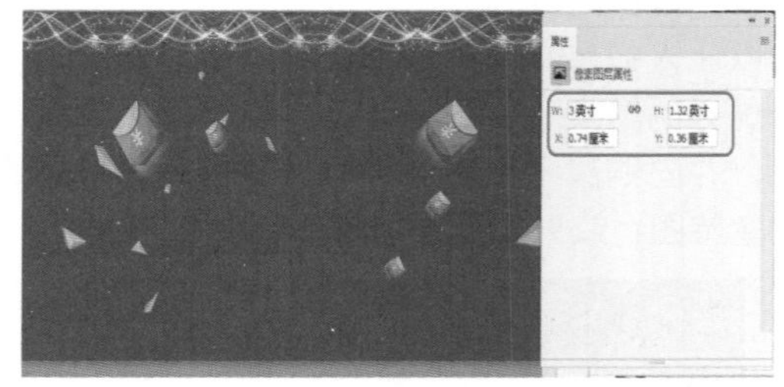

图 6-150　添加素材文件

09 在【图层】面板中选中【图层 2】图层，单击鼠标右键，在弹出的快捷菜单中选择【转换为智能对象】命令，如图 6-151 所示。

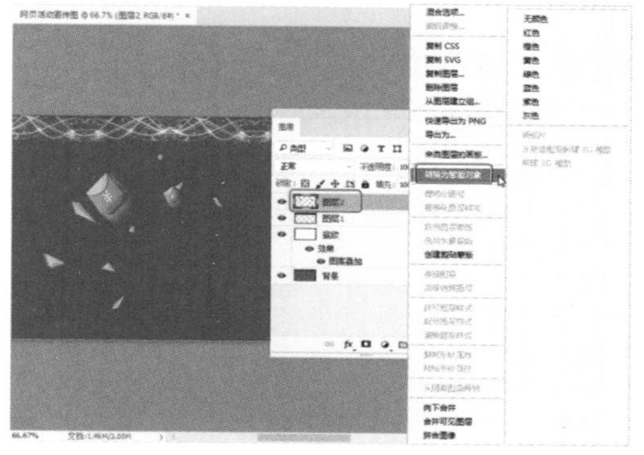

图 6-151 选择【转换为智能对象】命令

10 在菜单栏中选择【滤镜】|【模糊】|【动感模糊】命令，如图 6-152 所示。

11 在弹出的【动感模糊】对话框中将【角度】设置为 4，将【距离】设置为 25，如图 6-153 所示。

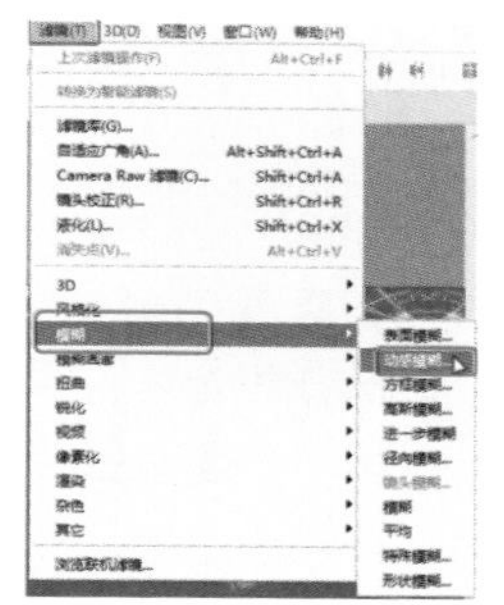

图 6-152 选择【动感模糊】命令

图 6-153 设置动感模糊参数

疑难解答 为什么应用智能滤镜之前需要将对象转换为智能对象？

在 Photoshop CC 中，智能滤镜仅可以应用于智能对象，应用于智能对象的任何滤镜效果都是智能滤镜；因此，如果当前图层中的对象为智能对象，可以直接对其应用滤镜，而不需要将其转换为智能滤镜，用户也可以不通过上述命名将当前图层对象转换为智能对象。在选择要添加智能滤镜的图层后，在菜单栏中选择【滤镜】|【转换为智能滤镜】命令，将会弹出提示将当前图层转换为智能对象的对话框，在该对话框中单击【确定】按钮同样也可以将选中的图层转换为智能对象。

12 设置完成后，单击【确定】按钮，打开“礼盒 1.png”素材文件，按住鼠标左键将其拖曳至新建文档中，在工作区中调整其位置、大小及角度，在【图层】面板中将其命名为“礼盒 1”，如图 6-154 所示。

13 在【图层】面板中双击【礼盒 1】图层，在弹出的【图层样式】对话框中勾选【投影】复选框，将【阴影颜色】的 RGB 值设置为 64、16、8，将【不透明度】设置为 75，将【角度】设置为 104，取消勾选【使用全局光】复选框，将【距离】、【扩展】、【大小】分别设置为 4、0、7，如图 6-155 所示。

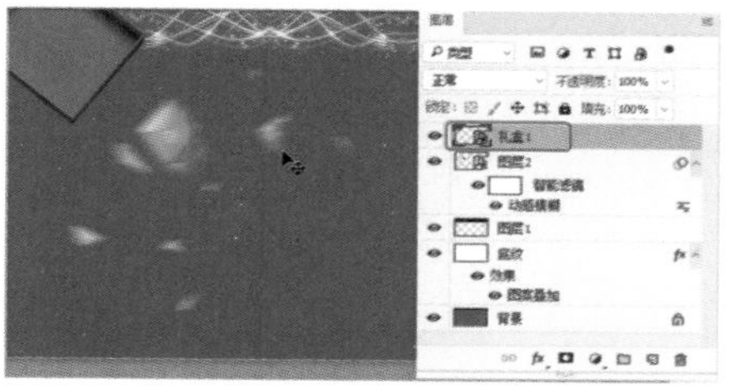

图 6-154 添加素材文件

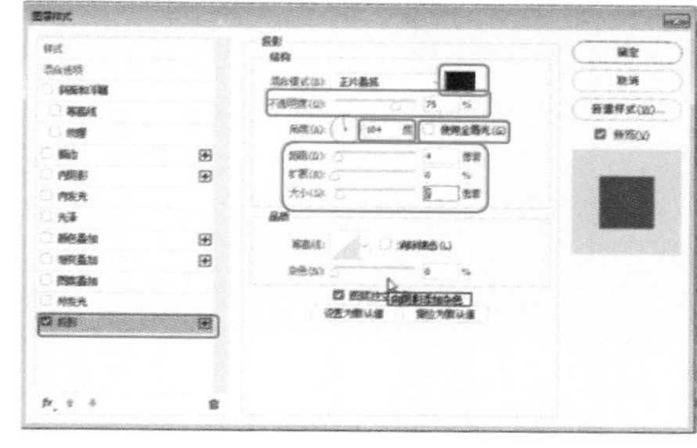

图 6-155 设置投影参数

14 设置完成后，单击【确定】按钮。使用相同的方法将其他素材文件添加到新建文档中，添加后的效果如图 6-156 所示。

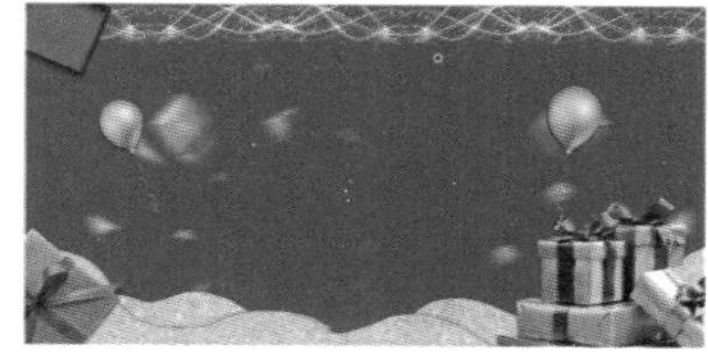

图 6-156 添加其他素材文件后的效果

15 选择工具箱中的【横排文字工具】T，在工作区中单击鼠标，输入文本。选中输入的文本，在【字符】面板中将【字体】设置为【汉仪菱心体简】，将【字体大小】设置为 32，将【颜色】的 RGB 值设置为 255、255、255，在【属性】面板中将 X、Y 分别设置为 3.03、0.56，效果如图 6-157 所示。

16 在【图层】面板中选择【双】图层，单击鼠标右键，在弹出的快捷菜单中选择【转换为形状】命令，如图 6-158 所示。

17 选择工具箱中的【直接选择工具】，在工作区中对转换为形状的文字进行调整，调整后的效果如图 6-159 所示。

图 6-157 输入文本并进行设置

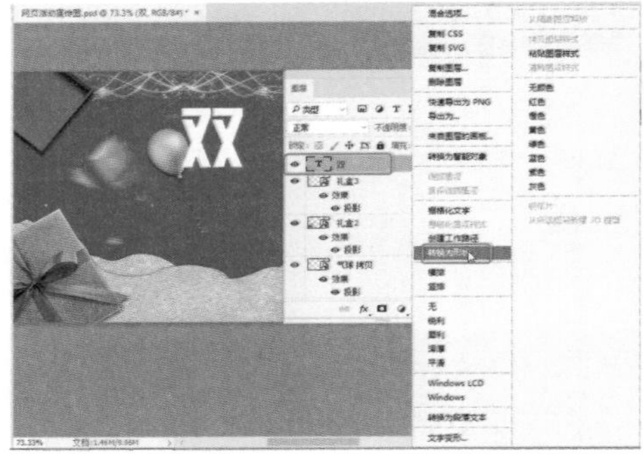

图 6-158 选择【转换为形状】命令

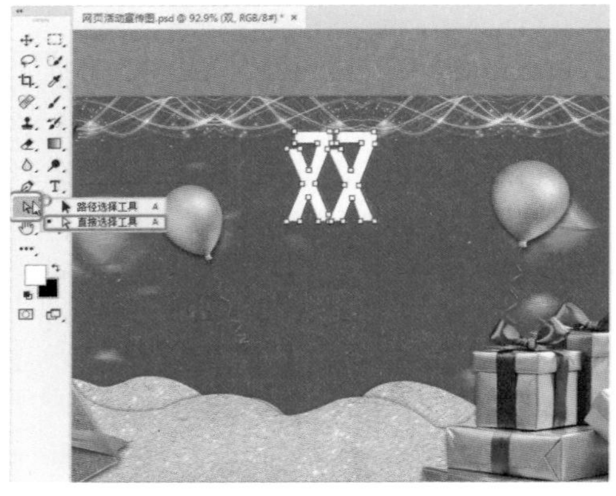

图 6-159 调整文本形状后的效果

18 在【图层】面板中选择【双】图层，选择工具箱中的【钢笔工具】，在工具选项栏中将【工具模式】设置为【形状】，将【填充】的 RGB 值设置为 255、255、255，将【路径操作】设置为【合并形状】，在工作区中绘制如图 6-160 所示的形状。

19 在【图层】面板中对【双】图层进行复制，并将【双 拷贝】图层调整至【双】图层的下方，将【双 拷贝】图层中的图形颜色 RGB 值设置为 255、0、54，在工作区中调整其位置，效果如图 6-161 所示。

图 6-160 绘制形状

图 6-161 复制图层并进行调整

提 示

在此设置形状的颜色时，可以在【双 拷贝】图层的缩览图右下角双击鼠标，在弹出的对话框中设置其颜色参数即可。

20 根据前面所介绍的方法输入文本并绘制图形，效果如图 6-162 所示。对完成后的场景进行保存即可。

图 6-162 输入其他文本并绘制图形后的效果

第7章 淘宝店铺设计

淘宝店铺指的是所有淘宝卖家在淘宝所使用的旺铺或者店铺。淘宝旺铺是相对普通店铺而诞生的，每个在淘宝新开店的都是系统默认产生的店铺界面，就是常说的普通店铺。

淘宝旺铺（个性化店铺）服务是由淘宝提供给淘宝卖家，允许卖家使用淘宝提供的计算机和网络技术，实现区别于淘宝一般店铺形式的个性化店铺页面展现功能的服务，简单来说，就是花钱向淘宝买一个有个性、全新的店铺门面。

重点知识

- 巧克力淘宝店铺
- 女包淘宝店铺
- 护肤品淘宝店铺
- 手表淘宝店铺

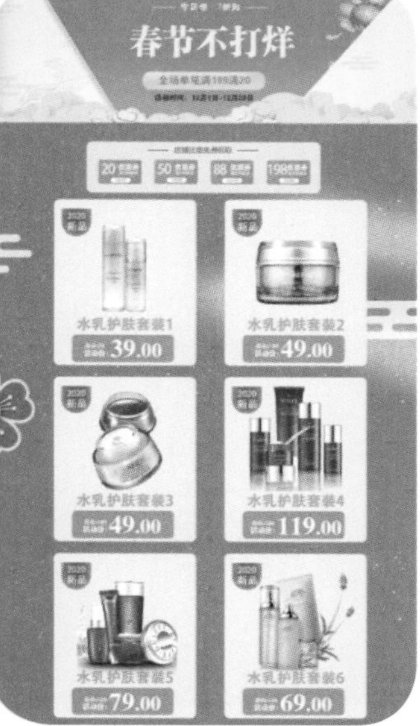

7.1 制作巧克力淘宝店铺

巧克力是以可可浆和可可脂为主要原料制成的一种甜食，它不但口感细腻甜美，而且还具有一股浓郁的香气。巧克力可以直接食用，也可被用来制作蛋糕、冰激凌等。在浪漫的情人节，它更是表达爱情少不了的主角。巧克力淘宝店铺效果如图 7-1 所示。

图 7-1　巧克力淘宝店铺

素材	素材 \Cha07\G1.jpg、G2.png、G3.jpg、G4.png ~ G6.png、标志 .png
场景	场景 \Cha07\ 制作巧克力淘宝店铺 .psd
视频	视频教学 \Cha07\7.1　制作巧克力淘宝店铺 .mp4

01 按 Ctrl+N 快捷键，弹出【新建文档】对话框，将【单位】设置为【像素】,【宽度】和【高度】分别设置为 1920、3441，单击【创建】按钮，如图 7-2 所示。

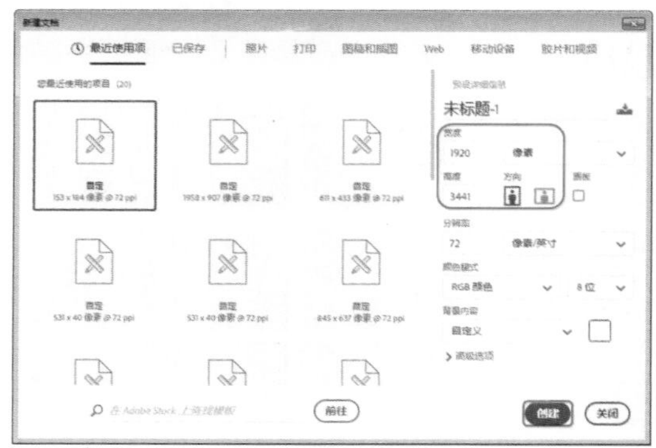

图 7-2　【新建文档】对话框

02 在菜单栏中选择【文件】|【置入嵌入对象】命令，弹出【置入嵌入的对象】对话框，选择“G1.jpg”素材文件，单击【置入】按钮，如图 7-3 所示。

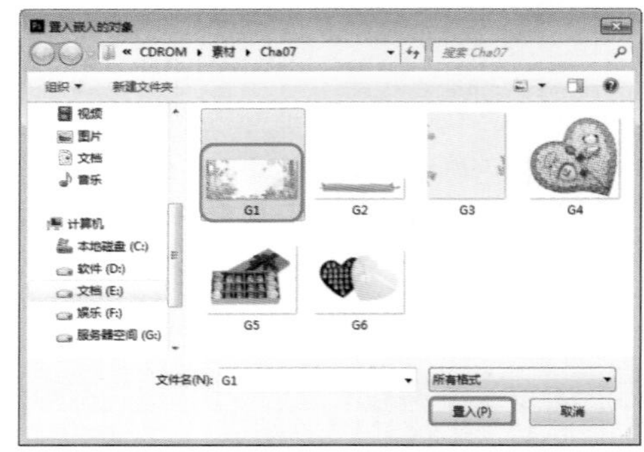

图 7-3　选择置入文件

知识链接：新建空白文档

新建 Photoshop 空白文档的具体操作步骤如下。

01 在菜单栏中选择【文件】|【新建】命令，弹出【新建文档】对话框，在此对新建空白文档的【宽度】、【高度】以及【分辨率】进行设置，如图 7-4 所示。

图 7-4　【新建文档】对话框

02 设置完成后，单击【创建】按钮，即可新建空白文档，如图 7-5 所示。

图 7-5　新建的空白文档

打开文档的具体操作步骤如下。

01 按Ctrl+O快捷键（如图7-6所示），在弹出的【打开】对话框中选择要打开的图像，如图7-7所示。

图7-6 选择【打开】命令

02 单击【打开】按钮，或按Enter键，或双击鼠标左键，即可打开选择的素材图像。

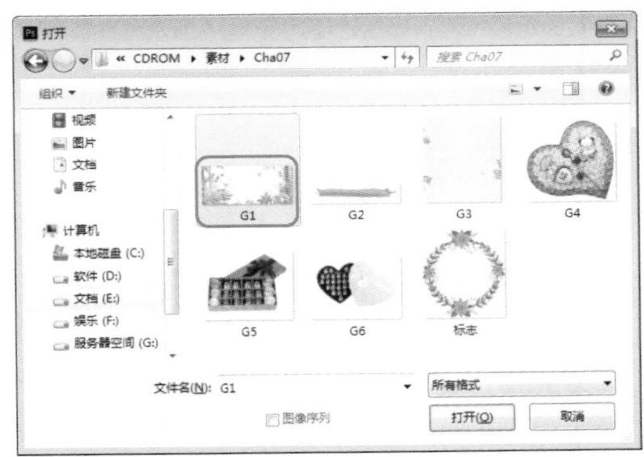

图7-7 【打开】对话框

03 调整置入素材文件的位置。使用【矩形工具】绘制矩形，将W和H分别设置为1928、367，【填充】设置为#f59f9f，【描边】设置为无，如图7-8所示。

图7-8 设置矩形参数

04 在菜单栏中选择【文件】|【置入嵌入对象】命令，弹出【置入嵌入的对象】对话框，选择“G3.jpg”素材文件，单击【置入】按钮，如图7-9所示。

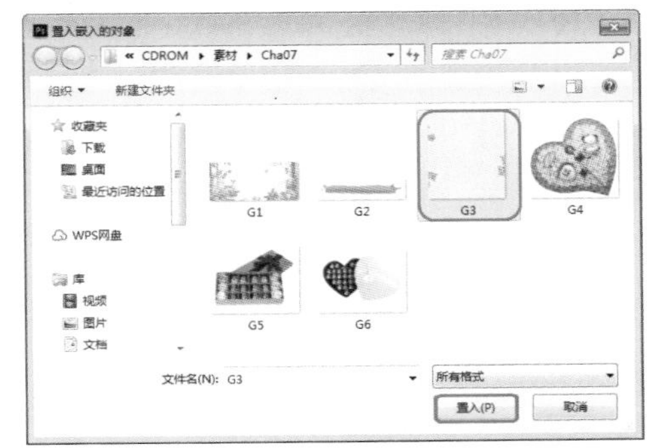

图7-9 【置入嵌入的对象】对话框

05 调整置入素材文件的位置，如图7-10所示。

图7-10 调整完成后的效果

06 新建【图层1】图层，使用【钢笔工具】绘制图形，在工具选项框中将【填充】颜色设置为#f59f9f，如图7-11所示。

图7-11 设置图形颜色

提 示

绘制完成路径后，按 Ctrl+Enter 快捷键，将其转换为选区后，按 Alt+Delete 快捷键可为其填充前景色；按 Ctrl+Delete 快捷键可为其填充背景色。

07 使用【横排文字工具】T.输入文本，将【字体】设置为【方正粗倩简体】，【字体大小】设置为 190，【颜色】设置为 #fa6b89，如图 7-12 所示。

图 7-12 设置文本参数

08 使用【横排文字工具】T.输入文本，将【字体】设置为 Myriad Pro，【字体大小】设置为 70，【颜色】设置为 #fa6b89，单击【仿斜体】按钮 T，如图 7-13 所示。

图 7-13 设置文本参数

09 使用【直线工具】，将【填充】设置为 #f39393，【描边】设置为无，【粗细】设置为 3，绘制两条直线段，W 和 H 分别设置为 150、3，如图 7-14 所示。

10 使用【椭圆工具】○.绘制多个圆形，将 W 和 H 均设置为 7，【填充】设置为 #fa6b89，【描边】设置为无，如图 7-15 所示。

图 7-14 设置直线参数

图 7-15 设置圆形参数

11 使用【横排文字工具】T.输入文本，将【字体】设置为【方正小标宋简体】，【字体大小】设置为 42，【颜色】设置为 #fa6b89，如图 7-16 所示。

图 7-16 设置文本参数

12 使用【横排文字工具】T.输入文本，将【字体】设置为【微软雅黑】，【字体大小】设置为 25，【字符间距】设置为 160，【颜色】设置为 #fa6b89，如图 7-17 所示。

13 使用【圆角矩形工具】□.绘制矩形，将 W 和 H 分别设置为 744、60，【填充】设置为 #ee5a8a，【描边】设置为无，【圆角半径】设置为 30，如图 7-18 所示。

图 7-17 设置文本参数

图 7-18 设置圆角矩形参数

14 使用【横排文字工具】T.输入文本，将【字体】设置为【微软雅黑】，【字体大小】设置为28，【字符间距】设置为80，【颜色】设置为白色，如图 7-19 所示。

图 7-19 设置文本参数

15 选择【圆角矩形 1】图层，单击【添加图层样式】按钮 fx.，在弹出的下拉菜单中选择【投影】命令，如图 7-20 所示。

图 7-20 选择【投影】命令

16 勾选【投影】复选框，将【混合模式】设置为【正常】，【颜色】设置为黑色，【不透明度】设置为 35，【角度】设置为 90，【距离】、【扩展】、【大小】分别设置为 5、2、4，单击【确定】按钮，如图 7-21 所示。

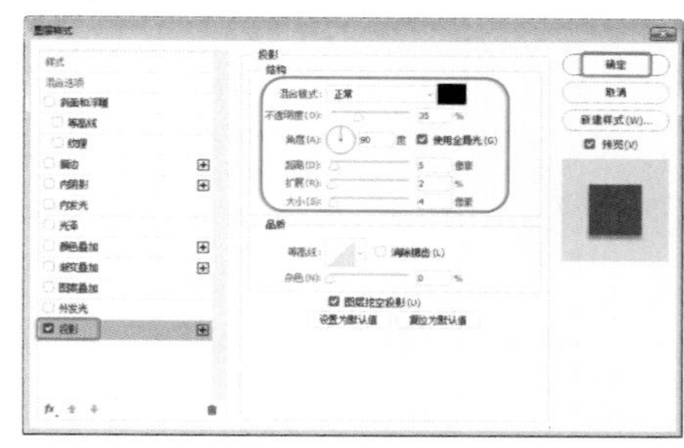
图 7-21 设置投影参数

17 在菜单栏中选择【文件】|【置入嵌入对象】命令，弹出【置入嵌入的对象】对话框，选择“标志 .png”素材文件，单击【置入】按钮，如图 7-22 所示。

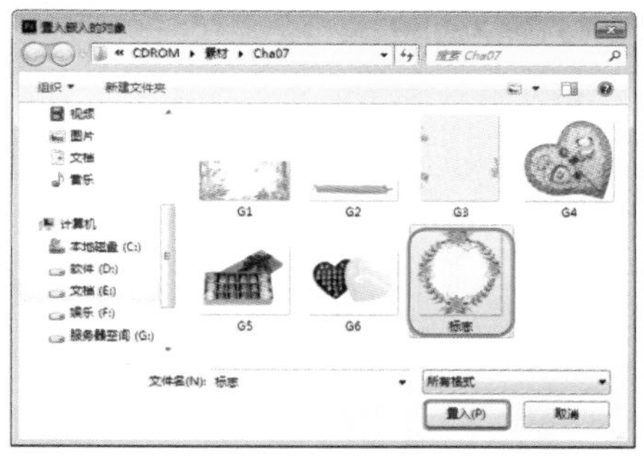
图 7-22 选择素材文件

18 置入素材文件后调整位置，使用【横排文字工具】T.输入文本，将【字体】设置为【Adobe 黑体 Std】，【字体大小】设置为 70，【字符间距】设置为 -45，【颜色】设置为 #f51336，如图 7-23 所示。

图 7-23 设置文本参数

19 使用【横排文字工具】T.输入文本，将【字体】设置为【Adobe 黑体 Std】，【字体大小】设置为 18，【行距】设置为 19，【字符间距】设置为 -25，【颜色】设置为 #494848，如图 7-24 所示。

图 7-24 设置文本参数

20 使用【横排文字工具】T. 输入文本，将【字体】设置为【Adobe 黑体 Std】，【字体大小】设置为 35，【字符间距】设置为 55，【颜色】设置为 #f51336，如图 7-25 所示。

图 7-25 设置文本参数

21 使用【圆角矩形工具】○. 绘制矩形，将 W 和 H 分别设置为 78、22，【填充】设置为 #f51336，【描边】设置为无，【圆角半径】设置为 10，如图 7-26 所示。

图 7-26 设置圆角矩形参数

22 使用【横排文字工具】T. 输入文本，将【字体】设置为【微软雅黑】，【字体大小】设置为 15，【字符间距】设置为 55，【颜色】设置为白色，如图 7-27 所示。

图 7-27 设置文本参数

提 示

在使用【圆角矩形工具】创建图形时，半径值可以介于 0 ～ 1000 像素。

23 使用同样的方法制作其他的优惠券内容。在菜单栏中选择【文件】|【置入嵌入对象】命令，弹出【置入嵌入的对象】对话框，选择“G2.png”素材文件，单击【置入】按钮，如图 7-28 所示。

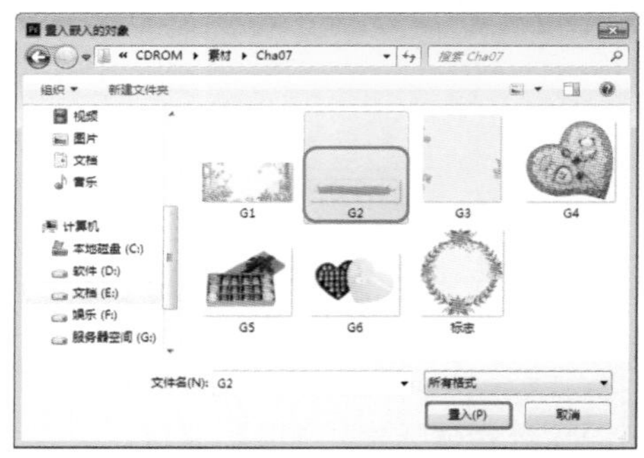

图 7-28 选择素材文件

24 置入素材文件后的效果如图 7-29 所示。

图 7-29 置入素材文件

25 使用【横排文字工具】T.输入文本，

将【字体】设置为【创艺简老宋】，【字体大小】设置为55，【字符间距】设置为43，【颜色】设置为白色，如图7-30所示。

图7-30　设置文本参数

26 使用【圆角矩形工具】绘制圆角矩形，将W和H分别设置为1192、1494，【填充】设置为#f39393，【描边】设置为无，【圆角半径】设置为40，如图7-31所示。

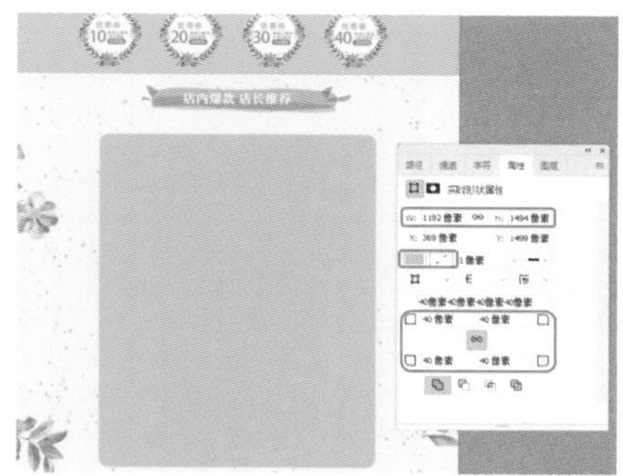

图7-31　设置圆角矩形参数

27 使用【圆角矩形工具】绘制圆角矩形，将W和H分别设置为1158、1460，【填充】设置为白色，【描边】设置为无，【圆角半径】设置为40，如图7-32所示。

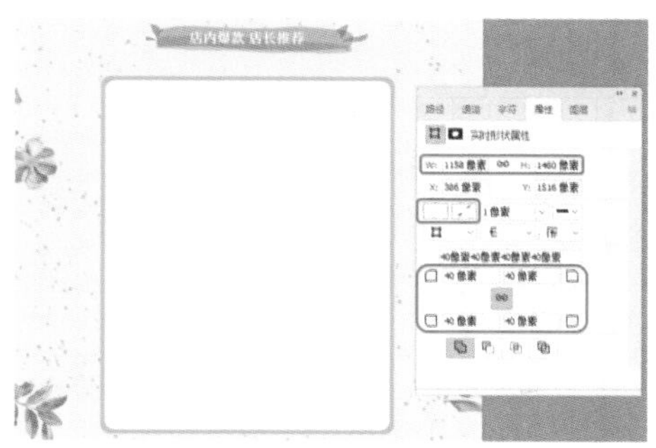

图7-32　设置圆角矩形参数

28 使用【钢笔工具】，在工具选项栏中将【工具模式】设置为【形状】，【填充】设置为无，【描边】设置为#fa6b89，【描边宽度】设置为2.6，单击右侧的按钮，在弹出的下拉面板中选择【描边类型】选项，单击【更多选项】按钮，弹出【描边】对话框，勾选【虚线】复选框，将【虚线】和【间隙】分别设置为4、2，单击【确定】按钮，如图7-33所示。

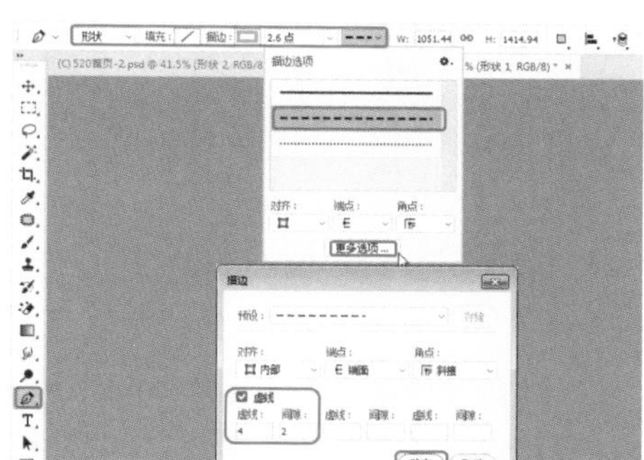

图7-33　设置线段参数

29 绘制如图7-34所示的线段。

图7-34　绘制线段

30 在菜单栏中选择【文件】|【置入嵌入对象】命令，弹出【置入嵌入的对象】对话框，选择“G4.png”素材文件，单击【置入】按钮，如图7-35所示。

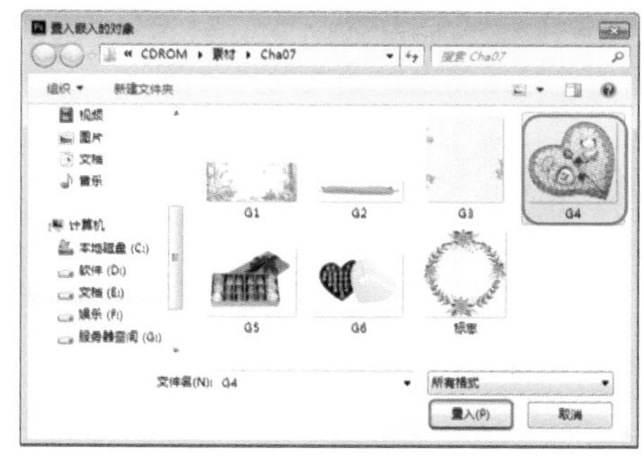

图7-35　置入素材文件

31 调整素材文件的位置。使用【横排文字工具】输入文本，将【字体】设置为【微软雅黑】,【字体大小】设置为35,【颜色】设置为#fa6b89,如图7-36所示。

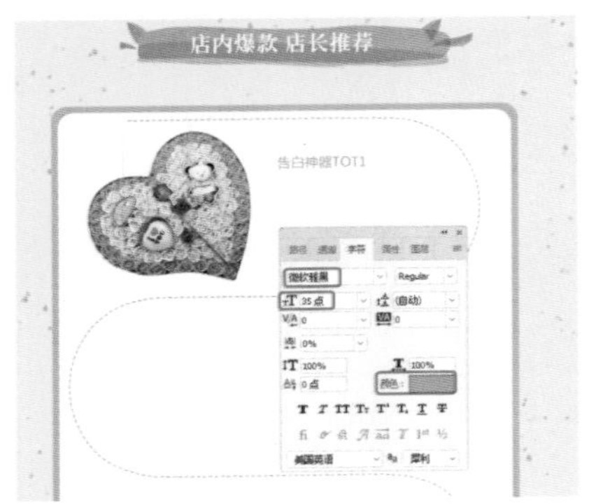

图7-36 设置文本参数

32 使用【横排文字工具】 T. 输入文本,将【字体】设置为【Adobe黑体Std】,【字体大小】设置为50,【颜色】设置为#fa6b89,如图7-37所示。

图7-37 设置文本参数

33 使用【圆角矩形工具】 ▢. 绘制矩形,将W和H分别设置为375、54,【填充】设置为#fa6b89,【描边】设置为无,【圆角半径】均设置为27,如图7-38所示。

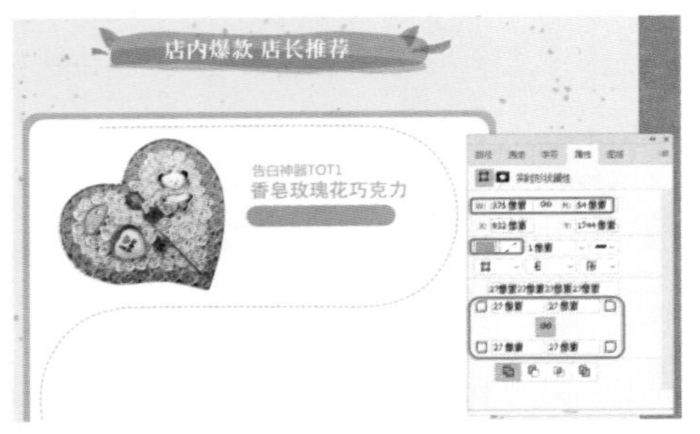

图7-38 设置圆角矩形参数

34 使用【横排文字工具】 T. 输入文本,将【字体】设置为【微软雅黑】,【字体大小】设置为20,【颜色】设置为白色,如图7-39所示。

图7-39 设置文本参数

35 使用【横排文字工具】 T. 输入文本,将【字体】设置为【微软雅黑】,【字体大小】设置为30,【颜色】设置为#fa6b89,如图7-40所示。

图7-40 设置文本参数

36 使用【横排文字工具】 T. 输入文本,将【字体】设置为【微软雅黑】,【字体大小】设置为58,【颜色】设置为#fa6b89,如图7-41所示。

图7-41 设置文本参数

37 使用同样的方法制作其他的内容,效果如图7-42所示。

图 7-42 制作完成后的效果

7.2 制作女包淘宝店铺

女包，这个名词是箱包的性别分类衍生词。有性别区分并仅限于符合女性审美观的箱包统称为女包。女包也是女性的随身装饰品之一。按照国内的分类来说，一般按照功能分短款钱包、长款钱包、化妆包、晚装包、手提包、单肩包、双肩包、斜挎包、旅行包、胸包以及多功能包。女包淘宝店铺效果如图 7-43 所示。

图 7-43 女包淘宝店铺

素材	素材 \Cha07\ 女包淘宝店铺背景 .jpg、女包 1.jpg~ 女包 9.jpg、装饰 .png
场景	场景 \Cha07\ 制作女包淘宝店铺 .psd
视频	视频教学 \Cha07\7.2 制作女包淘宝店铺 .mp4

01 按 Ctrl+O 快捷键，弹出【打开】对话框，选择“女包淘宝店铺背景 .jpg”素材文件，单击【打开】按钮，如图 7-44 所示。

图 7-44 选择素材文件

02 打开素材文件后的效果如图 7-45 所示。

图 7-45 打开素材文件

> **提 示**
>
> 在菜单栏中选择【文件】|【打开】命令，或在工作区中双击鼠标左键，弹出【打开】对话框。按住 Ctrl 键单击需要打开的文件，可以打开多个不相邻的文件；按住 Shift 键单击需要打开的文件，可以打开多个相邻的文件。

03 使用【横排文字工具】 输入文本，将【字体】设置为【方正超粗黑简体】，【字体大小】设置为 118，【垂直缩放】设置为 110，【颜色】设置为 #474141，如图 7-46 所示。

图 7-46 设置文本参数

04 在菜单栏中选择【文件】|【置入嵌入对象】命令，弹出【置入嵌入的对象】对话框，

选择“装饰.png”素材文件，单击【置入】按钮，如图 7-47 所示。

图 7-47　选择素材文件

05 置入素材图片并调整位置，如图 7-48 所示。

图 7-48　调整对象的位置

06 使用【横排文字工具】 输入文本，将【字体】设置为【方正姚体】，【字体大小】设置为 30，【字符间距】设置为 200，【颜色】设置为 #474141，如图 7-49 所示。

图 7-49　设置文本参数

07 使用【横排文字工具】 输入文本，将【字体】设置为【方正姚体】，【字体大小】设置为 18，【字符间距】设置为 0，【颜色】设置为 #ea9493，如图 7-50 所示。

08 使用【直线工具】，将【工具模式】设置为【形状】，【填充】设置为 #474141，【描边】设置为无，【粗细】设置为 3，绘制直线段，将 W 和 H 分别设置为 68、4，如图 7-51 所示。

图 7-50　设置文本参数

图 7-51　设置线段参数

09 使用【横排文字工具】 输入文本，将【字体】设置为【经典粗黑简】，【字体大小】设置为 50，【颜色】设置为 #f6888b，如图 7-52 所示。

图 7-52　设置文本参数

10 使用【横排文字工具】 输入文本，将【字体】设置为【Adobe 黑体 Std】，【字体大小】设置为 14，【字符间距】设置为 1540，【颜色】设置为 #ea9493，如图 7-53 所示。

图 7-53　设置文本参数

11 使用【直线工具】⁄，将【工具模式】设置为【形状】，【填充】设置为#474141，【描边】设置为无，【粗细】设置为2，绘制直线段，将W和H分别设置为400、2，如图7-54所示。

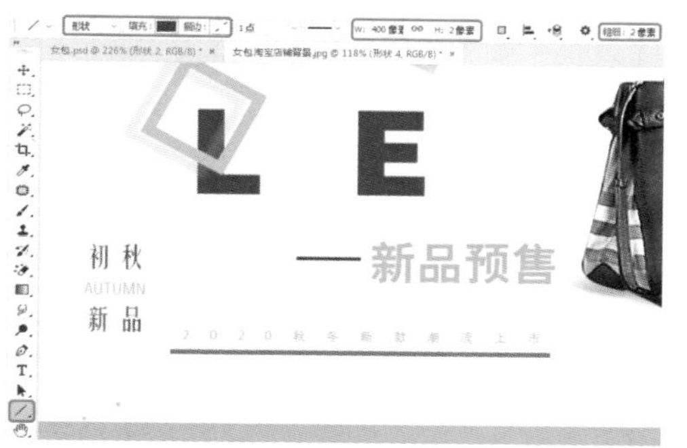

图 7-54 设置线段参数

12 使用【椭圆工具】○绘制正圆形，将W和H分别设置为254，【填充】设置为黑色，【描边】设置为无，如图7-55所示。

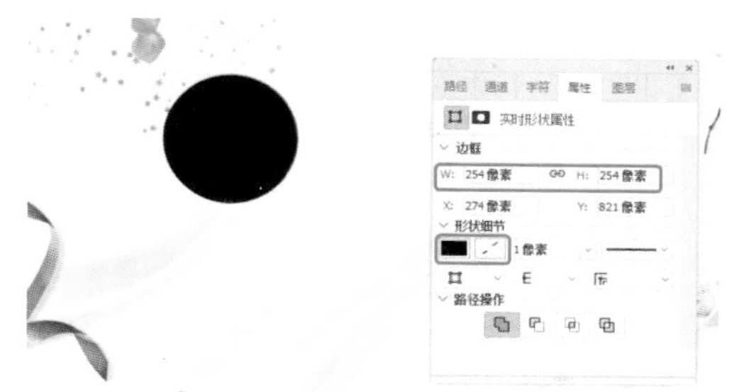

图 7-55 设置正圆形参数

13 在菜单栏中选择【文件】|【置入嵌入对象】命令，弹出【置入嵌入的对象】对话框，选择"女包1.jpg"素材文件，单击【置入】按钮，如图7-56所示。

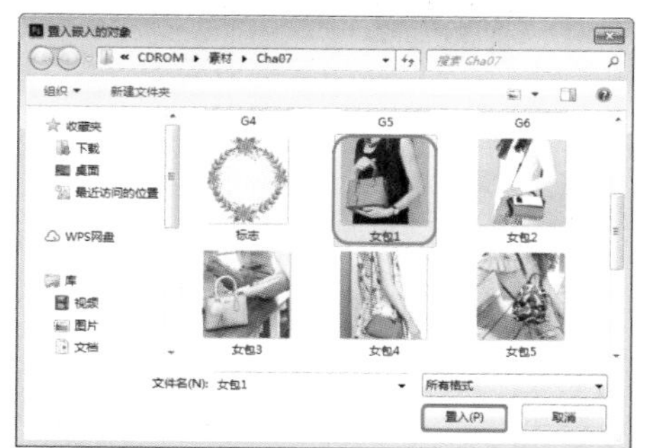

图 7-56 选择素材文件

14 调整素材文件的位置。选择【女包1】图层，按住Alt键在该图层上单击，创建剪切蒙版后的效果如图7-57所示。

图 7-57 创建剪贴蒙版

提 示

在创建剪贴蒙版时，用户还可以在选择【女包1】图层后单击鼠标右键，在弹出的快捷菜单中选择【创建剪贴蒙版】命令来执行该操作。

15 使用同样的方法制作如图7-58所示的内容。

图 7-58 制作完成后的效果

16 使用【矩形工具】□绘制矩形，将W和H分别设置为285、49，【填充】设置为无，【描边】设置为黑色，【描边宽度】设置为3，如图7-59所示。

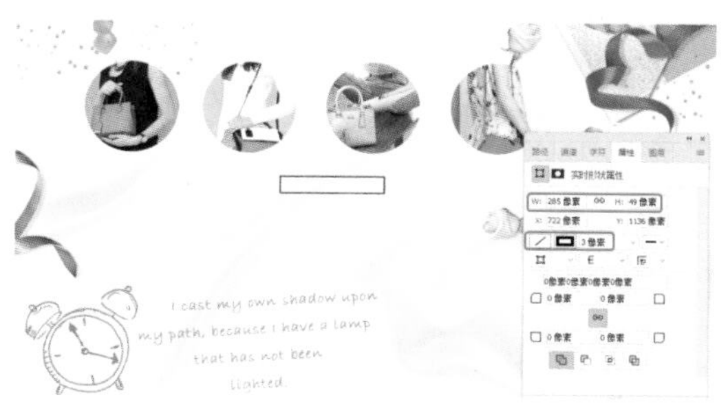

图 7-59 设置矩形参数

17 使用【横排文字工具】T输入文本，

将【字体】设置为【方正小标宋简体】,【字体大小】设置为35,【字符间距】设置为20,【颜色】设置为黑色,如图7-60所示。

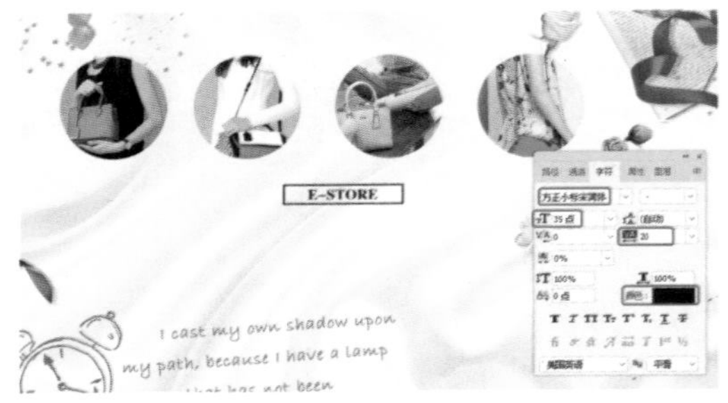

图7-60 设置文本参数

18 使用【横排文字工具】输入文本,将【字体】设置为【微软雅黑】,【字体样式】设置为Bold,【字体大小】设置为48,【字符间距】设置为75,【颜色】设置为黑色,如图7-61所示。

图7-61 设置文本参数

19 使用【矩形工具】、【钢笔工具】、【直线工具】、【横排文字工具】制作如图7-62所示的内容。

图7-62 制作完成后的效果

20 使用【矩形工具】绘制矩形,将W和H分别设置为567、575,【填充】设置为无,【描边】设置为黑色,【描边宽度】设置为10,如图7-63所示。

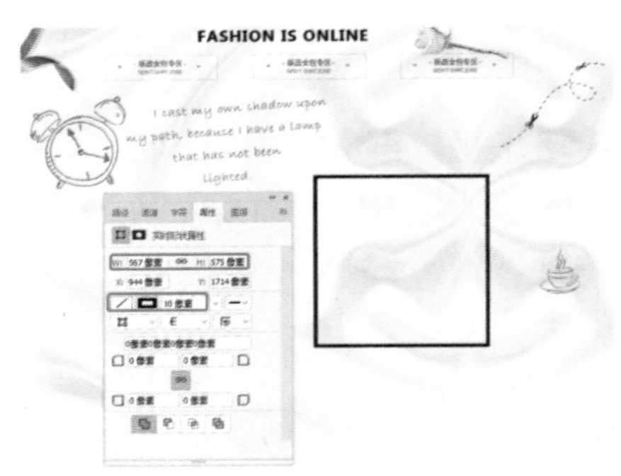

图7-63 设置矩形参数

21 在菜单栏中选择【文件】|【置入嵌入对象】命令,弹出【置入嵌入的对象】对话框,选择“女包5.jpg”素材文件,单击【置入】按钮,如图7-64所示。

图7-64 选择素材文件

22 调整素材的大小及位置。使用同样的方法置入其他的素材图片,效果如图7-65所示。

图7-65 置入素材文件

23 使用【横排文字工具】输入文本,将【字体】设置为【Adobe 黑体 Std】,【字体大小】设置为20,【颜色】设置为#3e3e3e,如图7-66所示。

图 7-66 设置文本参数

24 使用【横排文字工具】T. 输入文本，将【字体】设置为【汉真广标】，【字体大小】设置为 35，【字符间距】设置为 60，【颜色】设置为 #3f3f3f，如图 7-67 所示。

图 7-67 设置文本参数

25 使用【矩形工具】□ 绘制矩形，将 W 和 H 分别设置为 181、33，【填充】设置为白色，【描边】设置为黑色，如图 7-68 所示。

图 7-68 设置矩形参数

26 使用【横排文字工具】T. 输入文本，将【字体】设置为【宋体】，【字体大小】设置为 20，【颜色】设置为黑色，如图 7-69 所示。

27 使用同样的方法制作如图 7-70 所示的内容。

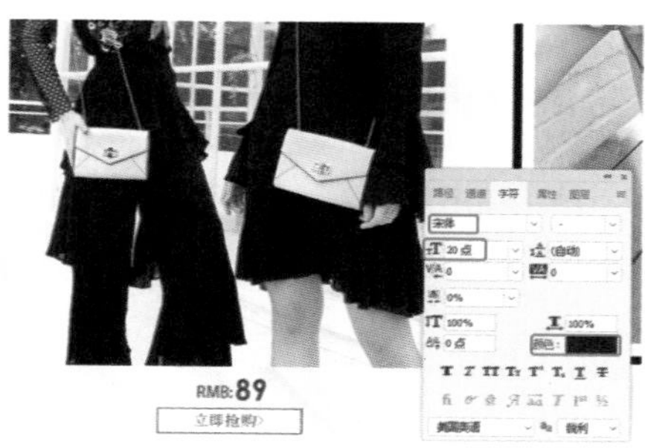

图 7-69 设置文本参数

图 7-70 制作完成后的效果

7.3 制作护肤品淘宝店铺

护，保护也；肤，皮肤也；品，产品也。护肤品，即保护皮肤的护肤产品。随着社会经济的不断进步和物质生活的丰富，护肤品不再是过去只有富人才用得起的东西。现如今护肤品已走进了平常百姓家。它给人们的精神、形象提升起到了极大的作用。护肤品淘宝店铺效果如图 7-71 所示。

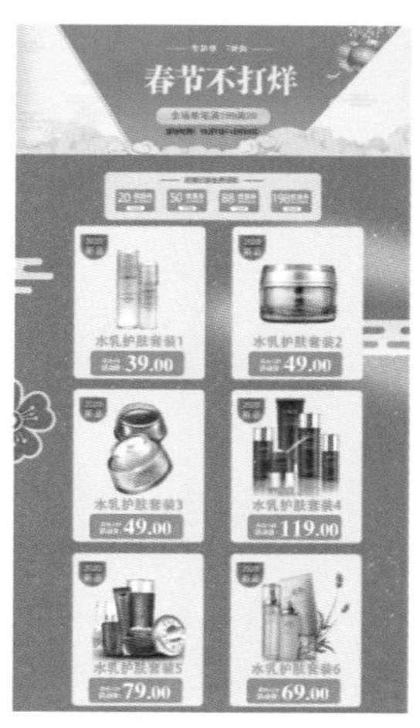

图 7-71 护肤品淘宝店铺

素材	素材 \Cha07\ 护肤品淘宝店铺背景 .jpg、B1.png~B7.png
场景	场景 \Cha07\ 制作护肤品淘宝店铺 .psd
视频	视频教学 \Cha07\7.3　制作护肤品淘宝店铺 .mp4

01 按 Ctrl+O 快捷键，弹出【打开】对话框，选择“护肤品淘宝店铺背景 .jpg”素材文件，单击【打开】按钮，如图 7-72 所示。

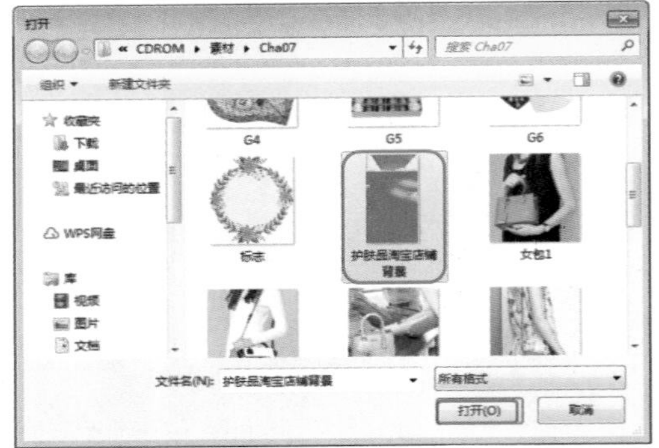

图 7-72　选择素材文件

02 使用【横排文字工具】 输入文本，将【字体】设置为【汉仪雁翎体简】，【字体大小】设置为 31，【颜色】设置为 #fef5c5，如图 7-73 所示。

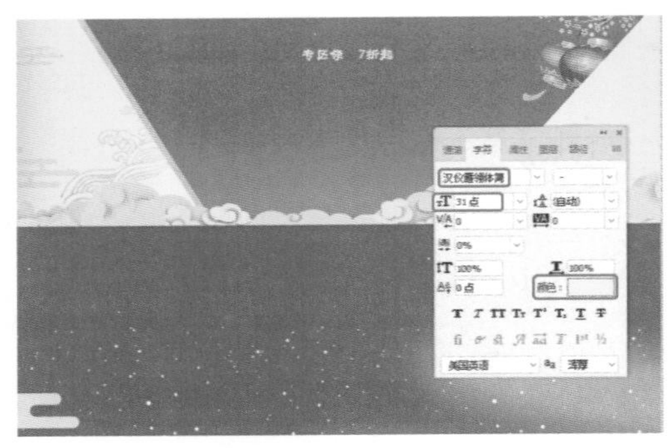

图 7-73　设置文本参数

03 使用【直线工具】，将【工具模式】设置为【形状】，【填充】设置为 #fef5c5，【描边】设置为无，【粗细】设置为 3，绘制两条线段，如图 7-74 所示。

04 使用【横排文字工具】 输入文本，将【字体】设置为【方正粗宋简体】，【字体大小】设置为 112，【颜色】设置为 #fef5c5，如图 7-75 所示。

05 使用【圆角矩形工具】 绘制圆角矩形，将 W 和 H 分别设置为 553、83，【填充】设置为 #feadb6，【描边】设置为无，【圆角半径】设置为 36，如图 7-76 所示。

图 7-74　设置线段参数

图 7-75　设置文本参数

图 7-76　设置圆角矩形参数

06 打开【图层】面板，在圆角矩形上双击鼠标左键，弹出【图层样式】对话框，勾选【斜面和浮雕】复选框，将【样式】设置为【内斜面】，【方法】设置为【平滑】，【深度】设置为 100，【方向】设置为【上】，【大小】、【软化】分别设置为 106、0；在【阴影】选项组下将【角度】设置为 120，【高度】设置为 30，【高光模式】设置为【正常】，【颜色】设置为白色，【不透明度】设置为 74，【阴影模式】设置为【正常】，【颜色】设置为白色，【不透明度】设置为 31，单击【确定】按钮，如图 7-77 所示。

07 使用【横排文字工具】 输入文本，将【字体】设置为【方正大黑简体】，【字体大小】设置为 36，【颜色】设置为 #e73e51，如图 7-78 所示。

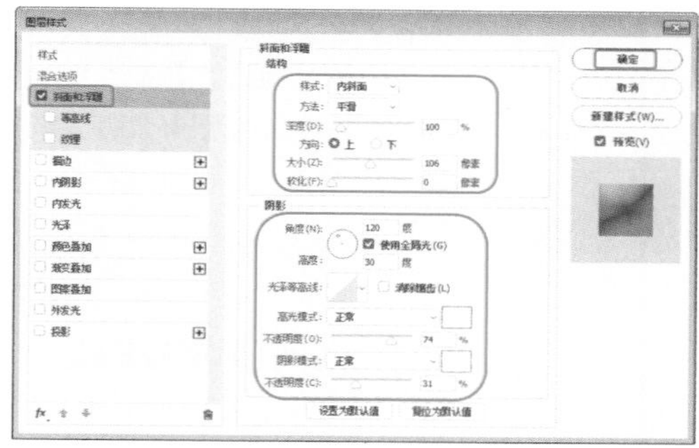
图 7-77 设置斜面和浮雕参数

图 7-78 设置文本参数

08 使用【横排文字工具】T. 输入文本，将【字体】设置为【方正大黑简体】，【字体大小】设置为25，【颜色】设置为#4d343a，如图7-79所示。

图 7-79 设置文本参数

09 使用【圆角矩形工具】▢. 绘制圆角矩形，将W和H分别设置为1052、235，【填充】设置为#fbdfcc，【描边】设置为无，【圆角半径】均设置为25，如图7-80所示。

图 7-80 设置圆角矩形参数

10 使用【横排文字工具】T. 输入文本，将【字体】设置为【微软雅黑】，【字体大小】设置为25，【颜色】设置为#563d32，如图7-81所示。

图 7-81 设置文本参数

11 使用【直线工具】╱.，在工具选项栏中将【工具模式】设置为【形状】，【填充】设置为#563d32，【描边】设置为无，【粗细】设置为3，绘制线段，如图7-82所示。

图 7-82 设置线段参数

12 使用【圆角矩形工具】▢. 绘制圆角矩形，将W和H分别设置为194、111，【填充】设置为黑色，【描边】设置为无，【圆角半径】均设置为10，如图7-83所示。

图 7-83 设置圆角矩形参数

13 在圆角矩形图层上双击鼠标左键，弹出【图层样式】对话框，勾选【渐变叠加】

复选框，单击【渐变】右侧的颜色条，弹出【渐变编辑器】对话框，将左侧色标的颜色值设置为 #ea616f，将右侧色标的颜色值设置为 #e7495a，单击【确定】按钮，如图 7-84 所示。

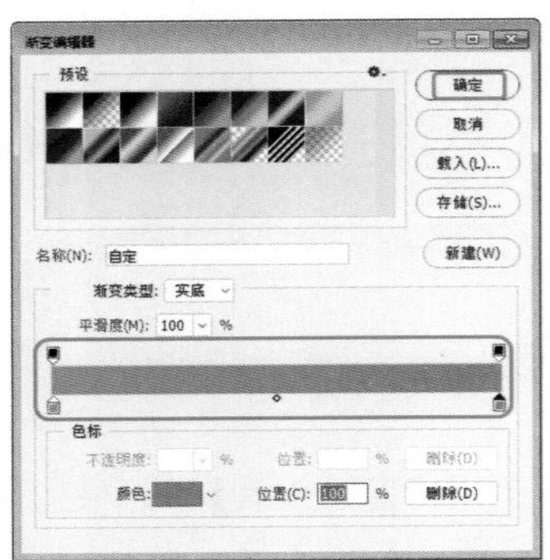

图 7-84　设置渐变颜色

14 返回至【图层样式】对话框，将【角度】设置为 -49，单击【确定】按钮，如图 7-85 所示。

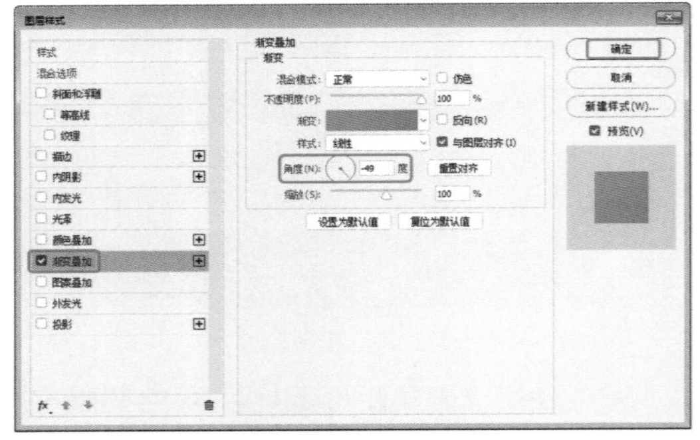

图 7-85　设置角度参数

15 使用【横排文字工具】输入文本，将【字体】设置为【Adobe 黑体 Std】，【字体大小】设置为 45，【字符间距】设置为 -50，【颜色】设置为白色，如图 7-86 所示。

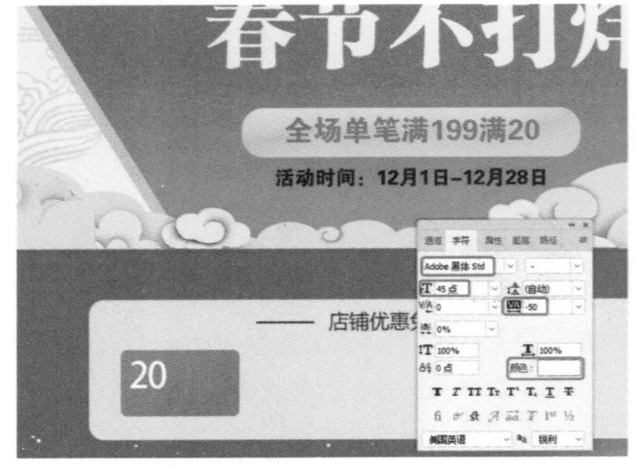

图 7-86　设置文本参数

16 使用【横排文字工具】输入文本，将【字体】设置为【微软雅黑】，【字体系列】设置为 Bold，【字体大小】设置为 23，【字符间距】设置为 50，【颜色】设置为白色，如图 7-87 所示。

图 7-87　设置文本参数

17 使用【横排文字工具】输入文本，【字体大小】设置为 15，【颜色】设置为白色，如图 7-88 所示。

图 7-88　设置文本参数

18 使用【圆角矩形工具】绘制圆角矩形，将 W 和 H 分别设置为 89、21，【填充】设置为白色，【描边】设置为无，【圆角半径】均设置为 10，如图 7-89 所示。

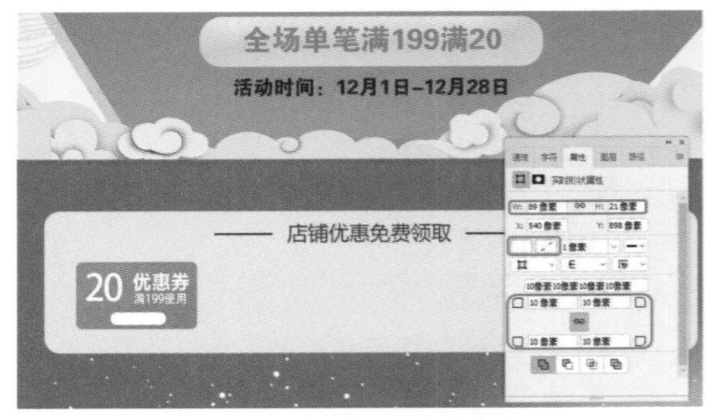

图 7-89　设置圆角矩形参数

19 使用【横排文字工具】T. 输入文本，将【字体】设置为【Adobe 黑体 Std】，【字体大小】设置为10，【颜色】设置为#e7495a，如图7-90所示。

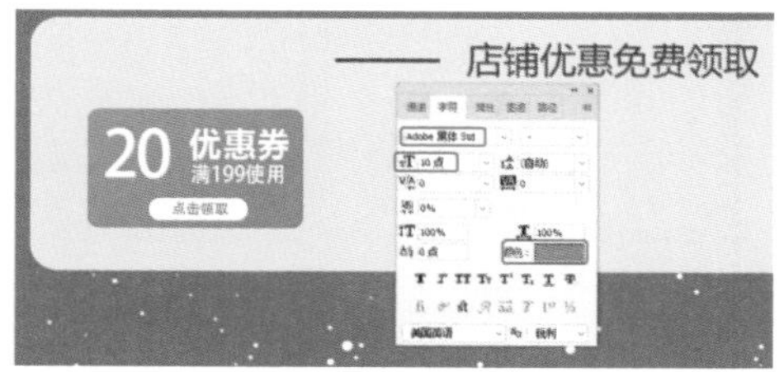

图7-90 设置文本参数

20 选择如图7-91所示的图层，单击【链接图层】按钮 ⚯ 。

图7-91 链接图层

21 按住Alt键拖动鼠标进行复制，然后修改文本内容，如图7-92所示。

图7-92 修改文本内容

22 使用【圆角矩形工具】▢. 绘制圆角矩形，将W和H分别设置为639、761，【填充】设置为#fce8d7，【描边】设置为无，【圆角半径】均设置为25，如图7-93所示。

23 在菜单栏中选择【文件】|【置入嵌入对象】命令，弹出【置入嵌入的对象】对话框，选择"B1.png"素材文件，单击【置入】按钮，如图7-94所示。

24 调整素材文件的位置，使用【横排文字工具】T. 输入文本，将【字体】设置为【Adobe 黑体 Std】，【字体】设置为27，【颜色】设置为白色，如图7-95所示。

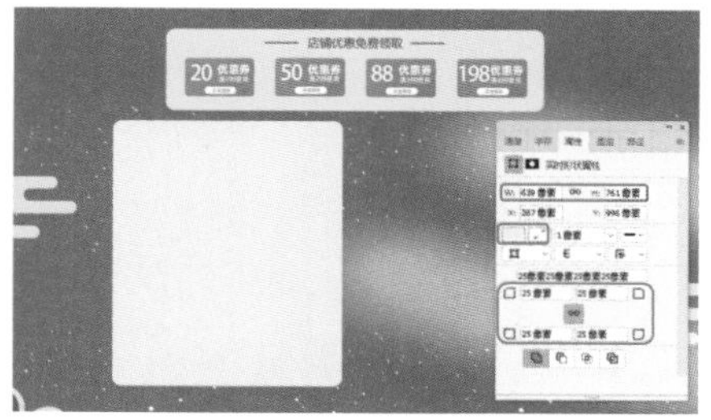

图7-93 设置圆角矩形

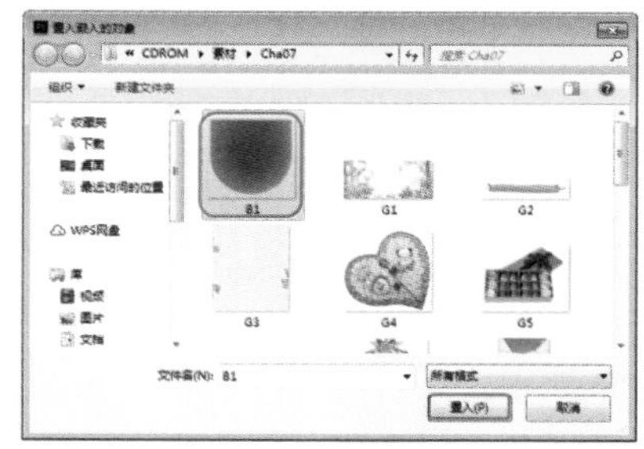

图7-94 选择素材文件

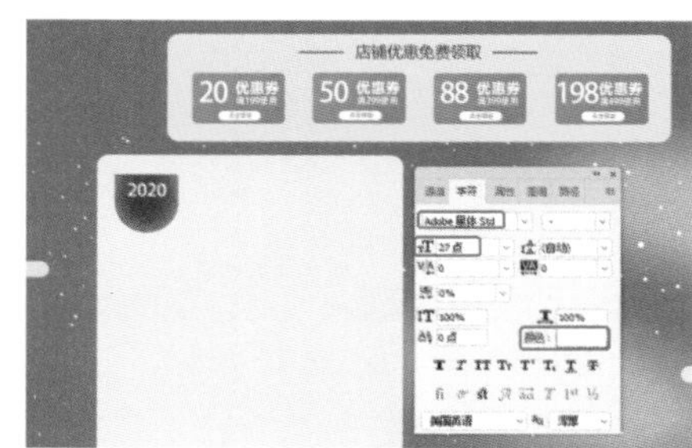

图7-95 设置文本参数

25 使用【横排文字工具】T. 输入文本，将【字体】设置为【Adobe 黑体 Std】，【字体】设置为34，【颜色】设置为白色，如图7-96所示。

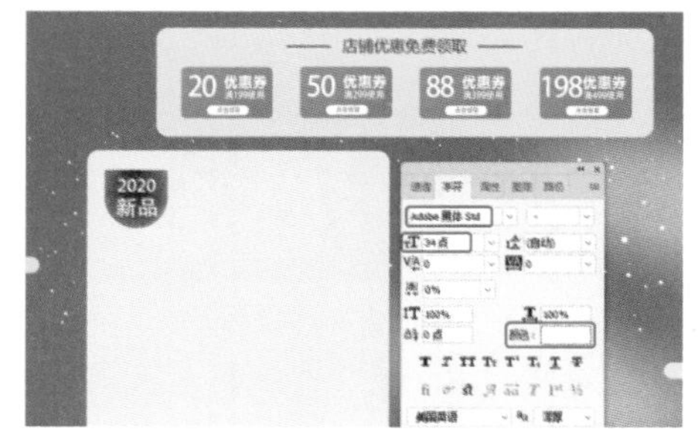

图7-96 设置文本参数

26 在菜单栏中选择【文件】|【置入嵌入对象】命令，弹出【置入嵌入的对象】对话框，

选择“B2.png”素材文件，单击【置入】按钮，如图 7-97 所示。

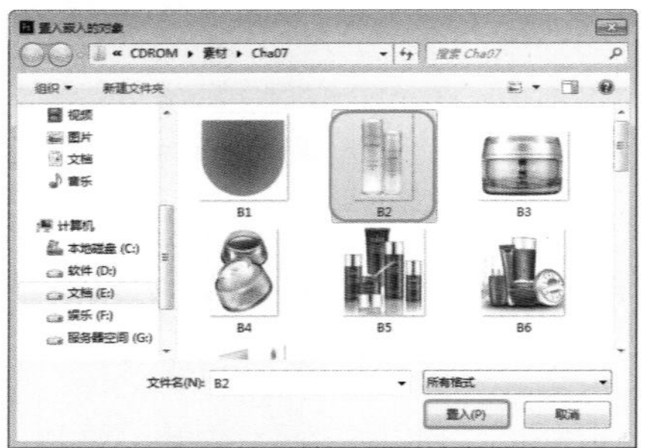

图 7-97 选择素材文件

27 调整素材文件的位置，使用【横排文字工具】 T. 输入文本，将【字体】设置为【Adobe 黑体 Std】，【字体大小】设置为 48，【颜色】设置为 #f7545c，单击【仿粗体】按钮 T，如图 7-98 所示。

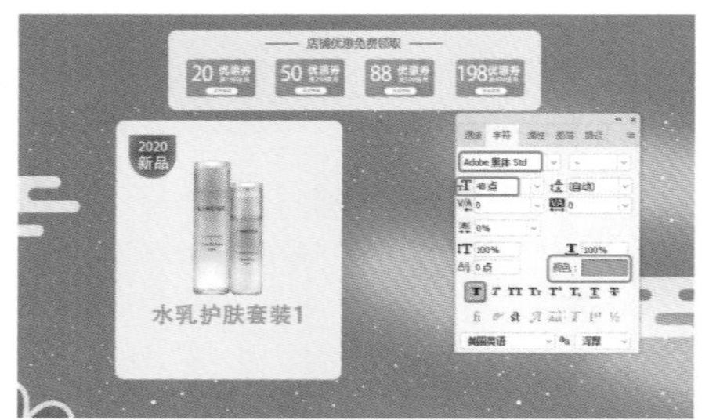

图 7-98 设置文本参数

28 使用【圆角矩形工具】 ▢.绘制圆角矩形，将 W 和 H 分别设置为 457、126，【填充】设置为 #ec4b51，【描边】设置为无，【圆角半径】均设置为 20，如图 7-99 所示。

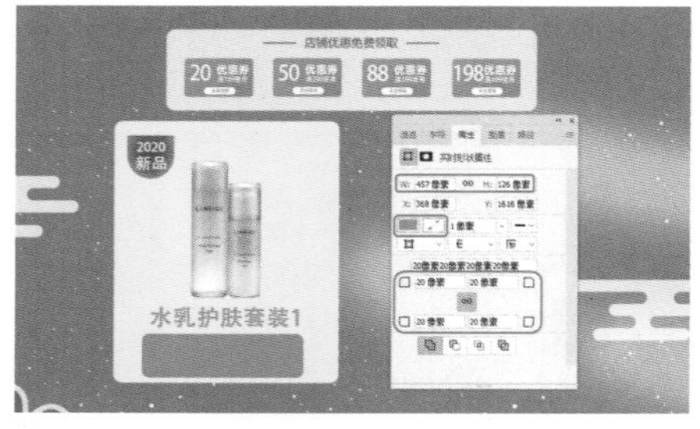

图 7-99 设置圆角矩形参数

29 使用【横排文字工具】 T. 输入文本，将【字体】设置为【Adobe 黑体 Std】，【字体大小】设置为 20，【颜色】设置为白色，单击【删除线】按钮 T，如图 7-100 所示。

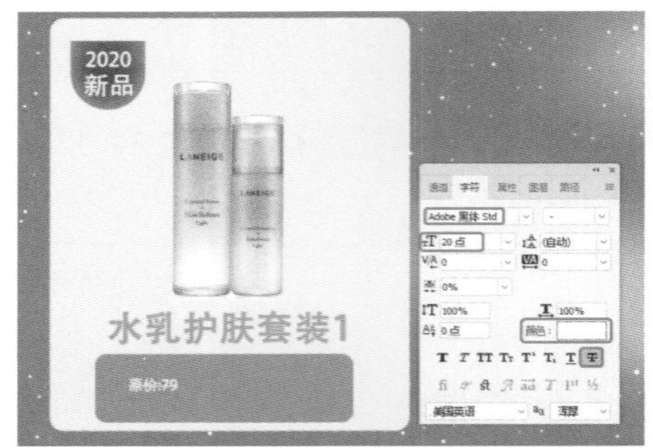

图 7-100 设置文本参数

30 使用【横排文字工具】 T. 输入文本，将【字体】设置为【方正粗宋简体】，【字体大小】设置为 25，【颜色】设置为白色，如图 7-101 所示。

图 7-101 设置文本参数

31 使用【横排文字工具】 T. 输入文本，将【字体】设置为【方正小标宋简体】，将 39 的【字体大小】设置为 86，.00 的【字体大小】设置为 70，【颜色】设置为白色，效果如图 7-102 所示。

32 使用同样的方法制作如图 7-103 所示的内容。

图 7-102 设置文本参数 图 7-103 制作完成后的效果

7.4 制作手表淘宝店铺

手表，或称为腕表，是指戴在手腕上，用以计时/显示时间的仪器。手表通常是利用皮革、橡胶、尼龙布、不锈钢等材料制成表带，将显示时间的“表头”束在手腕上。手表淘宝店铺效果如图7-104所示。

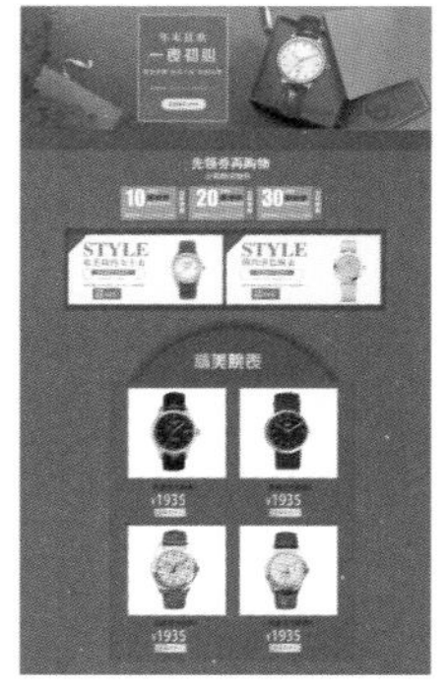

图7-104　手表淘宝店铺

素材	素材\Cha07\手表淘宝店铺背景.jpg、优惠券.png、S1.png~S6.png
场景	场景\Cha07\制作手表淘宝店铺.psd
视频	视频教学\Cha07\7.4　制作手表淘宝店铺.mp4

01 按Ctrl+O快捷键，弹出【打开】对话框，选择“手表淘宝店铺背景.jpg”素材文件，单击【打开】按钮，如图7-105所示。

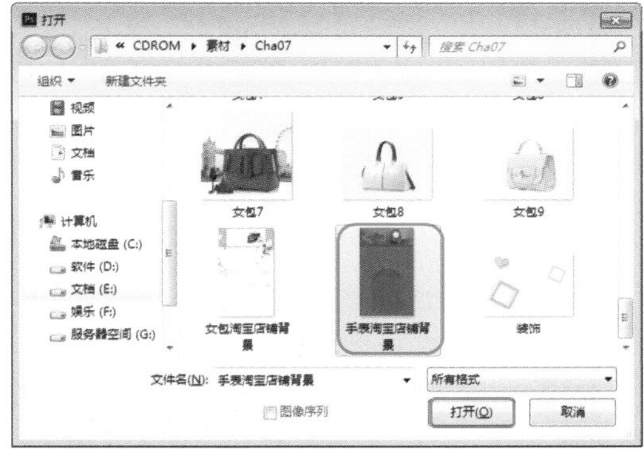

图7-105　选择素材文件

02 使用【磁性套索工具】选取如图7-106所示的图形对象。

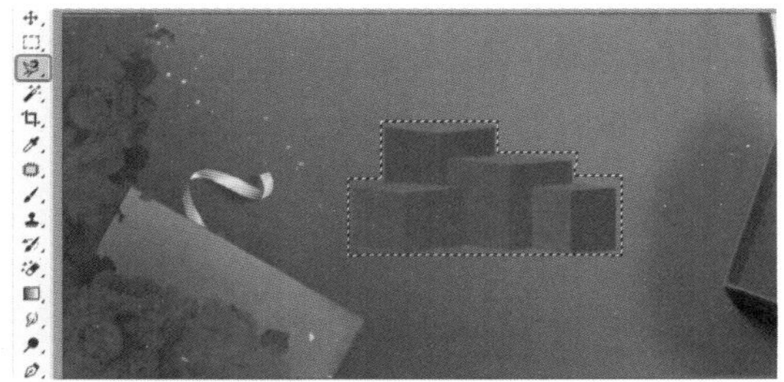

图7-106　选取对象选区

提　示

在使用【磁性套索工具】时，按住Alt键在其他区域单击鼠标左键，可切换为多边形套索工具创建直线选区；按住Alt键单击鼠标左键并拖动，则可以切换为套索工具绘制自由形状的选区。

知识链接：磁性套索工具功能介绍

【宽度】：宽度值决定了以光标为基准，周围有多少个像素能够被工具检测到。如果对象的边界清晰可以选择较大的宽度值；如果边界不清晰，则选择较小的宽度值。

【对比度】：用来检测设置工具的灵敏度。较高的数值只检测与它们的环境对比鲜明的边缘；较低的数值则检测低对比度边缘。

【频率】：在使用【磁性套索工具】创建选区时，会跟随产生很多锚点，频率值就决定了锚点的数量，该值越大设置的锚点数越多。

【使用绘图板压力以更改钢笔宽度】：如果计算机配置有手绘板和压感笔，可以激活该按钮，增大压力将会导致边缘宽度减小。

03 按Delete键，弹出【填充】对话框，将【内容】设置为【内容识别】，单击【确定】按钮，如图7-107所示。

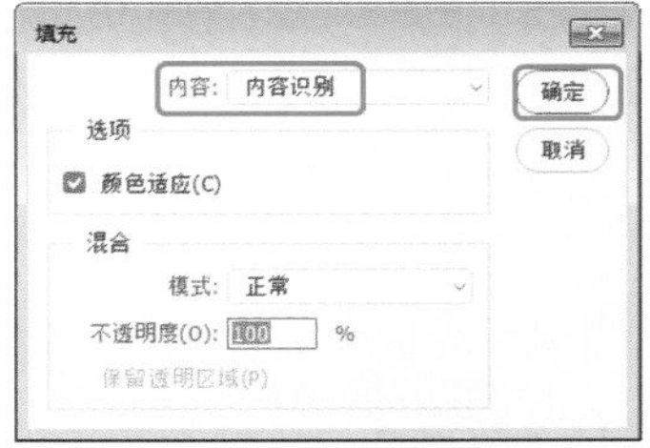

图7-107　选择【内容识别】选项

04 使用【矩形工具】绘制矩形，将W和H分别设置为418、519，【填充】设置为#ca2122，【描边】设置为#ed9b98，【描边宽度】设置为5，如图7-108所示。

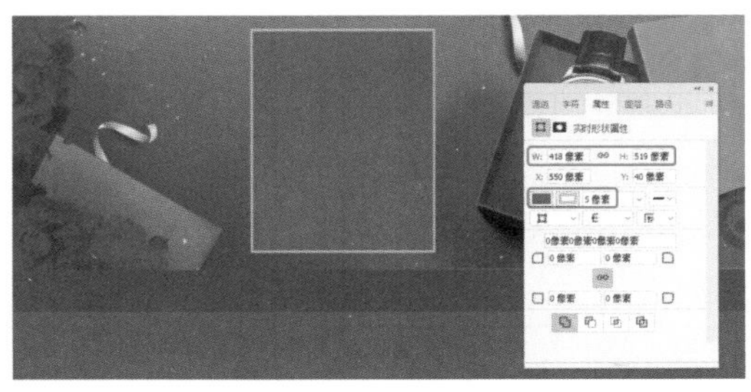

图7-108　设置矩形参数

提 示

在菜单栏中执行【选择】|【取消选择】命令，或按Ctrl+D快捷键可以取消选择。如果当前使用的工具是矩形选框、椭圆选框或套索工具，并且在工具选项栏中单击【新选区】按钮，则在选区外单击即可取消选择。

在取消了选择后，如果需要恢复被取消的选区，可以在菜单栏中执行【选择】|【重新选择】命令，或按下Shift+Ctrl+D快捷键。但是，如果在执行该命令前修改了图像或是画布的大小，则选区记录将从Photoshop中删除。因此，也就无法恢复选区。

05 使用【横排文字工具】输入文本，将【字体】设置为【创艺简老宋】，【字体大小】设置为50，【字符间距】设置为150，【颜色】设置为#f2e9c3，如图7-109所示。

图 7-109 设置文本参数

06 使用【横排文字工具】输入文本，将【字体】设置为【汉仪综艺体简】，【字体大小】设置为70，【字符间距】设置为150，【颜色】设置为#f2e9c3，如图7-110所示。

图 7-110 设置文本参数

07 使用【横排文字工具】输入文本，将【字体】设置为【微软雅黑】，【字体大小】设置为25，【字符间距】设置为150，【颜色】设置为#f2e9c3，如图7-111所示。

08 使用【横排文字工具】输入文本，将【字体】设置为【微软雅黑】，【字体大小】设置为16，【字符间距】设置为150，【颜色】设置为#f2e9c3，如图7-112所示。

09 使用【圆角矩形工具】绘制圆角矩形，将W和H分别设置为208、55，【填充】设置为#f5e4ca，【描边】设置为无，【圆角半径】均设置为27.5，如图7-113所示。

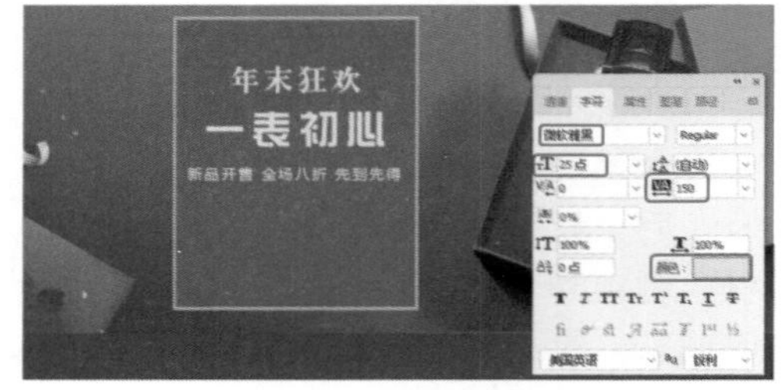

图 7-111 设置文本参数

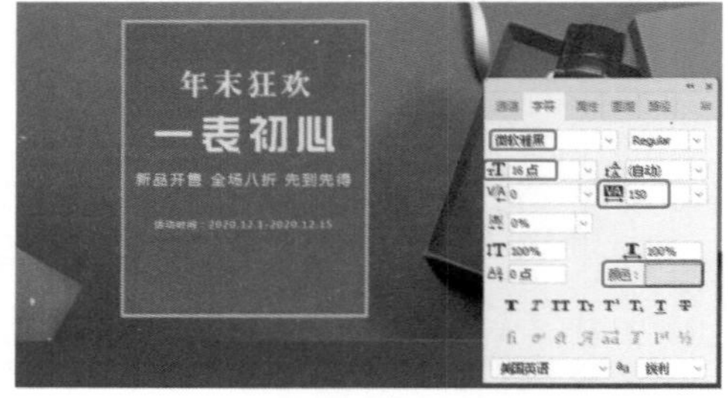

图 7-112 设置文本参数

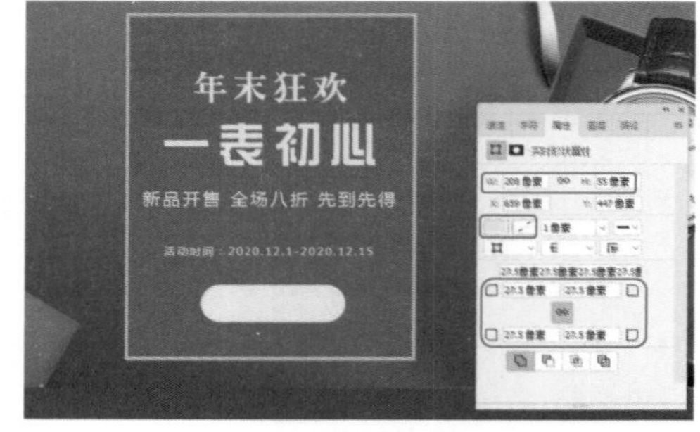

图 7-113 设置圆角矩形参数

10 使用【圆角矩形工具】绘制圆角矩形，将W和H分别设置为197、49，【填充】设置为无，【描边】设置为#da1e25，【圆角半径】均设置为24.5，如图7-114所示。

图 7-114 设置圆角矩形参数

11 使用【横排文字工具】 输入文本，将【字体】设置为【微软雅黑】，【字体系列】设置为 Bold，【字体大小】设置为 18.5，【字符间距】设置为 150，【颜色】设置为 #cc2023，如图 7-115 所示。

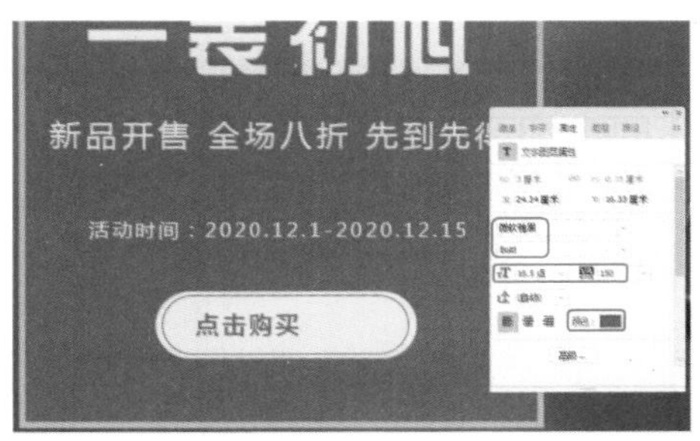

图 7-115 设置文本参数

12 使用【钢笔工具】 绘制 3 个三角形，将【填充颜色】设置为 #da1e25，如图 7-116 所示。

图 7-116 绘制三角形

疑难解答 在利用【钢笔工具】绘制图形时需要注意什么？

利用【钢笔工具】绘制直线的方法比较简单，但是在操作时需要记住单击鼠标左键的同时不要按住鼠标进行拖动，否则将会创建曲线路径。如果绘制水平、垂直或以 45° 为增量的直线时，可以按住 Shift 键的同时进行单击。

13 使用【横排文字工具】 输入文本，将【字体】设置为【创意简黑体】，【字体大小】设置为 60，【颜色】设置为白色，单击【仿粗体】按钮，如图 7-117 所示。

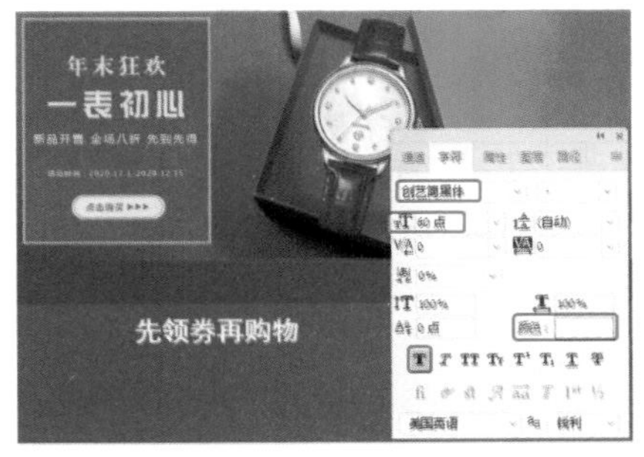

图 7-117 设置文本参数

14 使用【横排文字工具】 输入文本，将【字体】设置为【方正小标宋简体】，【字体大小】设置为 35，【颜色】设置为白色，如图 7-118 所示。

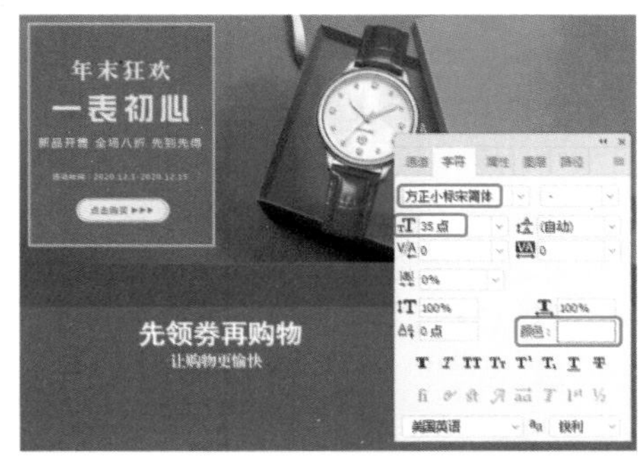

图 7-118 设置文本参数

15 在菜单栏中选择【文件】|【置入嵌入对象】命令，弹出【置入嵌入的对象】对话框，选择“优惠券 .png”素材文件，单击【置入】按钮，如图 7-119 所示。

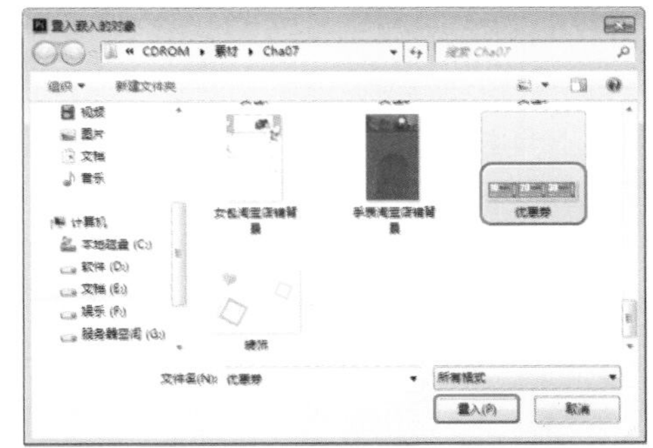

图 7-119 选择素材文件

16 置入素材文件后调整对象的位置，效果如图 7-120 所示。

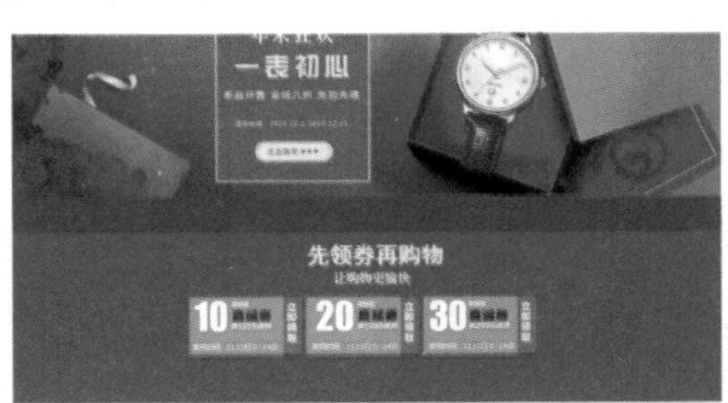

图 7-120 置入素材并调整对象

17 使用【矩形工具】 绘制矩形，将 W 和 H 分别设置为 1499、394，【颜色】设置为 #7c0815，【描边】设置为无，如图 7-121 所示。

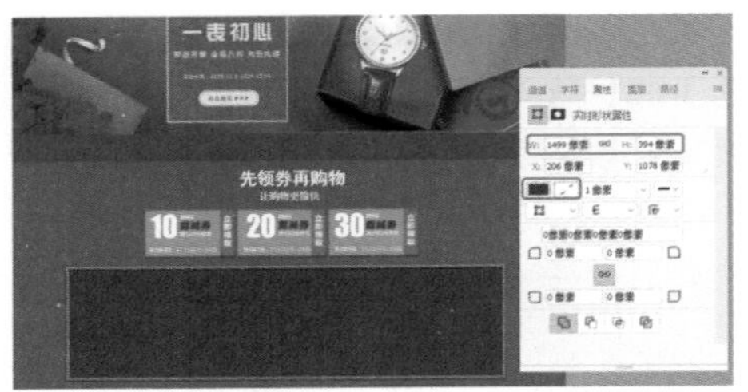

图 7-121　设置矩形参数

18 使用【矩形工具】绘制矩形，将W和H分别设置为723、336，【颜色】设置为#fff4ee，【描边】设置为无，如图 7-122 所示。

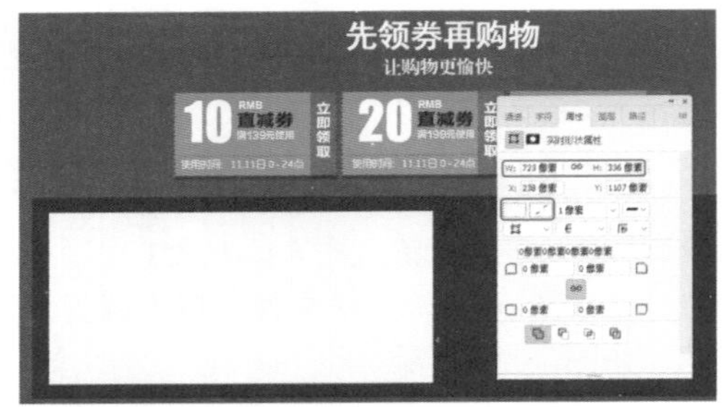

图 7-122　设置矩形参数

19 使用【钢笔工具】，在工具选项栏中将【工具模式】设置为【形状】，【填充】设置为#a51224，【描边】设置为无，绘制三角形，如图 7-123 所示。

图 7-123　设置三角参数

20 使用【横排文字工具】输入文本，将【字体】设置为【创艺简老宋】，【字体大小】设置为93，【颜色】设置为#c33d44，如图 7-124 所示。

21 使用【横排文字工具】输入文本，将【字体】设置为【方正大标宋简体】，【字体大小】设置为40，【字符间距】设置为40，【颜色】设置为#c33d44，如图 7-125 所示。

图 7-124　设置文本参数

图 7-125　设置文本参数

22 使用同样的方法制作如图 7-126 所示的内容。

图 7-126　制作完成后的效果

23 在菜单栏中选择【文件】|【置入嵌入对象】命令，弹出【置入嵌入的对象】对话框，选择“S1.png”素材文件，单击【置入】按钮，如图 7-127 所示。

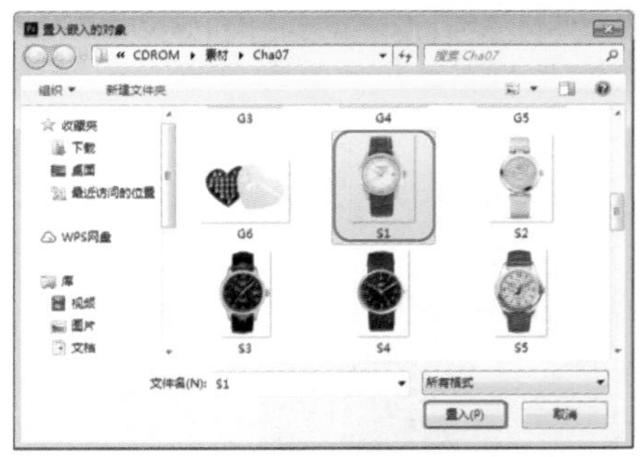

图 7-127　选择素材文件

24 置入素材文件后的效果如图 7-128 所示。

图 7-128　置入文件后的效果

25 使用同样的方法制作如图 7-129 所示的内容。

图 7-129　制作完成后的效果

26 使用【横排文字工具】 输入文本，将【字体】设置为【汉仪综艺体简】，【字体大小】设置为 80，【颜色】设置为黑色，如图 7-130 所示。

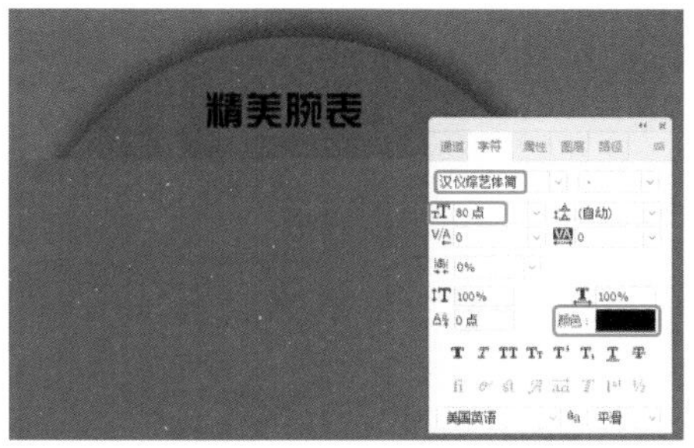

图 7-130　设置文本参数

27 在文本图层上双击鼠标左键，在弹出的【图层样式】对话框中，勾选【渐变叠加】复选框，单击【渐变】右侧的颜色条，将 0 位置处的颜色值设置为 #c4aa60，将 53% 位置处的颜色值设置为 #fbf7e1，将 100% 位置处的颜色值设置为 #e8d48a，单击【确定】按钮，如图 7-131 所示。

图 7-131　设置渐变参数

28 将【角度】设置为 11，单击【确定】按钮，如图 7-132 所示。

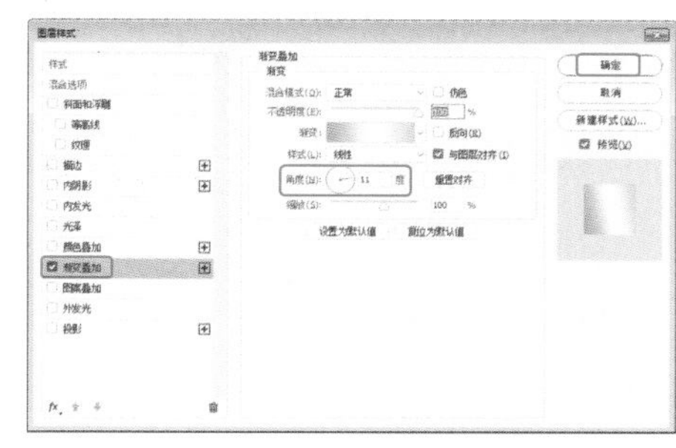
图 7-132　设置角度参数

29 使用【矩形工具】 绘制矩形，然后置入其他的素材图片，使用【横排文字工具】 输入其他的文本，效果如图 7-133 所示。

30 按 Ctrl+Alt+Shift+E 快捷键，盖印图层，如图 7-134 所示。

图 7-133　制作完成后的效果　　图 7-134　盖印图层

31 按 Ctrl+M 快捷键，弹出【曲线】对话框，将【输出】、【输入】分别设置为 143、125，单击【确定】按钮，如图 7-135 所示。

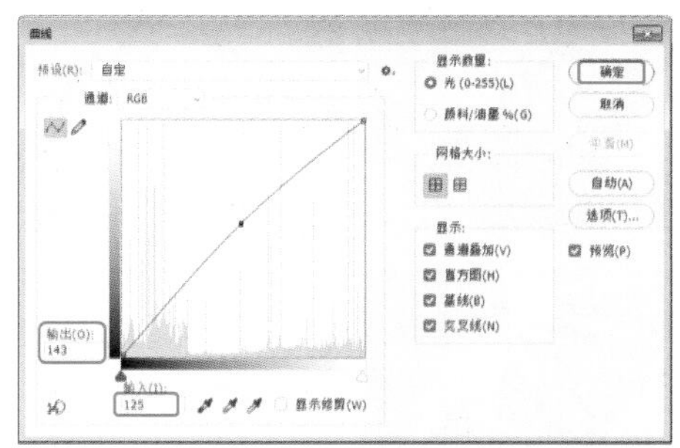
图 7-135　设置曲线参数

知识链接：曲线

【曲线】对话框中各选项的功能介绍如下：

- 【预设】：该下拉列表中包含了 Photoshop 提供的

预设文件，如图 7-136 所示。当选择【默认值】选项时，可通过拖动曲线来调整图像；选择其他选项时，则可以使用预设文件调整图像。各个选项的结果如图 7-137 所示。

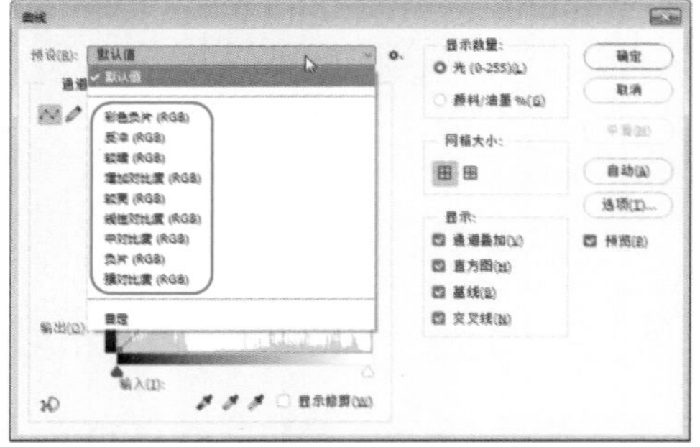

图 7-136　预设文件

图 7-137　使用预设文件调整图像

- 【预设选项】：单击该按钮，弹出一个下拉菜单，如图 7-138 所示。选择【存储预设】命令，可以将当前的调整状态保存为一个预设文件；选择【载入预设】命令，用载入的预设文件自动调整；选择【删除当前预设】命令，则删除存储的预设文件。
- 【通道】：在该下拉列表中可以选择一个需要调整的通道。
- 【编辑点以修改曲线】：按下该按钮后，在曲线中单击可添加新的控制点，拖动控制点改变曲线形状即可对图像做出调整。

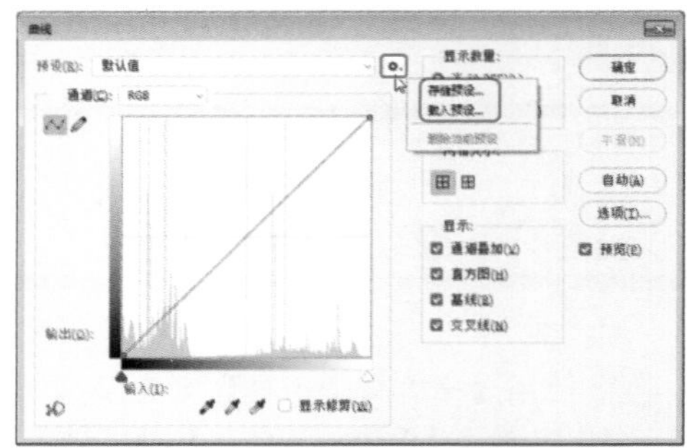

图 7-138　【预设选项】下拉菜单

- 【通过绘制来修改曲线】：单击该按钮，可在对话框内绘制手绘效果的自由形状曲线，如图 7-139 所示。绘制自由曲线后，单击对话框中的【编辑点以修改曲线】按钮，可在曲线上显示控制点，如图 7-140 所示。

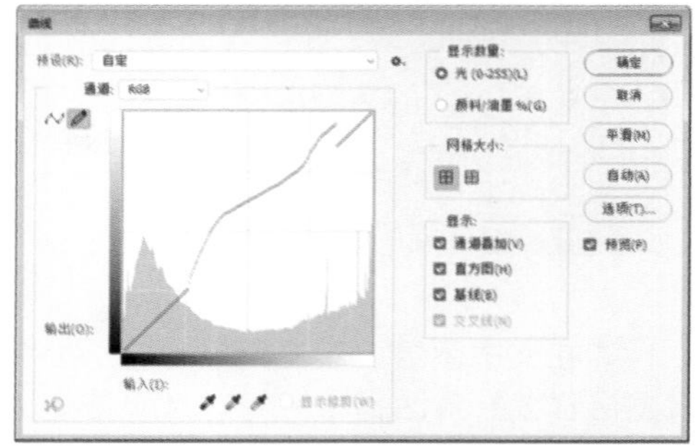

图 7-139　绘制曲线

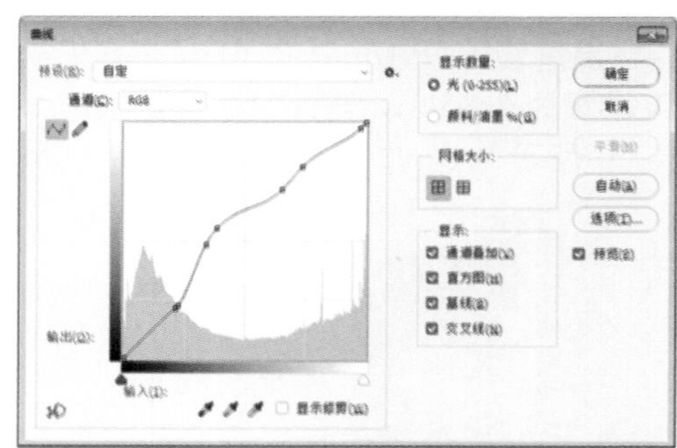

图 7-140　修改曲线

- 【平滑】按钮：使用【通过绘制来修改曲线】工具绘制曲线后，单击该按钮，可对曲线进行平滑处理。
- 【输入色阶 / 输出色阶】：【输入色阶】显示了调

整前的像素值;【输出色阶】显示了调整后的像素值。

- 【高光/中间调/阴影】:移动曲线顶部的点可以调整图像的高光区域;拖动曲线中间的点可以调整图像的中间调;拖动曲线底部的点可以调整图像的阴影区域。
- 【选项】按钮:单击该按钮,会弹出【自动颜色校正选项】对话框,如图7-141所示。自动颜色校正选项用来控制由【色阶】和【曲线】中的【自动颜色】、【自动色阶】、【自动对比度】和【自动】选项应用的色调和颜色校正,它允许指定阴影和高光剪切百分比,并为阴影、中间调和高光指定颜色值。

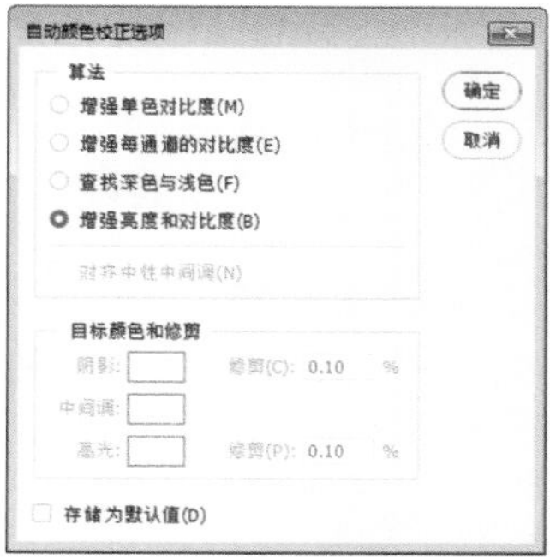

图7-141 【自动颜色校正选项】对话框

第 8 章 户外广告设计

广告设计是一门职业，是基于计算机平面设计技术应用的基础上，随着广告行业发展所形成的一个新职业。所谓广告设计是指从创意到制作的这个中间过程。广告设计是广告的主题、创意、语言文字、形象和衬托 5 个要素构成的组合安排。广告设计的最终目的就是通过广告来达到吸引眼球的目的。

在科学技术迅猛发展的现代社会，户外广告也引用了不少新材料、新技术、新设备，并成为美化城市的一种艺术品，是城市经济发达程度的标志之一。顶尖的广告创意、绝佳的地理位置、超大的广告尺寸被奉为经典户外广告的制胜关键，但即使如此，因缺乏互动，视而不见者亦不在少数。为了留住受众转瞬即逝的注意力，广告商们要爱玩，爱创意，甚至要有点极端精神才行。

8.1 制作汽车户外广告

汽车是现代工业的结晶，随着时代的飞速发展，汽车在人们的生活中也较为常见，很多汽车生产商与销售部门都专门建立了相应的户外宣传。在设计汽车户外广告时，需要注意建立网站与汽车产品本身之间的紧密联系，突出产品的专业化与个性化特点，效果如图 8-1 所示。

图 8-1 汽车户外广告

素材	素材 \Cha08\ 汽车素材 01.jpg、汽车素材 02.png~ 汽车素材 05.png、汽车素材 06.jpg
场景	场景 \Cha08\ 制作汽车户外广告 .psd
视频	视频教学 \Cha08\8.1 制作汽车户外广告 .mp4

01 启动 Photoshop CC 软件，按 Ctrl+N 快捷键，在弹出的【新建文档】对话框中将【宽度】、【高度】分别设置为 1920、1024，将【分辨率】设置为 72，将【颜色模式】设置为【CMYK 颜色】，如图 8-2 所示。

图 8-2 设置新建文档参数

02 设置完成后，单击【创建】按钮。按 Ctrl+O 快捷键，在弹出的【打开】对话框中选择“汽车素材 01.jpg”素材文件，如图 8-3 所示。

03 选择工具箱中的【移动工具】，按住鼠标左键将该素材文件拖曳至新建的文档中，并调整其位置，效果如图 8-4 所示。

图 8-3 选择素材文件

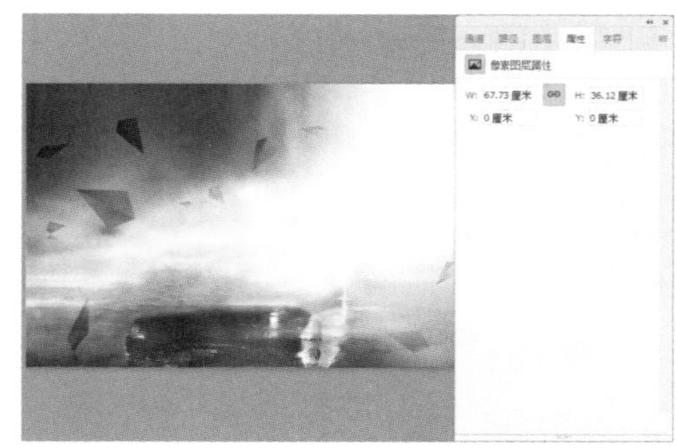

图 8-4 添加素材文件并进行调整

04 按 Ctrl+O 快捷键，在弹出的【打开】对话框中选择“汽车素材 02.png”素材文件，如图 8-5 所示。

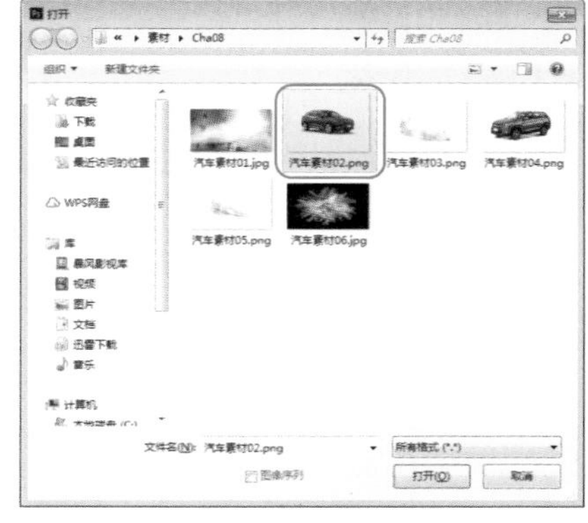

图 8-5 选择素材文件

05 单击【打开】按钮，将该素材文件添加至新建的文档中，在【属性】面板中将 W、H 分别设置为 40.46、19.3，将 X、Y 分别设置为 -0.64、15.42，如图 8-6 所示。

图 8-6　添加素材文件并调整大小与位置

06 在【图层】面板中选择【图层 2】图层，按住鼠标左键将其拖曳至【创建新图层】按钮上，对其进行复制，然后继续选择【图层 2】图层，按 Ctrl+T 快捷键，调出自由变换框，单击鼠标右键，在弹出的快捷菜单中选择【垂直翻转】命令，如图 8-7 所示。

图 8-7　选择【垂直翻转】命令

07 翻转后，在工作区中调整其位置，再在该对象上单击鼠标右键，在弹出的快捷菜单中选择【变形】命令，如图 8-8 所示。

图 8-8　选择【变形】命令

08 在工作区中对汽车进行调整，调整后的效果如图 8-9 所示。

09 调整完成后，按 Enter 键完成调整。在【图层】面板中选择【图层 2】图层，将【不透明度】设置为 40，如图 8-10 所示。

图 8-9　对汽车调整后的效果

图 8-10　设置不透明度

10 在【图层】面板中选择【图层 2 拷贝】图层，将“汽车素材 03.png”素材文件添加至新建文档中，在工作区中调整素材文件的位置，效果如图 8-11 所示。

图 8-11　添加素材文件并调整其位置

11 将“汽车素材 04.png”素材文件添加至新建文档中，按 Ctrl+T 快捷键，调出自由变换框，单击鼠标右键，在弹出的快捷菜单中选择【水平翻转】命令，如图 8-12 所示。

12 翻转完成后，按 Enter 键完成变换。在【图层】面板中选择【图层 4】图层，按住鼠标左键将其调整至【图层 2】图层的下方，在【属性】面板中将 W、H 分别设置为 27.13、14.6，将 X、Y 分别设置为 25.93、16.4，如图 8-13 所示。

图 8-12 选择【水平翻转】命令

图 8-13 设置图像的大小与位置

13 继续选中【图层 4】图层，将“汽车素材 05.png”素材文件添加至新建文档中，在工作区中调整其位置，效果如图 8-14 所示。

图 8-14 添加素材文件并调整其位置

14 在【图层】面板中选择【图层 3】图层，选择工具箱中的【横排文字工具】T.，在工具箱中单击鼠标，输入文本。选中输入的文本，在【字符】面板中将【字体】设置为【微软简综艺】，将【字体大小】设置为 130.74，将【字符间距】设置为 25，将【颜色】设置为 #c71d1e，单击【仿斜体】按钮，并在工作区中调整文本的位置，如图 8-15 所示。

图 8-15 输入文本并进行设置

15 在【图层】面板中选择【破势】图层，单击鼠标右键，在弹出的快捷菜单中选择【转换为形状】命令，如图 8-16 所示。

图 8-16 选择【转换为形状】命令

16 选择工具箱中的【直接选择工具】，在工作区中对转换后的形状进行调整，调整后的效果如图 8-17 所示。

图 8-17 调整后的效果

17 选择工具箱中的【钢笔工具】，在工具选项栏中将【填充】设置为 #030000，将【描边】设置为无，在工作区中绘制一个图形，如图 8-18 所示。

图 8-18　绘制图形

18 再次使用【钢笔工具】 在工作区中绘制一个如图 8-19 所示的图形。

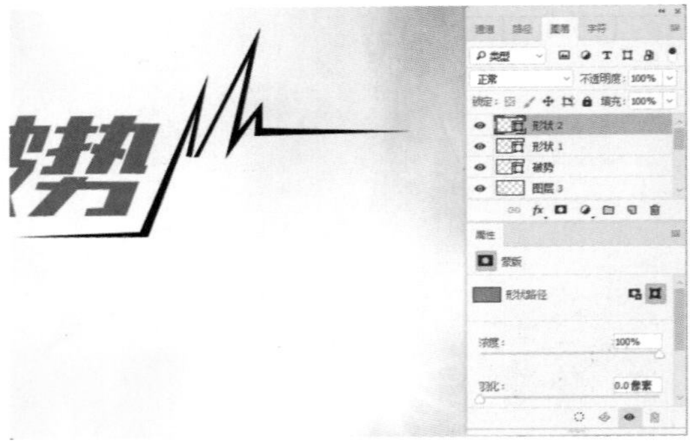

图 8-19　再次绘制图形

疑难解答　使用什么方法可以绘制两个相似的图形？

若要绘制两个相似的图形，首先可以使用【钢笔工具】绘制其中一个图形；然后使用【移动工具】选中绘制的图形，按住 Alt 键拖动选中的图形，将其进行复制；最后使用【直接选择工具】对复制的图形进行调整，即可快速绘制两个相似的图形。

19 选择工具箱中的【横排文字工具】 T，在工作区中单击鼠标，输入文本。选中输入的文本，在【字符】面板中将【字体】设置为【微软简综艺】，将【字体大小】设置为 130.74，将【字符间距】设置为 0，将【颜色】设置为 #0d0409，单击【仿斜体】按钮，在工作区中调整该文本的位置，如图 8-20 所示。

20 在【图层】面板中选择【而出】文字图层，单击鼠标右键，在弹出的快捷菜单中选择【转换为形状】命令，如图 8-21 所示。

21 选择工具箱中的【直接选择工具】 ，在工作区中对转换后的形状进行调整，调整后的效果如图 8-22 所示。

图 8-20　输入文本并进行设置

图 8-21　选择【转换为形状】命令

图 8-22　调整文本后的效果

22 选择工具箱中的【横排文字工具】 T，在工作区中单击鼠标，输入文本。选中输入的文本，在【字符】面板中将【字体】设置为【Adobe 黑体 Std】，将【字体大小】设置为 63，将【字符间距】设置为 0，将【水平缩放】设置为 97，将【颜色】设置为 #1b1b1a，单击【仿斜体】按钮 ，在工作区中调整该文本的位置，效果如图 8-23 所示。

23 再次使用【横排文字工具】 T 在工作

区中单击鼠标，输入文本。选中输入的文本，在【属性】面板中将【字体】设置为【汉仪综艺体简】，将【字体大小】设置为66，将【字符间距】设置为100，将【水平缩放】设置为100，将【颜色】设置为#0d0409，将C8的【颜色】设置为#d4181a，单击【仿斜体】按钮，并在工作区中调整文本的位置，如图8-24所示。

图8-23 输入文字并进行设置

图8-24 输入文本并进行设置

24 选择工具箱中的【画笔工具】，在【画笔设置】面板中单击【炭笔形状】，将【大小】设置为25，将【角度】、【圆度】分别设置为-5、88，将【间距】设置为5，如图8-25所示。

25 在【画笔设置】面板中勾选【形状动态】复选框，将【控制】设置为【钢笔压力】，将【大小抖动】、【最小直径】、【角度抖动】、【圆度抖动】分别设置为4、20、0、0，如图8-26所示。

26 勾选【纹理】复选框，将【缩放】、【亮度】、【对比度】分别设置为100、-108、38，勾选【为每个笔尖设置纹理】复选框，将【模式】设置为【减去】，将【深度】、【深度抖动】分别设置为64、0，如图8-27所示。

27 勾选【双重画笔】复选框，单击【炭笔纹理】，将【大小】、【间距】、【散布】、【数量】分别设置为17、9、35、1，勾选【两轴】复选框，如图8-28所示。

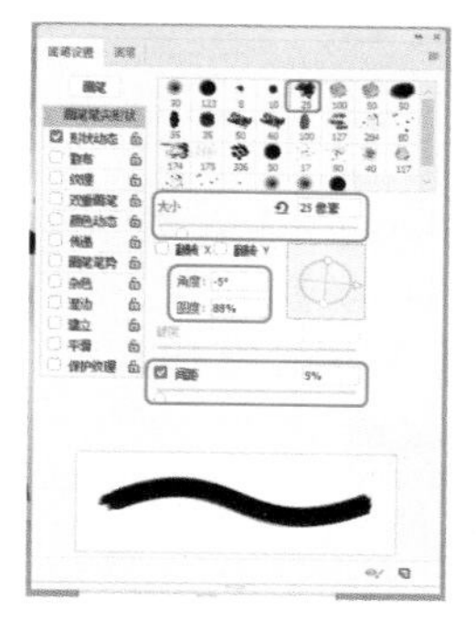

图8-25 设置画笔形状 图8-26 设置形状动态

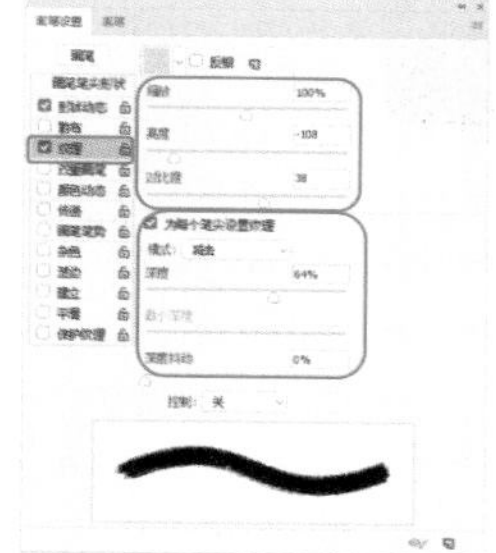

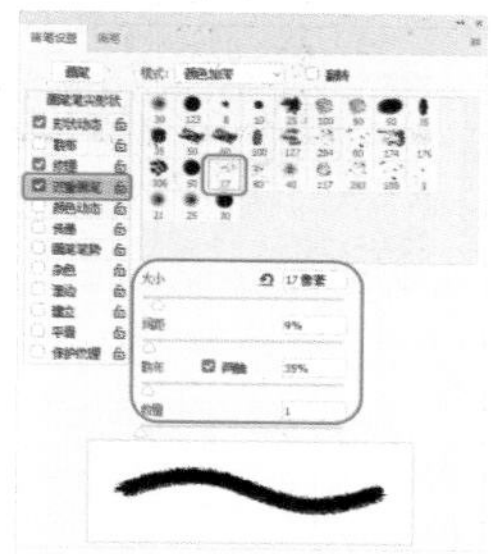

图8-27 设置纹理参数 图8-28 设置双重画笔参数

28 再在【画笔设置】面板中勾选【杂色】、【建立】、【平滑】复选框，如图8-29所示。

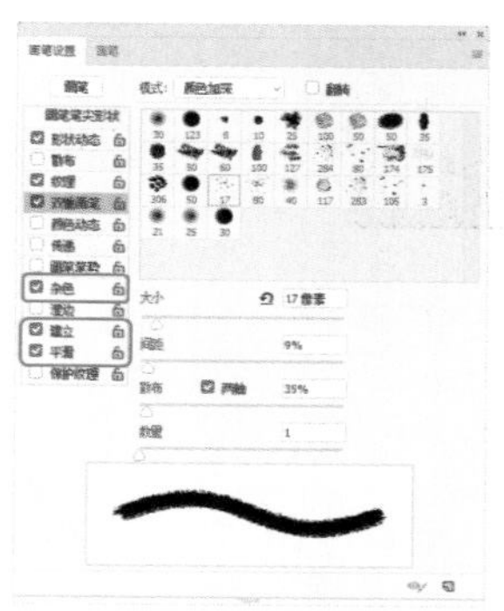

图8-29 设置画笔

29 设置完成后，将【前景色】设置为#000000，在【图层】面板中单击【创建新图层】按钮，在工作区中绘制如图8-30所示的图形。

图 8-30 绘制图形后的效果

30 将“汽车素材 06.jpg”素材文件添加至新建文档中，使用【移动工具】 在工作区中调整该素材文件的位置，如图 8-31 所示。

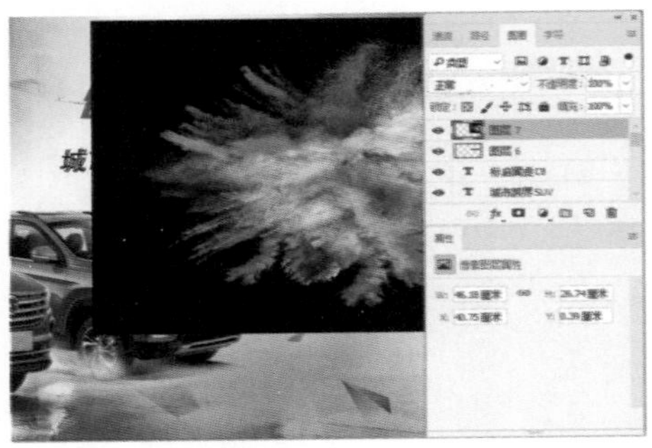

图 8-31 添加素材文件并调整位置

31 在【图层】面板中选择【图层 7】图层，单击鼠标右键，在弹出的快捷菜单中选择【创建剪贴蒙版】命令，如图 8-32 所示。

图 8-32 选择【创建剪贴蒙版】命令

32 对选中的图层建立剪贴蒙版后，在【图层】面板中继续选中【图层 7】图层，将【不透明度】设置为 33，如图 8-33 所示。

33 选择工具箱中的【横排文字工具】 ，在工作区中单击鼠标，输入文本。选中输入的文本，在【字符】面板中将【字体】设置为【微软雅黑】，将【字体大小】设置为 58.59，将【字符间距】设置为 75，将【颜色】设置为 #ffffff，单击【仿粗体】 、【仿斜体】按钮 ，并在工作区中调整文本的位置，效果如图 8-34 所示。

图 8-33 设置不透明度

图 8-34 输入文本并进行设置

34 使用【横排文字工具】 再在工作区中单击鼠标，输入文本。选中输入的文本，在【字符】面板中将【字体】设置为【微软雅黑】，将【字体大小】设置为 45，将【字符间距】设置为 75，将【颜色】设置为 #ffffff，取消单击【仿粗体】按钮 ，并在工作区中调整文本的位置，效果如图 8-35 所示。

图 8-35 再次输入文本

8.2 制作新品上市户外广告

推出新品是企业营销的一种策略，可以更新换代产品，推动企业的发展。在新品推出前，不少企业选择制作户外广告进行宣传，从而达到推广的作用。本节将介绍如何制作新品上市户外广告，效果如图 8-36 所示。

图 8-36 新品上市户外广告

素材	素材 \Cha08\ 新品上市素材 01.jpg、新品上市素材 02.jpg、新品上市素材 03.png~ 新品上市素材 06.png
场景	场景 \Cha08\ 制作新品上市户外广告 .psd
视频	视频教学 \Cha08\8.2 制作新品上市户外广告 .mp4

01 启动 Photoshop CC 软件，按 Ctrl+N 快捷键，在弹出的对话框中将【宽度】、【高度】分别设置为 2000、3000，将【分辨率】设置为 150，将【颜色模式】设置为【RGB 颜色】，如图 8-37 所示。

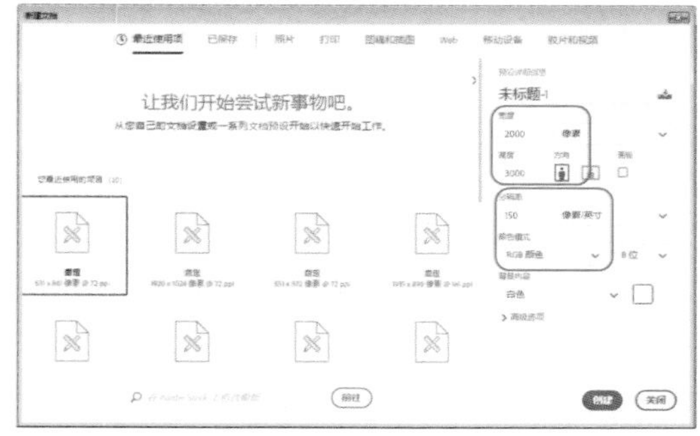

图 8-37 设置新建文档参数

02 设置完成后，单击【创建】按钮。按 Ctrl+O 快捷键，在弹出的【打开】对话框中选择“新品上市素材 01.jpg”素材文件，如图 8-38 所示。

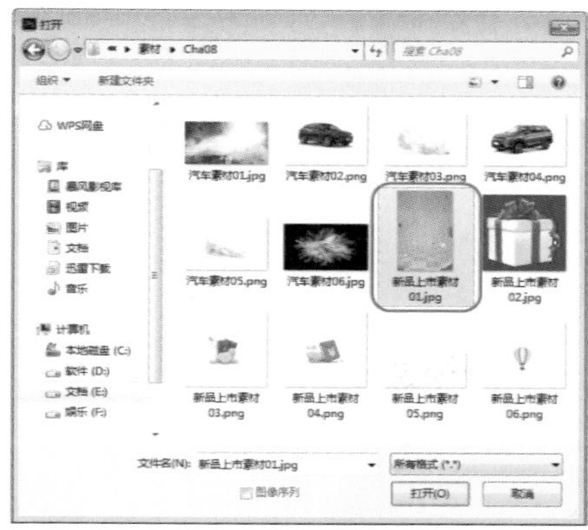

图 8-38 选择素材文件

03 选择工具箱中的【移动工具】，按住鼠标左键将素材文件添加至新建的文档中，并调整其位置，效果如图 8-39 所示。

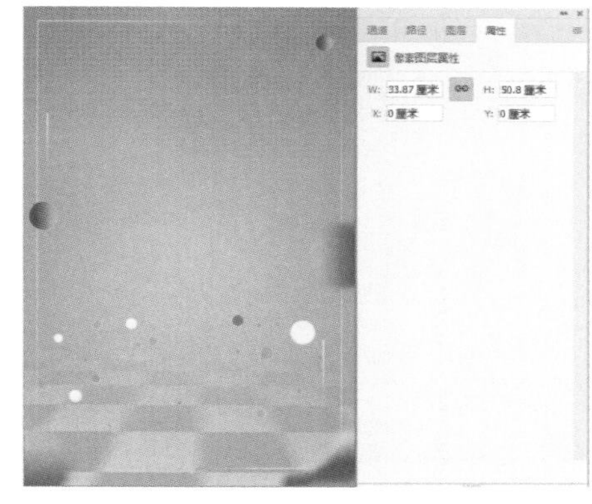

图 8-39 添加素材文件

04 在【图层】面板中单击【创建新的填充或调整图层】按钮，在弹出的下拉菜单中选择【色相 / 饱和度】命令，如图 8-40 所示。

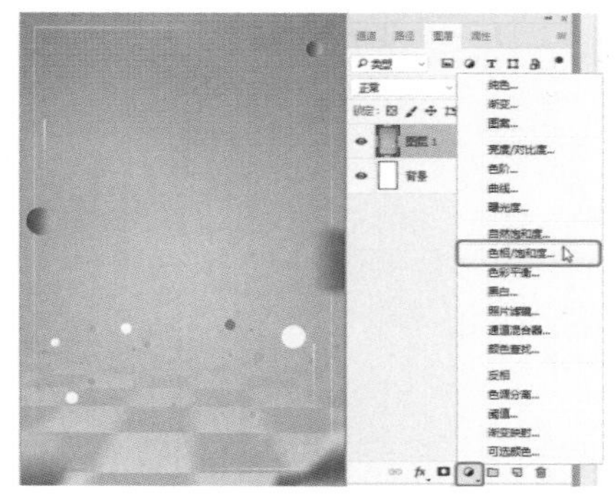

图 8-40 选择【色相 / 饱和度】命令

05 在【属性】面板中将【色相】、【饱和度】、【明度】分别设置为 -4、73、0，如图 8-41 所示。

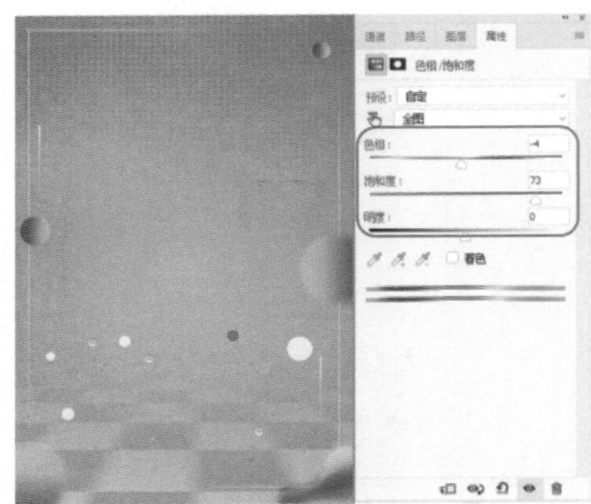

图 8-41　设置色相 / 饱和度参数

06 在【图层】面板中单击【创建新的填充或调整图层】按钮，在弹出的下拉菜单中选择【可选颜色】命令，如图 8-42 所示。

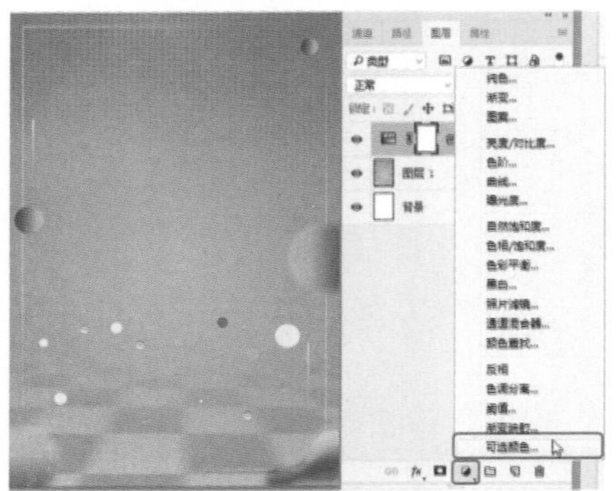

图 8-42　选择【可选颜色】命令

知识链接：可选颜色

【可选颜色】命令是高端扫描仪和分色程序使用的一种技术，用于在图像中的每个主要原色成分中更改印刷色的数量。使用【可选颜色】命令可以有选择性地修改主要颜色中的印刷色的数量，但不会影响其他主要颜色。

在【颜色】下拉列表中可以选择要调整的颜色，这些颜色由加色原色、减色原色、白色、中性色和黑色组成。选择一种颜色后，可拖动【青色】、【洋红】、【黄色】和【黑色】滑块来调整这 4 种印刷色的数量。向右拖动【青色】滑块时，颜色向青色转换，向左拖动时，颜色向红色转换；向右拖动【洋红】滑块时，颜色向洋红色转换，向左拖动时，颜色向绿色转换；向右拖动【黄色】滑块时，颜色向黄色转换，向左拖动时，颜色向蓝色转换；拖动【黑色】滑块可以增加或减少黑色。

【方法】是用来设置色值的调整方式。选中【相对】单选按钮时，可按照总量的百分比修改现有的青色、洋红、黄色或黑色的含量。例如，如果从 50% 的洋红像素开始添加 10%，结果为 55% 的洋红 (50%+50%×10%=55%)；选中【绝对】单选按钮时，则采用绝对值调整颜色。例如，如果从 50% 的洋红像素开始添加 10%，则结果为 60% 洋红。

07 在【属性】面板中将【颜色】设置为【青色】，将【青色】、【洋红】、【黄色】、【黑色】分别设置为 55、7、-20、0，如图 8-43 所示。

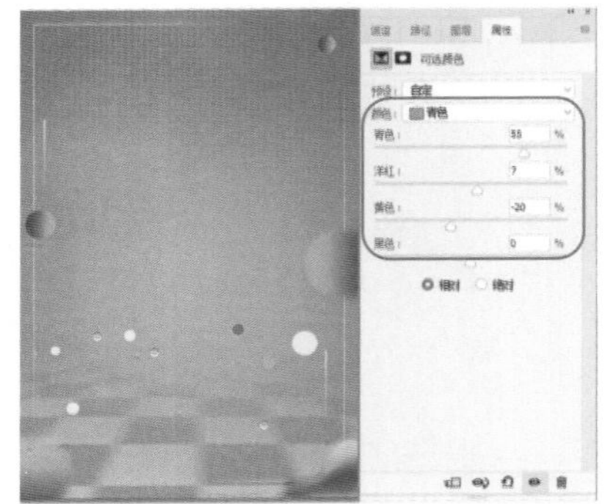

图 8-43　设置青色颜色

08 再在【属性】面板中将【颜色】设置为【蓝色】，将【青色】、【洋红】、【黄色】、【黑色】分别设置为 27、13、-85、0，如图 8-44 所示。

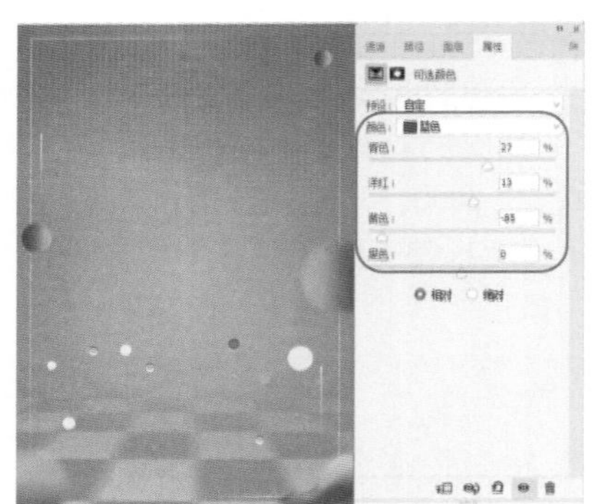

图 8-44　设置蓝色颜色

09 在【属性】面板中将【颜色】设置为【白色】，将【青色】、【洋红】、【黄色】、【黑色】分别设置为 -33、-14、-11、-20，如图 8-45 所示。

10 选择工具箱中的【钢笔工具】，在工具选项栏中将【填充】设置为 #f2b101，将【描边】设置为无，在工作区中绘制一个如图 8-46 所示的图形。

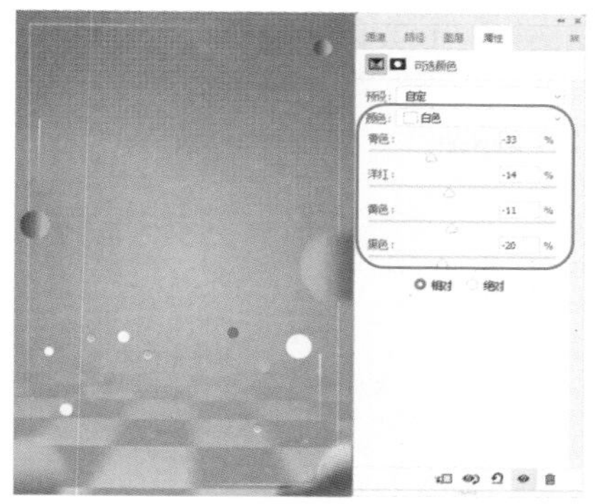
图 8-45 设置白色颜色

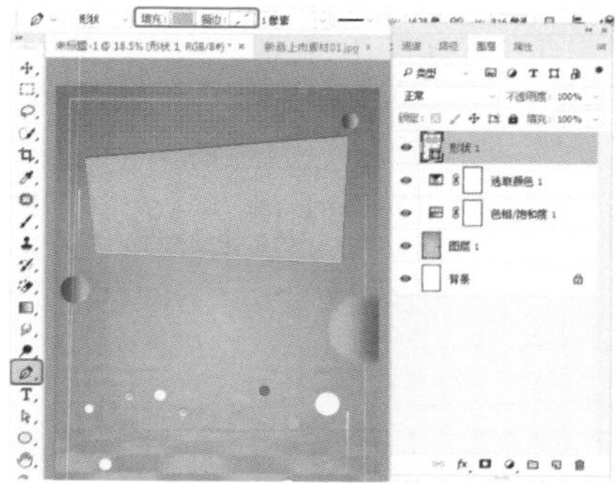
图 8-46 绘制图形并进行设置

11 再次使用【钢笔工具】，在工具选项栏中将【填充】设置为 #c37c01，在工作区中绘制一个图形。在【图层】面板中选择【形状 2】图层，按住鼠标左键将其调整至【形状 1】图层的下方，并在工作区中调整其位置，如图 8-47 所示。

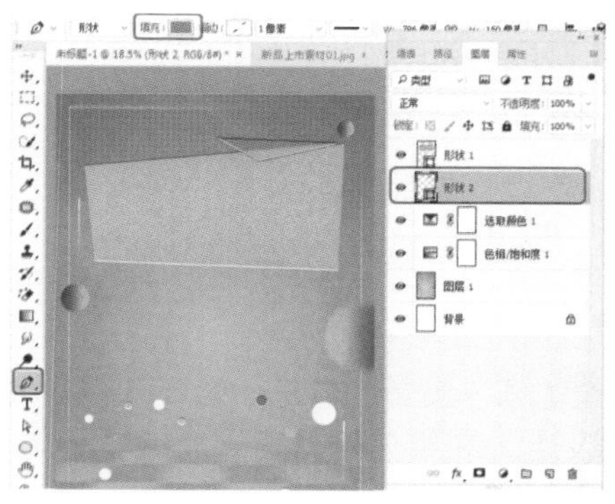
图 8-47 绘制图形并进行调整

12 在【图层】面板中选择【形状 1】图层，选择工具箱中的【横排文字工具】，在工作区中单击鼠标，输入文本。选中输入的文本，在【属性】面板中将【字体】设置为【汉仪菱心体简】，将【字体大小】设置为 188.86，将【字符间距】设置为 -60，将【颜色】设置为 #fefefe，如图 8-48 所示。

图 8-48 输入文本并进行设置

13 在【图层】面板中双击该文本图层，在弹出的【图层样式】对话框中勾选【投影】复选框，将【混合模式】设置为【正片叠底】，将【阴影颜色】设置为 #875805，将【不透明度】设置为 35，将【角度】设置为 90，勾选【使用全局光】复选框，将【距离】、【扩展】、【大小】分别设置为 13、11、15，如图 8-49 所示。

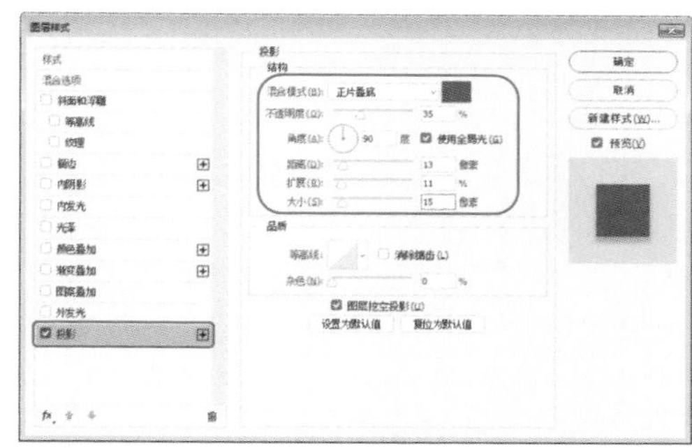
图 8-49 设置投影参数

14 设置完成后，单击【确定】按钮。选择工具箱中的【椭圆工具】，在工作区中按住 Shift 键绘制一个正圆形。在【属性】面板中将 W、H 均设置为 141，将【填充】设置为 #ffffff，将【描边】设置为无，如图 8-50 所示。

提 示

在绘制椭圆选区时，按住 Shift 键的同时拖动鼠标可以创建正圆形选区；按住 Alt 键的同时拖动鼠标会以光标所在位置为中心创建选区；按住 Alt+Shift 快捷键同时拖动鼠标，会以光标所在位置点为中心绘制圆形选区。

图 8-50　绘制正圆形

15 选择工具箱中的【移动工具】，在工作区中选择绘制的正圆形，按住 Alt 键对绘制的正圆形进行复制，复制后的效果如图 8-51 所示。

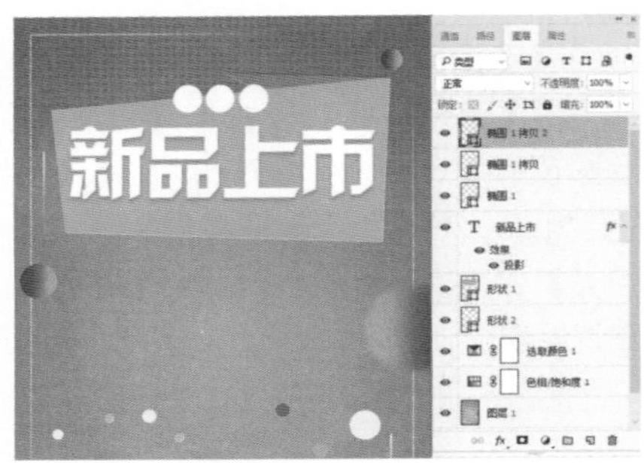

图 8-51　复制正圆形

16 选择工具箱中的【横排文字工具】，在工作区中单击鼠标，输入文本。选中输入的文本，在【字符】面板中将【字体】设置为【方正大黑简体】，将【字体大小】设置为 50.86，将【字符间距】设置为 730，将【填充】设置为 #d3772a，单击【仿粗体】按钮，并在工作区中调整该文本的位置，如图 8-52 所示。

图 8-52　输入文本并进行设置

17 选择工具箱中的【钢笔工具】，在工具选项栏中将【填充】设置为 #e70f1a，将【描边】设置为无，在工作区中绘制如图 8-53 所示的图形，并调整其位置。

图 8-53　绘制图形

疑难解答　在使用文字工具时需要注意什么？

使用【横排文字工具】和【直排文字工具】时，不要在现有的图形上单击，这样会将文本转换成区域文本或路径文本。在创建文本时，需要在空白位置上单击鼠标左键，然后再输入文本即可。

18 再次使用【钢笔工具】，在工具选项栏中将【填充】设置为 #7d0000，在工作区中绘制一个图形。在【图层】面板中选择新绘制图形的图层，按住鼠标左键将其拖曳至【形状 3】图层的下方，如图 8-54 所示。

图 8-54　再次绘制图形

19 在【图层】面板中选择【形状 3】图层，选择工具箱中的【横排文字工具】，在工作区中单击鼠标，输入文本。选中输入的文本，在【字符】面板中将【字体】设置为【微软雅黑】，将【字体大小】设置为 45.2，将【字符间距】设置为 0，将【颜色】设置为 #fefefe，单击【仿粗体】按钮，并在工作区中调整其位置，效果如图 8-55 所示。

图 8-55　输入文本并进行设置

20 按 Ctrl+O 快捷键，将“新品上市素材 02.jpg”素材文件打开，在【通道】面板中按住 Ctrl 键单击【红】通道缩览图，将其载入选区，单击【将选区存储为通道】按钮，如图 8-56 所示。

图 8-56　创建 Alpha 通道

21 再在【通道】面板中选择 Alpha 1 通道，按住 Ctrl 键单击【绿】通道缩览图，将其载入选区，按 Alt+Delete 快捷键填充前景色，如图 8-57 所示。

图 8-57　将【绿】通道载入选区

提　示

按 Ctrl+ 数字键可以快速选择通道，以 RGB 模式图像为例，按 Ctrl+3 键可以选择【红】通道，按 Ctrl+4 键可以选择【绿】通道，按 Ctrl+5 键可以选择【蓝】通道；如果图像包含多个 Alpha 通道，则增加相应的数字便可以将它们选择。如果要返回到 RGB 复合通道查看彩色图像，可按 Ctrl+2 键。

22 再在【通道】面板中按住 Ctrl 键单击【蓝】通道缩览图，将其载入选区；按 Ctrl+Shift +I 快捷键，将选区进行反选；按 Alt+Delete 快捷键填充前景色，如图 8-58 所示。

图 8-58　将【蓝】通道载入选区

23 在【通道】面板中按住 Ctrl 键单击 Alpha 1 通道缩览图，将其载入选区；按 Ctrl+Shift+I 快捷键，将选区进行反选。将【前景色】设置为 #000000，选择工具箱中的【画笔工具】，在工作区中对选区中的对象填充黑色，效果如图 8-59 所示。

图 8-59　为选区填充黑色

24 在【通道】面板中按住 Ctrl 键单击 Alpha 1 通道缩览图，将其载入选区。将【前景色】设置为 #ffffff，选择工具箱中的【画笔工具】，在工作区中对选区中的对象进行涂抹，效果如图 8-60 所示。

图 8-60　为选区填充白色

提 示

在使用【画笔工具】进行涂抹时，需要进行多次涂抹。

25 在【通道】面板中选择 RGB 通道，按 Ctrl+J 快捷键复制图层，在【图层】面板中将【背景】图层取消显示，如图 8-61 所示。

图 8-61 复制图层

26 选择工具箱中的【移动工具】，按住鼠标左键将该素材文件添加至新创建的文档中，并在工作区中调整该素材文件的位置，效果如图 8-62 所示。

图 8-62 添加素材文件并进行调整

知识链接：通道的类型

Alpha 通道用来保存选区，并可以将选区存储为灰度图像。在 Alpha 通道中，白色代表了被选择的区域，黑色代表了未被选择的区域，灰色则代表了被部分选择的区域，即羽化的区域。图 8-63 所示的图像为一个添加了渐变的 Alpha 通道，并通过 Alpha 通道载入选区。为载入该通道中的选区切换至 RGB 复合通道，并删除选区中像素后的效果，如图 8-64 所示。

除了可以保存选区外，也可以在 Alpha 通道中编辑选区。用白色涂抹通道可以扩大选区的范围，用黑色涂抹可以收缩选区的范围，用灰色涂抹则可以增加羽化的范围。图 8-65 所示为修改后的 Alpha 通道；图 8-66 所示为载入该通道中的选区选取出来的图像。

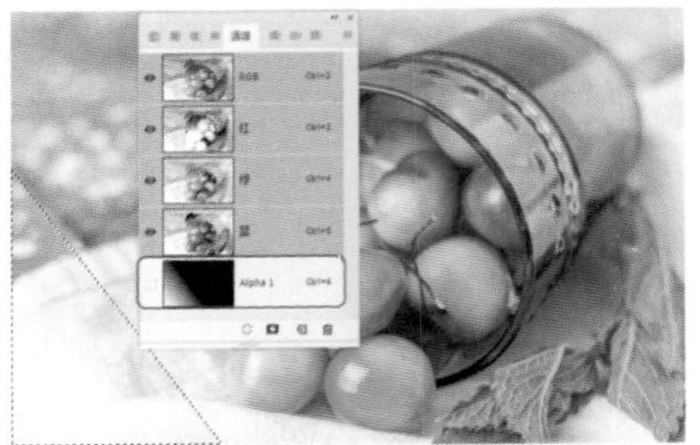

图 8-63 显示图像的 Alpha 通道

图 8-64 选区通道中的图像

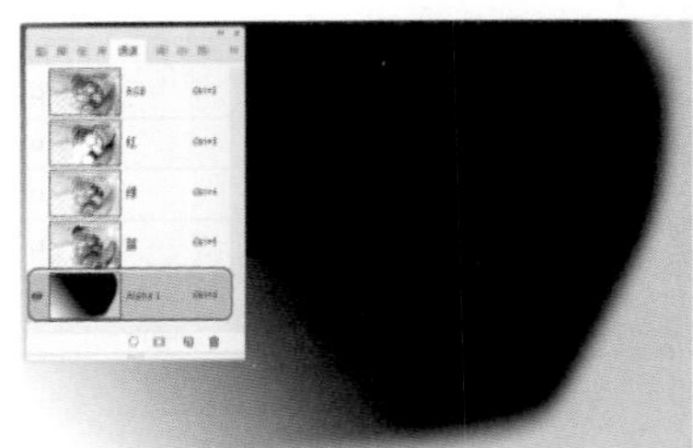

图 8-65 修改后的 Alpha 通道

图 8-66 选区通道中的图像

通道是 Photoshop 中最重要、最为核心的功能之一，它用来保存选区和图像的颜色信息。当打开一个图像时，如图 8-67 所示，【通道】面板中会自动创建该图像的颜色信息通道。

图 8-67 打开的图像

在图像窗口中看到的彩色图像是复合通道的图像，它是由所有颜色通道组合起来产生的效果，如图 8-68 所示的【通道】面板，可以看到，此时所有的颜色通道都处于激活状态。

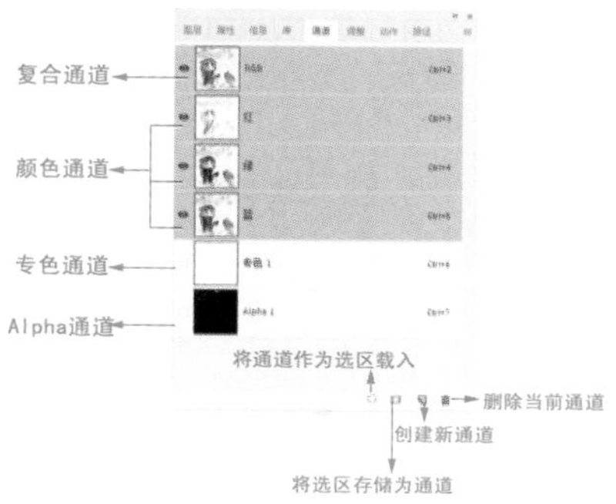

图 8-68 【通道】面板

单击一个颜色通道即可选择该通道，图像窗口中会显示所选通道的灰度图像，如图 8-69 所示。

图 8-69 选择【绿】通道

按住 Shift 键单击其他通道，可以选择多个通道，此时图像窗口中将显示所选颜色通道的复合信息，如图 8-70 所示。

图 8-70 选择【红】、【绿】通道

通道是灰度图像，我们可以像处理图像那样使用绘画工具和滤镜对它们进行编辑。编辑复合通道时将影响所有的颜色通道，如图 8-71 所示。

编辑一个颜色通道时，会影响该通道及复合通道，但不会影响其他颜色通道，如图 8-72 所示。

图 8-71 编辑复合通道

图 8-72 编辑一个通道

颜色通道用来保存图像的颜色信息，因此，编辑颜色通道时将影响图像的颜色和外观效果。Alpha 通道用来保存选区；因此，编辑 Alpha 通道时只影响选区，不会影响图像。对颜色通道或者 Alpha 通道编辑完成后，如果要返回到彩色图像状态，可单击复合通道，此时，所有的颜色通道将重新被激活，如图 8-73 所示。

图 8-73 切换 Alpha 通道与颜色通道

27 在【图层】面板中双击【图层 2】图层，在弹出的【图层样式】对话框中勾选【投影】复选框，将【阴影颜色】设置为 #000000，将【不透明度】设置为 35，将【角度】设置为 90，勾选【使用全局光】复选框，将【距离】、【扩展】、【大小】分别设置为 13、11、15，如

图 8-74 所示。

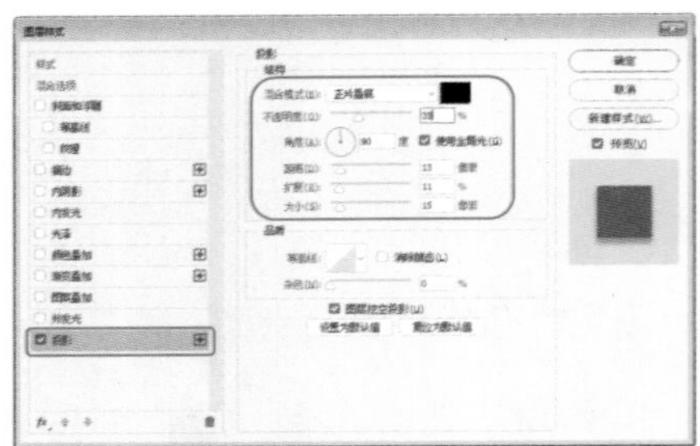

图 8-74 设置投影参数

28 设置完成后，单击【确定】按钮。将“新品上市素材 03.png”“新品上市素材 04.png”和“新品上市素材 05.png”素材文件添加至新建文档中，并调整其位置与大小，效果如图 8-75 所示。

图 8-75 添加素材文件并进行调整

29 选择工具箱中的【直线工具】，在工具箱选项栏中将【填充】设置为 #ff6a00，将【描边】设置为无，将【粗细】设置为 6，在工作区中按住 Shift 键绘制一条水平直线，如图 8-76 所示。

图 8-76 绘制直线并进行设置

30 选择工具箱中的【圆角矩形工具】，在工作区中绘制一个圆角矩形，在【属性】面板中将 W、H 分别设置为 288、58，将【填充】设置为 #ff6a00，将【描边】设置为无，将【角半径】均设置为 10，并在工作区中调整其位置，效果如图 8-77 所示。

图 8-77 绘制圆角矩形

31 选择工具箱中的【横排文字工具】，在工作区中单击鼠标，输入文本。选中输入的文本，在【字符】面板中将【字体】设置为【微软雅黑】，将【字体大小】设置为 20.68，将【字符间距】设置为 0，将【颜色】设置为 #ffffff，单击【仿粗体】按钮，并在工作区中调整文本的位置，如图 8-78 所示。

图 8-78 创建文本并进行调整

32 选择工具箱中的【移动工具】，在工作区中按住 Shift 键选择绘制的圆角矩形与文本，按住 Alt 键对选中的对象进行复制，并对复制的对象进行修改，效果如图 8-79 所示。

33 选择工具箱中的【横排文字工具】，在工作区中单击鼠标，输入文本。选中输入的文本，在【字符】面板中将【字体】设置为【方正大黑简体】，将【字体大小】设置为 69，将【字符间距】设置为 25，将【颜色】设置为 #ffff00，将 1000、400 的【字体大小】均设置为

80，并单击【仿粗体】按钮 T，在工作区中调整文字的位置，效果如图 8-80 所示。

图 8-79 复制对象并进行调整

图 8-80 输入文本并进行设置

34 使用【横排文字工具】 T. 在工作区中单击鼠标，输入文本，在【字符】面板中将【字体】设置为 Swis721 Blk BT，将【字体样式】设置为 Black，将【字体大小】设置为 19.68，将【字符间距】设置为 -50，将【颜色】设置为 #ffffff，如图 8-81 所示。

图 8-81 输入其他文本并进行设置

35 使用同样的方法在工作区中输入其他文本，并对其进行相应的设置，效果如图 8-82 所示。

36 选择工具箱中的【矩形工具】 □，在工作区中绘制一个矩形，在【属性】面板中将 W、H 分别设置为 421、93，将【填充】设置为 #ffffff，将【描边】设置为无，如图 8-83 所示。

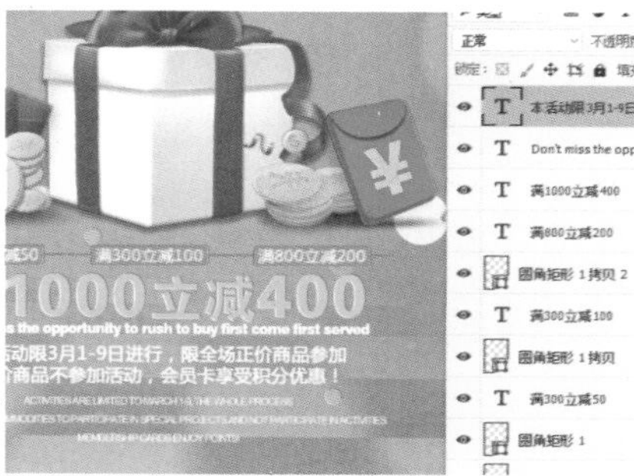

图 8-82 输入其他文本并进行设置

图 8-83 绘制矩形

37 选择工具箱中的【移动工具】 ✥，按住 Alt 键向右拖曳矩形，对其进行复制，并选择复制的矩形，在【属性】面板中将【填充】设置为无，将【描边】设置为 #ffffff，将【描边粗细】设置为 5，如图 8-84 所示。

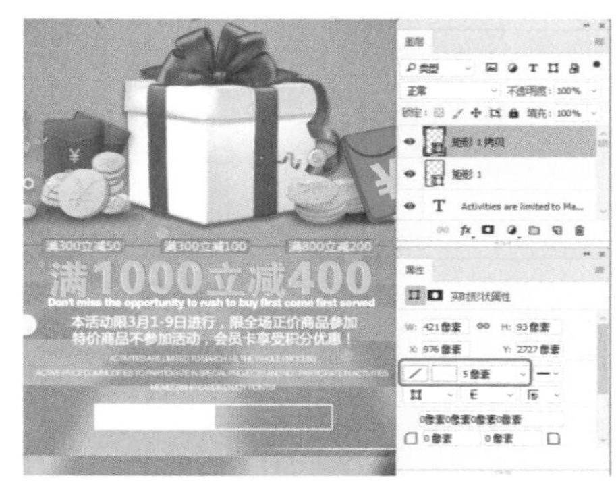

图 8-84 复制图形并进行设置

38 根据前面所介绍的方法在工作区中输入其他文本，并将“新品上市素材 06.png”素材文件添加至新建文档中，对其进行相应的调整，效果如图 8-85 所示。

图 8-85　输入其他文本并添加素材后的效果

8.3　制作招商户外广告

招商是企业在确定一个新产品、新项目后，需要做更广泛的市场拓展和充分利用有效的市场现成资源(如经销、代理商的资金、人力)而做的一项重要策划工作。它是企业建立营销网络渠道的必要前提，它主要的职能是确定全国或区域代理(经销)商，将企业的产品或服务通过这些网络渠道流向社会、流向市场，达到生产企业与经销商优势资源互补与重组的良好效果。招商户外广告，效果如图 8-86 所示。

图 8-86　招商户外广告

素材	素材 \Cha08\ 招商素材 01.jpg、招商素材 02.png~ 招商素材 09.png
场景	场景 \Cha08\ 制作招商户外广告 .psd
视频	视频教学 \Cha08\8.3　制作招商户外广告 .mp4

01 启动 Photoshop CC 软件，按 Ctrl+N 快捷键，在弹出的【新建文档】对话框中将【宽度】、【高度】分别设置为 2000、2667，将【分辨率】设置为 150，将【颜色模式】设置为【RGB 颜色】，如图 8-87 所示。

图 8-87　设置新建文档参数

02 设置完成后，单击【创建】按钮。按 Ctrl+O 快捷键，在弹出的【打开】对话框中选择“招商素材 01.jpg”素材文件，如图 8-88 所示。

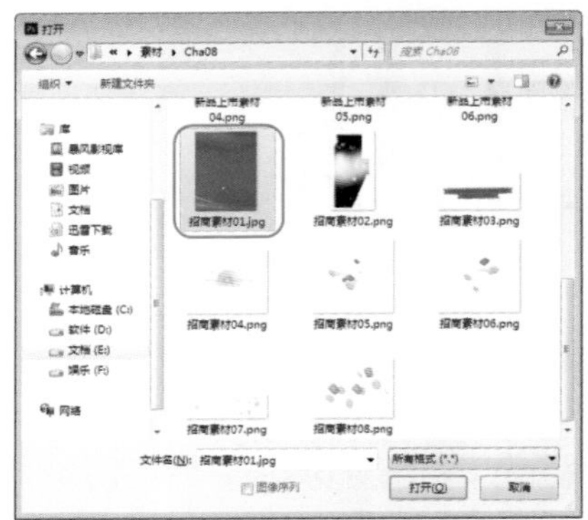

图 8-88　选择素材文件

03 按住鼠标左键将打开的素材文件添加至新建的文档中，并调整其位置，效果如图 8-89 所示。

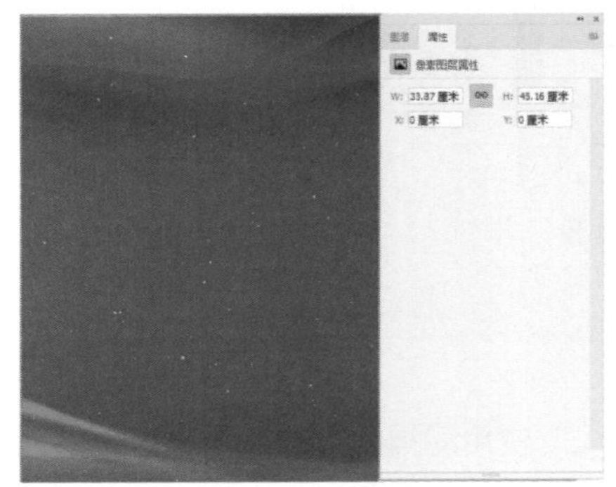

图 8-89　添加素材文件

04 将“招商素材 02.png”素材文件添加至新建文档中，在【属性】面板中将 X、Y 分别设置为 27.45、21.34，如图 8-90 所示。

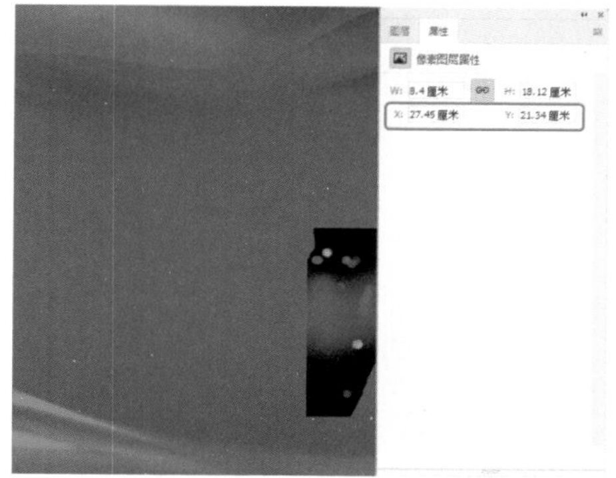

图 8-90 添加素材文件并调整其位置

05 在【图层】面板中选择该对象的图层，将【混合模式】设置为【滤色】，将【不透明度】设置为 46，如图 8-91 所示。

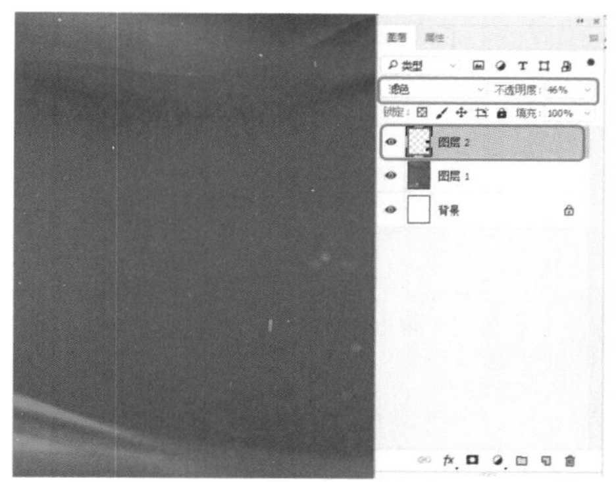

图 8-91 设置混合模式与不透明度

06 选择工具箱中的【移动工具】，在工作区中按住 Alt 键对设置的素材文件进行复制，并选中复制的对象，按 Ctrl+T 快捷键，调出自由变换框，单击鼠标右键，在弹出的快捷菜单中选择【水平翻转】命令，如图 8-92 所示。

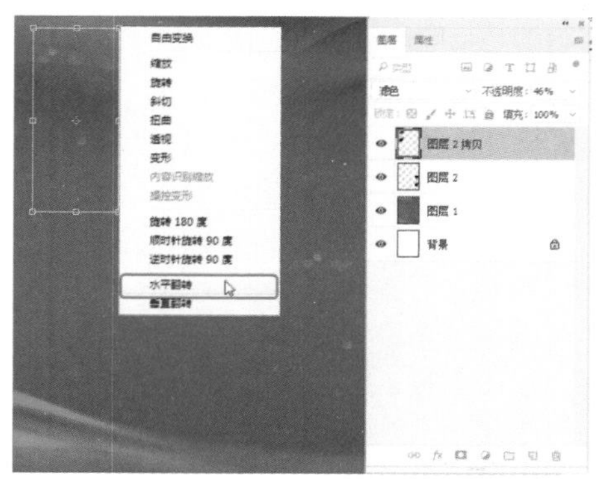

图 8-92 选择【水平翻转】命令

07 按 Enter 键选择完成变换，在工作区中调整其位置即可。选择工具箱中的【钢笔工具】，在工具选项栏中将【填充】设置为 #ffffff，将【描边】设置为无，在工作区中绘制如图 8-93 所示的图形。

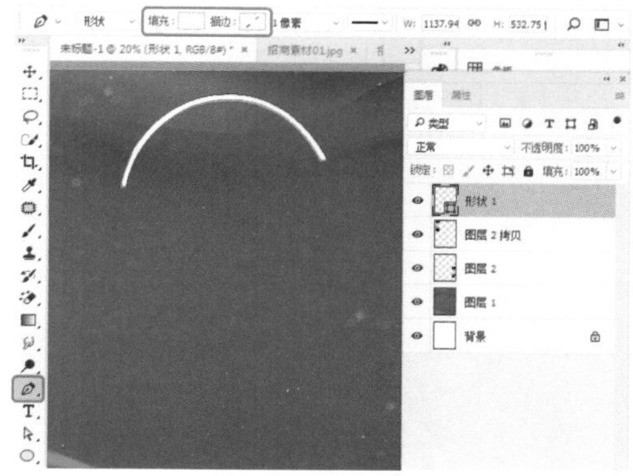

图 8-93 绘制图形并进行设置

08 再次使用【钢笔工具】在工作区中绘制如图 8-94 所示的图形，并在工作区中调整其位置。

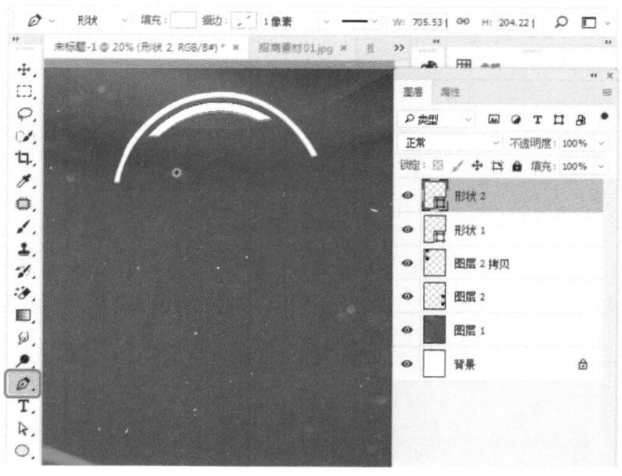

图 8-94 再次绘制图形

09 选择工具箱中的【横排文字工具】，在工作区中单击鼠标，输入文本。选中输入的文本，在【属性】面板中将【字体】设置为【汉仪菱心体简】，将【字体大小】设置为 102.17，将【字符间距】设置为 0，将【颜色】设置为 #ffffff，如图 8-95 所示。

10 继续选中该文本，按 Ctrl+T 快捷键，调出自由变换框，在工具选项栏中将【旋转】设置为 -6.13，并在工作区中调整其位置，如图 8-96 所示。

图 8-95　输入文字并进行设置

图 8-96　设置旋转参数

11 设置完成后，按 Enter 键完成旋转。使用【横排文字工具】 T. 在工作区中单击鼠标，输入文本。选中输入的文本，在【属性】面板中将【字体】设置为【汉仪菱心体简】，将【字体大小】设置为 220.18，将【字符间距】设置为 0，将【颜色】设置为 # ffffff，如图 8-97 所示。

图 8-97　输入文本并进行设置

12 按 Ctrl+T 快捷键，调出自由变换框，在工具选项栏中将 W 设置为 80.93，将【旋转】设置为 -8.16，并在工作区中调整其位置，效果如图 8-98 所示。

图 8-98　变换文字

13 设置完成后，按 Enter 键完成变换。将“招商素材 03.png”素材文件添加至新建文档中，并在工作区中调整其位置，效果如图 8-99 所示。

图 8-99　添加素材文件

14 在【图层】面板中双击【图层 3】图层，在弹出的【图层样式】对话框中勾选【投影】复选框，将【混合模式】设置为【正常】，将【阴影颜色】设置为 #ffffff，将【不透明度】设置为 53，将【角度】设置为 90，勾选【使用全局光】复选框，将【距离】、【扩展】、【大小】分别设置为 5、0、6，如图 8-100 所示。

15 设置完成后，单击【确定】按钮。按 Ctrl+T 快捷键，调出自由变换框，在工具选项栏中将【旋转】设置为 -8，在工作区中调整其位置，效果如图 8-101 所示。

16 设置完成后，按 Enter 键完成旋转。选择工具箱中的【横排文字工具】 T.，在工作区中单击鼠标，输入文本。选中输入的文本，在【字符】面板中将【字体】设置为【方正大黑简体】，将【字体大小】设置为 43.71，将【行距】设置为 56.51，将【字符间距】设置为 80，将【水平缩放】设置为 91，将【颜色】设置为 #ffffff，如图 8-102 所示。

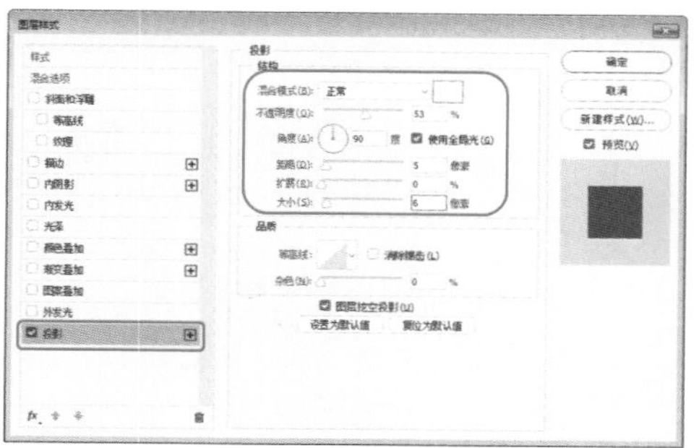

图 8-100 设置投影参数

图 8-101 设置旋转参数

图 8-102 输入文本并进行设置

17 按 Ctrl+T 快捷键，调出自由变换框，在工具选项栏中将【旋转】设置为 -8.72，并在工作区中调整其位置，如图 8-103 所示。

18 在【图层】面板中选择【形状 1】、【形状 2】图层，按住鼠标左键将其拖曳至【创建新图层】按钮上，对其进行复制，并选择复制后的两个对象，按 Ctrl+T 快捷键，调出自由变换框，单击鼠标右键，在弹出的快捷菜单中选择【垂直翻转】命令，如图 8-104 所示。

图 8-103 旋转文本

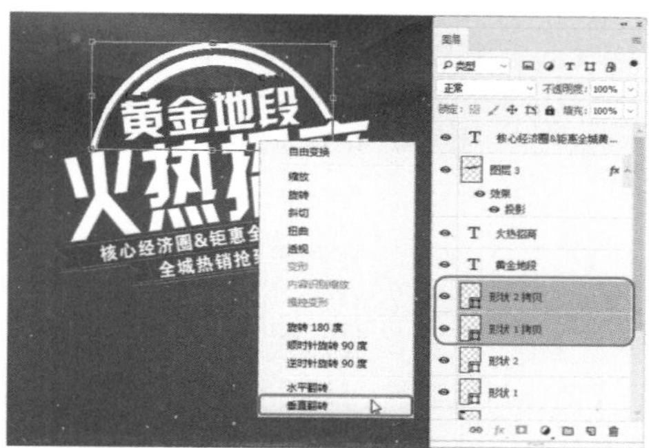

图 8-104 选择【垂直翻转】命令

疑难解答 怎样可以对变换的选区进行旋转？

当变换选区时，在选区的周围会出现一个定界框，定界框的中央会有一个中心点，四周会有相应的控制点，当将鼠标置于定界框外的控制点时，鼠标将会变为形状，单击并拖动鼠标可以随意角度地旋转对象，当选区处于变换状态时，单击鼠标右键，在弹出的快捷菜单中会出现【旋转 180 度】、【顺时针旋转 90 度】、【逆时针旋转 90 度】等命令，通过这些命令也可以对变换的选区进行旋转；除此之外，用户还可以通过在工具选项栏中设置【旋转】参数来调整旋转角度。

19 在工作区中调整翻转后对象的位置及角度，并在工作区中调整其位置，按 Enter 键完成调整，效果如图 8-105 所示。

20 在【图层】面板中选择【形状 1 拷贝】图层，单击【添加图层蒙版】按钮，选择工具箱中的【多边形套索工具】，在工具选项栏中单击【添加到选区】按钮，在工作区中绘制选区，按 Ctrl+Delete 快捷键填充背景色，如图 8-106 所示。

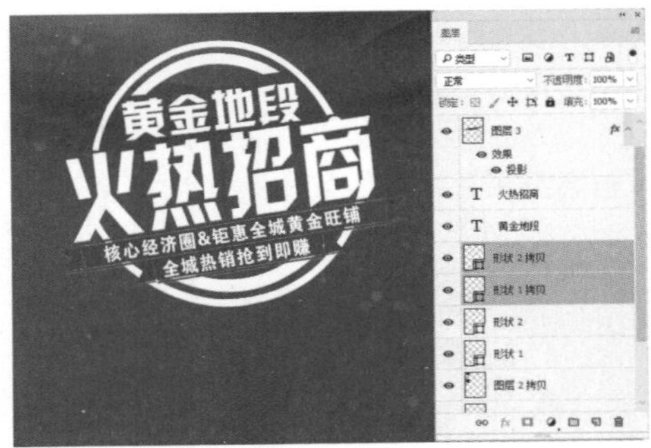

图 8-105　调整对象位置后的效果

图 8-106　添加蒙版并进行设置

21 按 Ctrl+D 快捷键取消选区，在【图层】面板中选择【火热招商】图层，按住 Shift 键单击【形状 1】图层，按住鼠标左键将其拖曳至【创建新组】按钮上，创建一个图层组，如图 8-107 所示。

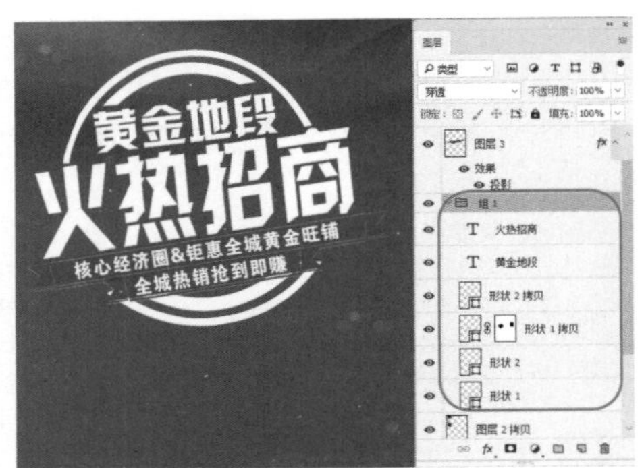

图 8-107　创建图层组

22 在【图层】面板中双击【组 1】，在弹出的【图层样式】对话框中勾选【斜面和浮雕】复选框，将【样式】设置为【内斜面】，将【方法】设置为【平滑】，将【深度】设置为 501，选中【上】单选按钮，将【大小】、【软化】分别设置为 23、0，将【角度】、【高度】分别设置为 90、30，勾选【使用全局光】复选框，将【高光模式】设置为【滤色】，将【高亮颜色】设置为 # ffffff，将【不透明度】设置为 49，将【阴影模式】设置为【正片叠底】，将【阴影颜色】设置为 # 060001，将【不透明度】设置为 0，如图 8-108 所示。

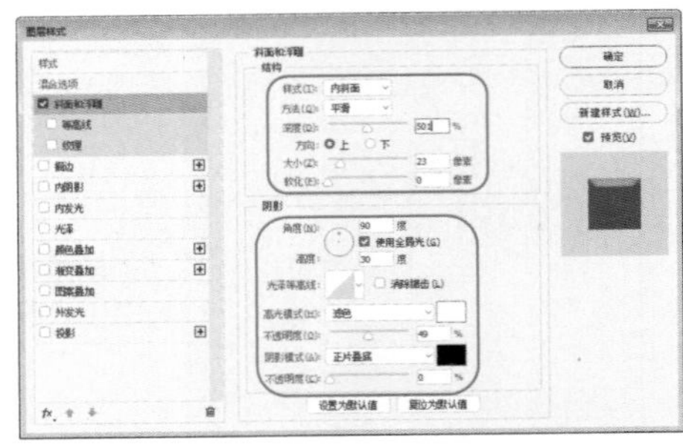

图 8-108　设置斜面和浮雕参数

23 再勾选【内发光】复选框，将【混合模式】设置为【滤色】，将【不透明度】、【杂色】分别设置为 16、0，将【发光颜色】设置为 # ffffff，将【方法】设置为【柔和】，选中【边缘】单选按钮，将【阻塞】、【大小】分别设置为 100、2，将【范围】、【抖动】分别设置为 50、0，如图 8-109 所示。

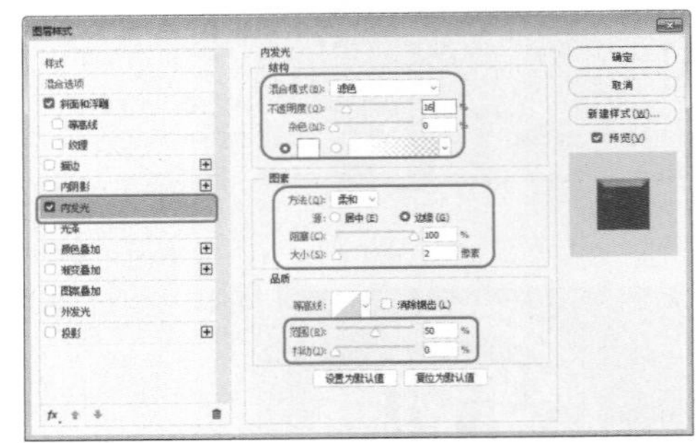

图 8-109　设置内发光参数

24 再勾选【渐变叠加】复选框，将【混合模式】设置为【正常】，单击渐变条，在弹出的【渐变编辑器】对话框中将位置 0 处的色标设置为 # ebbd83，在位置 33% 处添加色标，将颜色设置为 # f5dbbd，在位置 68% 处添加色标，将颜色设置为 # ebbc82，将位置 100% 处的色标设置为 # ebbd83，如图 8-110 所示。

25 设置完成后，单击【确定】按钮。将【样式】设置为【角度】，将【角度】设置为 171，将【缩放】设置为 100，如图 8-111 所示。

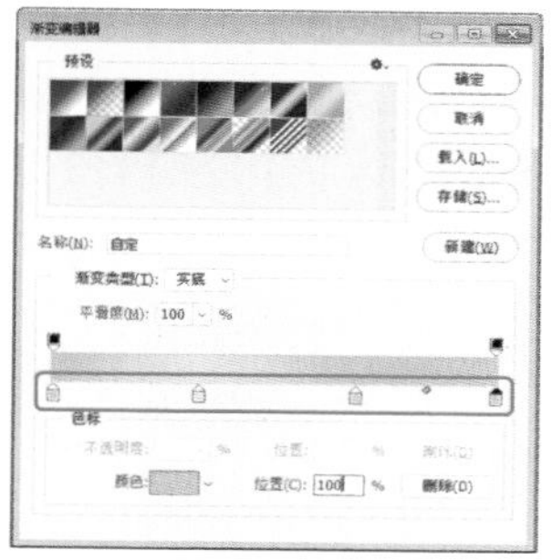

图 8-110　设置渐变颜色

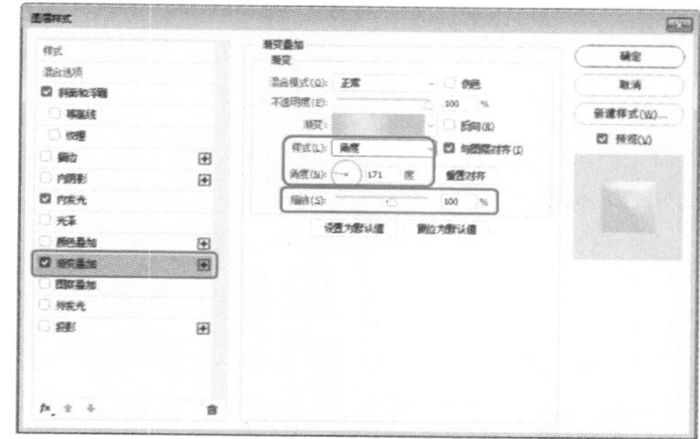

图 8-111　设置渐变参数

26 再在【图层样式】对话框中勾选【投影】复选框，将【混合模式】设置为【线性加深】，将【阴影颜色】设置为# 8b1c21，将【不透明度】设置为 22，将【角度】设置为 90，勾选【使用全局光】复选框，将【距离】、【扩展】、【大小】分别设置为 21、0、3，如图 8-112 所示。

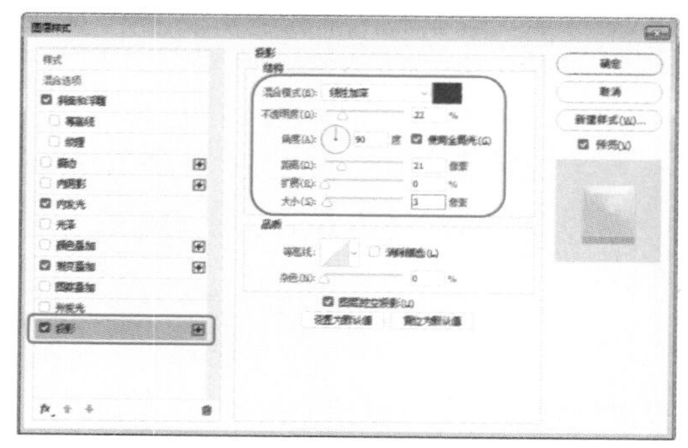

图 8-112　设置投影参数

27 设置完成后，单击【确定】按钮。将“招商素材 04.png”素材文件添加至新建文档中，在工作区中调整其位置，在【图层】面板中将其调整至最顶层，将【混合模式】设置为【线型减淡 (添加)】，如图 8-113 所示。

图 8-113　添加素材文件并进行调整

28 选择工具箱中的【移动工具】，在工作区中选择该素材文件，按住 Alt 键将其拖曳进行复制，并在工作区中调整复制对象的位置，如图 8-114 所示。

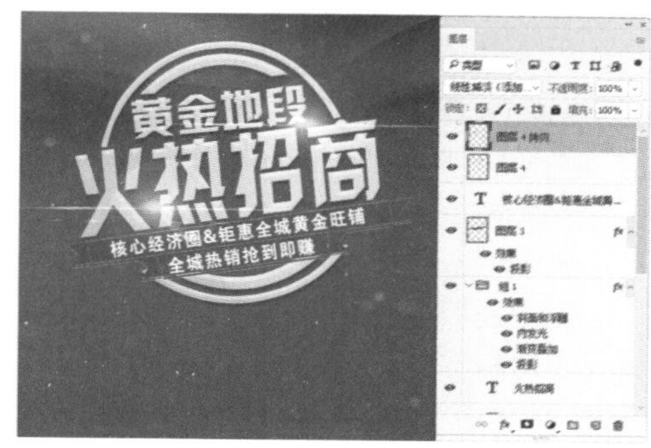

图 8-114　复制素材文件

29 将“招商素材 05.png”“招商素材 06.png”和“招商素材 07.png”素材文件添加至新建文档中，并在工作区中调整其位置，效果如图 8-115 所示。

图 8-115　添加素材文件并调整其位置

30 选择工具箱中的【直线工具】，在工具选项栏中将【填充】设置为无，将【描边】

设置为 #ffffff，将【描边粗细】设置为 6，将【描边类型】设置为【虚线】，单击【更多选项】按钮，在弹出的【描边】对话框中将【虚线】、【间隙】分别设置为 3、4，按 Enter 键，在工作区中按住 Shift 键绘制水平直线，如图 8-116 所示。

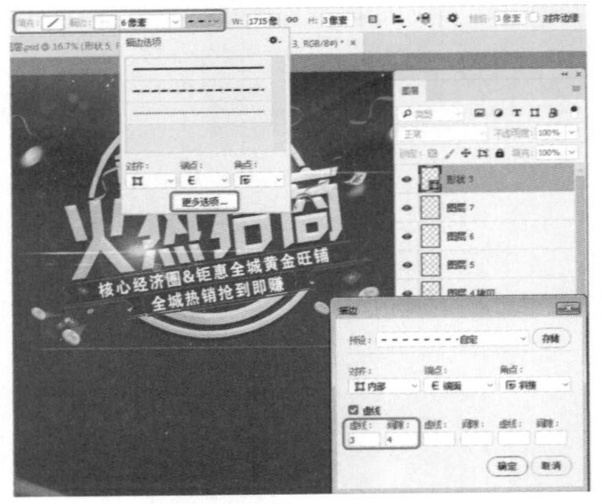

图 8-116 绘制直线

31 选择工具箱中的【横排文字工具】T，在工作区中单击鼠标，输入文本。选中输入的文本，在【字符】面板中将【字体】设置为【汉仪菱心体简】，将【字体大小】设置为 32.82，将【字符间距】设置为 25，将【颜色】设置为 #ffffff，单击【仿粗体】T、【全部大写字母】按钮TT，并在工作区中调整其位置，效果如图 8-117 所示。

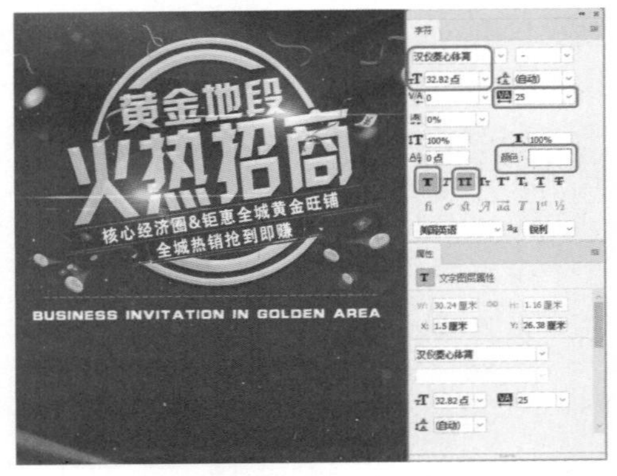

图 8-117 输入文本并进行设置

32 再次使用【横排文字工具】T在工作区中单击鼠标，输入文本。选中输入的文本，在【字符】面板中将【字体】设置为【汉仪长美黑简】，将【字体大小】设置为 53，将【字符间距】设置为 0，将【颜色】设置为 #ffffff，取消单击【仿粗体】T、【全部大写字母】按钮TT，并在工作区中调整其位置，效果如图 8-118 所示。

图 8-118 再次输入文本

33 选择工具箱中的【直线工具】，根据前面所介绍的方法在工作区中绘制如图 8-119 所示的直线。

图 8-119 绘制直线

34 使用【横排文字工具】T在工作区中输入其他文本，并对其进行相应的设置，效果如图 8-120 所示。

35 根据前面所介绍的方法将“招商素材 08.png”素材文件添加至新建文档中，并在工作区中调整其位置，效果如图 8-121 所示。

36 选择工具箱中的【横排文字工具】T，在工作区中单击鼠标，输入文本。选中输入的文本，在【字符】面板中将【字体】设置为【汉仪长美黑简】，将【字体大小】设置为 75.13，将【字符间距】设置为 61，将【颜色】设置为 #ffffff，并在工作区中调整该文本的位置，效果如图 8-122 所示。

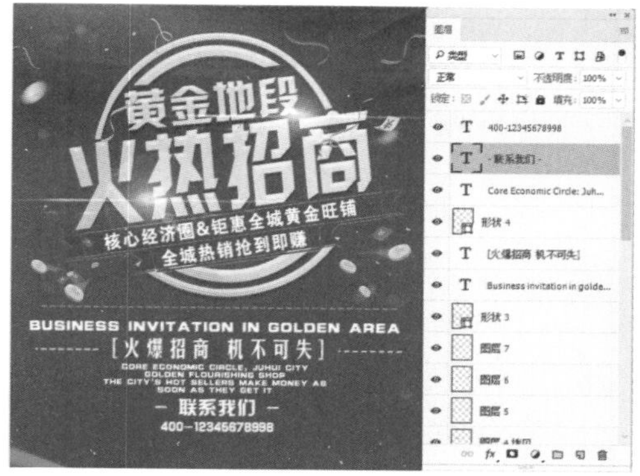
图 8-120　输入其他文本并进行设置

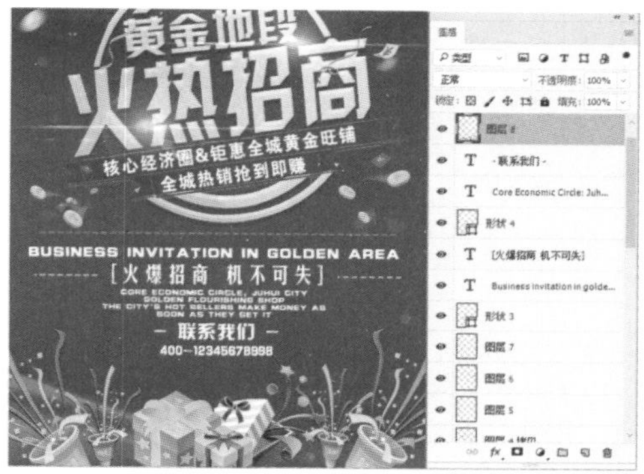
图 8-121　添加素材文件并进行调整

图 8-122　添加文本并进行设置

37 将“招商素材 09.png”素材文件添加至新建文档中，并在工作区中调整其位置，在【图层】面板中选择该素材文件的图层，单击鼠标右键，在弹出的快捷菜单中选择【转换为智能对象】命令，如图 8-123 所示。

38 在菜单栏中选择【滤镜】|【模糊画廊】|【路径模糊】命令，如图 8-124 所示。

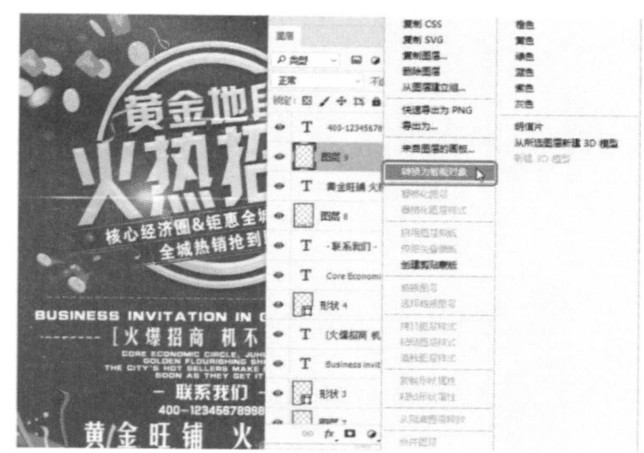
图 8-123　选择【转换为智能对象】命令

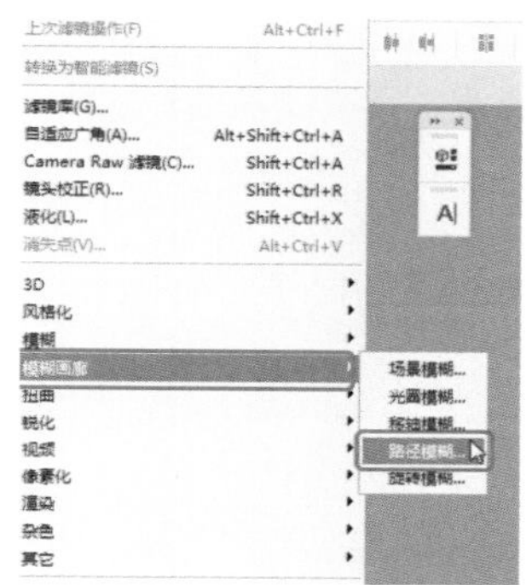
图 8-124　选择【路径模糊】命令

39 在【模糊工具】面板中将【路径模糊】下的模糊类型设置为【基本模糊】，将【速度】、【锥度】、【终点速度】分别设置为 115、0、80，勾选【居中模糊】复选框，在工作区中调整模糊角度，如图 8-125 所示。

图 8-125　设置路径模糊参数

40 设置完成后，在工具选项栏中单击【确定】按钮。选择工具箱中的【移动工具】，在工作区中按住添加滤镜后的对象拖曳，对其进行复制，在工作区中调整其角度与位置，效果如图 8-126 所示。

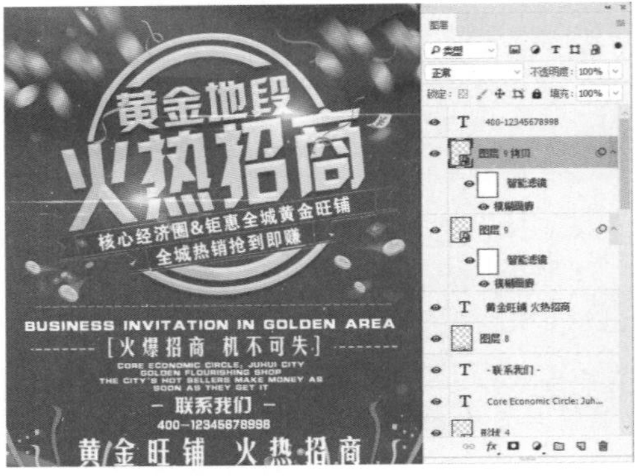

图 8-126　复制对象并进行调整

知识链接：【模糊画廊】滤镜

使用【模糊画廊】滤镜可以通过直观的图像控件快速创建截然不同的照片模糊效果。每个模糊工具都提供直观的图像控件来应用和控制模糊效果。

1. 场景模糊

使用【场景模糊】滤镜通过定义具有不同模糊量的多个模糊点来创建渐变的模糊效果。将多个图钉添加到图像，并指定每个图钉的模糊量，即可设置【场景模糊】滤镜效果。下面将介绍如何应用【场景模糊】滤镜效果，其操作步骤如下。

01 首先打开要进行操作的素材文件，如图 8-127 所示。

02 在菜单栏中选择【滤镜】|【模糊画廊】|【场景模糊】命令，如图 8-128 所示。

图 8-127　打开的素材文件

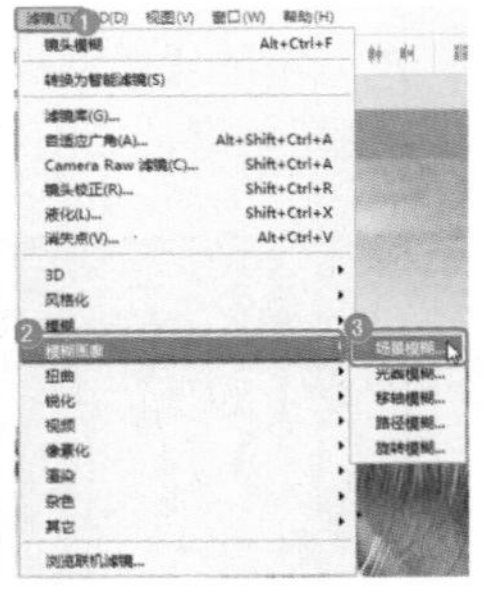

图 8-128　选择【场景模糊】命令

03 执行该命令后，在工作区中添加模糊控制点，用户可以按住模糊控制点进行拖动，还可以在选中模糊控制点后，在【模糊工具】面板中通过【场景模糊】下的【模糊】参数来控制模糊效果，如图 8-129 所示。

04 设置完成后，在工具选项栏中单击【确定】按钮，即可应用该滤镜效果，如图 8-130 所示。

2. 光圈模糊

使用【光圈模糊】滤镜可以对图片模拟浅景深效果，而不管使用的是什么相机或镜头。也可以定义多个焦点，这是使用传统相机技术几乎不可能实现的效果，下面将介绍如何使用【光圈模糊】滤镜效果，其操作步骤如下。

图 8-129　设置模糊控制点参数

图 8-130　应用【场景模糊】滤镜后的效果

01 在菜单栏中选择【滤镜】|【模糊画廊】|【光圈模糊】命令，即可为素材文件添加光圈模糊效果，用户可以在工作区中对光圈进行旋转、缩放、移动等，如图 8-131 所示。

图 8-131　对光圈进行移动、旋转

02 调整完成后，再在工作区中单击鼠标左键，添加一个光圈，并调整其位置与大小，设置完成后的效果如图 8-132 所示。

图 8-132　再次添加光圈后的效果

03 设置完成后，按 Enter 键完成设置即可。

3. 移轴模糊

使用【移轴模糊】滤镜模拟使用倾斜偏移镜头拍摄的图像。此特殊的模糊效果会定义锐化区域，然后在边缘处逐渐变得模糊。用户可以在添加该滤镜效果后通过调整线条位置来控制模糊区域，还可以在【模糊工具】面板中设置【倾斜偏移】下的【模糊】与【扭曲度】来调整模糊效果，如图 8-133 所示。

图 8-133 【移轴模糊】滤镜效果

添加【移轴模糊】滤镜效果后，在工作区中会出现多个不同的区域，每个区域所控制的效果也不同，区域含义如图 8-134 所示。

图 8-134 区域的含义

4. 路径模糊

使用【路径模糊】滤镜可以沿路径创建运动模糊，还可以控制形状和模糊量。Photoshop 可自动合成应用于图像的多路径模糊效果。图 8-135 所示为应用【路径模糊】滤镜的前后效果对比。

图 8-135 【路径模糊】滤镜的前后效果对比

5. 旋转模糊

使用【旋转模糊】滤镜，用户可以在一个或更多点旋转和模糊图像。旋转模糊是等级测量的径向模糊。如图 8-136 所示为应用【旋转模糊】滤镜后的效果，A 图像为原稿图像；B 图像为旋转模糊图像（模糊角度为 15°、闪光灯强度为 50%、闪光灯闪光为 2、闪光灯闪光持续时间为 10°）；C 图像为旋转模糊图像（模糊角度为 60°、闪光灯强度为 100%、闪光灯闪光为 4、闪光灯闪光持续时间为 10°）。

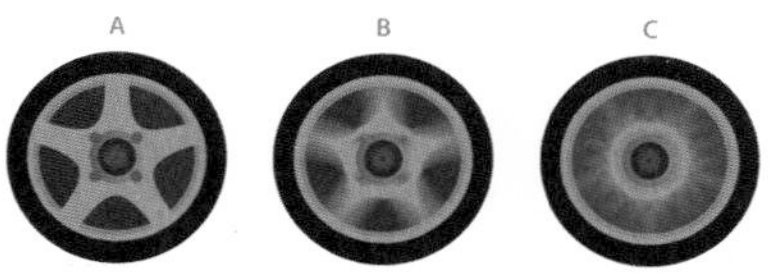

图 8-136 应用【旋转模糊】滤镜后的效果

8.4 制作影院户外广告

现如今，随着电影事业的逐渐发展，影院也逐渐增多，而影院大多处于高档商圈内，可与产品销售终端展开联合营销活动、促进销售。目标受众在高度放松的心境下，更乐于参与品牌产品体验活动深度接收信息。影院户外广告效果如图 8-137 所示。

图 8-137 影院户外广告

素材	素材 \Cha08\ 影院素材 01.jpg、影院素材 02.jpg、影院素材 03.png
场景	场景 \Cha08\ 制作影院户外广告 .psd
视频	视频教学 \Cha08\8.4 制作影院户外广告 .mp4

01 启动 Photoshop CC 软件，按 Ctrl+N 快捷键，在弹出的【新建文档】对话框中将【宽度】、【高度】分别设置为 2000、998，将【分辨率】设置为 150，将【颜色模式】设置为【RGB 颜色】，如图 8-138 所示。

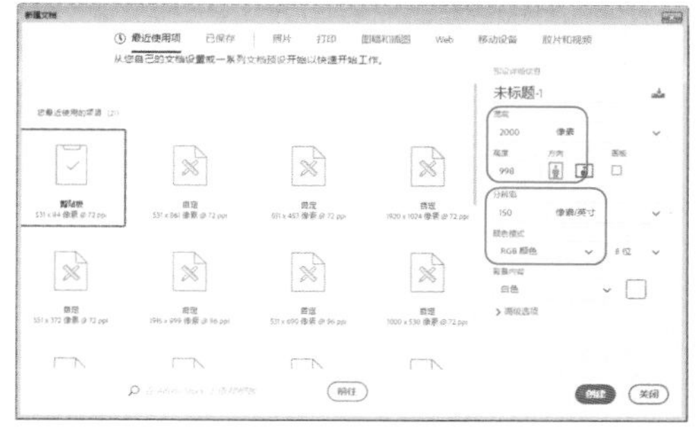

图 8-138 设置新建文档参数

02 设置完成后，单击【创建】按钮。选择工具箱中的【矩形工具】▭，在工作区中绘制一个矩形，在【属性】面板中将W、H分别设置为2000、998，将X、Y均设置为0，将【填充】设置为#e6033f，将【描边】设置为无，如图8-139所示。

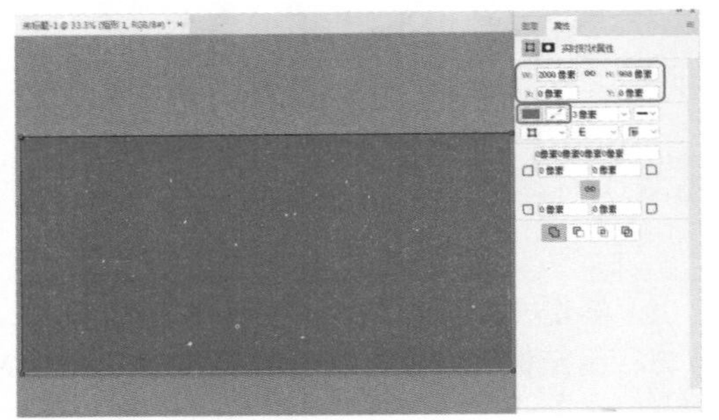

图 8-139 创建矩形并设置参数

03 按Ctrl+O快捷键，在弹出的【打开】对话框中选择“影院素材01.jpg”素材文件，如图8-140所示。

图 8-140 选择素材文件

04 选择工具箱中的【移动工具】✥，将打开的素材文件拖曳至新建的文档中，并在工作区中调整其位置，效果如图8-141所示。

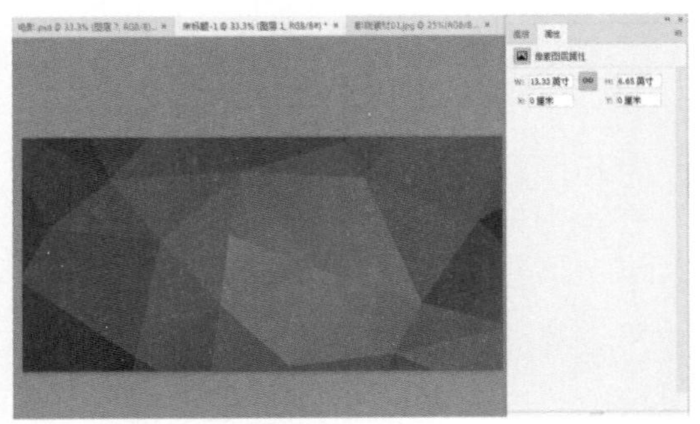

图 8-141 添加素材并调整位置

05 在【图层】面板中选择【图层1】图层，将【混合模式】设置为【明度】，将【不透明度】设置为50，效果如图8-142所示。

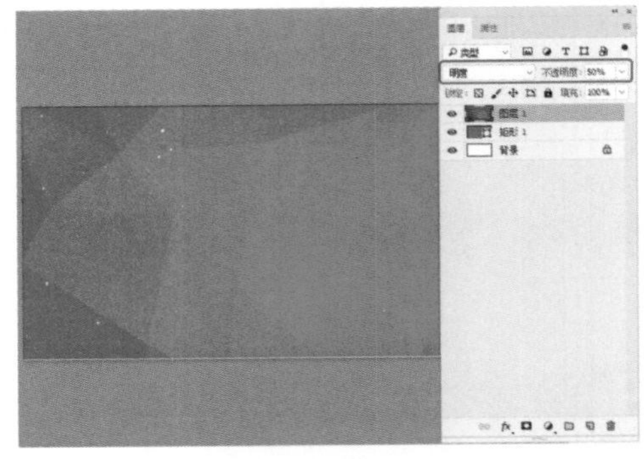

图 8-142 设置混合模式与不透明度

06 选择工具箱中的【钢笔工具】，在工具选项栏中将【填充】设置为#e83418，将【描边】设置为无，在工作区中绘制如图8-143所示的图形。

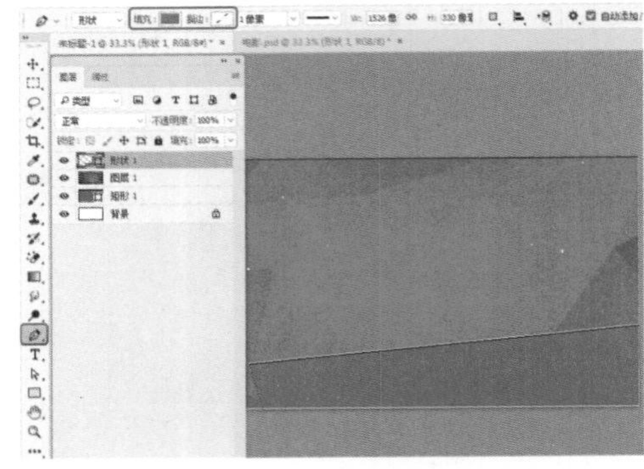

图 8-143 绘制图形

07 继续选择【钢笔工具】，在工具选项栏中将【填充】设置为#f5c01b，在工作区中绘制如图8-144所示的图形。

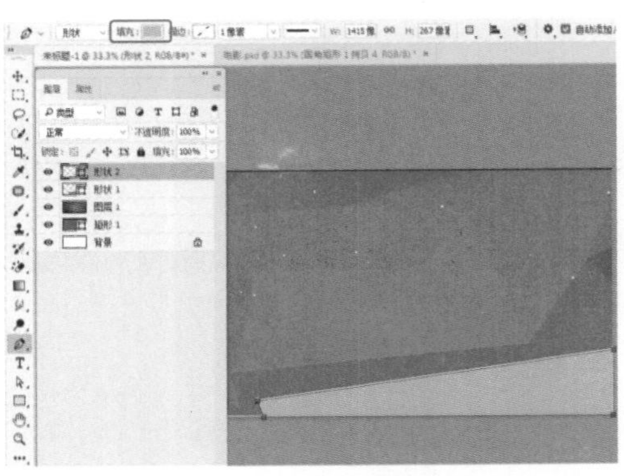

图 8-144 继续绘制图形

08 选择工具箱中的【移动工具】，在工作区中选择新绘制的图形，在【图层】面板中将【不透明度】设置为 68，如图 8-145 所示。

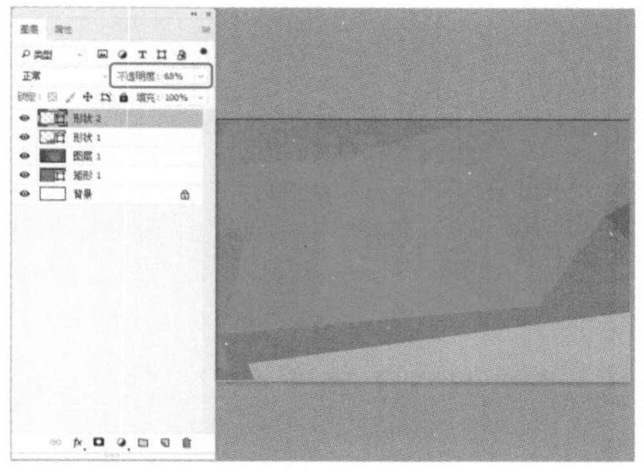

图 8-145 设置不透明度

09 选择工具箱中的【钢笔工具】，在工具选项栏中将【填充】设置为 # f5c01b，在工作区中绘制如图 8-146 所示的图形。

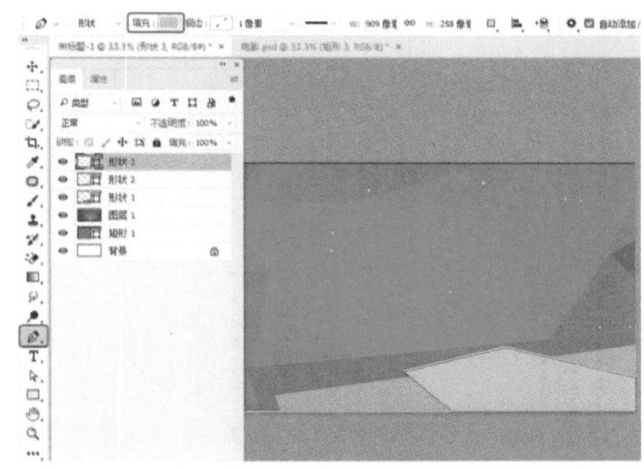

图 8-146 绘制图形

10 继续选择【钢笔工具】，在工具选项栏中将【填充】设置为 # cf1377，在工作区中绘制如图 8-147 所示的图形。在【图层】面板中将【不透明度】设置为 67。

11 选择工具箱中的【横排文字工具】，在工作区中单击鼠标，输入文本。选中输入的文本，在【字符】面板中将【字体】设置为【方正粗活意简体】，将【字体大小】设置为 306，将【颜色】设置为 #ffffff，并在工作区中调整其位置，效果如图 8-148 所示。

12 在【图层】面板中选择 1 图层，单击鼠标右键，在弹出的快捷菜单中选择【转换为形状】命令，如图 8-149 所示。

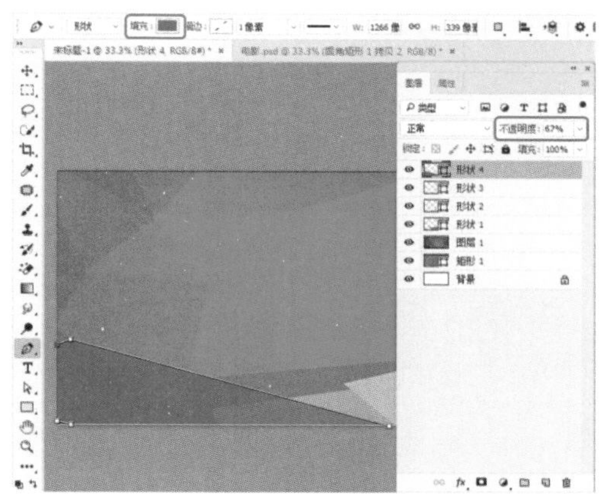

图 8-147 绘制图形并设置不透明度

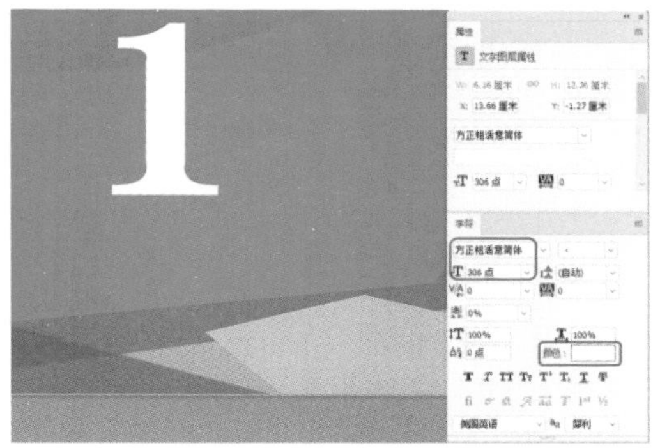

图 8-148 输入文本并进行设置

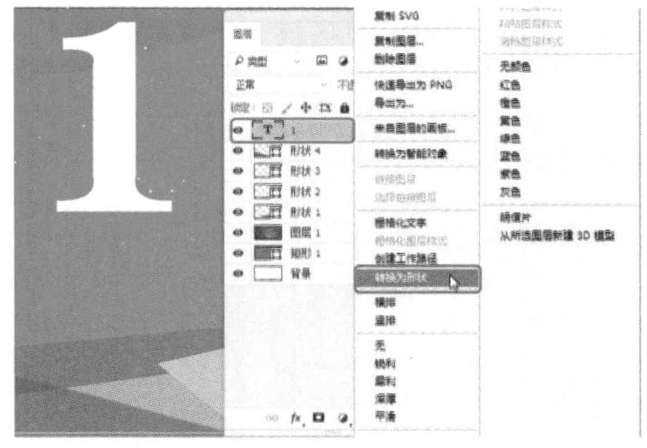

图 8-149 选择【转换为形状】命令

13 选择工具箱中的【直接选择工具】，在工作区中对转换的形状进行调整，调整后的效果的效果如图 8-150 所示。

14 在【图层】面板中选择 1 图层，单击【添加图层蒙版】按钮，添加图层蒙版。选择工具箱中的【矩形选框工具】，在工作区中绘制一个矩形，按 Ctrl+Delete 快捷键填充背景色，如图 8-151 所示。

图 8-150　对形状进行调整

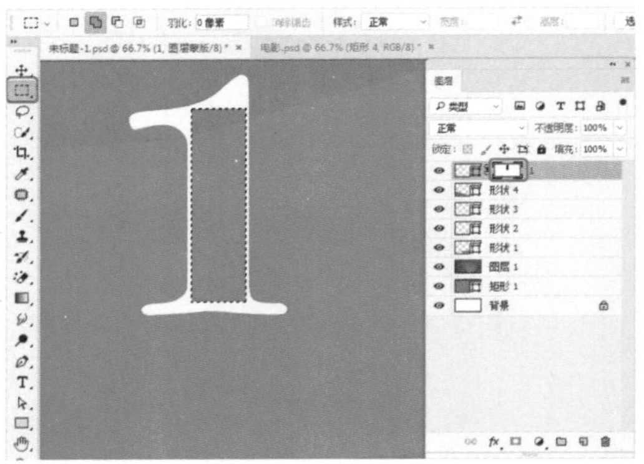

图 8-151　添加图层蒙版并绘制矩形选框

15 按 Ctrl+D 快捷键，取消矩形选区。选择工具箱中的【矩形工具】，在工作区中绘制一个矩形。选中绘制的矩形，在【属性】面板中将 W、H 分别设置为 10、16，将【填充】设置为 #ffffff，将【描边】设置为无，在工作区中调整其位置，效果如图 8-152 所示。

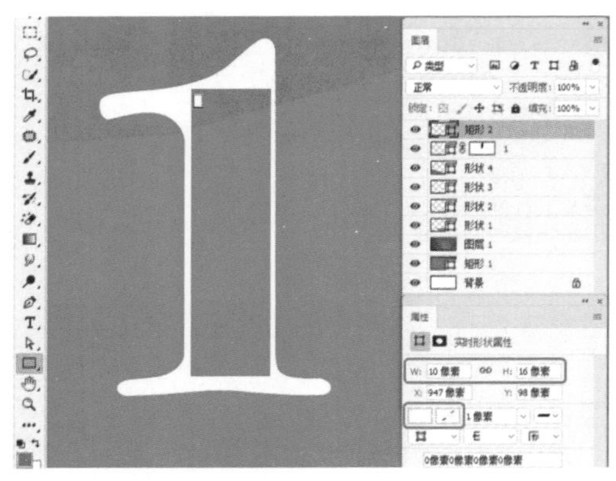

图 8-152　绘制矩形并进行调整

16 选择工具箱中的【移动工具】，在工作区中选择新绘制的矩形，按住 Alt 键对选中的矩形进行复制，效果如图 8-153 所示。

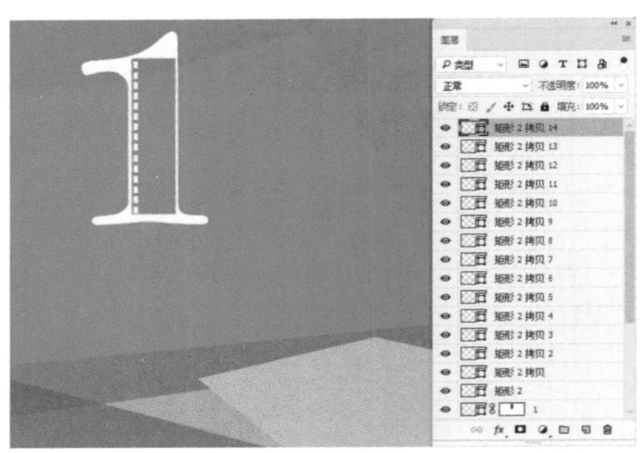

图 8-153　复制矩形后的效果

17 在【图层】面板中选择【矩形 2】图层以及所有复制的图层，单击鼠标右键，在弹出的快捷菜单中选择【合并形状】命令，如图 8-154 所示。

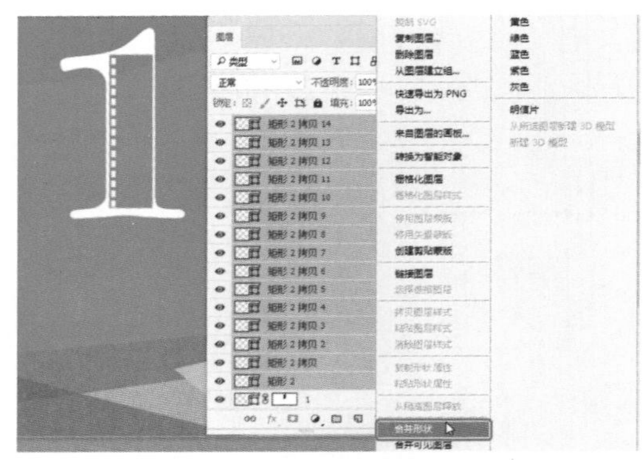

图 8-154　选择【合并形状】命令

18 将合并后的形状重新命名为“矩形 2”。选择工具箱中的【移动工具】，在工作区中选择合并后的形状，按住 Alt 键向右拖动鼠标，对其进行复制，效果如图 8-155 所示。

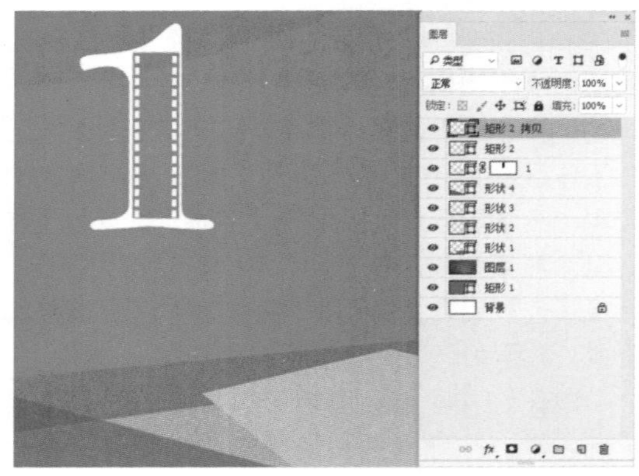

图 8-155　复制矩形

疑难解答 为什么要合并形状？

在编辑图形时，要经常同时移动或者变换几个图层，如果将图形进行合并，则方便管理与调整，从而提高工作效率。

19 选择工具箱中的【圆角矩形工具】，在工作区中绘制一个圆角矩形。选中绘制的圆角矩形，在【属性】面板中将W、H分别设置为58、65，将【填充】设置为#ffffff，将【描边】设置为无，将【角半径】均设置为10，并在工作区中调整圆角矩形的位置，如图8-156所示。

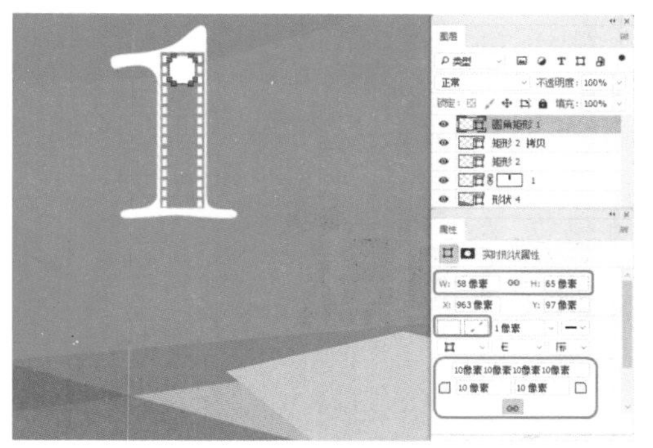

图 8-156 绘制圆角矩形

20 选择工具箱中的【移动工具】，在工作区中选择绘制的圆角矩形，按住Alt键对圆角矩形进行复制，效果如图8-157所示。

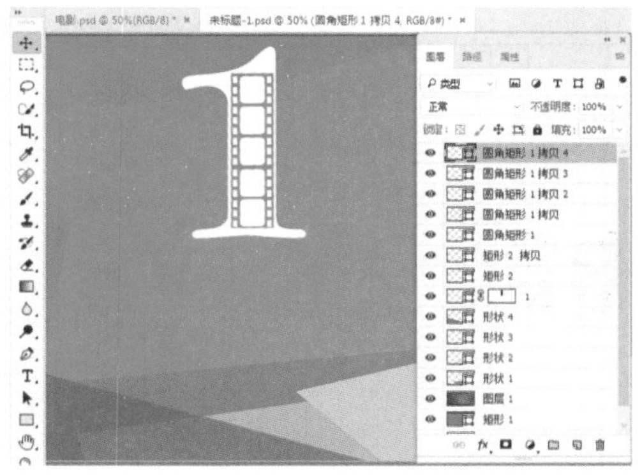

图 8-157 复制圆角矩形后的效果

21 在【图层】面板中选择所有的圆角矩形图层，单击鼠标右键，在弹出的快捷菜单中选择【合并形状】命令，如图8-158所示。

22 在【图层】面板中将合并后的形状图层重新命名为“圆角矩形 1”，并选择如图8-159所示的图层，单击【链接图层】按钮，将选中的图层链接在一起。

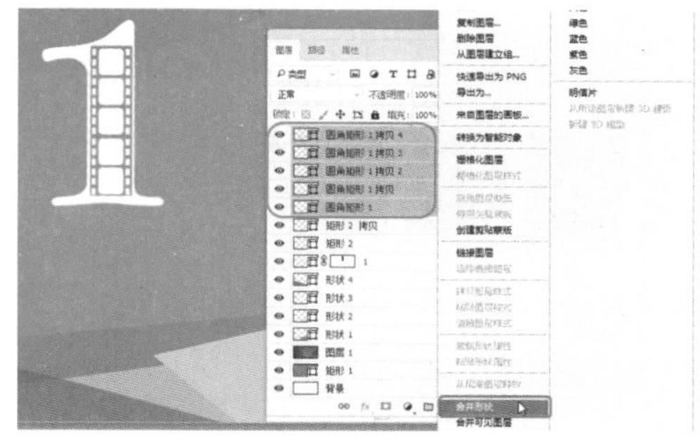

图 8-158 选择【合并形状】命令

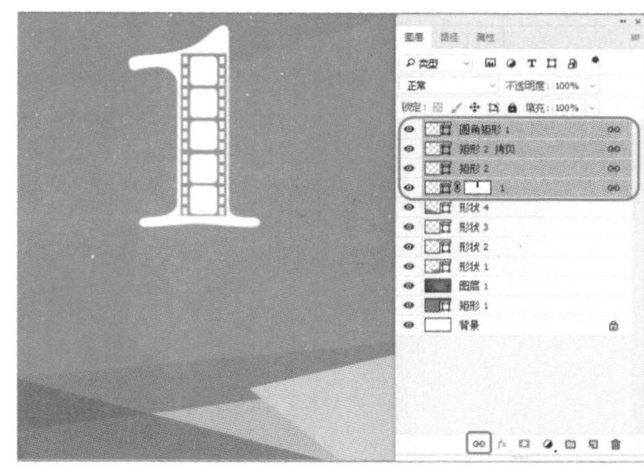

图 8-159 链接图层

23 选择工具箱中的【横排文字工具】，在工作区中单击鼠标，输入文本。选中输入的文本，在【属性】面板中将【字体】设置为【微软简综艺】，将【字体大小】设置为112.13，将【字符间距】设置为0，将【颜色】设置为#040000，如图8-160所示。

图 8-160 输入文字并进行设置

24 在【图层】面板中选择【看电影】文本图层，单击鼠标右键，在弹出的快捷菜单中选择【转换为形状】命令，如图8-161所示。

25 选择工具箱中的【直接选择工具】，在工作区中对转换后的形状进行调整，效果如图8-162所示。

图 8-161 选择【转换为形状】命令

图 8-162 调整形状后的效果

26 在【图层】面板中双击【看电影】图层，在弹出的【图层样式】对话框中勾选【描边】复选框，将【大小】设置为 18，将【位置】设置为【外部】，将【颜色】设置为 #ffffff，如图 8-163 所示。

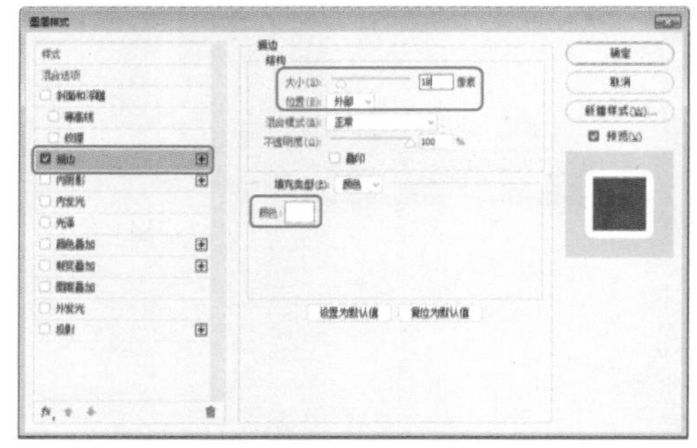

图 8-163 设置描边参数

27 设置完成后，单击【确定】按钮。选择工具箱中的【钢笔工具】，在工具选项栏中将【填充】设置为 #000000，在工作区中绘制如图 8-164 所示的图形。

28 使用同样的方法在工作区中绘制其他图形，并进行相应的设置，效果如图 8-165 所示。

图 8-164 绘制图形

图 8-165 绘制其他图形后的效果

29 在【图层】面板中选择新绘制图形的图层，单击鼠标右键，在弹出的快捷菜单中选择【栅格化图层】命令，如图 8-166 所示。

图 8-166 选择【栅格化图层】命令

30 继续在【图层】面板中选择该图层，单击鼠标右键，在弹出的快捷菜单中选择【合并图层】命令，如图 8-167 所示。

31 将合并的图层重新命名为“放映机”，双击该图层，在弹出的【图层样式】对话框中勾选【描边】复选框，将【大小】设置为18，将【位置】设置为【外部】，将【颜色】设置为#ffffff，如图8-168所示。

图 8-167 选择【合并图层】命令

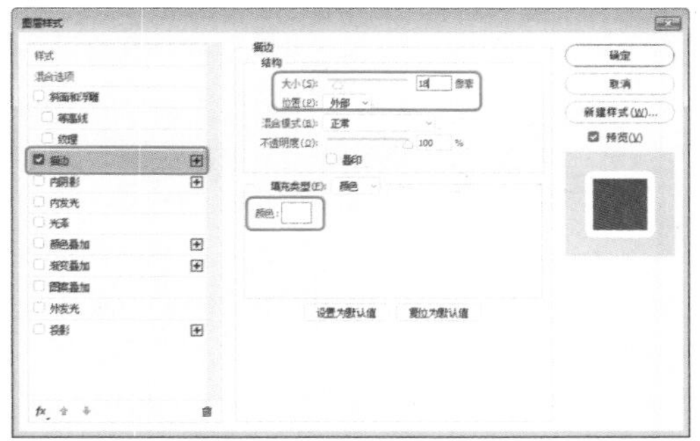
图 8-168 设置描边参数

32 设置完成后，单击【确定】按钮。选择工具箱中的【横排文字工具】T，在工作区中单击鼠标，输入文本。选中输入的文本，在【字符】面板中将【字体】设置为【汉仪大隶书简】，将【字体大小】设置为68，将【颜色】设置为# ffffff，如图8-169所示。

图 8-169 输入文本并进行设置

33 再次使用【横排文字工具】T在工作区中输入文本，并调整其位置，效果如图8-170所示。

图 8-170 输入文本并进行调整

34 选择工具箱中的【钢笔工具】，在工具选项栏中将【填充】设置为#ffffff，将【描边】设置为无，在工作区中绘制如图8-171所示的图形。

图 8-171 绘制图形

35 在【图层】面板中双击该图形图层，在弹出的【图层样式】对话框中勾选【投影】复选框，将【混合模式】设置为【正片叠底】，将【阴影颜色】设置为#7d7b7c，将【不透明度】设置为43，将【角度】设置为141，取消勾选【使用全局光】复选框，将【距离】、【扩展】、【大小】分别设置为19、31、0，如图8-172所示。

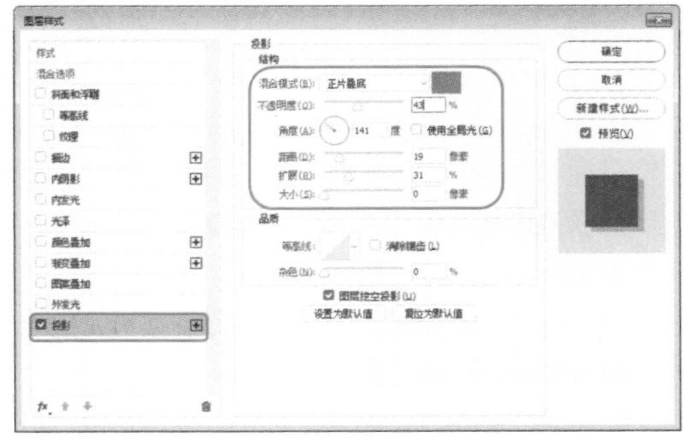
图 8-172 设置投影参数

36 设置完成后，单击【确定】按钮。选择工具箱中的【横排文字工具】T.，在工作区中单击鼠标，输入文本。选中输入的文本，在【属性】面板中将【字体】设置为【汉仪菱心体简】，将【字体大小】设置为27.28，将【字符间距】设置为50，将【颜色】设置为#e84385，在工作区中调整其位置，效果如图8-173所示。

图8-173 输入文本并进行设置

37 使用【横排文字工具】T.在工作区中再次输入文本，在【属性】面板中将【字体】设置为【汉仪菱心体简】，将【字体大小】设置为27.28，将【字符间距】设置为50，将【颜色】设置为#2f0e0f，在工作区中调整其位置，效果如图8-174所示。

图8-174 再次输入文本

38 选择工具箱中的【钢笔工具】，在工具选项栏中将【填充】设置为#ffffff，将【描边】设置为无，在工作区中绘制如图8-175所示的图形。

39 使用【钢笔工具】再在工作区中绘制如图8-176所示的图形。

40 在【图层】面板中选择新绘制的4个图形的图层，单击鼠标右键，在弹出的快捷菜单中选择【合并形状】命令，如图8-177所示。

图8-175 绘制图形

图8-176 绘制其他图形后的效果

图8-177 选择【合并形状】命令

41 将合并后的形状图层重新命名为“形状6”，双击该图层，在弹出的【图层样式】对话框中勾选【投影】复选框，将【混合模式】设置为【正片叠底】，将【阴影颜色】设置为#7d7b7c，将【不透明度】设置为43，将【角度】设置为141，取消勾选【使用全局光】复选框，将【距离】、【扩展】、【大小】分别设置为14、31、0，如图8-178所示。

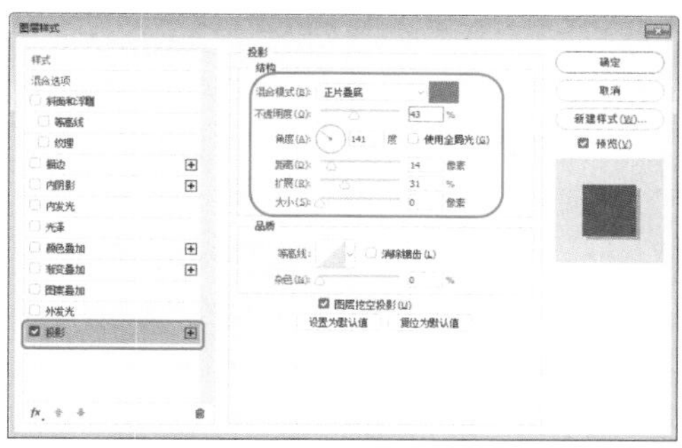

图 8-178　设置投影参数

42 设置完成后，单击【确定】按钮。根据前面所介绍的方法输入其他文本，并对其进行相应的设置，效果如图 8-179 所示。

图 8-179　输入其他文本后的效果

43 按 Ctrl+O 快捷键，在弹出的【打开】对话框中选择“影院素材 02.png”素材文件，单击【打开】按钮。在【通道】面板中按住 Ctrl 键单击【蓝】通道缩览图，单击【将选区存储为通道】按钮，如图 8-180 所示。

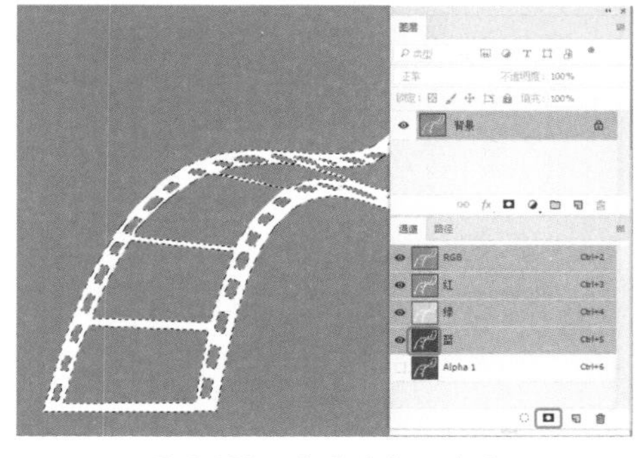

图 8-180　将通道载入选区

44 在【通道】面板中选择 Alpha 1 通道，按住 Ctrl 键单击该通道的缩览图，按 Ctrl+ Shift+I 快捷键，对选区进行反选。按 Ctrl+Delete 快捷键填充背景色，如图 8-181 所示。

图 8-181　填充选区

提　示

由于复合通道（即 RGB 通道）是由各原色通道组成的，因此在选中隐藏面板中的某个原色通道时，复合通道将会自动隐藏。如果选择显示复合通道的话，那么组成它的原色通道将自动显示。

45 再在【通道】面板中按住 Ctrl 键单击 Alpha 1 通道的缩览图，然后选择 RGB 通道，在【图层】面板中单击【创建新图层】按钮，将【前景色】设置为 #ffffff，按 Alt+Delete 快捷键填充前景色，如图 8-182 所示。

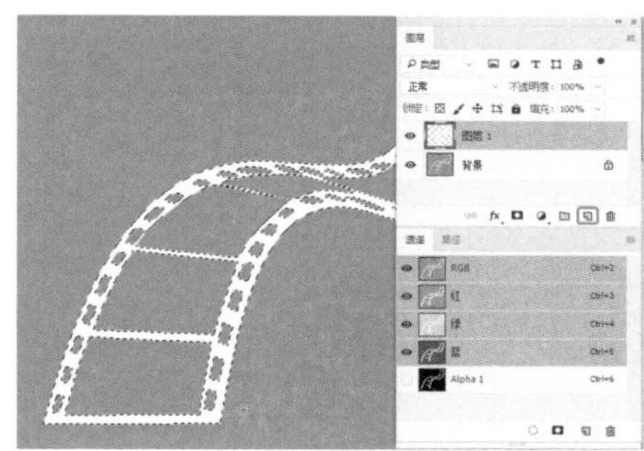

图 8-182　新建图层并填充颜色

46 按 Ctrl+D 快捷键取消选区。选择工具箱中的【移动工具】，在工作区中将该素材文件添加至新建的文档中，并在工作区中调整其位置，效果如图 8-183 所示。

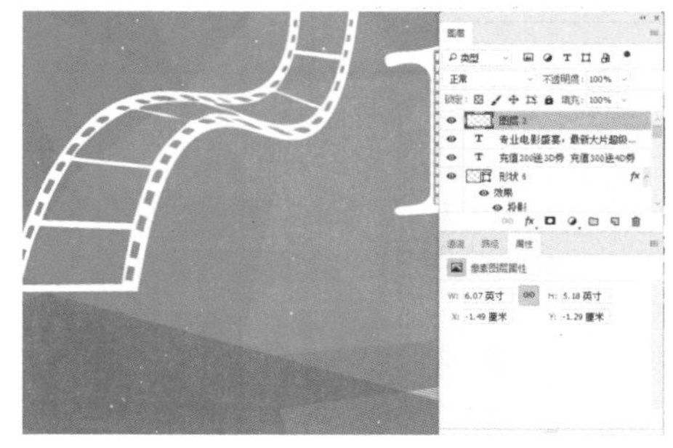

图 8-183　添加素材文件

知识链接：通道的基本操作

1. 合并专色通道

合并专色通道指的是将专色通道中的颜色信息混合到其他的各个原色通道中。它会对图像在整体上添加一种颜色，使得图像带有该颜色的色调。

合并专色通道的操作方法如下。

01 首先打开一张素材文件，如图 8-184 所示。

图 8-184　打开的素材文件

02 选择工具箱中的【快速选择工具】，然后在打开的素材文件中选择图像，如图 8-185 所示。

图 8-185　创建选区

03 打开【通道】面板，按住 Ctrl 键的同时单击【创建新通道】按钮，创建一个专色通道，在弹出的【新建专色通道】对话框中单击【油墨特性】选项组中【颜色】右侧的色块，弹出【拾色器（专色）】对话框，将 RGB 值设置为 248、206、124，单击【确定】按钮，如图 8-186 所示。

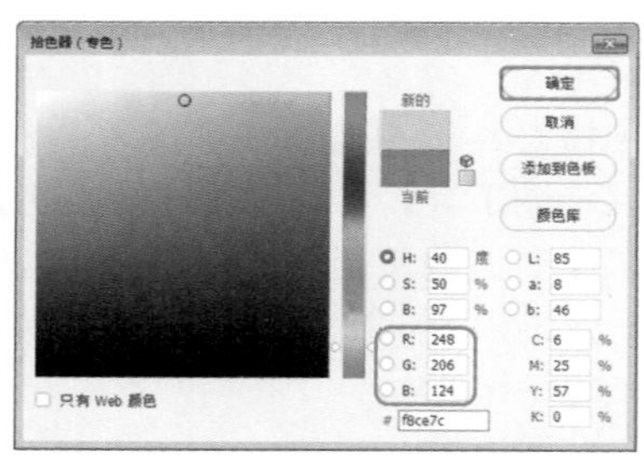

图 8-186　设置专色

04 再次返回【新建专色通道】对话框，将【密度】设置为 30，单击【确定】按钮，如图 8-187 所示。

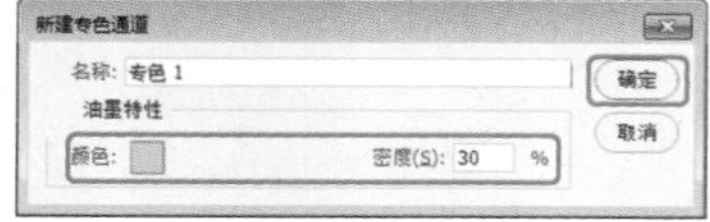

图 8-187　设置密度参数

05 然后单击【通道】面板右上角的按钮，在弹出的下拉菜单中选择【合并专色通道】命令，如图 8-188 所示。

图 8-188　选择【合并专色通道】命令

06 合并专色通道后的效果如图 8-189 所示。

图 8-189　专色通道效果

2. 分离通道

分离通道后会得到 3 个通道，它们都是灰色的。其标题栏中的文件名为源文件名加上该通道名称的缩写，而原文件则被关闭。当需要在不能保留通道的文件格式中保留单个通道信息时，分离通道就非常有用。

分离通道的操作方法如下。

01 按 Ctrl+O 快捷键，在弹出的【打开】对话框中选择“分离通道.jpg”文件，如图 8-190 所示。

图 8-190　打开的素材文件

02 单击【通道】面板右上角的按钮，在弹出的下拉菜单中选择【分离通道】命令，如图 8-191 所示。

图 8-191　选择【分离通道】命令

03 分离通道后的效果如图 8-192 所示。

图 8-192 分离通道效果

3. 合并通道

在 Photoshop 中，可以将多个灰度图像合并为一个图像的通道，进而创建彩色的图像。用来合并的图像必须是灰度模式、具有相同的像素尺寸，而且还要处于打开的状态。

合并通道的操作方法如下。

01 按 Ctrl+O 快捷键，在弹出的【打开】对话框中选择“合并 1 通道 .jpg”“合并通道 2.jpg 和“合并通道 3.jpg” 3 个灰度模式的文件，如图 8-193 所示。

图 8-193 打开的灰度模式文件

02 单击【通道】面板右上角的☰按钮，在弹出的下拉菜单中的选择【合并通道】命令，如图 8-194 所示。

图 8-194 选择【合并通道】命令

03 打开【合并通道】对话框，在【模式】下拉列表中选择【RGB 颜色】选项，如图 8-195 所示。

图 8-195 【合并通道】对话框

04 单击【确定】按钮，弹出【合并 RGB 通道】对话框，指定【红色】、【绿色】和【蓝色】通道使用的图像文件，单击【确定】按钮，如图 8-196 所示。

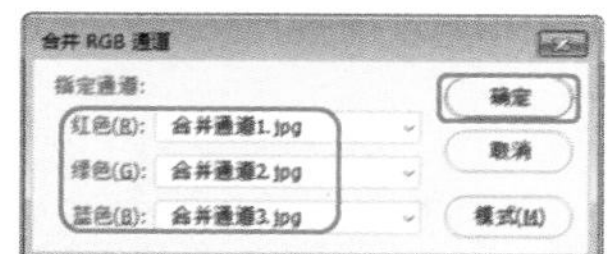

图 8-196 【合并 RGB 通道】对话框

05 合并 RCB 通道后的效果如图 8-197 所示。

图 8-197 合并 RGB 通道效果

4. 重命名与删除通道

如果要重命名 Alpha 通道或专色通道，可以双击该通道的名称，在显示的文本框中输入新名称，如图 8-198 所示。复合通道和颜色通道不能重命名。

如果要删除通道，可将其拖曳到【删除当前通道】按钮🗑上，如图 8-199 所示。如果删除的是一个颜色通道，则 Photoshop 会将图像转换为多通道模式，如图 8-200 所示。

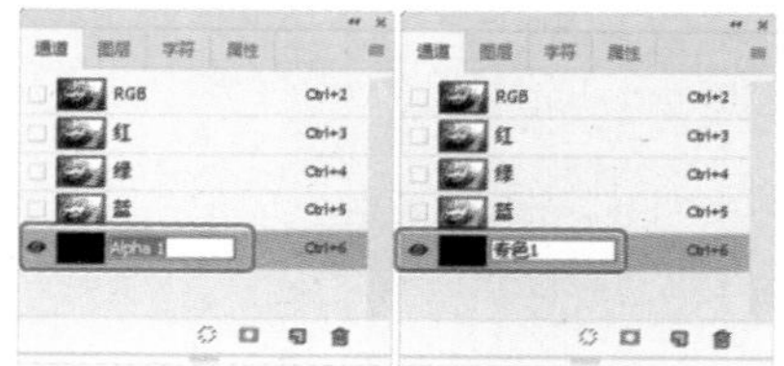

图 8-198 重命名通道

图 8-199 删除颜色通道

图 8-200 删除通道后的效果

5. 载入通道中的选区

Alpha 通道、颜色通道和专色通道都包含选区，在【通道】面板中选择要载入选区的通道，然后单击【将通道作为选区载入】按钮○，即可载入通道中的选区，如图 8-201 所示。

图 8-201　载入通道选区

按住 Ctrl 键单击通道的缩览图可以直接载入通道中的选区，这种方法的好处在于不必通过切换通道就可以载入选区。因此，也就不必为了载入选区而在通道间切换，如图 8-202 所示。

图 8-202　配合 Ctrl 键载入通道选区

47 根据前面所介绍的方法将“影院素材 03.png”素材文件添加至新建文档中，并在工作区中调整其位置，效果如图 8-203 所示。

图 8-203　添加素材文件并进行调整

第9章 宣传折页设计

宣传折页是以一个完整的宣传形式，针对销售季节或流行期，针对有关企业和人员，针对展销会、洽谈会，针对购买货物的消费者进行邮寄、分发、赠送，以扩大企业、商品的知名度，推售产品和加强购买者对商品的了解，强化了广告的效用。

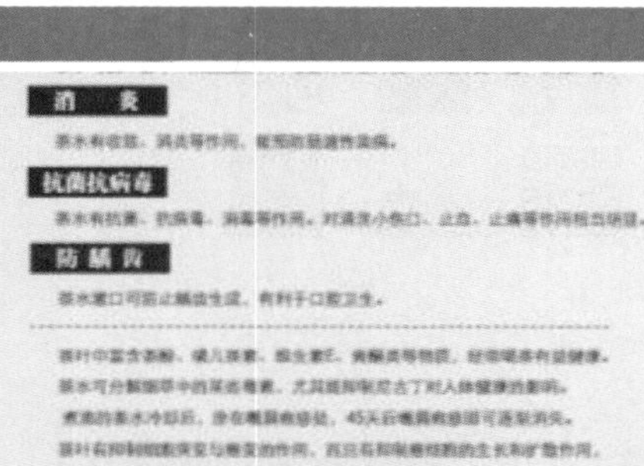

重点知识

- 企业三折页
- 美食菜单三折页
- 茶叶宣传三折页

宣传折页主要是指四色印刷机印刷的单张彩页，一般是为扩大影响力而做的一种纸面宣传材料。是一种以传媒为基础的纸制宣传流动广告。折页有二折、三折、四折、五折、六折等，特殊情况下，机器折不了的工艺，还可以加进手工折页。总页数不多，不方便装订时可以做成折页；为提高设计美化效果，或便于内容分类，也可以做小折页，如16K的三折页；为适应环保要求，现在很多简易说明书都采用折页形式，不用骑马订，如EPSON打印机、SONY数码相机的简易说明书。常用纸张128～210g/m^{2}铜版纸，过厚的纸张不适宜折页，为提高产品的档次，可以双面覆膜；首页纸可设计成异形或加各种“啤孔”。

9.1 制作企业三折页

宣传折页是企业展示产品、服务及品牌形象的重要形式之一，是一种以传媒为基础的纸制的宣传流动广告，具有针对性、独立性和整体性的特点，因而被各大企业和组织广泛应用。企业三折页效果如图 9-1 所示。

图 9-1　企业三折页

素材	素材 \Cha09\J1.jpg~J4.jpg
场景	场景 \Cha09\ 制作企业三折页 .psd
视频	视频教学 \Cha09\9.1　制作企业三折页 . mp4

01 按 Ctrl+N 快捷键，弹出【新建文档】对话框，将【宽度】和【高度】分别设置为 1388、980，【背景内容】设置为 #c62b42，单击【创建】按钮，如图 9-2 所示。

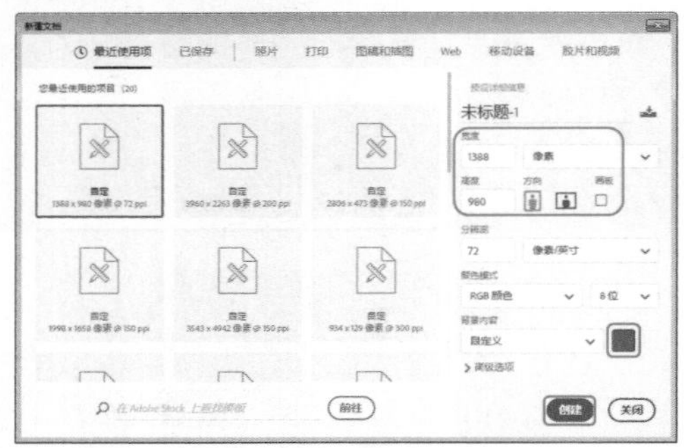
图 9-2　设置新建文档参数

02 选择工具箱中的【钢笔工具】，在工具选项栏中将【工具模式】设置为【形状】，【填充】设置为黑色，【描边】设置为无，绘制三角形，并将图层重命名为“三角 1”，如图 9-3 所示。

03 在菜单栏中选择【文件】|【置入嵌入对象】命令，选择“J1.jpg”素材文件，单击【置入】按钮，如图 9-4 所示。

图 9-3　绘制三角形

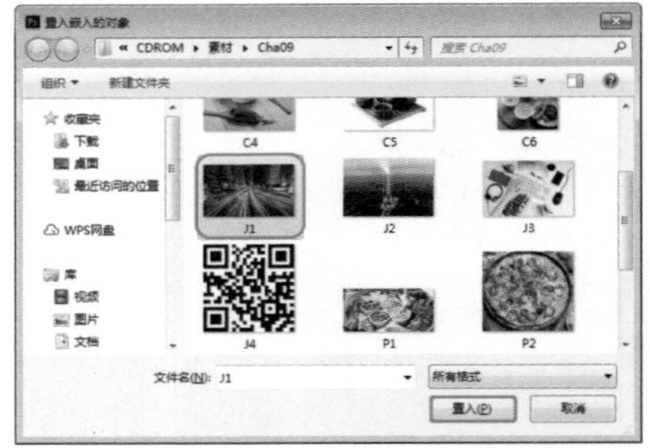
图 9-4　选择素材文件

04 置入素材文件后调整大小及位置，如图 9-5 所示。

图 9-5　调整大小及位置

05 选择 J1 图层，单击鼠标右键，在弹出的快捷菜单中选择【创建剪贴蒙版】命令，创建剪贴蒙版，效果如图 9-6 所示。

图 9-6　创建剪贴蒙版

06 使用【钢笔工具】，在工具选项栏中将【工具模式】设置为【形状】，【填充】设置为黑色，【描边】设置为无，绘制黑色图形，并将图层重命名为“三角 2”，如图 9-7 所示。

图 9-7 绘制三角形

07 在菜单栏中选择【文件】|【置入嵌入对象】命令，选择“J2.jpg”素材文件，单击【置入】按钮，如图 9-8 所示。

图 9-8 选择素材文件

08 调整对象的大小及位置后，选择 J2 图层，单击鼠标右键，在弹出的快捷菜单中选择【创建剪贴蒙版】命令，创建剪贴蒙版，如图 9-9 所示。

图 9-9 创建剪贴蒙版

09 使用【钢笔工具】绘制白色图形，并将图层重命名为“三角 3”，如图 9-10 所示。

图 9-10 绘制图形

10 新建【菱形】图层，使用【矩形选框工具】绘制矩形选区。在菜单栏中选择【选择】|【变换选区】命令，将鼠标放置在选区的右上角，按住 Shift 键对其进行旋转，按 Enter 键进行确认。将【背景色】设置为白色，按 Ctrl+Delete 快捷键，对其进行填充，然后按住 Alt 键对其进行复制，如图 9-11 所示。

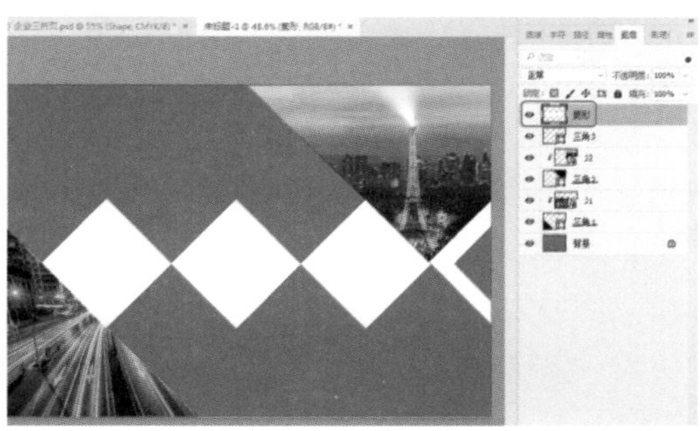

图 9-11 绘制完成后的效果

疑难解答 【矩形选框工具】的快捷键是什么？如何在光标所在位置绘制选区？

按 M 键，可以快速选择【矩形选框工具】；按住 Alt 键即可以光标所在位置为中心绘制选区。

提 示

定界框中心有一个图标形状的参考点，所有的变换都以该点为基准进行。默认情况下，该点位于变换项目的中心（变换项目可以是选区、图像或者路径），可以在工具选项栏的参考点定位符图标上单击，修改参考点的位置，例如，要将参考点定位在定界框的左上角，可以单击参考点定位符左上角的方块。此外，也可以通过拖动的方式移动它。

11 在菜单栏中选择【文件】|【置入嵌入

对象】命令，选择“J3.jpg”素材文件，单击【置入】按钮，如图 9-12 所示。

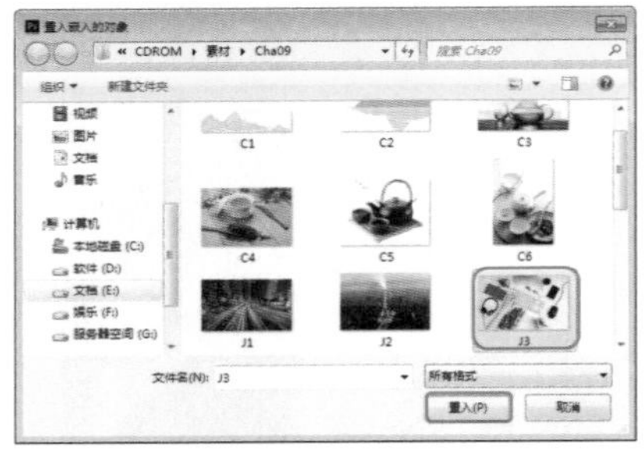

图 9-12 选择素材文件

12 置入素材文件后调整图片的大小和位置，效果如图 9-13 所示。

图 9-13 置入素材文件后的效果

13 在 J3 图层上单击鼠标右键，在弹出的快捷菜单中选择【创建剪贴蒙版】命令，创建蒙版后的效果如图 9-14 所示。

图 9-14 创建蒙版后的效果

14 在菜单栏中选择【文件】|【置入嵌入对象】命令，选择“J4.jpg”素材文件，单击【置入】按钮，如图 9-15 所示。

15 调整素材文件的位置后，使用【横排文字工具】T. 输入文本，将【字体】设置为【创艺简黑体】，【字体大小】设置为 35，【颜色】设置为白色，如图 9-16 所示。

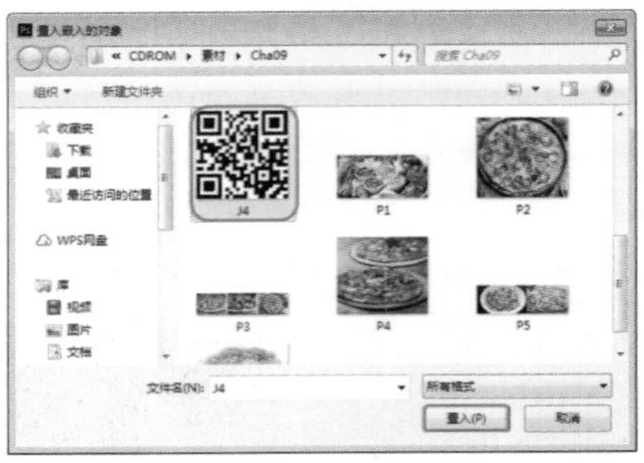

图 9-15 选择素材文件

图 9-16 设置文本参数

16 使用【直线工具】 绘制线段，将 W 和 H 分别设置为 125、7，【填充】设置为白色，【描边】设置为无，如图 9-17 所示。

图 9-17 设置线段参数

17 使用【横排文字工具】T. 输入文本，将【字体】设置为【创艺简黑体】，【字体大小】设置为 16，【行距】设置为 25，【颜色】设置为白色，如图 9-18 所示。

18 使用【直线工具】，在工具选项栏中将【工具模式】设置为【形状】，【填充】设置为白色，【描边】设置为无，【粗细】设置为3，绘制直线。将W和H分别设置为362、3，对其进行复制，并将图层重命名为“直线1”“直线2”“直线3”，如图9-19所示。

图9-18 设置文本参数

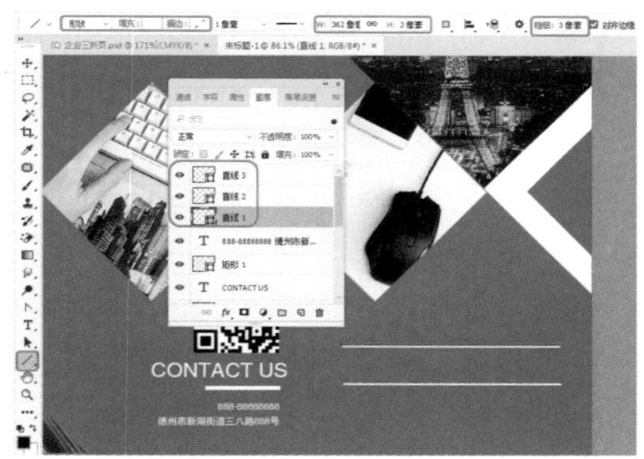

图9-19 设置线段参数

19 使用【横排文字工具】 输入文本，将【字体】设置为【Adobe 黑体 Std】，【字体大小】设置为47，【字符间距】设置为80，【颜色】设置为白色，如图9-20所示。

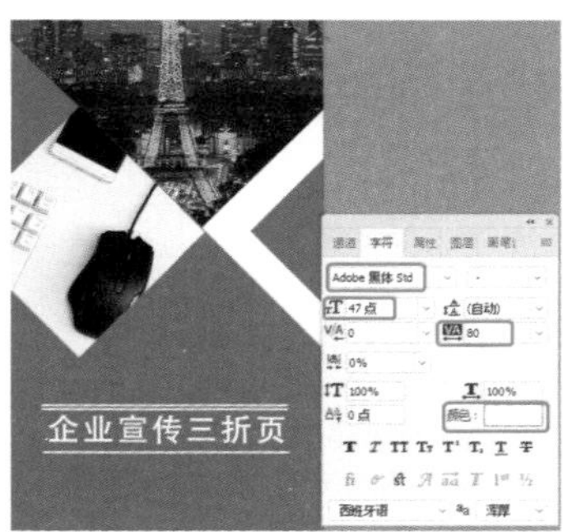

图9-20 设置文本参数

20 使用【横排文字工具】 输入文本，将【字体】设置为【Adobe 黑体 Std】，【字体大小】设置为21，【字符间距】设置为350，【颜色】设置为白色，如图9-21所示。

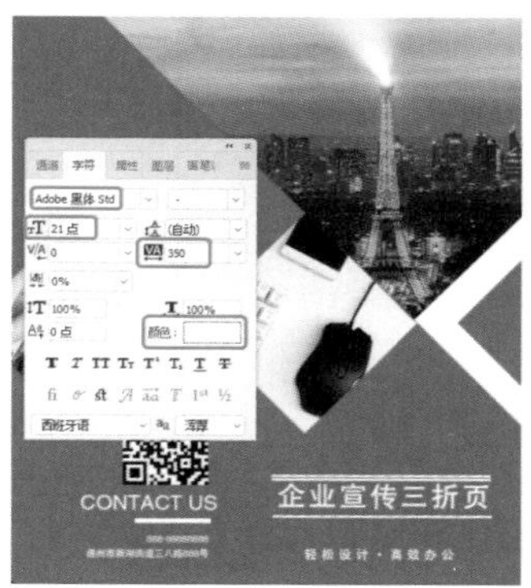

图9-21 设置文本参数

21 使用【横排文字工具】 和【直线工具】 制作如图9-22所示的内容。

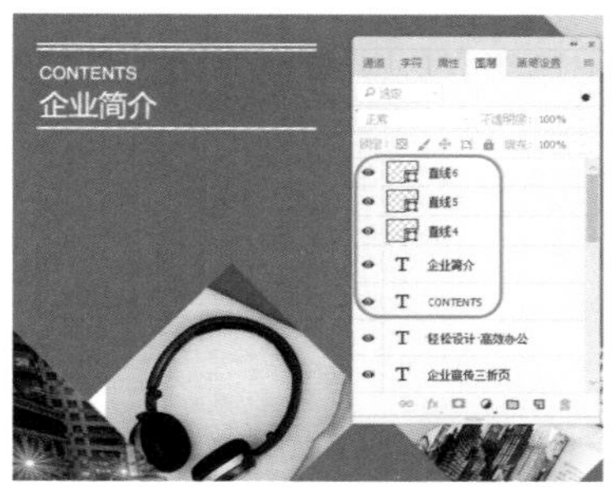

图9-22 制作完成后的效果

22 使用【横排文字工具】 输入文本，将【字体】设置为【黑体】，【字体大小】设置为20，【行距】设置为30，【颜色】设置为白色，如图9-23所示。

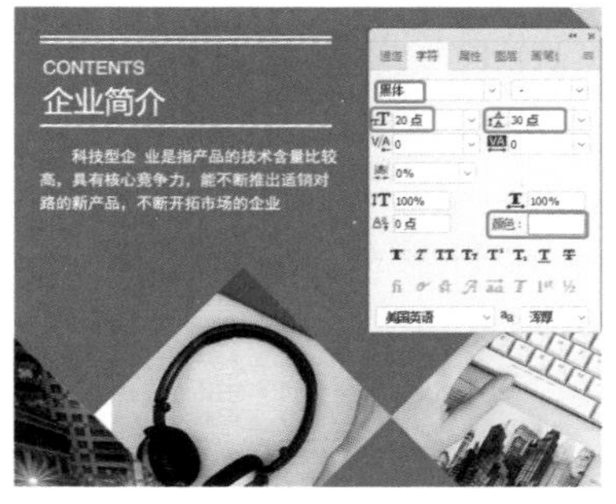

图9-23 设置文本参数

23 使用【横排文字工具】 输入文本，将【字体】设置为【华文细黑】，【字体大小】设置为265，【颜色】设置为白色，如图9-24所示。

图 9-24　设置文本参数

24 使用【横排文字工具】T. 输入文本，将【字体】设置为【黑色】，【字体大小】设置为 25，【颜色】设置为白色，如图 9-25 所示。

25 使用【横排文字工具】T. 输入文本，将【字体】设置为【微软雅黑】，【字体大小】设置为 20，【行距】设置为 30，【颜色】设置为白色，如图 9-26 所示。

图 9-25　设置文本参数　　图 9-26　设置文本参数

26 使用【直线工具】，在工具选项栏中将【工具模式】设置为【形状】，【填充】设置为 #c62b42，【描边】设置为无，【粗细】设置为 5，绘制多条线段，如图 9-27 所示。

图 9-27　设置线段参数

27 按 Ctrl+Alt+Shift+E 快捷键，盖印图层，在菜单栏中选择【图像】|【调整】|【照片滤镜】命令，如图 9-28 所示。

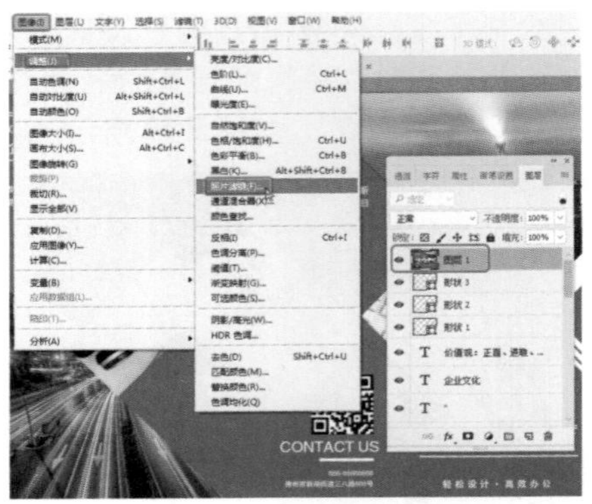

图 9-28　选择【照片滤镜】命令

28 弹出【照片滤镜】对话框，勾选【颜色】单选按钮，将【颜色】设置为 #ff002a，【浓度】设置为 60，单击【确定】按钮，如图 9-29 所示。

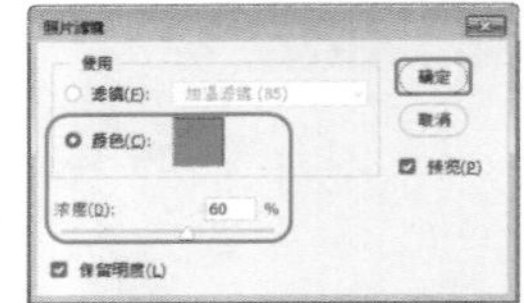

图 9-29　设置【照片滤镜】参数

29 设置完成后最终效果如图 9-30 所示。

图 9-30　最终效果

知识链接：照片滤镜

【照片滤镜】对话框中各选项的功能介绍如下。

- 【滤镜】：在该选项下拉列表中可以选择要使用的滤镜。加温滤镜 (85 和 LBA) 及冷却滤镜 (80 和 LBB) 用于调整图像中的白平衡的颜色转换；加温滤镜 (81) 和冷却滤镜 (82) 使用光平衡滤镜来对图像的颜色品质进行细微调整；加温滤镜 (81) 可以使图像变暖（变黄），冷却滤镜 (82) 可以使图像变冷（变蓝）；其他个别颜色的滤镜则根据所选颜色给图像应用色相调整。
- 【颜色】：单击该选项右侧的颜色块，可以在打开的【拾色器】对话框中设置自定义的滤镜颜色。
- 【浓度】：可调整应用到图像中的颜色数量。该值越高，颜色的调整幅度就越大，如图 9-31 和图 9-32 所示。

图 9-31 【浓度】为 30% 时的效果

图 9-32 【浓度】为 100% 时的效果

- 【保留明度】：勾选该复选框，可以保持图像的亮度不变，如图 9-33 所示；未勾选该复选框时，会由于增加滤镜的浓度而使图像变暗，如图 9-34 所示。

图 9-33 勾选【保留明度】复选框的效果

图 9-34 未勾选【保留明度】复选框的效果

9.2 制作美食菜单三折页

美食，顾名思义就是美味的食物，贵的有山珍海味，便宜的有街边小吃。其实美食是不分贵贱的，只要是自己喜欢的，都可以称之为美食。美食吃前有期待、吃后有回味，已不仅仅是简单的味觉感受，更是一种精神享受。美食菜单三折页效果如图 9-35 所示。

图 9-35 美食菜单三折页

素材	素材 \Cha09\ P1.jpg、P2.jpg、P3.png、P4.jpg ~ P6.jpg
场景	场景 \Cha09\ 制作美食菜单三折页 .psd
视频	视频教学 \Cha09\9.2 制作美食菜单三折页 .mp4

01 按 Ctrl+N 快捷键，弹出【新建文档】对话框，将【单位】设置为【像素】，【宽度】和【高度】分别设置为 3657、2631，【分辨率】设置为 300，【颜色模式】设置为【RGB 颜色 / 8 位】，【背景内容】设置为 #1c1c1b，单击【创建】按钮，如图 9-36 所示。

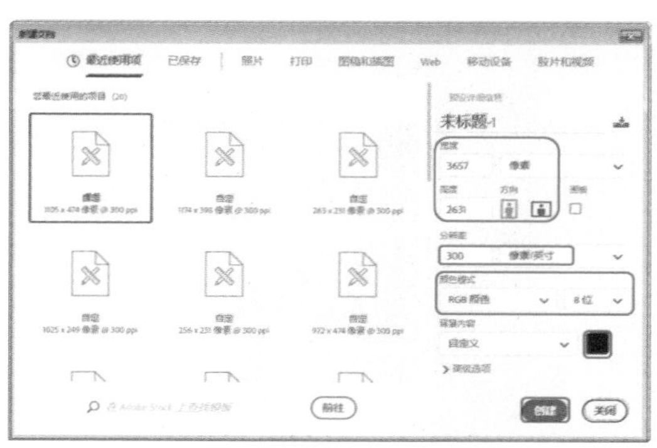

图 9-36 设置新建文档参数

02 使用【矩形工具】绘制矩形，将 W 和 H 分别设置为 1168、2631，【填充】设置为 #513222，【描边】设置为无，如图 9-37 所示。

图 9-37　设置矩形参数

03 使用【横排文字工具】T.输入文本，将【字体】设置为【方正粗宋简体】，【字体大小】设置为 18，【颜色】设置为 #5cb130，如图 9-38 所示。

图 9-38　设置文本参数

04 使用【钢笔工具】，将【工具模式】设置为【形状】，【填充】设置为白色，【描边】设置为无，绘制图形后的效果如图 9-39 所示。

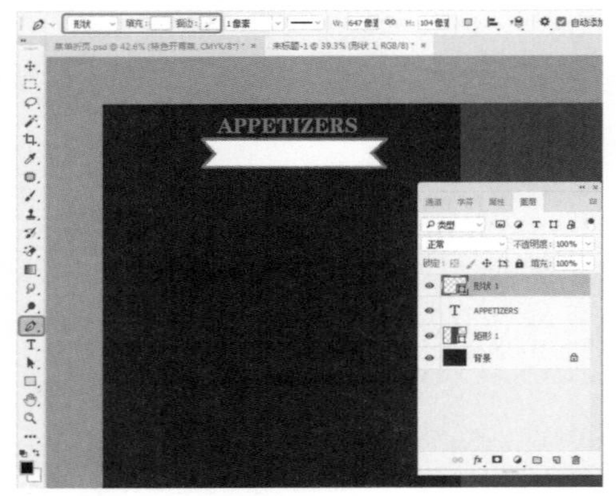

图 9-39　设置图形参数

05 使用【横排文字工具】T.输入文本，将【字体】设置为【Adobe 黑体 Std】，【字体大小】设置为 16，【颜色】设置为黑色，如图 9-40 所示。

06 使用【横排文字工具】T.输入其他的文本，如图 9-41 所示。

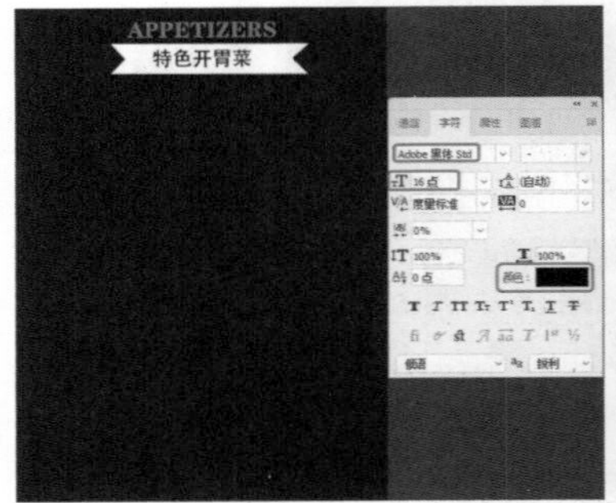

图 9-40　设置文本参数　　图 9-41　设置文本参数

知识链接：设置文字属性

下面介绍如何设置文字属性的方法。

选择【横排文字工具】，其工具选项栏如图 9-42 所示。

图 9-42　文本工具选项栏

- 【更改文本方向】：单击此按钮，可以在横排文字和直排文字之间进行切换。
- 【字体】设置框：在该设置框中，可以设置字体类型。
- 【字体大小】设置框：在该设置框中，可以设置字体大小。
- 【消除锯齿】设置框：消除锯齿的方法，包括【无】、【锐利】、【犀利】、【浑厚】和【平滑】，通常设定为【平滑】。
- 【段落格式】设置区：包括【左对齐文本】、【居中对齐文本】和【右对齐文本】。
- 【文本颜色】设置项：单击可以弹出【拾色器】对话框，从中可以设置文本颜色。

07 使用【横排文字工具】T. 输入文本，将【字体】设置为【创艺简老宋】，【字体大小】设置为 20，【行距】设置为 37，【字符间距】设置为 50，【颜色】设置为白色，如图 9-43 所示。

08 在菜单栏中选择【文件】|【置入嵌入对象】命令，弹出【置入嵌入的对象】对话框，选择“P1.jpg”素材文件，单击【置入】按钮，如图 9-44 所示。

09 置入素材文件后，调整大小及位置。使用【矩形工具】绘制 W 和 H 分别为 972、206 的矩形，将【填充】设置为 #9c0f05，【描边】设置为无，如图 9-45 所示。

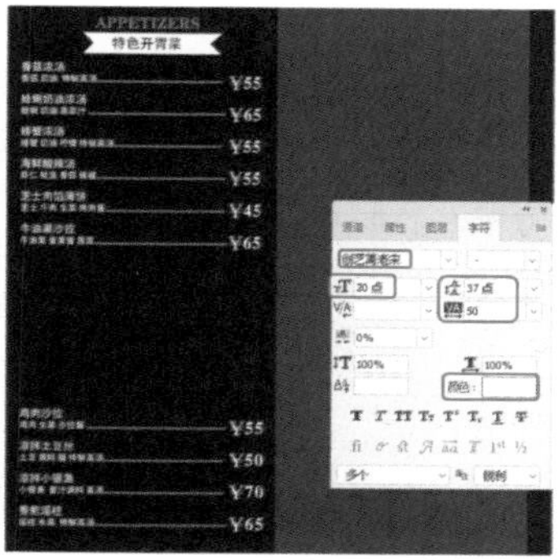

图 9-43 设置文本参数

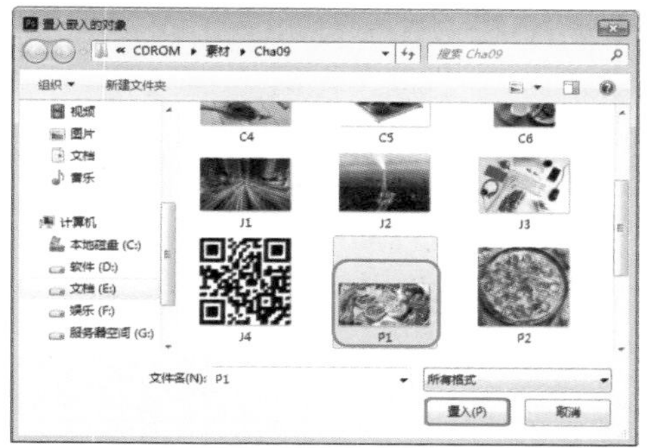

图 9-44 选择素材文件

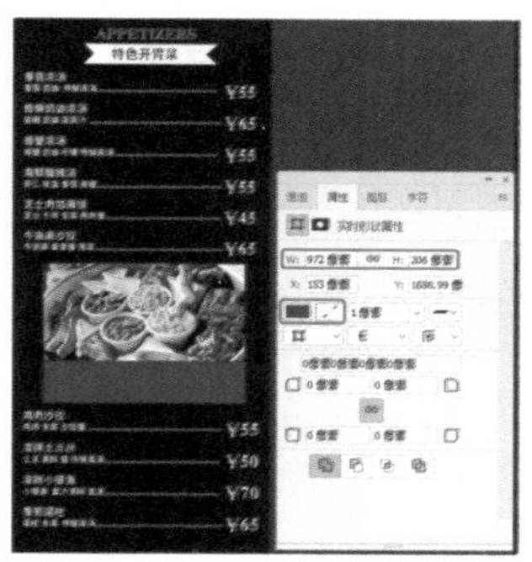

图 9-45 绘制矩形并设置参数

10 使用【横排文字工具】T. 输入文本，将【字体】设置为【创艺简黑体】，【字体大小】设置为 25，【字符间距】设置为 -20，【颜色】设置为白色，如图 9-46 所示。

11 使用【横排文字工具】T. 输入文本，将【字体】设置为【方正美黑简体】，【字体大小】设置为 45，【字符间距】设置为 0，【颜色】设置为白色，如图 9-47 所示。

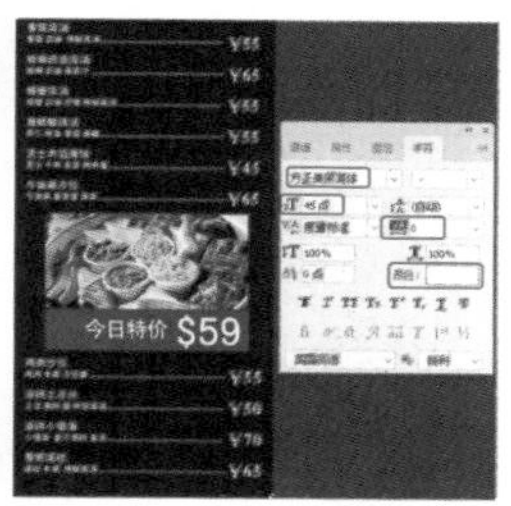

图 9-46 设置文本参数 图 9-47 设置文本参数

12 使用【移动工具】选择制作的标题，按住 Alt 键对其进行复制，然后更改文本，如图 9-48 所示。

图 9-48 更改文本

13 使用【横排文字工具】T. 输入文本，将【字体】设置为【方正超粗黑简体】，【字体大小】设置为 10，【颜色】设置为白色，如图 9-49 所示。

14 使用【横排文字工具】T. 输入文本，将【字体】设置为【Adobe 黑体 Std】，【字体大小】设置为 12，【颜色】设置为白色，如图 9-50 所示。

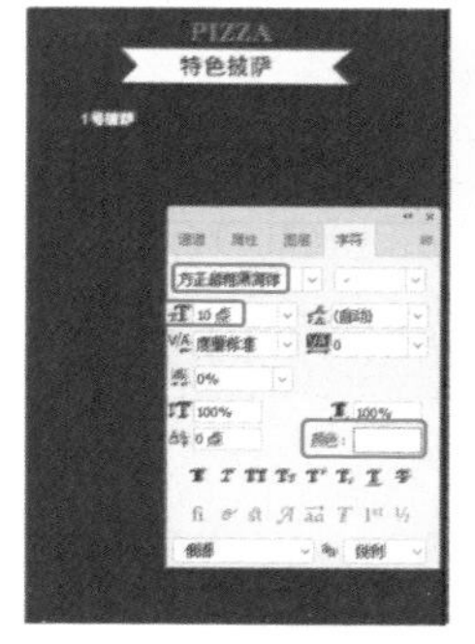

图 9-49 设置文本参数 图 9-50 设置文本参数

15 使用【横排文字工具】T. 输入文本，将【字体】设置为【Adobe 黑体 Std】，【字体大小】设置为 10，【行距】设置为 14，【颜色】设置为白色，如图 9-51 所示。

16 使用【横排文字工具】T. 输入文本，【字体】设置为【微软雅黑】，【字体大小】设置为 12，【字符间距】设置为 20，【颜色】设置为

#ffed00，如图 9-52 所示。

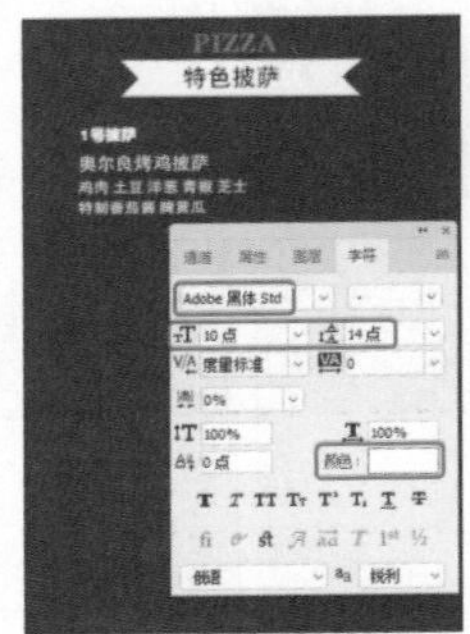
图 9-51　设置文本参数

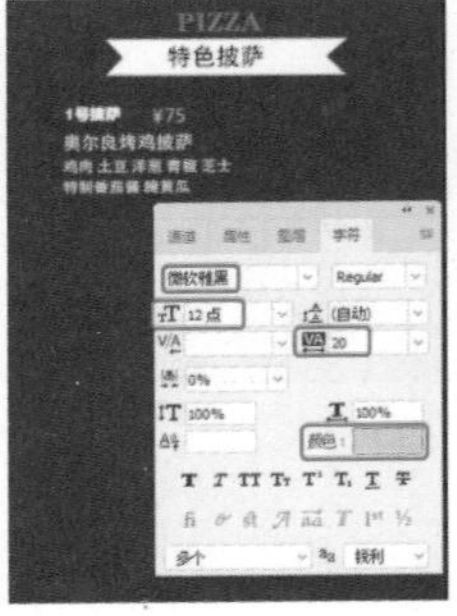
图 9-52　设置文本参数

17 使用【横排文字工具】输入如图 9-53 所示的文本内容。

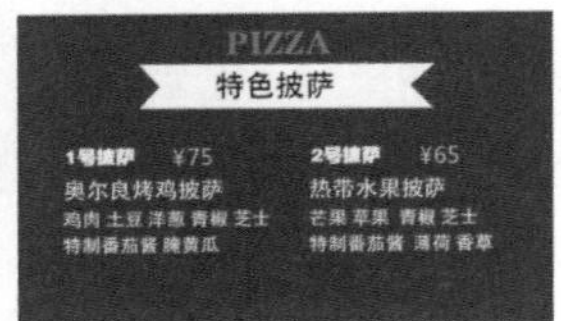
图 9-53　设置文本参数

18 使用【矩形工具】绘制矩形，将 W 和 H 分别设置为 1021、264，【填充】设置为无，【描边】设置为 #5cb130，【描边宽度】设置为 8，如图 9-54 所示。

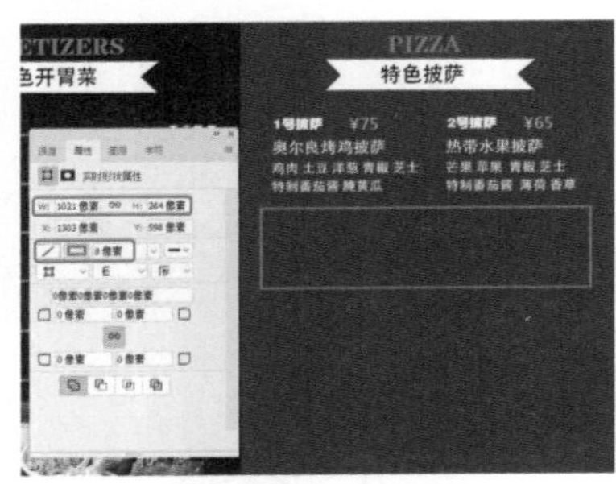
图 9-54　设置矩形参数

19 使用【直线工具】，在工具选项栏中将【工具模式】设置为形状，【填充】设置为无，【描边】设置为 #5cb130，【描边宽度】设置为 8，绘制线段，如图 9-55 所示。

20 在菜单栏中选择【文件】|【置入嵌入对象】命令，弹出【置入嵌入的对象】对话框，选择“P2.jpg”素材文件，单击【置入】按钮，如图 9-56 所示。

21 置入素材文件后的效果如图 9-57 所示。

22 使用【横排文字工具】输入如图 9-58 所示的文本内容。

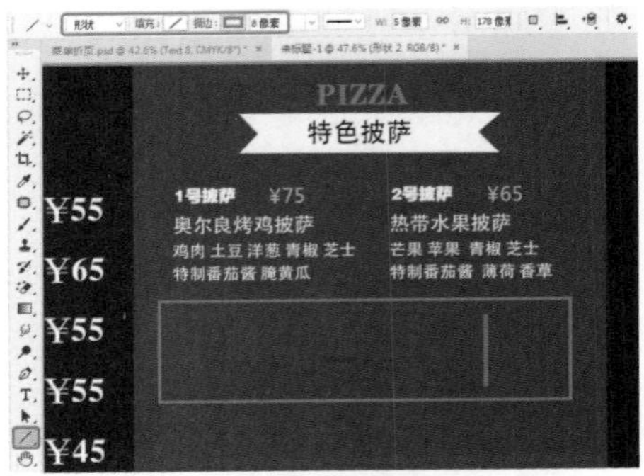
图 9-55　设置线段

图 9-56　置入嵌入对象

图 9-57　置入素材文件

图 9-58　设置文本参数

23 使用上述同样的方法，制作其他内容，如图 9-59 所示。

24 使用【横排文字工具】输入如图 9-60 所示的文本内容。

25 在菜单栏中选择【文件】|【置入嵌入对象】命令，弹出【置入嵌入的对象】对话框，选择“P5.jpg”素材文件，单击【置入】按钮，如图 9-61 所示。

26 置入素材文件后的效果如图 9-62 所示。

27 在菜单栏中选择【文件】|【置入嵌入对象】命令，弹出【置入嵌入的对象】对话框，选择“P6.jpg”素材文件，单击【置入】按钮，如图 9-63 所示。

28 置入素材文件后的效果如图 9-64 所示。

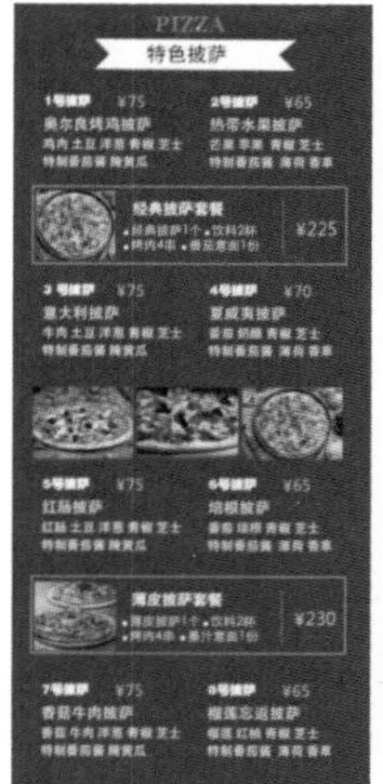
图 9-59 制作其他内容

图 9-60 设置文本参数

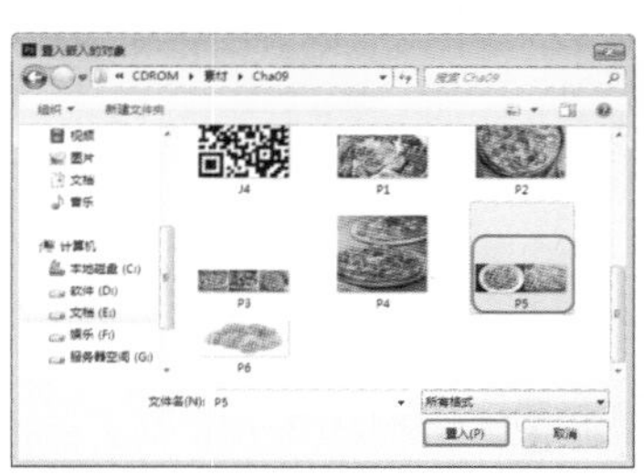
图 9-61 选择素材文件

图 9-62 置入素材文件

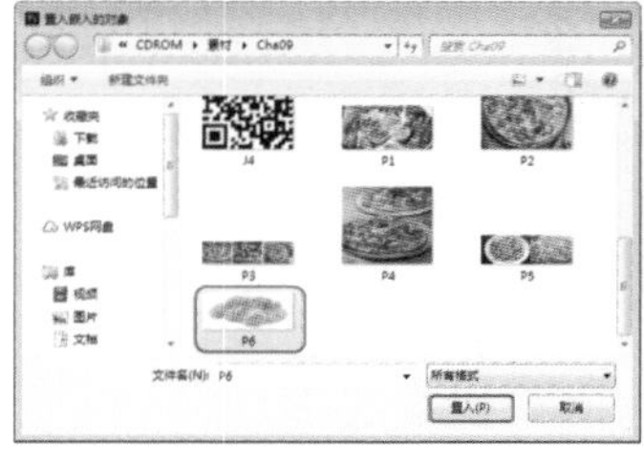
图 9-63 选择素材文件

图 9-64 置入素材文件

29 按 Ctrl+Alt+Shift+E 快捷键，盖印图层，在菜单栏中选择【图像】|【调整】|【通道混合器】命令，如图 9-65 所示。

30 弹出【通道混合器】对话框，将【输出通道】设置为【绿】，【红色】、【绿色】、【蓝色】分别设置为 8、90、-1，单击【确定】按钮，如图 9-66 所示。

31 最终效果如图 9-67 所示。

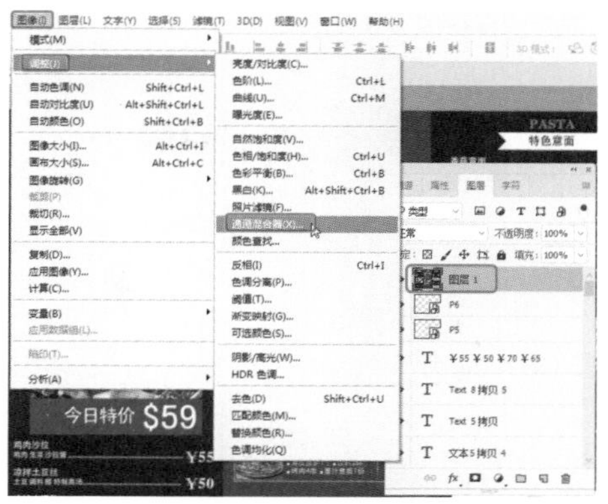
图 9-65 选择【通道混合器】命令

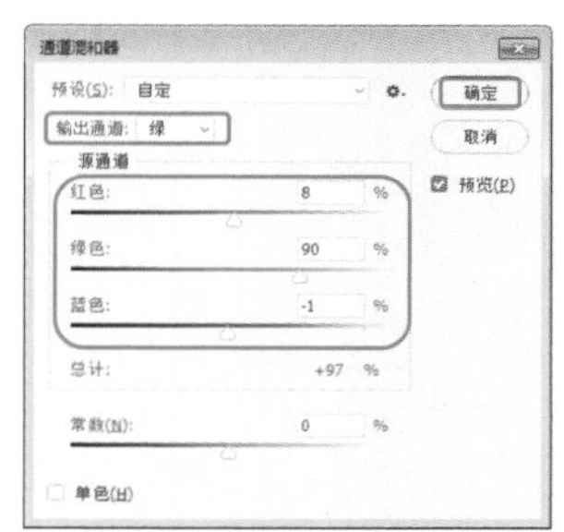
图 9-66 设置【通道混合器】参数

图 9-67 最终效果

知识链接：通道混合器

【通道混合器】命令可以使用图像中现有（源）颜色通道的混合来修改目标（输出）颜色通道，从而控制单个通道的颜色量。利用该命令可以创建高品质的灰度图像、棕褐色调图像或其他色调图像，也可以对图像进行创造性的颜色调整。在菜单栏中选择【图像】|【调整】|【通道混合器】命令，打开【通道混合器】对话框，如图 9-68 所示。

【通道混合器】对话框中各个选项的介绍如下。

- 【预设】：在该选项的下拉列表中包含了预设的调整文件，可以选择一个文件来自动调整图像，如图 9-69 所示。

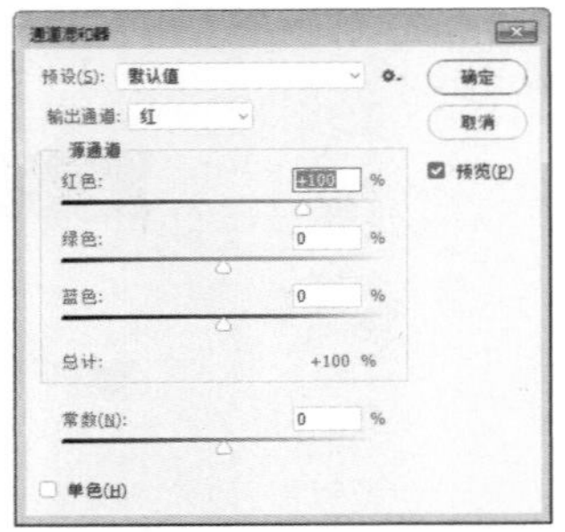

图 9-68 【通道混合器】对话框

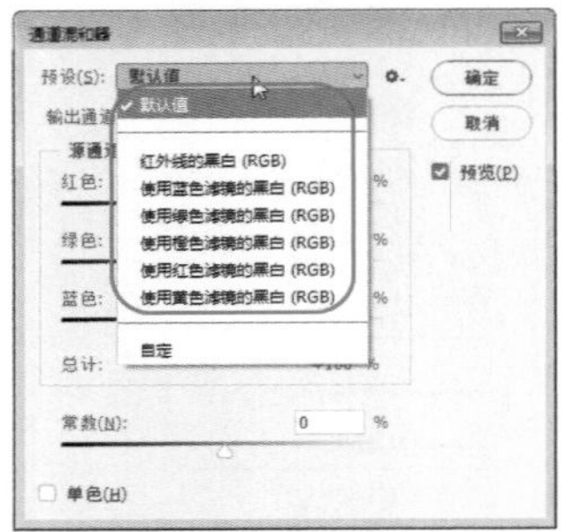

图 9-69 【预设】下拉列表选项

- 【输入通道 / 源通道】：在【输出通道】下拉列表中选择要调整的通道，选择一个通道后，该通道的滑块会自动设置为 100，其他通道则设置为 0。例如，如果选择【蓝色】作为输出通道，则会将【源通道】中的绿色滑块为 100，红色和蓝色滑块为 0，如图 9-70 所示。选择一个通道后，拖动【源通道】选项组中的滑块，即可调整此输出通道中源通道所占的百分比。将一个源通道的滑块向左拖移时，可减小该通道在输出通道中所占的百分比；向右拖移则增加百分比，负值可以使源通道在被添加到输出通道之前反相。调整红色通道的效果如图 9-71 所示。调整绿色通道的效果如图 9-72 所示。调整蓝色通道的效果如图 9-73 所示。
- 【总计】：如果源通道的总计值高于 100，则该选项左侧会显示一个警告图标▲，如图 9-74 所示。
- 【常数】：该选项是用来调整输出通道的灰度值。负值会增加更多的黑色，正值会增加更多的白色，-200 会使输出通道成为全黑，如图 9-75 所示；+200 会使输出通道成为全白，如图 9-76 所示。

图 9-70 以【蓝色】作为输出通道

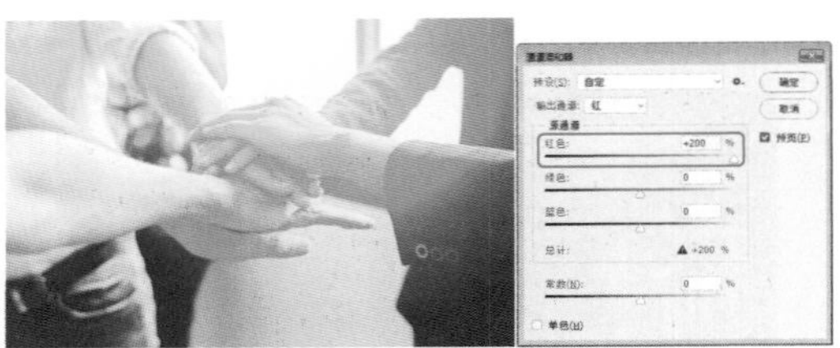

图 9-71 调整红色通道的效果

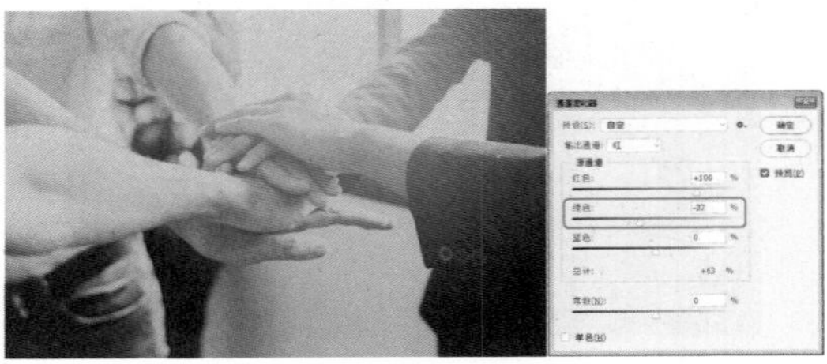

图 9-72 调整绿色通道的效果

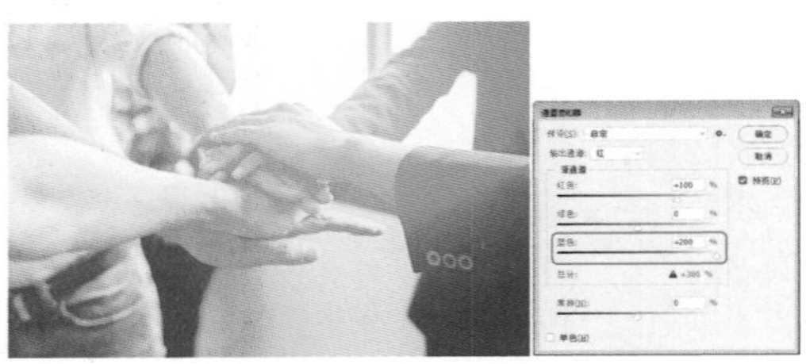

图 9-73 调整蓝色通道的效果

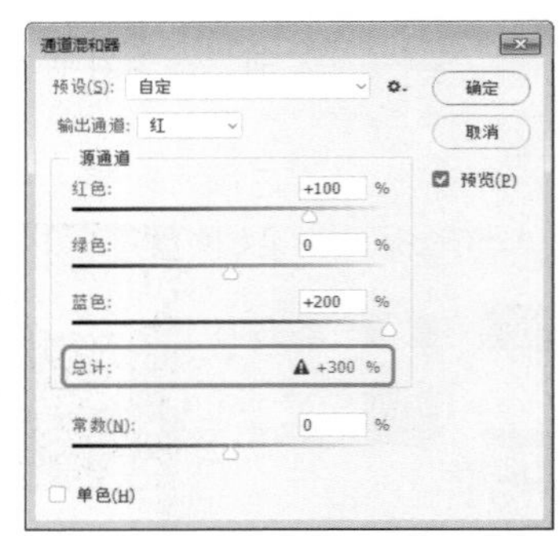

图 9-74 总计值高于 100

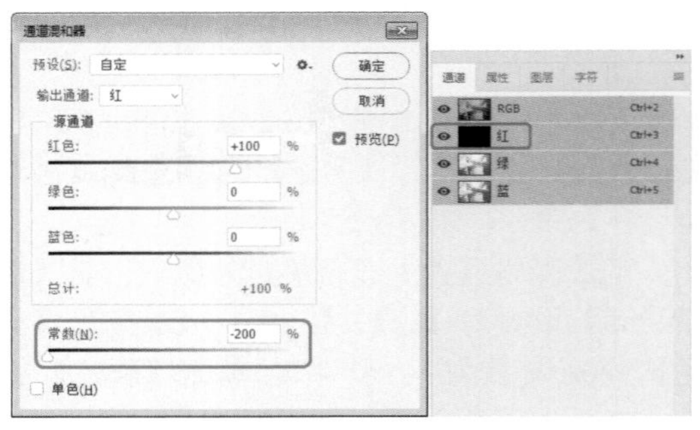

图 9-75 输出通道成为全黑

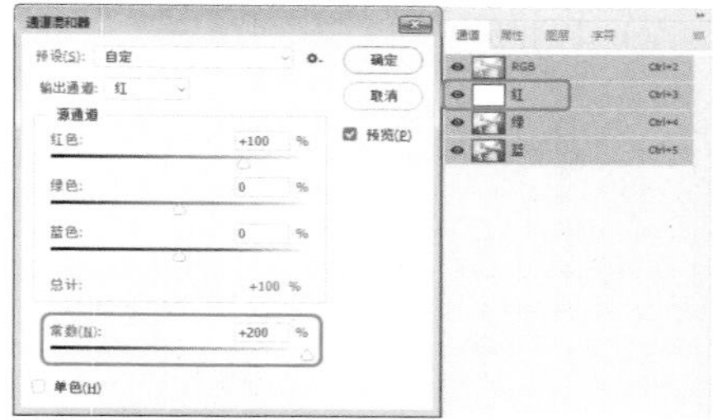

图 9-76　输出通道成为全白

- 【单色】：勾选该复选框，彩色图像将转换为黑白图像，如图 9-77 所示。

图 9-77　单色效果

9.3 制作茶叶宣传三折页

茶是健康饮品，喝茶能止渴生津、消食去腻、消炎抗菌等功能，古今医典、中外科研都肯定了其药用功效。特别是现代生活高压、人类亚健康状况日益明显，茶饮作为风靡全球的时尚养生品，茶叶宣传三折页效果如图 9-78 所示。茶叶宣传三折页效果如图 9-78 所示。

图 9-78　茶叶宣传三折页

素材	素材 \Cha09\C1.png~C3.png、C4.jpg、C5.png、C6.jpg
场景	场景 \Cha09\ 制作茶叶宣传三折页 .psd
视频	视频教学 \Cha09\9.3　制作茶叶宣传三折页 .mp4

01 按 Ctrl+N 快捷键，弹出【新建文档】对话框，将【单位】设置为【像素】，【宽度】和【高度】分别设置为 3508、2480，【分辨率】设置为 72，【背景内容】设置为白色，单击【创建】按钮，如图 9-79 所示。

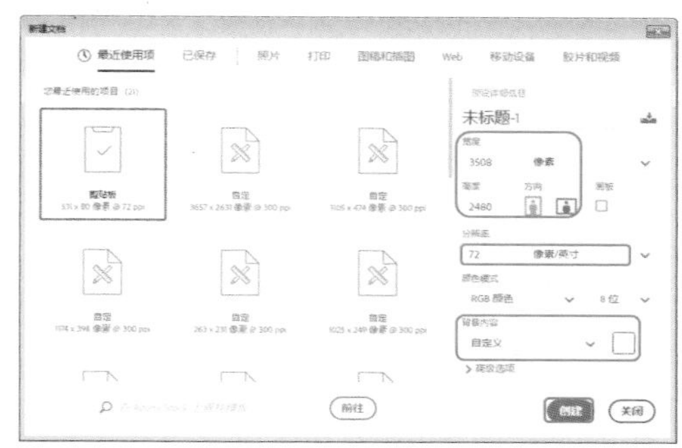

图 9-79　【新建文档】对话框

02 使用【矩形工具】绘制矩形，将 W 和 H 分别设置为 1188、2481，【填充】设置为 #a07d4d，【描边】设置为无，如图 9-80 所示。

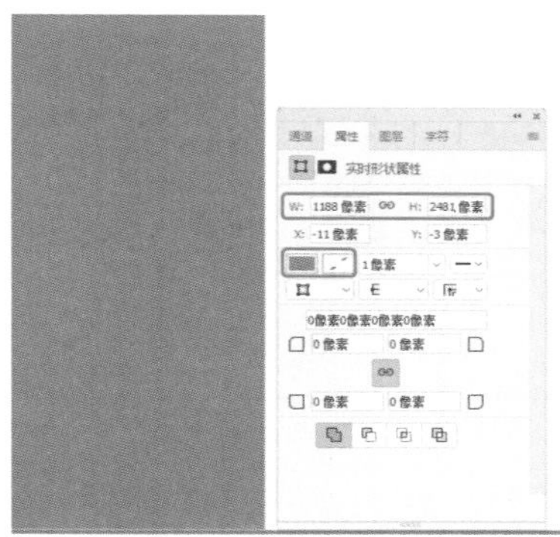

图 9-80　设置矩形参数

03 将【矩形 1】图层的【不透明度】设置为 23，如图 9-81 所示。

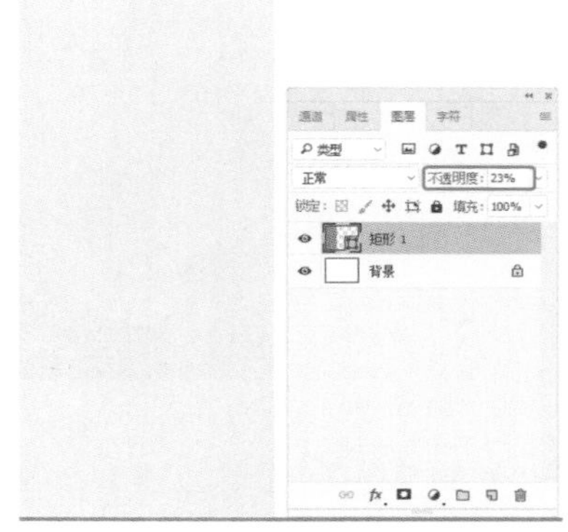

图 9-81　设置不透明度

04 选择【矩形 1】图层，按住 Alt 键对矩形进行复制，如图 9-82 所示。

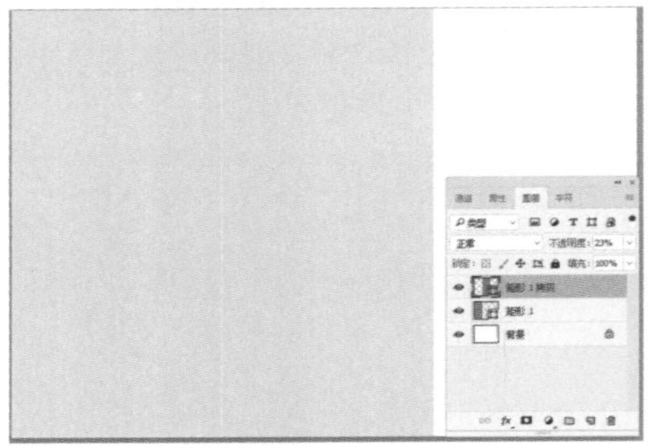

图 9-82　复制矩形

05 在菜单栏中选择【文件】|【置入嵌入对象】命令，弹出【置入嵌入的对象】对话框，选择“C6.jpg”素材文件，单击【置入】按钮，如图 9-83 所示。

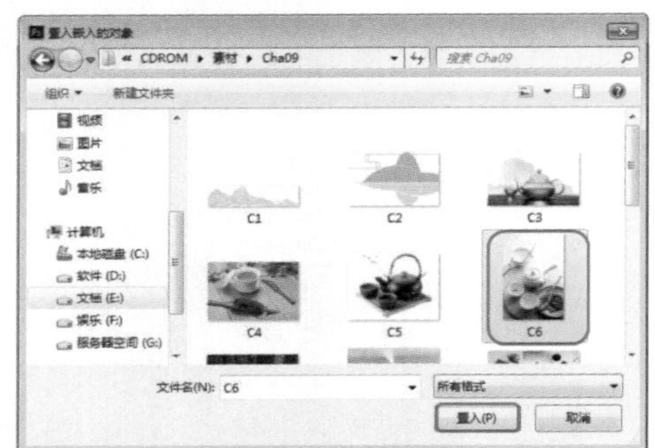

图 9-83　选择素材文件

06 置入素材文件后，调整图片的大小及位置。将 C6 图层调整至【矩形 1】图层的上方，如图 9-84 所示。

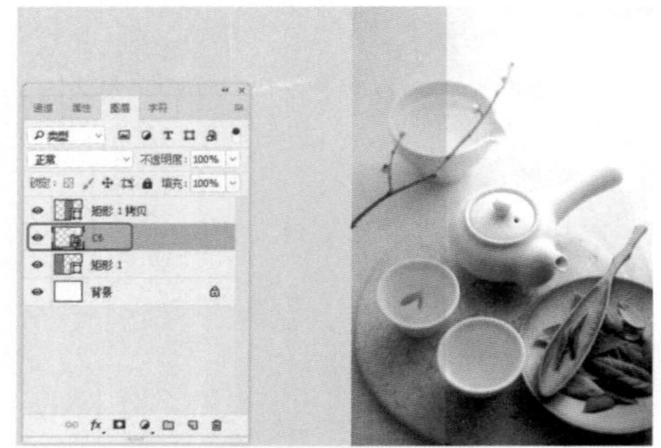

图 9-84　调整图层顺序

07 使用【矩形选框工具】绘制如图 9-85 所示的选区。

图 9-85　绘制选区

08 选择 C6 图层，单击鼠标右键，在弹出的快捷菜单中选择【栅格化图层】命令，如图 9-86 所示。

图 9-86　选择【栅格化图层】命令

09 按 Delete 键将选区中的内容删除，按 Ctrl+D 快捷键取消选区，如图 9-87 所示。

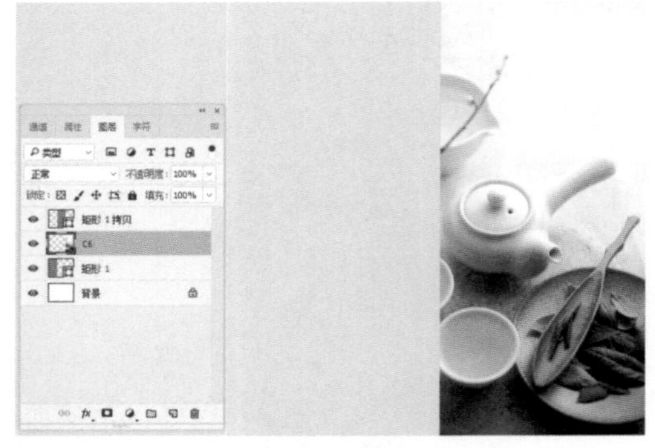

图 9-87　删除内容并取消选区

10 在菜单栏中选择【文件】|【置入嵌入对象】命令，弹出【置入嵌入的对象】对话框，选择“C1.png”素材文件，单击【置入】按钮，如图 9-88 所示。

11 置入素材文件后对其进行调整。使用【矩形工具】绘制矩形，将 W 和 H 分别设置为 12、72，【填充】设置为 #553d30，【描边】

设置为无，如图 9-89 所示。

图 9-88　选择素材文件

图 9-89　设置矩形参数

12 使用【横排文字工具】 T. 输入文本，将【字体】设置为【创艺简黑体】，【字体大小】设置为 42，【字符间距】设置为 40，【颜色】设置为 #553d30，如图 9-90 所示。

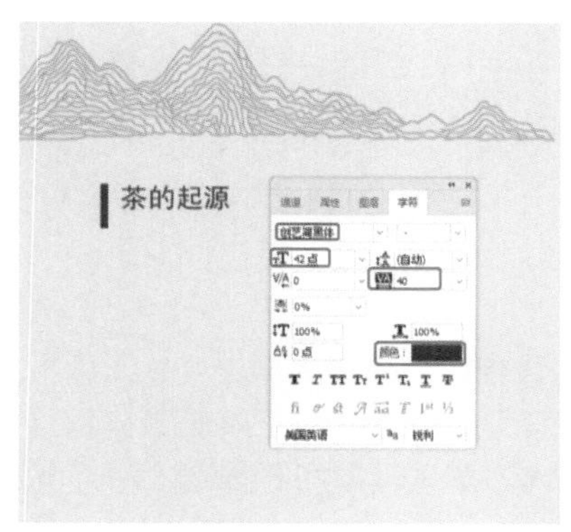

图 9-90　设置文本参数

13 使用【横排文字工具】 T.输入文本，将【字体】设置为 Arial，【字体大小】设置为 28，【字符间距】设置为 40，【颜色】设置为 #553d30，如图 9-91 所示。

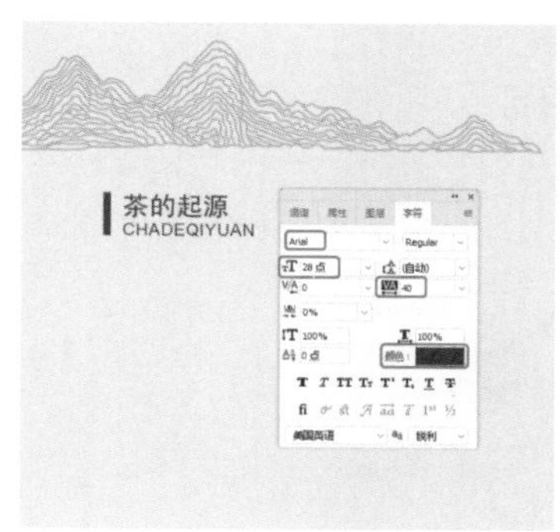

图 9-91　设置文本参数

14 使用【横排文字工具】 T. 输入文本，将【字体】设置为【微软雅黑】，【字体大小】设置为 30，【行距】设置为 60，【字符间距】设置为 40，【颜色】设置为 #553d30，如图 9-92 所示。

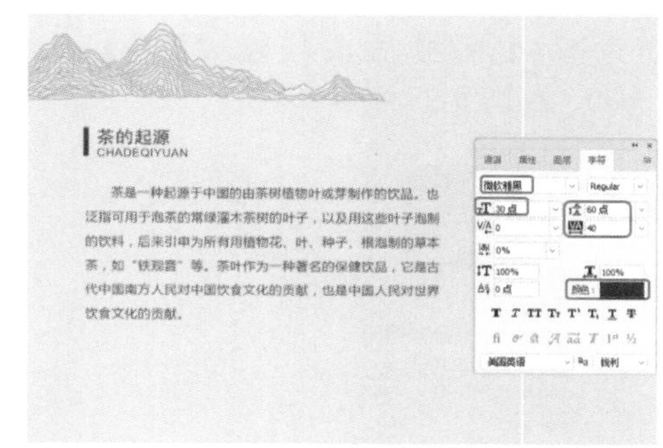

图 9-92　设置文本参数

15 将“C2.png”“C3.png” 和 “C4.jpg” 素材文件置入到新建文档中，如图 9-93 所示。

图 9-93　置入素材文件

16 使用【横排文字工具】 T. 输入文本，将【字体】设置为【方正综艺简体】，【字体大小】设置为 80，【颜色】设置为 #553d30，如图 9-94 所示。

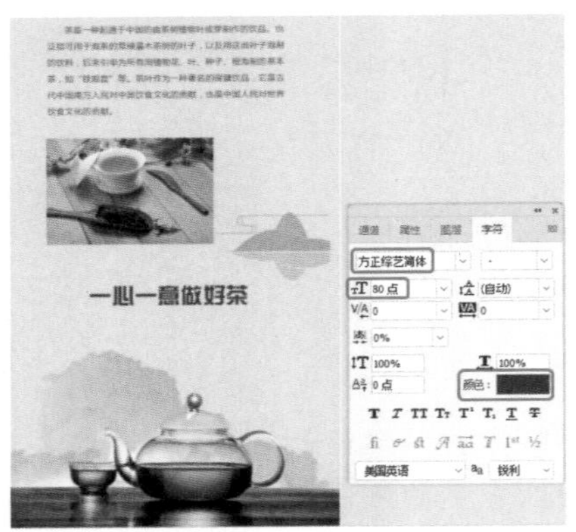

图 9-94　设置文本参数

17 使用【横排文字工具】T 输入文本，将【字体】设置为【微软简综艺】，【字体大小】设置为 42，【行距】设置为 60，【颜色】设置为 #553d30，如图 9-95 所示。

图 9-95　设置文本参数

18 使用【横排文字工具】T 输入文本，将【字体】设置为【创艺简老宋】，【字体大小】设置为 105，【颜色】设置为 #006d33，如图 9-96 所示。

19 使用【横排文字工具】T 输入文本，将【字体】设置为【创艺简老宋】，【字体大小】设置为 105，【颜色】设置为 #5d070c，如图 9-97 所示。

20 使用【椭圆工具】○绘制 W 和 H 均为 98 的正圆形，将【填充】设置为 #5c070c，【描边】设置为无，如图 9-98 所示。

21 使用【横排文字工具】T 输入文本，将【字体】设置为【创艺简老宋】，【字体大小】设置为 75，【字符间距】设置为 300，【颜色】设置为白色，如图 9-99 所示。

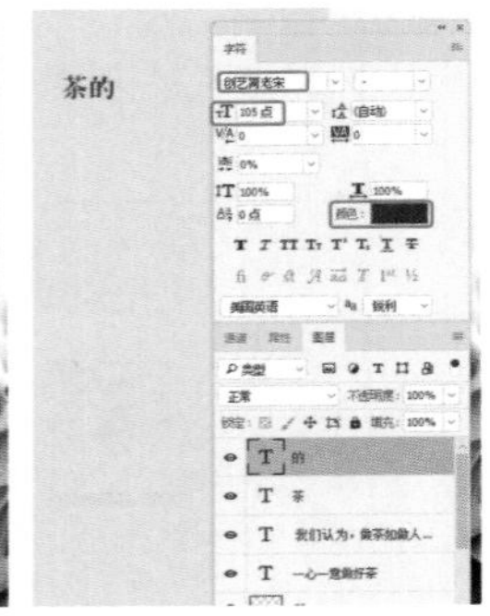

图 9-96　设置文本参数　　图 9-97　设置文本参数

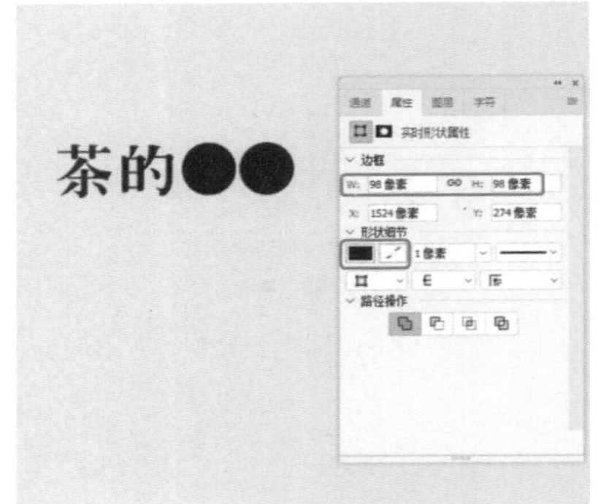

图 9-98　设置正圆形参数

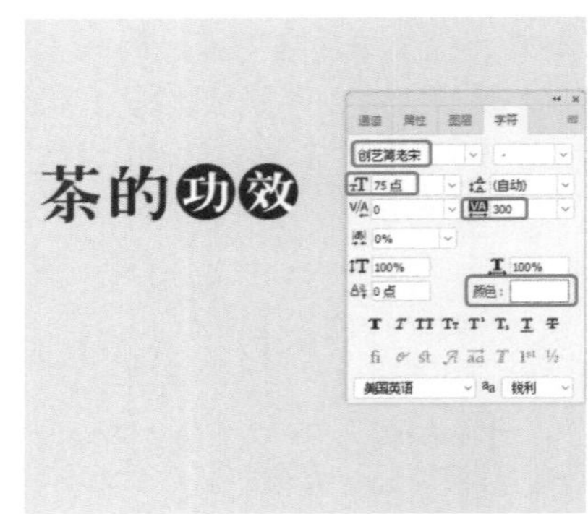

图 9-99　设置文本参数

22 使用【横排文字工具】T 输入文本，将【字体】设置为【方正美黑简体】，【字体大小】设置为 60，【颜色】设置为 # 5c070c，如图 9-100 所示。

23 使用【矩形工具】绘制矩形，将 W 和 H 分别设置为 230、52，【填充】设置为 5c070c，【描边】设置为无，如图 9-101 所示。

24 使用【横排文字工具】T 输入文本，将【字体】设置为【汉仪粗宋简】，【字体大小】

设置为 39，【字符间距】设置为 -60，【颜色】设置为白色，如图 9-102 所示。

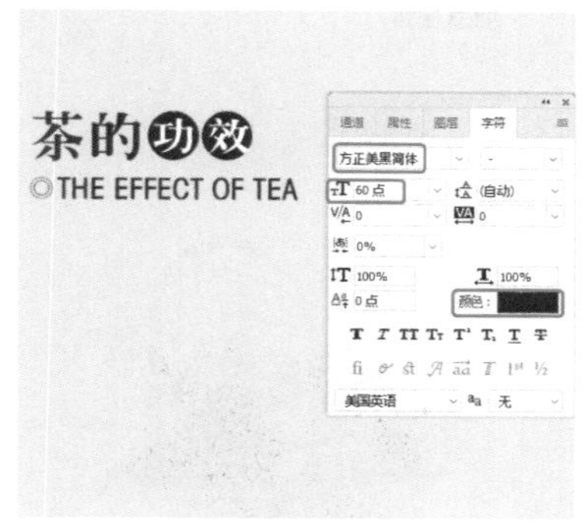

图 9-100 设置文本参数

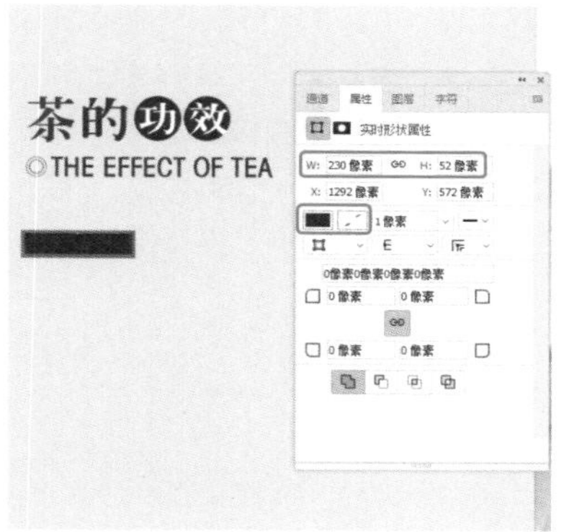

图 9-101 设置矩形参数

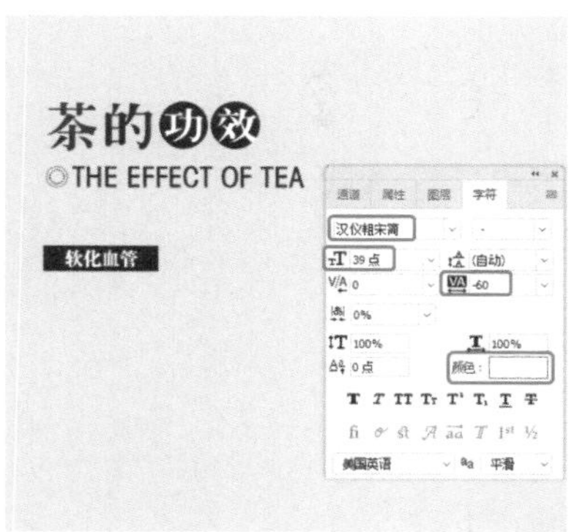

图 9-102 设置文本参数

25 使用【横排文字工具】T. 输入文本，将【字体】设置为【华文细黑】，【字体大小】设置为 28，【字符间距】设置为 -40，【颜色】设置为 #221815，单击【仿粗体】按钮 T，如图 9-103 所示。

26 对前面绘制的矩形和输入的文本进行复制，然后修改文本内容，如图 9-104 所示。

图 9-103 设置文本参数

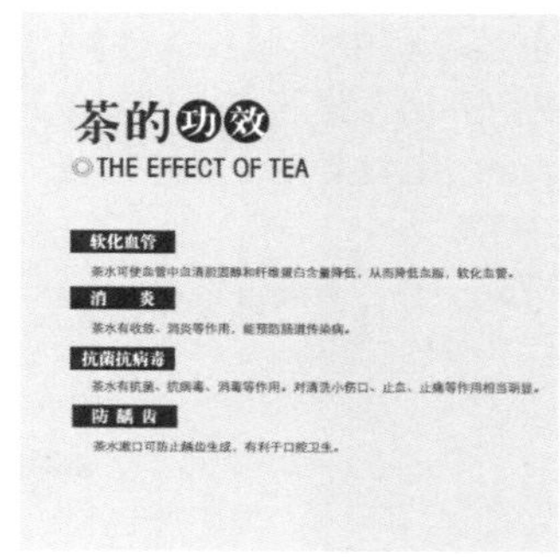

图 9-104 修改文本内容

27 使用【横排文字工具】T. 输入文本，将【字体】设置为【华文细黑】，【字体大小】设置为 29，【字符间距】设置为 200，【垂直缩放】设置为 121，【颜色】设置为 # 040000，如图 9-105 所示。

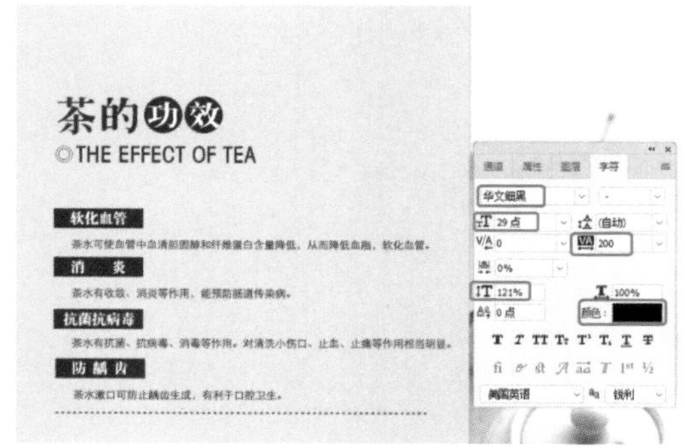

图 9-105 设置文本参数

28 使用【横排文字工具】T. 输入文本，将【字体】设置为【华文细黑】，【字体大小】设置为 28，【行距】设置为 54，【字符间距】设置为 -40，【颜色】设置为 #221815，单击【仿粗体】按钮 T，如图 9-106 所示。

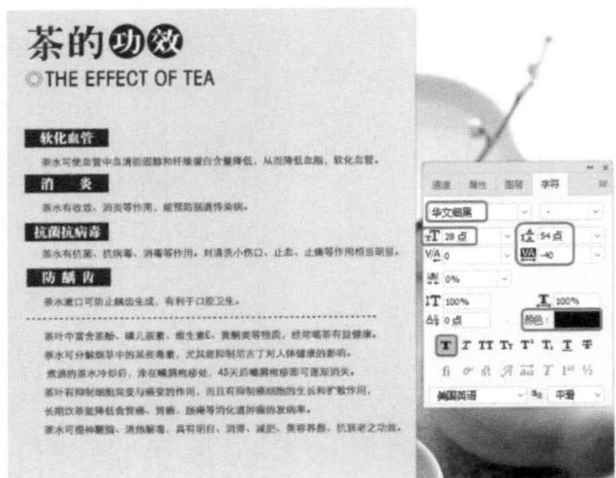

图 9-106　设置文本参数

29 在菜单栏中选择【文件】|【置入嵌入对象】命令，弹出【置入嵌入的对象】对话框，选择“C5.png”素材文件，单击【置入】按钮，如图 9-107 所示。

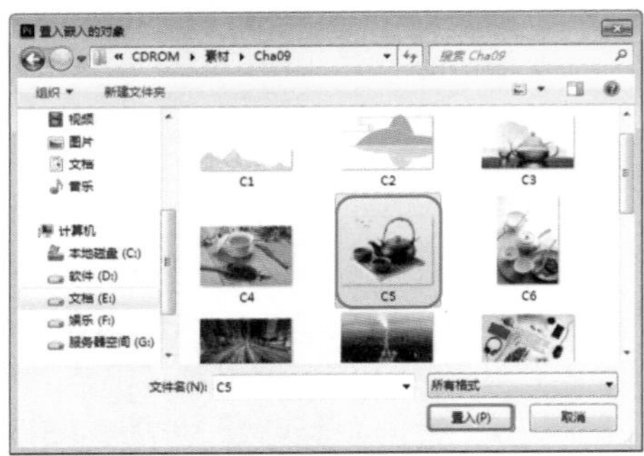

图 9-107　选择素材文件

30 置入素材文件后的效果如图 9-108 所示。

图 9-108　置入素材文件后的效果

附录　Photoshop 常用快捷键

文件		
新建　Ctrl+N	打开　Ctrl+O	打开为 Alt+Ctrl+O
关闭　Ctrl+W	保存　Ctrl+S	另存为　Ctrl+Shift+S
另存为网页格式　Ctrl+Alt+S	打印设置　Ctrl+Alt+P	页面设置　Ctrl+Shift+P
打印　Ctrl+P	退出　Ctrl+Q	
编辑		
撤销　Ctrl+Z	向前一步　Ctrl+Shift+Z	向后一步　Ctrl+Alt+Z
剪切　Ctrl+X	复制　Ctrl+C	合并复制　Ctrl+Shift+C
粘贴　Ctrl+V	原位粘贴　Ctrl+Shift+V	自由变换　Ctrl+T
再次变换　Ctrl+Shift+T	色彩设置　Ctrl+Shift+K	
图像		
色阶　Ctrl+L	自动色阶　Ctrl+Shift+L	自动对比度　Ctrl+Shift+Alt+L
曲线　Ctrl+M	色彩平衡　Ctrl+B	色相 / 饱和度　Ctrl+U
去色　Ctrl+Shift+U	反向　Ctrl+I	提取　Ctrl+Alt+X
液化　Ctrl+Shift+X		
图层		
新建图层　Ctrl+Shift+N	新建通过复制的图层　Ctrl+J	与前一图层编组　Ctrl+G
取消编组　Ctrl+Shift+G	合并图层　Ctrl+E	合并可见图层　Ctrl+Shift+E
选择		
全选　Ctrl+A	取消选择　Ctrl+D	全部选择　Ctrl+Shift+D
反选　Ctrl+Shift+I	羽化　Ctrl+Alt+D	
视图		
校验颜色　Ctrl+Y	色域警告　Ctrl+Shift+Y	放大　Ctrl++
缩小　Ctrl+-	满画布显示　Ctrl+0	实际像素　Ctrl+Alt+0
显示附加　Ctrl+H	显示网格　Ctrl+Alt+'	显示标尺　Ctrl+R
启用对齐　Ctrl+;	锁定参考线　Ctrl+Alt+;	
帮助		
帮助　F1	矩形、椭圆选框工具　M	裁剪工具　C
移动工具　V	套索、多边形套索、磁性套索　L	魔棒工具 W
喷枪工具　J	画笔工具　B	仿制图章、图案图章　S
历史记录画笔工具 Y	橡皮擦工具　E	铅笔、直线工具　N
模糊、锐化、涂抹工具　R	减淡、加深、海绵工具　O	钢笔、自由钢笔、磁性钢笔　P

续表

添加锚点工具　+	删除锚点工具　-	直接选取工具　A
文字、文字蒙版、直排文字、直排文字蒙版　T	度量工具　U	直线渐变、径向渐变、对称渐变、角度渐变、菱形渐变　G
油漆桶工具　K	吸管、颜色取样器　I	抓手工具　H
缩放工具　Z	默认前景色和背景色　D	切换前景色和背景色　X
切换标准模式和快速蒙版模式　Q	标准屏幕模式、带有菜单栏的全屏模式、全屏模式　F	临时使用移动工具　Ctrl
临时使用吸色工具　Alt	临时使用抓手工具　空格	打开工具选项面板　Enter
快速输入工具选项（当前工具选项面板中至少有一个可调节数字）：0～9	循环选择画笔　[或]	选择第一个画笔　Shift+[
选择最后一个画笔　Shift+]	建立新渐变（在【渐变编辑器】对话框中）Ctrl+N	
编辑操作		
还原 / 重做前一步操作　Ctrl+Z	还原两步以上操作　Ctrl+Alt+Z	重做两步以上操作　Ctrl+Shift+Z
剪切选取的图像或路径　Ctrl+X 或 F2	复制选取的图像或路径　Ctrl+C	合并复制　Ctrl+Shift+C
将剪贴板的内容粘到当前图形中　Ctrl+V 或 F4	将剪贴板的内容粘到选框中　Ctrl+Shift+V	自由变换　Ctrl+T
应用自由变换（在自由变换模式下）　Enter	从中心或对称点开始变换（在自由变换模式下）　Alt	限制（在自由变换模式下）　Shift
扭曲（在自由变换模式下）　Ctrl	取消变形（在自由变换模式下）　Esc	自由变换复制的像素数据　Ctrl+Shift+T
再次变换复制的像素数据并建立一个副本　Ctrl+Shift+Alt+T	删除选框中的图案或选取的路径　DEL	用背景色填充所选区域或整个图层　Ctrl+Del
用前景色填充所选区域或整个图层　Alt+Del	从历史记录中填充　Alt+Ctrl+Backspace	
图像调整		
调整色阶　Ctrl+L	自动调整色阶　Ctrl+Shift+L	打开曲线调整对话框　Ctrl+M
取消选择所选通道上的所有点（【曲线】对话框中）Ctrl+D	打开【色彩平衡】对话框　Ctrl+B	打开【色相 / 饱和度】对话框　Ctrl+U
全图调整（在【色相 / 饱和度】对话框中）　Ctrl+~	只调整红色（在【色相 / 饱和度】对话框中）　Ctrl+1	只调整黄色（在【色相 / 饱和度】对话框中）　Ctrl+2
只调整绿色（在【色相 / 饱和度】对话框中）　Ctrl+3	只调整青色（在【色相 / 饱和度】对话框中）　Ctrl+4	只调整蓝色（在【色相 / 饱和度】对话框中）　Ctrl+5
只调整洋红（在【色相 / 饱和度】对话框中）　Ctrl+6	去色　Ctrl+Shift+U	反相　Ctrl+I
图层操作		
从对话框新建一个图层　Ctrl+Shift+N	以默认选项建立一个新的图层　Ctrl+Alt+Shift+N	通过复制建立一个图层　Ctrl+J
通过剪切建立一个图层　Ctrl+Shift+J	与前一图层编组　Ctrl+G	取消编组　Ctrl+Shift+G

续表

向下合并或合并连接图层 Ctrl+E	合并可见图层 Ctrl+Shift+E	盖印或盖印链接图层 Ctrl+Alt+E
盖印可见图层 Ctrl+Alt+Shift+E	将当前层下移一层 Ctrl+[	将当前层上移一层 Ctrl+]
将当前层移到最下面 Ctrl+Shift+[	将当前层移到最上面 Ctrl+Shift+]	激活下一个图层 Alt+[
激活上一个图层 Alt+]	激活底部图层 Shift+Alt+[	激活顶部图层 Shift+Alt+]
调整当前图层的透明度（当前工具为无数字参数的，如移动工具） 0～9	保留当前图层的透明区域（开关） /	投影效果（在【效果】对话框中） Ctrl+1
内阴影效果（在【效果】对话框中） Ctrl+2	外发光效果（在【效果】对话框中） Ctrl+3	内发光效果（在【效果】对话框中） Ctrl+4
斜面和浮雕效果（在【效果】对话框中） Ctrl+5	应用当前所选效果并使参数可调（在【效果】对话框中） A	
图层混合模式		
循环选择混合模式 Alt+- 或 +	正常 Ctrl+Alt+N	阈值（位图模式） Ctrl+Alt+L
溶解 Ctrl+Alt+I	背后 Ctrl+Alt+Q	清除 Ctrl+Alt+R
正片叠底 Ctrl+Alt+M	屏幕 Ctrl+Alt+S	叠加 Ctrl+Alt+O
柔光 Ctrl+Alt+F	强光 Ctrl+Alt+H	颜色减淡 Ctrl+Alt+D
颜色加深 Ctrl+Alt+B	变暗 Ctrl+Alt+K	变亮 Ctrl+Alt+G
差值 Ctrl+Alt+E	排除 Ctrl+Alt+X	色相 Ctrl+Alt+U
饱和度 Ctrl+Alt+T	颜色 Ctrl+Alt+C	光度 Ctrl+Alt+Y
去色【海绵工具 +Ctrl+Alt+J】	加色【海绵工具 +Ctrl+Alt+A】	暗调【减淡 / 加深工具 +Ctrl+Alt+W】
中间调【减淡 / 加深工具 +Ctrl+Alt+V】	高光【减淡 / 加深工具 +Ctrl+Alt+Z】	全部选取 Ctrl+A
取消选择 Ctrl+D	重新选择 Ctrl+Shift+D	羽化选择 Ctrl+Alt+D
反向选择 Ctrl+Shift+I	路径变选区【数字键盘上的 Enter】	载入选区 Ctrl+ 单击【图层】、【路径】、【通道】面板中的缩览图】
按上次的参数再做一次上次的滤镜 Ctrl+F	退去上次所做滤镜的效果 Ctrl+Shift+F	重复上次所做的滤镜（可调参数）: Ctrl+Alt+F
选择工具（在【3D 变化】滤镜中） V	立方体工具（在【3D 变化】滤镜中） M	球体工具（在【3D 变化】滤镜中） N
柱体工具（在【3D 变化】滤镜中） C	轨迹球（在【3D 变化】滤镜中） R	全景相机工具（在【3D 变化】滤镜中） E
视图操作		
显示彩色通道 Ctrl+~	显示单色通道 Ctrl+ 数字	显示复合通道 ~
以 CMYK 方式预览（开关） Ctrl+Y	打开 / 关闭色域警告 Ctrl+Shift+Y	放大视图 Ctrl++
缩小视图 Ctrl+-	满画布显示 Ctrl+0	实际像素显示 Ctrl+Alt+0
向上卷动一屏 PageUp	向下卷动一屏 PageDown	向左卷动一屏 Ctrl+PageUp

续表

向右卷动一屏 Ctrl+PageDown	向上卷动 10 个单位　Shift+PageUp	向下卷动 10 个单位　Shift+PageDown
向左卷动 10 个单位 Shift+Ctrl+PageUp	向右卷动 10 个单位 Shift+Ctrl+PageDown	将视图移到左上角　Home
将视图移到右下角 End	显示 / 隐藏选择区域　Ctrl+H	显示 / 隐藏路径　Ctrl+Shift+H
显示 / 隐藏标尺　Ctrl+R	显示 / 隐藏参考线　Ctrl+;	显示 / 隐藏网格　Ctrl+”
贴紧参考线　Ctrl+Shift+;	锁定参考线　Ctrl+Alt+;	贴紧网格　Ctrl+Shift+”
显示 / 隐藏【画笔】面板 F5	显示 / 隐藏【颜色】面板　F6	显示 / 隐藏【图层】面板　F7
显示 / 隐藏【信息】面板 F8	显示 / 隐藏【动作】面板　F9	显示 / 隐藏所有命令面板　Tab
显示或隐藏工具箱以外的所有调板　Shift+Tab	文字处理 (在【文字工具】对话框中) 左对齐或顶对齐　Ctrl+Shift+L	中对齐　Ctrl+Shift+C
右对齐或底对齐 Ctrl+Shift+R	左 / 右选择 1 个字符　Shift+←/→	下 / 上选择 1 行　Shift+↑/↓
选择所有字符　Ctrl+A	将所选文本的文字大小减小 2 像素 Ctrl+Shift+<	将所选文本的文字大小增大 2 像素 Ctrl+Shift+>
将所选文本的文字大小减小 10 像素　Ctrl+Alt+Shift+<	将所选文本的文字大小增大 10 像素　Ctrl+Alt+Shift+>	将行距减小 2 像素　Alt+↓
将行距增大 2 像素　Alt+↑	将基线位移减小 2 像素 Shift+Alt+↓	将基线位移增加 2 像素　Shift+Alt+↑
将字距微调或字距调整减小 20/1000ems　Alt+←	将字距微调或字距调整增加 20/1000ems　Alt+→	将字距微调或字距调整减小 100/1000ems：Ctrl+Alt+←
将字距微调或字距调整增加 100/1000ems　Ctrl+Alt+→	选择通道中白的像素 (包括半色调) Ctrl+Alt+1~9	